Werner
Qualitative anorganische Analyse

Ausgeschieden im Jahr 20 **24**

Bei Überschreitung der Leihfrist wird dieses Buch sofort gebührenpflichtig angemahnt (ohne vorhergehendes Erinnerungsschreiben).

Qualitative anorganische Analyse

für Pharmazeuten und Naturwissenschaftler

Von Wolfgang Werner,
Münster

Unter Mitarbeit von Helge Prinz,
Münster

4., völlig neu bearbeitete und erweiterte Auflage
Mit 4 Abbildungen und 23 Tabellen

 Wissenschaftliche Verlagsgesellschaft mbH Stuttgart

Anschriften der Autoren

Dr. Wolfgang Werner
Heidkötterweg 51 e
48159 Münster

Dr. Helge Prinz
Institut für Pharmazeutische und Medizinische Chemie
Westfälische Wilhelms-Universität Münster
Hittorfstraße 58–62
48149 Münster

Ein Warenzeichen kann warenrechtlich geschützt sein, auch wenn ein Hinweis auf etwa bestehende Schutzrechte fehlt.

Bibliografische Information der Deutschen Bibliothek

Die Deutsche Bibliothek verzeichnet diese Publikation in der Deutschen Nationalbibliografie; detaillierte bibliografische Daten sind im Internet unter http://dnb.ddb.de abrufbar.

ISBN-10: 3-8047-2264-4
ISBN-13: 978-3-8047-2264-4

Jede Verwertung des Werkes außerhalb der Grenzen des Urheberrechtsgesetzes ist unzulässig und strafbar. Das gilt insbesondere für Übersetzungen, Nachdrucke, Mikroverfilmungen oder vergleichbare Verfahren sowie für die Speicherung in Datenverarbeitungsanlagen.

© 2006 Wissenschaftliche Verlagsgesellschaft mbH Stuttgart
Birkenwaldstr. 44, 70191 Stuttgart
Printed in Germany
Satz: epline, Kirchheim unter Teck
Druck: Die Stadtdruckerei, Gebr. Knöller GmbH & Co. KG, Stuttgart
Umschlaggestaltung: Atelier Schäfer, Esslingen unter Verwendung eines Fotos von Dr. Helge Prinz, Münster

Vorwort zur 4. Auflage

In der nun vorliegenden 4. Auflage der Qualitativen anorganischen Analyse für Pharmazeuten und Naturwissenschaftler wurden zahlreiche Aktualisierungen und Ergänzungen vorgenommen, ohne jedoch den Charakter des bewährten Praktikumsbuches grundlegend zu verändern. Vorhandene Druckfehler wurden korrigiert. In einigen Fällen wurden obsolete oder toxikologisch bedenkliche Identitätsreaktionen gestrichen oder neue Nachweisreaktionen eingefügt. Das Perchlorat und das Citrat wurden neu aufgenommen. Ebenso wurde das Kapitel 11.3 Redoxpotenziale überarbeitet. Die Angaben zur Arzneibuchanalytik wurden aktualisiert und ergänzt. Neu ist auch die Musterrechnung für die Löslichkeitsprodukte zur Trennung von Schwefelwasserstoff- und Ammoniumsulfidgruppe, sowie die Beschränkung der in Tabelle 15 angegebenen Löslichkeitsprodukte auf die hier interessierenden Verbindungen. Von Bedeutung ist weiterhin die Ergänzung der Reagenzien durch die Gefahrensymbole nach aktuellem Stand.

Maßgebend war wie bisher, dass für den Anfänger das Nacharbeiten der Versuche gelingt. Jeder Misserfolg demotiviert und untergräbt die Bereitschaft sich mit dem Gegenstand zu beschäftigen

Die qualitative anorganische Analyse ermöglicht auch im Zeitalter einer ausgefeilten instrumentellen Analytik in vielen Fällen die rasche Feststellung der Identität von anorganischen Arzneistoffen, Hilfsstoffen oder Schadstoffen. Eine qualitativ-analytische Aufgabenstellung erfordert stets eine strukturierte und kombinatorische Denkweise. Daneben steht neben der Vermittlung chemischer Stoffkenntnisse insbesondere das Erlernen grundlegender chemischer Arbeitsoperationen sowie wichtiger Reaktionstypen und Gesetzmäßigkeiten der Chemie aus eigener Anschauung im Vordergrund. Die qualitative anorganische Analyse besitzt damit gerade für Studienanfänger mit Chemie als Haupt- oder Nebenfach unschätzbaren didaktischen Wert. Über den Vergleich des erhaltenen Ergebnisses mit dem der zunächst unbekannten Aufgabe ist eine Evaluierung der eigenen Arbeitsweise und der erarbeiteten Stoffkenntnis möglich. Diese selbstkritische Beurteilung des eigenen Handelns ist eine Vorübung für die Forschung.

Münster, im Frühjahr 2006   Wolfgang Werner
         Helge Prinz

Aus dem Vorwort zur 1. Auflage

Mit der qualitativen anorganischen Analyse soll nicht nur analytisches Arbeiten erlernt und geübt werden, gleich wichtig ist die dabei erworbene Stoffkenntnis. Für die in Vorlesungen gebotenen theoretischen Grundlagen der allgemeinen und anorganischen Chemie vermitteln die Übungen in qualitativer anorganischer Analyse die Anschauung. Von besonderem didaktischen Wert ist es, daß der Anfänger zwingend zu selbständigem chemischen Denken und Handeln geführt wird.

Die vorliegende *„Qualitative anorganische Analyse für Pharmazeuten"* ist als Praktikumsbuch gedacht. Die Reaktionsbedingungen der einzelnen Versuche wurden überprüft und teilweise neu ausgearbeitet, damit die beschriebenen Reaktionen auch dem Studenten gelingen. Trotzdem ist dieses Buch kein reines „Kochbuch". Den Versuchen sind in der Regel die Reaktionsgleichungen und – falls für das Verständnis erforderlich – weitere knappe Hinweise beigefügt. Wichtige Begriffe werden am Schluß des Buches lexikalisch erklärt. Für Ableitungen und ausführliche Darstellungen wird auf die in ausreichender Zahl vorliegenden Lehrbücher der allgemeinen und anorganischen Chemie verwiesen.

Als Einleitung zu jedem Ion (Element) werden knappe Angaben zur Toxikologie und zur pharmazeutischen Verwendung gemacht. Auch Hinweise zum sonstigen Vorkommen des jeweiligen Ions (Elements) sind zur Berücksichtigung der Toxikologie im Alltag angebracht. Zum Teil sind charakteristische chemische Eigenschaften in wenigen Sätzen zusammengefaßt.

Für jedes Ion (Element) folgen die Einzelreaktionen. Die Anleitungen zum Nachweis im Gemisch, zur Durchführung des Trennungsganges, finden sich jeweils am Ende der Einzelreaktionen einer Gruppe. Am Schluß des Buches sind diese Angaben in übersichtliche Tabellen gebracht.

Die Behandlung der Kationen folgt ihrer Abtrennung und Identifizierung im Trennungsgang, d. h., es wird mit den Metallen der Salzsäure- und Schwefelwasserstoff-Gruppe begonnen. Die Reaktionen der Schwermetalle sind chemisch gesehen wohl komplizierter als die der sonst am Anfang stehenden Alkali- und Erdalkalimetalle, zeichnen sich aber in der Regel durch augenfällige Unterschiede aus. Die Reaktionen besonders der Erdalkalimetalle können viel leichter zu Verwechslungen führen und erfordern daher größeres experimentelles Geschick, das erst erlernt wird, aber nicht vorausgesetzt werden kann.

Die Anionen werden zusammenhängend im Anschluß an die Kationen beschrieben. Es hat sich bewährt, die Kationen zunächst ohne Berücksichtigung der Anionen zu behandeln, wobei der Praktikumsleiter auf die Auswahl von Anionen achten muß, die die Reaktionen der Kationen und den Trennungsgang nicht stören.

Im Kationen-Trennungsgang wird Thioacetamid als Schwefelwasserstoff-Lieferant verwendet, da dieses Reagenz inzwischen in viele Arzneibücher aufgenommen ist. Das Arbeiten mit Thioacetamid erfordert einige Änderungen gegenüber der Verwendung von Schwefelwasserstoff-Gas, erlaubt aber die leichte und saubere Durchführung eines Trennungsganges im Halbmikromaßstab, auch im Labor einer öffentlichen Apotheke. Die Beschreibung ist so gehalten, daß auch mit Schwefelwasserstoff-Gas gearbeitet werden kann.

Außer den klassischen analytischen Reaktionen, die meist mit denen der Arzneibücher identisch sind, wurden einige einfache Reaktionen für das Praktikum bearbeitet und dem Buch beigefügt.

Es werden, besonders zur Trennung, hauptsächlich anorganische Reagenzien verwendet. Die ablaufenden Reaktionen können von Anfängern mit etwas Anleitung und eigenem Studium verstanden werden. Im Prinzip kann auch mit organischen Reagenzien gearbeitet werden, doch reichen die Kenntnisse in organischer Chemie zu diesem Zeitpunkt des Studiums noch nicht aus, um die Strukturen der organischen Reagenzien zu verstehen. Daher sei dringend empfohlen, sich die organischen Reagenzien nach dem Studium der Grundlagen der organischen Chemie noch einmal anzusehen. Der meist höhere Preis für organische Reagenzien darf nicht dazu verleiten, in ihnen eine Art Wunderdroge zur problemlosen und bequemen Lösung von qualitativen anorganischen Analysen zu sehen.

Im Prinzip kann eine qualitative anorganische Analyse auch mittels der Dünnschichtchromatographie durchgeführt werden. Mit dieser Methode würde jedoch der didaktische Wert der Analyse stark zurückgehen. Als Beispiel ist die Trennung von Oxalsäure und Weinsäure angegeben. Das Hauptanwendungsgebiet der chromatographischen Verfahren liegt im Bereich der organischen Chemie und wird dort ausführlich behandelt.

Mit dem Begriff „instrumentelle Analytik" wird die Verwendung von physikalischen Apparaten angesprochen. Der wohl billigste Apparat, der im Rahmen der Übungen in qualitativer anorganischer Analyse Verwendung findet, ist das Handspektroskop, das auch für das Apothekerlabor erschwinglich ist. Alle anderen Analysenapparate sind, auf jeden Fall für das Apothekerlabor, zu teuer. Mit ihrer Verwendung würden außerdem die didaktischen Werte der qualitativen anorganischen Analyse für die chemische Ausbildung verloren gehen. In der Pharmazie läßt sich die Stoffkenntnis nicht durch Theorie ersetzen.

Die große Variabilität in der Zusammenstellung der Analysen ist ein Vorteil, der es erlaubt, jedem Studenten eine individuelle Aufgabe zu stellen. Im Übermaß dieser Variabilität liegt jedoch auch ein Ansatz zur Kritik. Daher sollte jeder Praktikumsleiter nach den örtlichen Gegebenheiten Grenzen vorgeben (z. B. Anzahl der Ionen, Zeit). Aus den angebotenen Reaktionen wird er ohnehin eine Auswahl treffen. Bei entsprechender Auswahl kann das vorliegende Buch auch für andere Ausbildungsgänge mit Übungen in qualitativer anorganischer Analyse Verwendung finden. Besonders hingewiesen sei auf die Tab. 16, mit Ionen, die miteinander reagieren. Die dort aufgeführten Kombinationen sollten ausgeschlossen werden, um Komplikationen, die eher einen negativen pädagogischen Effekt haben, zu vermeiden.

Münster, im September 1980   Wolfgang Werner

Inhaltsverzeichnis

Vorwort zur 4. Auflage. V
Aus dem Vorwort zur 1. Auflage. VII
Ausgewertete Arzneibücher. XIII
Abkürzungen XIV
Verzeichnis der Tabellen und Abbildungen. XV

1 Grundzüge der qualitativen anorganischen Analyse 1

1.1 Begriffsbestimmungen 1
1.2 Auswahl der zu prüfenden Substanzen 1
1.3 Analytik der Arzneibücher 2
1.4 Prinzip des Kationen-Trennungsganges 3
1.5 Analyse der Anionen 3
1.6 Analyse von Einzelsubstanzen 4
1.7 Vergleichsprobe und Blindprobe 4
1.8 Grundoperationen 5
1.9 Regeln zu sicherem Arbeiten 5
1.10 Maßnahmen bei Unfällen und Bränden 6

2 Arbeitsanleitung und Arbeitsmittel 8

2.1 Arbeiten im Halbmikromaßstab 8
2.2 Erforderliche Grundausstattung 9
   2.2.1 Sachgemäße Verwendung der Zentrifuge 10
   2.2.2 Sachgemäße Verwendung und Behandlung der Gefäße 10
   2.2.3 Wärmequellen im Labor 12
2.3 Benötigte Chemikalien 14
   2.3.1 Wasser 15
   2.3.2 Säuren und Basen 15
   2.3.3 Anorganische Probe- und Reagenzlösungen 16
   2.3.4 Organische Reagenzlösung 22
   2.3.5 Feststoffe und organische Lösungsmittel 25

3 Vorbereitung der Analyse ... 28

3.1 Mischen und Zerkleinern der Analysensubstanz ... 28
3.2 Glühen ... 28
3.3 Lösen der Analysensubstanz ... 29
3.4 Unterbrechen der Analyse ... 31

4 Spezielle Analysenmethoden ... 32

4.1 Spektralanalyse ... 32
    4.1.1 Flammenfärbung ... 32
    4.1.2 Spektroskopie ... 33
4.2 Aufschlüsse schwerlöslicher Verbindungen ... 36
    4.2.1 Basischer Aufschluss ... 36
    4.2.2 Saurer Aufschluss ... 38
    4.2.3 Oxidationsschmelze ... 39
    4.2.4 Freiberger Aufschluss ... 39
4.3 Reihenfolge der Aufschlüsse ... 40

5 Schwefelwasserstoff als Fällungsmittel ... 41

5.1 Eigenschaften von Schwefelwasserstoff ... 41
5.2 Schwefelwasserstoff-Bereitstellung ... 42
    5.2.1 Entnahme aus einer Druckflasche ... 42
    5.2.2 Verwendung von Thioacetamid ... 42
5.3 Toxikologie ... 45
    5.3.1 Schwefelwasserstoff ... 45
    5.3.2 Thioacetamid ... 45

6 Analyse der Kationen ... 46

6.1 Salzsäure- und Schwefelwasserstoff-Gruppe ... 46
    6.1.1 Einzelreaktionen ... 46
    6.1.2 Trennungsgang der HCl/H_2S-Gruppe ... 85
6.2 Ammoniumsulfid-Gruppe ... 90
    6.2.1 Einzelreaktionen ... 90
    6.2.2 Trennungsgang der $(NH_4)_2S$-Gruppe ... 119
6.3 Ammoniumcarbonat-Gruppe ... 125
    6.3.1 Einzelreaktionen ... 125
    6.3.2 Trennungsgang der $(NH_4)_2CO_3$-Gruppe ... 132
6.4 Lösliche Gruppe ... 134
    6.4.1 Einzelreaktionen ... 134
    6.4.2 Trennungsgang der löslichen Gruppe ... 147

7	**Analyse der Anionen** 149	
7.1	Herstellung eines Sodaauszuges 149	
	7.1.1 Kationen, die in den Sodaauszug gelangen können 150	
7.2	Gruppenreaktionen der Anionen 151	
	7.2.1 Gruppenvorproben 151	
7.3	Halogenide und Pseudohalogenide 152	
	7.3.1 Einzelreaktionen 153	
	7.3.2 Nachweis der Halogenide und Pseudohalogenide im Gemisch 177	
7.4	Schwefelhaltige Anionen 183	
	7.4.1 Einzelreaktionen 183	
	7.4.2 Nachweise der schwefelhaltigen Anionen im Gemisch 192	
7.5	Kohlenstoffhaltige Anionen 195	
	7.5.1 Einzelreaktionen 196	
	7.5.2 Nachweise der kohlenstoffhaltigen Anionen im Gemisch 210	
7.6	Borat, Silicat, Nitrit, Nitrat und Phosphat 213	
	7.6.1 Einzelreaktionen 213	
	7.6.2 Nachweise von Borat, Silicat, Nitrit, Nitrat und Phosphat im Gemisch 227	
7.7	Störende Anionen im Kationen-Trennungsgang 230	

8 Analyse sonstiger anorganischer Substanzen in Arzneibüchern 231

9 Durchführung einer Vollanalyse 238

9.1	Gemische 238	
9.2	Einzelsubstanzen 239	

10 Wichtige Begriffe 243

11 Wichtige Konstanten 254

11.1	Löslichkeitsprodukte 254	
11.2	Säurekonstanten 257	
11.3	Redoxpotenziale 259	
	11.3.1 Normalpotenzial, Nernst'sche Gleichung 259	
	11.3.2 Spannungsreihe 262	
	11.3.3 Oxidationszahl 263	
	11.3.4 Redoxgleichungen 265	

12	**Die Vollanalyse in Kurzfassung**	271
12.1	Vorproben	271
12.2	Nachweise der Anionen	272
	12.2.1 Entfernung der Anionen, die den Kationen-Trennungsgang stören	279
12.3	Nachweise der Kationen	281
	12.3.1 Lösen und Behandlung der Rückstände	282
	12.3.2 Aufschlüsse schwerlöslicher Verbindungen	284
	12.3.3 Schwefelwasserstoff-Gruppe	286
	12.3.4 Ammoniumsulfid-Gruppe	288
	12.3.5 Ammoniumcarbonat-Gruppe	291
	12.3.6 Lösliche Gruppe	292
12.4	Miteinander reagierende Ionen	293
13	**Gesundheitsschädliche Arbeitsstoffe**	295
13.1	Sicheres Arbeiten	295
13.2	Arbeitsplatz-Grenzwerte	295
13.3	Entsorgung von Abfällen	296

Sachverzeichnis 297

Periodensystem 310

Ausgewertete Arzneibücher

Europäisches Arzneibuch 5. Ausgabe 2005   Ph. Eur.

The United States Pharmacopeia   USP
und National Formulary 2006 (USP 29 – NF 24)

Erwähnt werden außerdem:
Deutsches Arzneibuch, 7. Ausgabe 1968   DAB 7
Deutsches Arzneibuch, geltende Fassung 2004   DAB

Die Arzneibuchkommission umfasst zurzeit 35 Mitgliedsländer und 16 Beobachter, darunter die Weltgesundheitsorganisation.

Abkürzungen

A_r	relative Atommasse („Atomgewicht")
aq.	H_2O
C. I. Nr.	Color Index Nr.
E xyz	Lebensmittelzusatzstoff Nr. xyz
g	Gramm (= 1000 mg)
GBHA	Glyoxal-bis-(2-hydroxyanil)
K_L	Löslichkeitsprodukt
K_S	Säurekonstante
KW	Königswasser
L	Liter (= 1000 mL)
Me	Metall
mg	Milligramm, 10^{-3} g
MIBK	Methylisobutylketon
min	Minute
mL	Milliliter, 10^{-3} L
M_r	relative Molmasse („Molekulargewicht")
nm	Nanometer, 10^{-9} m
ÖAB	Österreichisches Arzneibuch 1990
pH	negativer dekadischer Logarithmus der Wasserstoffionenkonzentration
pK_L	negativer dekadischer Logarithmus des Löslichkeitsprodukts
pK_S	negativer dekadischer Logarithmus der Säurekonstante
s	Sekunde
SA	Sodaauszug
Schmp	Schmelzpunkt
Sdp	Siedepunkt
TAA	Thioacetamid
US	Ursubstanz
Z	Ordnungszahl

Verzeichnis der Tabellen und Abbildungen

Tab. 1	Berücksichtigte Ionen, Substanzen und Elemente	2
Tab. 2	Erforderliche Grundausstattung	9
Tab. 3	Gehalte und Konzentrationen von Säuren und Basen	15
Tab. 4	Herstellung verdünnter Säuren und Basen	16
Tab. 5	Konzentration und Herstellung der Probe- und Reagenzlösungen	16
Tab. 6	Gehalte und Herstellung der organischen Reagenzien	23
Tab. 7	Feststoffe	25
Tab. 8	Organische Lösungsmittel und Reagenzien	26
Tab. 9	Schmelztemperaturen von Gemischen (4:1) für die Oxidationsschmelze	39
Tab. 10	Erreichbare Sulfid-Ionen-Konzentrationen $c(S^{2-})$	41
Tab. 11	Farben von Metall-Dithizonaten in $CHCl_3$ und pH-Bereiche ihrer Bildung	57
Tab. 12	Oxidationszahlen von Kohlenstoffatomen	195
Tab. 13	Reihenfolge der Nachweise der Anionen und von Ammonium	238
Tab. 14	Identifizierung des Kations einer Einzelsubstanz	240
Tab. 15	Löslichkeitsprodukte	256
Tab. 16	Säurekonstanten	258
Tab. 17	Normal- oder Standardpotenziale	261
Tab. 18	Spannungsreihe (saure Lösung)	262
Tab. 19	Spannungsreihe (basische Lösung)	263
Tab. 20	Vorproben	271
Tab. 21	Übersicht der günstigsten Nachweisreaktionen für Anionen	272
Tab. 22	Entfernung störender Anionen	279
Tab. 23	Miteinander reagierende Ionen	293
Abb. 1	Bunsenbrenner	12
Abb. 2	Heizzonen des Bunsenbrenners	13
Abb. 3	Gefahrensymbole und -bezeichnungen	14
Abb. 4	Spektrallinien	35

1 Grundzüge der qualitativen anorganischen Analyse

1.1 Begriffsbestimmungen

Aufgabe einer Analyse ist es, die Zusammensetzung einer Substanz oder einer Mischung von Substanzen festzustellen. Die Mischung muss gut homogenisiert werden, da ein Fehler bei der Probenahme später durch noch so sorgfältiges Arbeiten nicht korrigiert werden kann. Durch den Zusatz *anorganisch* (ursprünglich unorganisch) sind die möglichen Komponenten auf anorganische beschränkt. *Qualitativ* bedeutet, dass nur die Art der Komponenten zu bestimmen ist, nicht ihre Mengenverhältnisse untereinander. Dies ist die Aufgabe der quantitativen Analyse.

Die Feststellung der Anwesenheit einer Komponente ist ihr **Nachweis**. Eine **Vorprobe** liefert in der Regel nur einen **Hinweis;** Ausnahmen von der Regel sind möglich. Ein Hinweis muss durch einen Nachweis bestätigt werden. Es ist aber auch möglich, dass eine Vorprobe sich nicht durch einen Nachweis bestätigen lässt.

Als **Ergebnis** führt man nur die zuverlässig gefundenen Komponenten auf. Unsichere Ergebnisse überprüft man durch Wiederholung der entsprechenden Nachweise und eventuell durch andere Reaktionen sowie durch Blind- und n (s. Kap. 1.7). Treten bei Wiederholungen verschiedene, d. h. widersprüchliche Ergebnisse auf, so ist das ein Zeichen für ungleichmäßiges Arbeiten.

Der **Nachweis** erfolgt durch charakteristische Reaktionen, meist durch Bildung von Niederschlägen oder Farben. Oft sind diese Reaktionen nicht spezifisch, d. h. sie erfolgen auch mit anderen möglichen Komponenten der Analysensubstanz. Hinzu kommen zahlreiche weitere gegenseitige Beeinträchtigungen. Durch eine geeignete Reihenfolge und Auswahl von Reaktionen können die Nachweise trotzdem zuverlässig geführt werden.

1.2 Auswahl der zu prüfenden Substanzen

Mit der Bezeichnung „anorganisch" ist schon eine Grenzziehung verbunden; organische Hilfsstoffe und Kationen sind ausgeschlossen. Einige organische **Anionen** gehören seit langer Zeit zu den in der qualitativen anorganischen Analyse nachzuweisenden Ionen. Die Liste der berücksichtigten Anionen ist um einige Arzneibuch-relevante erweitert worden. Auch die Liste der eindeutig anorganischen Anionen konnte erheblich erweitert werden. Bei einigen komplexen Oxoanionen wird das Zentralatom als Kation angegeben.

Bei den **Kationen** ist ausschlaggebend, ob es Teil einer Monographie des Arzneibuches ist, oder als toxisches Element berücksichtigt werden muss. Ausgeschlossen sind die „seltenen" Elemente, obwohl die Häufigkeit eines Elementes kein zwingendes Kriterium ist.

Kation und Anion bilden zusammen Salze, die wie die Metalloxide Feststoffe sind. Beim Oxid ist das Kation verbunden mit negativ geladenem Sauerstoff, der nicht separat nachgewiesen wird. Auch elementare Metalle können als Vorstufe von Kationen Gegenstand der Analyse sein. Außerdem sind noch einige Anorganika aufgenommen, die einen Platz im europäischen Arzneibuch haben.

Tab. 1: Berücksichtigte Ionen, Substanzen und Elemente

Anionen	Kationen	Zusätzliche Substanzen bzw. Elemente
Chlorid	Silber	Titandioxid
Bromid	Quecksilber	Wasserstoffperoxid
Iodid	Blei	Elementarer Schwefel
Cyanid	Bismut	Selen
Thiocyanat	Kupfer	Molybdän
Hexacyanoferrat	Cadmium	
Chlorat	Arsen	
Perchlorat	Antimon	
Bromat	Zinn	
Iodat	Cobalt	
Sulfid	Nickel	
Thiosulfat	Eisen	
Sulfit	Mangan	
Sulfat	Aluminium	
Carbonat	Zink	
Oxalat	Chrom	
Acetat	Barium	
Tartrat	Strontium	
Citrat	Calcium	
Borat	Magnesium	
Silicat	Lithium	
Nitrit	Natrium	
Nitrat	Kalium	
	Ammonium	

1.3 Analytik der Arzneibücher

Unabhängig vom Geltungsbereich eines als Gesetz erlassenen Arzneibuches finden sich bei den Artikeln über Substanzen zum pharmazeutischen Gebrauch, die man Monographien nennt, die Prüfungen auf **Identität** und **Reinheit**.

Bei der Prüfung auf Identität soll festgestellt werden, ob der Inhalt des Gefäßes mit der Angabe auf dem Etikett übereinstimmt. Es ist selbstverständlich, dass gewisse Verunreinigungen in Substanzen zum pharmazeutischen Gebrauch nicht oder nur bis zu einer festgesetzten Grenze vorliegen dürfen. Daher muss z. B. bei den Prüfungen auf Reinheit der Nachweis mancher Komponenten negativ ausfallen. Bei einigen Prüfungen auf Reinheit heißt es, dass *„keine stärkere Trübung als ..."* auftreten darf bzw. dass *„die Lösung nicht stärker gefärbt sein darf als ...".* Es handelt sich dabei um halb quantitative Aussagen, die einfacher und schneller erhalten werden können als die Gehaltsbestimmung (quantitative Analyse), die ebenfalls in einer Monographie aufgeführt ist. Diese Prüfungen auf Reinheit mit definierten Vergleichslösungen werden als **Grenzprüfungen** bezeichnet.

1.4 Prinzip des Kationen-Trennungsganges

Metalle liegen in ihren Verbindungen meist als positiv geladene Atome vor, die man als **Kationen** bezeichnet. Zur Neutralisation der elektrischen Ladung stehen ihnen negativ geladene Atome oder Atom-Gruppen, die **Anionen,** gegenüber (s. Kap. 10).

Es ist nahezu unmöglich, alle Kationen im Gemisch durch **Einzelreaktionen** zu identifizieren. Mit organischen Reagenzien und zusätzlichen, nicht systematischen Operationen kann man diesem Ziel etwas näher kommen als mit anorganischen Reagenzien.

Die Auftrennung der Kationen in Gruppen vermindert die Zahl der möglichen Störungen. Durch weitere Unterteilungen werden Einzelnachweise einwandfrei möglich. Einen solchen **Trennungsgang** hat erstmalig *C. R. Fresenius* in seinen *„Anleitungen zur qualitativen chemischen Analyse für Anfänger und Geübtere"* (1841) vorgeschlagen. Er verwendete als Fällungsmittel Schwefelwasserstoff, der heute aus Thioacetamid erhalten wird. In saurer Lösung ist der Schwefelwasserstoff nur zu einem äußerst geringen Anteil bis zum Sulfid-Ion dissoziiert (s. Kap. 11.2 u. Tab. 16). Das Löslichkeitsprodukt (s. Kap. 11.1) wird daher nur für einige Schwermetallsulfide überschritten, die ausfallen (**Schwefelwasserstoff-Gruppenfällung**). In der anschließend ammoniakalisch gemachten Lösung ist die Konzentration der Sulfid-Ionen wesentlich höher und weitere Sulfide (und Hydroxide) fallen bei dieser so genannten **Ammoniumsulfid-Gruppenfällung** aus. Von den restlichen Kationen werden einige durch Fällung mit Ammoniumcarbonat in der **Ammoniumcarbonat-Gruppenfällung** abgetrennt und es bleiben die Kationen der **löslichen Gruppe** übrig.

Die Auftrennung der Kationen in Gruppen ist auch mit anderen Reagenzien möglich, doch hat sich der systematische Trennungsgang auf der Basis der Sulfid-Fällungen besonders bewährt.

1.5 Analyse der Anionen

Trotz verschiedener Versuche ist es bisher nicht gelungen, einen systematischen Trennungsgang für die Anionen zu entwickeln, der mit der gleichen Zuverlässigkeit wie der Kationen-Trennungsgang angewendet werden kann. Bei den Nachweisreaktionen sind die möglichen Störungen durch andere Anionen zu beachten. Diese Störungen müssen durch zusätzliche Reaktionen und/oder durch geeignete Auswahl der Nachweisreaktionen umgangen werden (s. Kap. 12.2 u. Tab. 22).

Die Analyse der Kationen erfordert ein präzises Nacharbeiten des Trennungsgangs, die Analyse der Anionen dagegen die Fähigkeit zur Kombination und Auswahl der Nachweisreaktionen.

1.6 Analyse von Einzelsubstanzen

Bei der überwiegenden Mehrzahl der zu identifizierenden Einzelsubstanzen handelt es sich um aus Kation und Anion zusammengesetzte Salze. Nach der Zuordnung des Kations zu einer der Gruppen des Trennungsgangs muss die Identität durch mindestens eine zweite möglichst spezifische Reaktion gesichert werden (s. Tab. 14). Für die Feststellung des Anions geben die Gruppenreaktionen (s. Kap. 7.2) einen Anhaltspunkt für die durchzuführenden Reaktionen. Das Ergebnis (Kation und Anion) sollte auch hinsichtlich Farbe und Löslichkeit mit der zu analysierenden Einzelsubstanz übereinstimmen.

1.7 Vergleichsprobe und Blindprobe

Einen Nachweis eines Ions erhält man durch Fällungs- oder Farbreaktionen, weil mit einer Lösung, die mit Sicherheit dieses Ion enthält, unter gleichen Bedingungen gleiche Niederschläge und Färbungen entstehen. Es handelt sich also um ein Wiedererkennen von Ergebnissen einer Reaktion. Eine Einzelreaktion, die man nicht zuvor mit Reinsubstanz durchgeführt hat, kann man nicht wiedererkennen.

Stimmen die Versuchsbedingungen nicht oder wurde eine Trennung unsauber durchgeführt, erhält man kein eindeutiges Versuchsergebnis. Zur wissenschaftlichen Klärung des Problems bedient man sich einer Vergleichsprobe:

Man halbiert die fragliche Lösung und fügt zu einer Hälfte das Ion hinzu, das man nachweisen will. Der Vergleich kann die Entscheidung ermöglichen. Sind durch die Vergleichsprobe die Unklarheiten nicht beseitigt, sollte man die Reaktionsbedingungen (pH) überprüfen. Es kann aber auch sein, dass durch eine vorangegangene unsauber ausgeführte Trennung ein Nachweis nicht eindeutig ist. Die Trennung ist dann mit neuer Analysensubstanz zu wiederholen.

Auch bei negativen Versuchsergebnissen prüft man durch Vergleichsproben, ob die Versuchsbedingungen richtig waren. Gleichzeitig sieht man wieder, wie der fragliche Nachweis hätte aussehen müssen.

Manchmal werden Nachweise durch Verunreinigungen, die in die Reagenzien geraten sind, beeinträchtigt. Verunreinigungen entstehen durch Verwechseln von Stopfen, längeres Offenstehenlassen von Basen (diese ziehen Kohlendioxid aus der Luft an) oder durch Zurückgießen von zu viel entnommenem Reagenz aus nicht ganz sauberem Gefäß. Hat man Zweifel an ihrer Reinheit und bei Verwendung von hoch empfindlichen organischen Reagenzien, die oft auch gegen Störungen sehr anfällig sind, sollte man eine Blindprobe machen. Dazu führt man die Reaktion mit den gleichen Mengen der benötigten Reagenzien, aber ohne das fragliche Ion durch. Der Vergleich der Nachweisreaktion mit der Vergleichsprobe und Blindprobe wird die Entscheidung erleichtern, ob das fragliche Ion anwesend ist.

1.8 Grundoperationen

Die **Grundoperationen** der Analyse lassen sich auf **Trennungen** zurückführen. In diesem Zusammenhang ist es interessant, dass Chemie im alten Deutsch als Scheidekunde oder Scheidekunst bezeichnet wurde.

- **Lösen.** Voraussetzung für Fällungsreaktionen ist eine klare Lösung. Ein ungelöster Anteil, den man Rückstand nennt, muss abgetrennt werden.
- **Dekantieren.** Die Lösung wird von Ungelöstem, d. h. vom Rückstand oder Niederschlag durch vorsichtiges Abgießen getrennt. Diese Trennung ist nur möglich, wenn sich der Feststoff gut abgesetzt, d. h. sedimentiert hat.
- **Filtrieren.** Die Lösung (Filtrat) fließt durch die Poren z. B. eines Filterpapiers. Sind die Partikel des Feststoffes größer als die Poren, werden sie auf dem Filter zurückgehalten. Ein Rundfilter (meist vom Durchmesser Ø 11 cm) wird zunächst zu einem Halbkreis gefaltet, dann zu einem Viertelkreis. Durch dessen Auffalten erhält man einen Kegel, den man in einen passenden Filtriertrichter einhängt. Der obere Rand des Papierkegels sollte gut anliegen.
- **Absaugen.** Die Filtration wird durch Anlegen eines Unterdrucks beschleunigt.
- **Zentrifugieren.** Das Absetzen des Rückstandes wird durch Erhöhung der Schwerkraft beschleunigt, die überstehende Lösung (Zentrifugat) kann schnell dekantiert werden. Das ist besonders wichtig beim Arbeiten mit kleinen Mengen, wie hier bei der Analyse im Halbmikromaßstab.
- **Fällung eines Niederschlages.** Eine häufig angewendete Methode zur Trennung von Gemischen ist die Fällung eines Niederschlages aus klarer (!) Lösung.

1.9 Regeln zu sicherem Arbeiten

- Nur mit **Schutzbrille** und **Arbeitskittel** im Labor arbeiten.
- **Speisen und Getränke gehören nicht ins Labor!**
- **Gefäße** nach **Entnahme von Chemikalien** sofort wieder verschließen.
- **Chemikalien** (auch Lösungen) und **Kunststoffgefäße** nicht in der Nähe eines brennenden Bunsenbrenners stehen lassen (Hitzestrahlung!)
- **Im Zweifelsfall** immer unter dem **Abzug** arbeiten (s. Kap. 13). Durch angeklebte Wollfäden oder Streifen aus Papier bzw. Kunststofffolie, die sich im Luftzug bewegen, sicherstellen, dass der Abzug eingeschaltet ist.
- **Reagenzgläser** nur $1/4 - 1/3$ füllen, schon ein halb gefülltes Reagenzglas lässt sich schwer umschütteln.
- **Hautkontakt mit Chemikalien** und Lösungen, wo nur irgend möglich vermeiden.
- **Sodaauszug** vorsichtig und langsam ansäuern, wegen der heftigen Kohlendioxid-Entwicklung.
- **Öffnungen von Reagenzgläsern** nicht auf Personen richten, durch heftige Reaktionen oder Siedeverzüge können leicht Verletzungen entstehen.
- **Verdünnen** von konz. Schwefelsäure muss so erfolgen: **Immer Säure in das Wasser** gießen! Die umgekehrte Verdünnung kann infolge starker lokaler Erhitzung zum Verspritzen der Säure führen.
- **Neutralisieren** von wässrigem Ammoniak mit Säure oder umgekehrt muss wegen der auftretenden Neutralisationswärme vorsichtig und langsam vorgenommen werden. Ammoniak ist in der Hitze nicht mehr so gut in Wasser löslich, es kann zum scheinbaren Sieden und zum Verspritzen der Lösung kommen.
- Die **Tiegelzange** wird nur zum Hantieren von Tiegeln mit Schmelzen benutzt, nicht jedoch für Porzellanschalen und Bechergläser mit heißen Lösungen. Gelöste Teile der Legierung der Tiegelzange verfälschen das Analysenergebnis. Will man heiße Gefäße anfassen, kann man die Finger mit einem Stück aufgeschnittenem Gummischlauch schützen.
- **Heiße Bechergläser und Porzellanschalen** kann man ohne Verbrennungsgefahr anfassen, indem man zwei kurze Stücke Gasschlauch aufschlitzt und über Daumen und Zeigefinger steckt.
- **Schadhafte Glasgeräte** mit scharfen Kanten wegwerfen oder mit dem Bunsenbrenner rund schmelzen.
- **Glasrohre** lassen sich problemlos durch einen durchbohrten Stopfen stecken, wenn man zum besseren Gleiten einen Tropfen Paraffin, Glycerin oder Wasser auf die Bohrung gibt. Außerdem schützt man die Hände durch ein Handtuch oder ein Stück Kittel. Auf keinen Fall darf Gewalt angewendet werden.
- Die **Beschriftung** von Chemikaliengefäßen muss, auch aus Rücksicht vor evtl. folgenschweren Verwechslungen durch Dritte, vollständig sein und die vorgeschriebenen Gefahrensymbole (nebst R- und S-Sätzen) einschließen. Beschriftungen mit Filzschreiber sind nur von kurzer Haltbarkeit.

- **Stopfen** nur mit dem breiten Ende auf den Tisch legen, um das Eintragen von Verunreinigungen zu vermeiden.
- **Flaschen** sofort nach Gebrauch wieder verschließen, um das Verwechseln von Stopfen oder Schraubverschlüssen, und damit die Verunreinigung von Substanzen und Lösungen, zu vermeiden.
- **Tropfpipetten** müssen mit der Öffnung nach unten gehalten werden, damit das Gummihütchen nicht mit der Lösung in Kontakt kommt.

1.10 Maßnahmen bei Unfällen und Bränden

- Der **Erste-Hilfe-Kasten** muss stets zugänglich sein.
- Beim Telefon müssen sich die **Rufnummern** der **zuständigen Kliniken,** des **Krankentransportes** und der **Feuerwehr** befinden.
- Die Erste Hilfe kann auf keinen Fall die ärztliche Behandlung ersetzen.
- Kleinere **Schnittwunden** können mit einem geeigneten Pflaster vor dem Kontakt mit Chemikalien geschützt werden. Bei größeren Verletzungen, starken Blutungen und bei dem geringsten Verdacht, dass Splitter in der Wunde verblieben sind, ist **ärztliche Versorgung** erforderlich. Für den Weg zum Arzt kann die Wunde mit einem sterilen Verband abgedeckt werden.
- Bei **Verätzungen der Haut** und der **Augen** möglichst schnell mit viel Wasser spülen. Nach einer pH-Wert-Prüfung auf der Haut kann man vor der ärztlichen Versorgung mit einer 1%igen Natriumhydrogencarbonat- bzw. Borsäure-Lösung neutralisieren.
- Leichte **Verbrennungen** mit einem Sulfonamid-Gel vor Infektionen schützen, schwerere gehören in die Behandlung eines Arztes. **Brandblasen nicht öffnen!**
- Bei Vergiftungen, gleich ob durch Einatmen oder über den Magen, ist ein schneller Transport in die Klinik und telefonische Unterrichtung des diensthabenden Arztes erforderlich. Die Information, um welche Art von Vergiftung es sich handelt, kann lebensrettend sein.
- Zur **Brandlöschung** befindet sich in jedem Labor ein Feuerlöscher. An brennenden Personen erstickt man das Feuer mit der Feuerlöschdecke oder löscht mit der Dusche, die in der Regel über dem Ausgang des Labors angebracht ist.
- Bei Unfällen Ruhe bewahren und sich zunächst einen Überblick verschaffen! Durch Panik werden die Unfallfolgen verschlimmert.

2 Arbeitsanleitung und Arbeitsmittel

2.1 Arbeiten im Halbmikromaßstab

Bei der Arbeitsweise im Halbmikromaßstab geht man von einer Spatelspitze Analysensubstanz aus, das sind etwa 10–100 mg. Zum Lösen reichen 4–7 mL verd. Salzsäure, das ist etwa ein ¼–⅓ gefülltes Reagenzglas. In einem solchen Reagenzglas führt man auch die Schwefelwasserstoff-Gruppenfällung durch. Die Abtrennung von Rückständen und Niederschlägen erfolgt durch Zentrifugieren in Zentrifugengläsern.

Die **Nachweisreaktionen** werden in kleineren Reagenzgläsern oder auf einer Tüpfelplatte durchgeführt. Die Reagenzien füllt man in Polyethylenflaschen (50 mL) mit aufgeschraubtem Tropfrohr, da man nur einige Tropfen benötigt. Für Ether und Chloroform bzw. Dichlormethan sind Polyethylengefäße nicht geeignet, da diese organischen Lösungsmittel durch die Kunststoffwände diffundieren. Ether und Chloroform müssen daher in verschlossenen Glasgefäßen aufbewahrt werden. Gegenüber der früher üblichen Arbeitsweise im **Makromaßstab** (0,5–1,0 g Analysensubstanz) ist die Erkennbarkeit der Nachweisreaktionen nicht beeinträchtigt.

Vorteile des **Halbmikromaßstabes** sind
- Zeitersparnis durch Zentrifugieren,
- Energieersparnis, z. B. sind wesentlich kleinere Mengen Lösung einzudampfen,
- geringerer Reagenzienverbrauch,
- bessere Laborluft und
- weniger Abfall.

Jeder Arbeitsgang mit Schwefelwasserstoff, Ammoniumsulfid und Cyaniden, das Eindampfen von Lösungen, Erhitzen von Säuren und Abrauchen von Ammonium-Salzen muss grundsätzlich im **Abzug** erfolgen! Für Analysenreste mit Schwermetall-Salzen sollte ein Sammelgefäß (Sondermüllkanister) bereitstehen. **Reste von Cyaniden** dürfen nicht in den Ausguss gegeben, sondern müssen nach Versuch CN^- ⑤ zerstört werden.

Bunsenbrenner abstellen, wenn nichts mehr erhitzt werden muss, auch aus Sparsamkeitsgründen. Neben einem brennenden Bunsenbrenner stellt man keine Chemikalien ab, auch keine unbrennbaren. Wenn möglich, abends den Gashaupthahn des Labors schließen. Es empfiehlt sich, die Stecker der elektrischen Zentrifugen nach der Arbeit herauszuziehen. Auch ein sauberer Arbeitsplatz, eine saubere Zentrifuge, deutlich beschriftete Gefäße für die benötigten Chemikalien und ein Ausguss ohne

Scherben, Streichhölzer, alte Etiketten, Zink-Perlen usw. tragen zur Sicherheit am Arbeitsplatz bei.

2.2 Erforderliche Grundausstattung

In Tabelle 2 ist die erforderliche Grundausstattung für das Arbeiten im Labor aufgelistet.

Tab. 2: Erforderliche Grundausstattung

50	Reagenzgläser, 100mm lang, 10mm Ø („kleine" Reagenzgläser, auch Glühröhrchen)	1	Vierfuß mit Ceranplatte oder
		1	Dreifuß mit Drahtnetz
1	Reagenzglasklammer dazu passend	je 2	Bechergläser, 50 mL, 100 mL
1	Reagenzglasständer dazu passend	1	Becherglas 400 mL (mit Wasserbadeinsatz für Reagenzgläser)
1	Reagenzglasbürste dazu passend		
5	Gummistopfen dazu passend	2	Porzellanschalen
20	Reagenzgläser 160mm lang, 16mm Ø („große oder normale" Reagenzgläser)	1	Bleitiegel mit durchbohrtem Deckel oder
		1	PVC-Tiegel mit durchbohrtem Deckel mit Schlitz (Gebrauchsmuster DE 200 03 986 U 1)
1	Reagenzglasklammer dazu passend		
1	Reagenzglasständer dazu passend	10	Magnesiarinnen
1	Reagenzglasbürste dazu passend	20	Magnesiastäbchen
5	Gummistopfen dazu passend	1	Handspektroskop mit Stativ
3	durchbohrte Gummistopfen dazu passend	4	Tropfpipetten
1	Gärröhrchen, passend zum durchbohrten Gummistopfen und großen Reagenzglas	2	Uhrgläser
		1	Spritzflasche, 500 mL, für demin. H_2O
		2	Glasstäbe verschiedener Längen
1	ausgezogenes Glasrohr passend zum durchbohrten Gummistopfen und großem Reagenzglas	1	elektrische Zentrifuge oder
		1	Handzentrifuge
		4	Zentrifugengläser passend (!)
1	Gasüberleitungsrohr, passend zum durchbohrten Gummistopfen und großem Reagenzglas		Indikatorpapier (pH-Papier)
			Objektträger
			Deckgläser
1	Spatel	1	Mikroskop
1	Mörser mit Pistill (Porzellan)	1	Reagenzienbrett
1	Tüpfelplatte		Polyethylentropfflaschen, 50 mL und Polyethylenpulverflaschen 50 mL zum Reagenzienbrett passend
1	Porzellantiegel mit Deckel		
1	Nickeltiegel, dünnwandig, gleiche Größe wie Porzellantiegel		
		2	Glasflaschen 50 mL (für Ether und Chloroform)
1	Tondreieck, passend für beide Tiegel	1	UV-Lampe (für Al-Nachweis mit Morin)
1	Tiegelzange		Cellulose-Dünnschichtplatten: Polygram CEL 300 Fertigfolien 4 × 8 cm
1	Bunsenbrenner (auf Gasart achten!) mit Gummischlauch		
		1	verschließbares Glasgefäß als DC-Entwicklungskammer
1	Gasanzünder, Feuerzeug oder Streichhölzer		
1	Elektrobrenner (eventuell)	1	Sprühgerät für die Dünnschichtchromatographie

2.2.1 Sachgemäße Verwendung der Zentrifuge

Durch Zentrifugieren wird die Sedimentierung von Suspensionen beschleunigt, um anschließend das Zentrifugat abdekantieren zu können. Es ist wichtig, passende Zentrifugengläser zu verwenden, die dickwandiger sind als Reagenzgläser.

Zu einem mit einer Suspension gefüllten Zentrifugenglas ist ein zweites als Gegengewicht gleich hoch mit Wasser zu füllen. In der Regel passen acht bis zwölf Gläser in eine elektrische Laborzentrifuge.

Während der Rotation bleibt der Deckel der Zentrifuge geschlossen. Nicht mit der Hand hineingreifen!

Die Geschwindigkeit nur langsam und stufenweise heraufschalten. Beschleunigt man zu schnell, wird durch herausgeschleuderte Suspension die Zentrifuge verunreinigt. Das Abschalten kann auf einmal erfolgen, der Rotor läuft langsam aus. Die Zentrifuge muss saubergehalten werden. Es dürfen keine Zentrifugengläser – auch wenn sie nur mit Wasser gefüllt sind – über Nacht im Gerät bleiben.

Eine defekte Zentrifuge darf bis zur Überprüfung durch den Assistenten nicht benutzt werden.

2.2.2 Sachgemäße Verwendung und Behandlung der Gefäße

Reagenzgläser nur zu ¼–⅓ füllen, damit man den Inhalt durch Umschütteln durchmischen kann. Beim Erhitzen über freier Flamme das Reagenzglas mit der Reagenzglasklammer halten und stets schütteln, um Siedeverzüge zu vermeiden. Ein Siedeverzug im Reagenzglas hat oft den Verlust eines Teiles der Lösung und die Verschmutzung des Arbeitsplatzes zur Folge. Öffnung eines Reagenzglases bei Reaktionen und beim Erhitzen nicht auf Personen halten. Nachweisreaktionen führt man in der Regel in kleinen Reagenzgläsern oder auf der Tüpfelplatte durch. Kleine Reagenzgläser darf man maximal zu ¼ füllen, um noch umschütteln zu können. Kleine Mengen lassen sich gut durch Absaugen und Ausdrücken mit einer Tropfpipette durchmischen.

Zentrifugengläser dürfen nicht über freier Flamme erhitzt werden, da sich im relativ dickwandigen Glas innere Spannungen ausbilden können, die zum Bruch führen.

Becherglaser verwendet man zum Aufkochen einer Lösung oder Suspension. Sie sollen maximal zur Hälfte gefüllt sein, um ein Überkochen zu vermeiden. Siedeverzüge werden durch einen kleinen in die Lösung hineingestellten Glasstab vermieden. Bechergläser erhitzt man nicht über der freien Flamme, sie werden auf ein Drahtnetz oder eine Ceranplatte gestellt.

Porzellanschalen werden zum Eindampfen von Lösungen, Abrauchen und Glühen benutzt. Beim Eindampfen auf Drahtnetz oder Ceranplatte ist es wichtig, dass die Flüssigkeit eine große Oberfläche ausbilden kann, und die Dämpfe leicht entweichen können. Durch Kondensation des Wasserdampfes an der Becherglaswand würde das Eindampfen im Becherglas zu lange dauern. Zum Abrauchen erhitzt man vorsichtig, d. h. langsam und gleichmäßig mit freier Flamme, um ein Zerplatzen der Porzellanschale aufgrund innerer Spannungen zu vermeiden. Aus dem gleichen Grund dürfen heiße Porzellanschalen nicht auf die kalten Kacheln des Labortisches gestellt werden. In heiße Porzellanschalen darf man nicht mit der Tiegelzange fassen, da die Gefahr besteht, dass sich Material der Tiegelzange löst und in die Analyse gerät.

Porzellantiegel sind Gefäße für Aufschlüsse. Es ist zu beachten, dass bei Aufschlüssen etwas Aluminium und Silicium aus dem Tiegelmaterial gelöst werden kann. Tiegel werden zum Erhitzen in ein Tondreieck gehängt. Durch Verbiegen des Dreiecks kann man den Tiegel in die geeignete Flammenzone bringen. Porzellantiegel werden durch Auskochen in Säure gereinigt.

Nickeltiegel dürfen nicht mit dem inneren Kegel der nicht leuchtenden Bunsenflamme in Berührung kommen. Das dort gebildete Kohlenmonoxid reagiert mit dem Nickel zu $Ni(CO)_4$ (Sdp. 42 °C), das am Flammenrand verbrennt, der Nickeltiegel bekommt auf diese Weise in 10–20 min ein Loch.

Platintiegel (und -geräte) sind gegen Chemikalien beständiger. Verbindungen von Schwermetallen (z. B. Ag, Bi, Pb, As, Sb), die in der Hitze leicht reduziert werden, und Sulfide dürfen nicht mit Platin in Berührung kommen. Es bilden sich Legierungen bzw. Verbindungen, die nicht mehr die thermische, chemische und mechanische Widerstandsfähigkeit des Platins besitzen. Der Kontakt mit einer leuchtenden Flamme, wie mit dem inneren Kegel der nicht leuchtenden Bunsenflamme, muss ebenfalls vermieden werden, da Platin durch Kohlenstoff brüchig wird.

Gärröhrchen werden zur Absorption von Gasen verwendet, die man im Reagenzglas entwickelt. Mit der Flüssigkeit, die ein Gas absorbieren soll, füllt man nur das Glasrohr zwischen den beiden „Kugeln", die bei Über- oder Unterdruck diese Flüssigkeit aufnehmen können müssen. Die obere „Kugel" ist ein Trichter beim Füllen des Gärröhrchens.

Die **Reinigung von Laborgefäßen** wird mit einem nicht zu groben Scheuerpulver und einer geeigneten Bürste vorgenommen. Detergenzien sind nicht erforderlich, da hier nicht mit fettigen Rückständen zu rechnen ist. Glas- und Porzellangefäße können mit Königswasser (s. NH_4^+ ③**d**) gereinigt werden. Nickel- und Platintiegel aber auf *keinen* Fall! Vor der Verwendung von Königswasser (Abzug!) sollte allerdings geprüft werden, ob wirklich eine Verunreinigung (z. B. in der rauen Innenfläche des Mörsers) vorliegt, die mit Königswasser oxidiert werden muss. Meist reicht die Einwirkung von wenig konz. Salzsäure (Abzug!), notfalls in der Wärme.

Bei 400 °C bildet sich auf dem **Nickeltiegel** ein fest haftender, dunkler Oxidfilm; durch Reinigung kann der ursprüngliche Glanz nicht wieder hergestellt werden. Kurzfristig kann man den Nickeltiegel mit verd. Salzsäure behandeln, womit man Reste des basischen Aufschlusses schnell löst. Für die Entfernung von Resten des sauren Aufschlusses kocht man den Nickeltiegel in einem Becherglas mit Wasser. Reste von Schmelzen, die man mechanisch entfernen kann, kratzt man vorsichtig mit dem Spatel heraus. Für die Reinigung von letzten Resten kann man den vorgesehenen Aufschluss ohne Analysensubstanz durchführen und die Schmelze verwerfen.

2.2.3 Wärmequellen im Labor

Bunsenbrenner

Der Bunsenbrenner (Abb. 1a) dient zum Erhitzen im Labor, er wurde 1855 nach Angaben von Robert Bunsen (1812 – 1899) in Heidelberg konstruiert und 1892 von Nicolae Teclu (1838 – 1916) in Wien modifiziert. Man erhitzt, um die Geschwindigkeit von Reaktionen, auch des Lösevorgangs, zu beschleunigen. Als Faustregel gilt die Verdopplung der Geschwindigkeit bei einer Temperaturerhöhung um 10 °C.

Stadt- und Erdgas oder auch Flüssiggas aus einem Druckgefäß verbrennen bei geschlossener Luftzufuhr mit leuchtender Flamme:

Der Wasserstoff des Heizgases verbrennt mit wenig leuchtender Flamme. Durch Sauerstoffmangel verbrennt vom im Gas enthaltenen Methan (CH_4) zunächst nur der Wasserstoff, die Kohlenstoff-Partikel kommen in der Flamme zum Glühen, d. h. sie leuchten und verbrennen am Rand der Flamme. Wird die Temperatur der leuchtenden Flamme z. B. durch eine kalte Ceranplatte abgekühlt, scheidet sich Ruß ab. Eine leuchtende Flamme wird im Labor praktisch nicht benötigt.

Bei geöffneter Luftzufuhr findet eine vollständige Verbrennung statt, das Leuchten verschwindet. Durch stärkere Luftzufuhr bildet sich ein blaugrüner Flammenkegel in der Flamme (s. Abb. 2). Gleichzeitig tritt ein charakteristisches Rauschen auf:

Durch das aus der Düse austretende Heizgas wird Luft durch die Luftzufuhr (*Primärluft*) angesaugt. Der Sauerstoff reicht nur zur Verbrennung bis zum Kohlenmonoxid am Rand des inneren Flammenkegels. Die Verbrennung des Kohlenmonoxids durch den herantretenden Luftsauerstoff (*Sekundärluft*) erfolgt im äußeren Flammensaum.

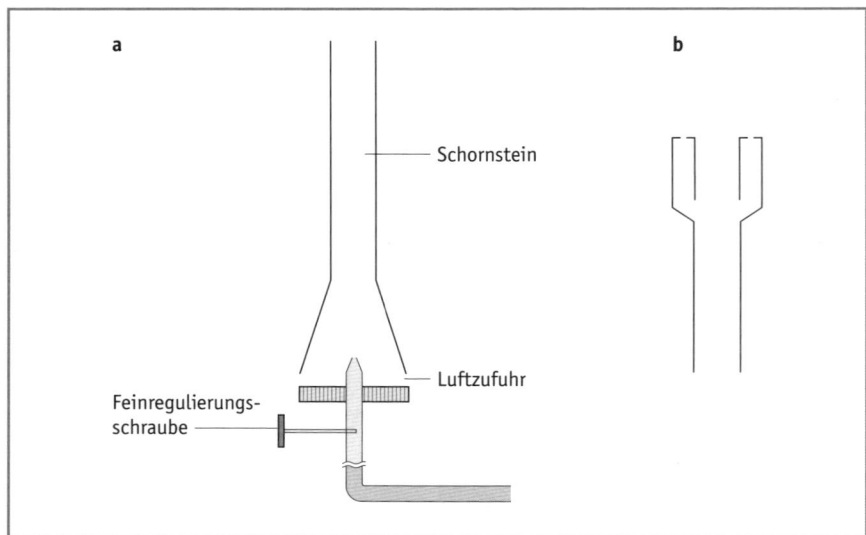

Abb. 1 a Bunsenbrenner (für Stadtgas), b Schornsteinkopf (für Erdgas)

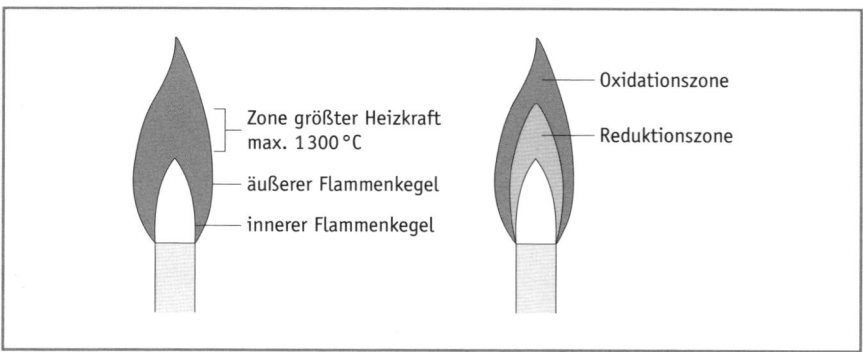

Abb. 2 Heizzonen des Bunsenbrenners

Im inneren Kegel werden 300 °C, in der Flamme maximal 1300 °C erreicht. Man kann die verschiedenen Temperaturen in der Flamme an der Glühfarbe eines hineingehaltenen Magnesiastäbchens beobachten (Rotglut ab ca. 525 °C, Gelbglut ca. 1200 °C). Der zum Erhitzen günstigste Bereich ist in Abbildung 2 eingezeichnet. Die Phosphorsalz- oder Borax-Perlen (s. Kap. 6.2, 12.1 u. Tab. 20) schmilzt man in der Oxidationszone (Abb. 2). In der Reduktionszone werden viele Schwermetall-Salze zu ihren Elementen reduziert, die die Phosphorsalz- oder Borax-Perle grau färben.

Die Fortpflanzungsgeschwindigkeit der Flamme in Richtung zum ausströmenden Gas und die Strömungsgeschwindigkeit des Gasgemisches halten sich die Waage. Bei Stadtgas wird bei zu starker Zufuhr von Primärluft das Verhältnis Strömungsgeschwindigkeit des Gasgemisches zur Fortpflanzungsgeschwindigkeit der Flamme so verändert, dass die Flamme *durchschlägt,* d. h. direkt auf der Düse brennt. Ein durchgeschlagener Brenner ist an einem charakteristischen Pfeifton zu erkennen. Das Metall des Brenners erhitzt sich schnell so stark, dass der Gummischlauch zu schmoren beginnt: sofort abstellen, abkühlen lassen und neu regulieren.

Durch den höheren Kohlenwasserstoff-Anteil (Methan) ist im Erdgas die Fortpflanzungsgeschwindigkeit der Flamme geringer als im Stadtgas (höherer Wasserstoffanteil). Daher haben Brenner für Erdgas einen besonderen Schornsteinkopf (Metall- oder Schamotte-Einsatz), um die Strömungsgeschwindigkeit am Rande des Schornsteins zu drosseln (Abb. 1 b).

Bei Verstopfung des Einsatzes durch hineingefallene Schmelze, z. B. von der Phosphorsalzperle oder bei der Spektroskopie, kann die Flamme ausgeblasen werden, d. h. abheben. Die Strömungsgeschwindigkeit des Gasgemisches ist größer als die Fortpflanzungsgeschwindigkeit der Flamme. Das Durchschlagen wird bei Erdgasbrennern nicht beobachtet. Um einen Erdgasbrenner anzünden zu können, muss man zuvor die Luftzufuhr schließen. Verschmutzte Schornsteine von Bunsenbrennern können kurzfristig mit stark verdünnter Salzsäure und anschließend mit viel Wasser gereinigt werden. Verstopfte Düsen, die an einer zu kleinen Flamme erkannt werden, müssen mit einem Draht (höchstens gleicher Durchmesser) wieder geöffnet werden.

Wasserbad

Ein Wasserbad kann auch elektrisch beheizt werden. Die maximal erreichbare Temperatur ist durch den Siedepunkt des Wassers (100 °C) begrenzt. Es muss darauf geachtet werden, dass das Wasserbad nicht austrocknet, z. B. durch Abdeckung mit Paraffin oder Paraffinöl.

Elektrobrenner

Beim Einsatz von Elektrobrennern müssen die Sicherheitsbestimmungen für Elektrogeräte beachtet werden.

2.3 Benötigte Chemikalien

Chemikalien sind nach einer Liste im Anhang der Gefahrstoffverordnung (GefStoffV) mit Gefahrensymbolen und -bezeichnungen zu kennzeichnen. Die Buchstaben über den abgebildeten Gefahrensymbolen in Abbildung 3 werden in den folgenden Tabellen zur Kennzeichnung verwendet.

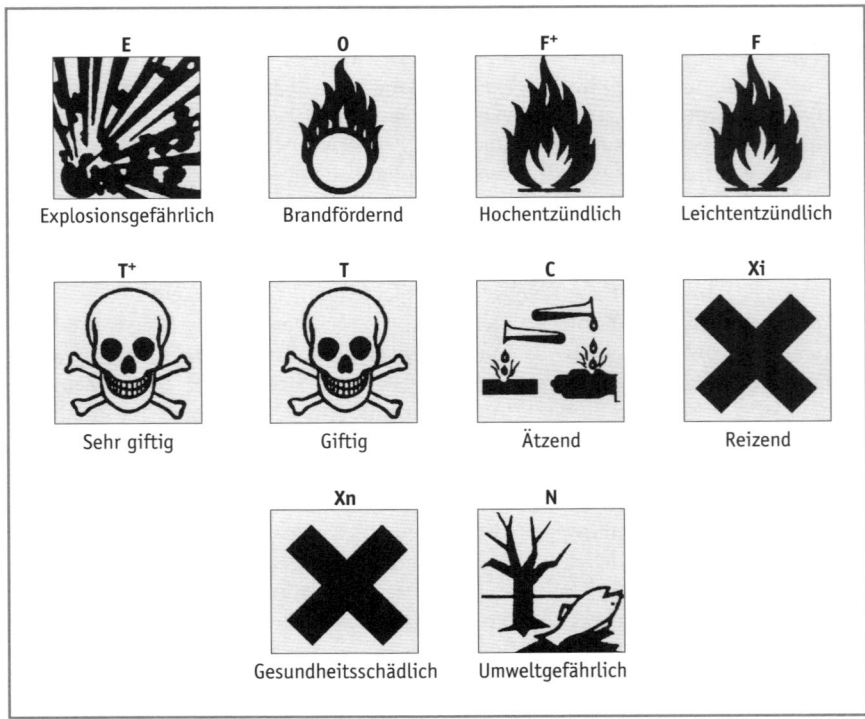

Abb. 3 Gefahrensymbole und -bezeichnungen (schwarzer Aufdruck auf orangegelbem Grund)

Zusätzlich werden über nummerierte R-Sätze „Hinweise auf besondere Gefahren" weitere Informationen gegeben. Über ebenfalls nummerierte S-Sätze werden „Sicherheitsratschläge" gegeben. Die Kennzeichnung von Standflaschen mit diesen R- und S-Sätzen ist in wissenschaftlichen Instituten, Laboratorien und Apotheken nicht erforderlich, wenn sie die gefährlichen Stoffe und Zubereitungen in einer für den Handgebrauch erforderlichen Menge enthalten. Originalpackungen müssen mit diesen zusätzlichen Hinweisen für den Transport gekennzeichnet sein. R45 bedeutet: Kann Krebs erzeugen.

Von verschiedenen Chemikalien-Firmen gibt es Poster, auf denen häufig gebrauchte Chemikalien mit ihren Gefahrensymbolen, -bezeichnungen sowie R- und S-Sätzen aufgeführt sind. Diese Poster, die wie einige neuere Tabellen auch die Listen der R- und S-Sätzen enthalten, sollten in den Laboratorien aufgehängt werden.

2.3.1 Wasser

Die Reinheit des für die Analyse wie für die Herstellung der Reagenzlösungen verwendeten Wassers ist wichtig. Leitungswasser muss durch Destillation, Ionenaustausch oder Umkehrosmose von gelösten anorganischen Substanzen gereinigt werden, so gereinigtes Wasser wird als demineralisiertes Wasser (Aqua demineralisata) bezeichnet.

2.3.2 Säuren und Basen

Tab. 3: Gehalte und Konzentrationen von Säuren und Basen

Säure bzw. Base	Gefahren-symbole	Massen-konzentration (%)	c(mol/L) Stoffmengen-konzentration	c^{eq}(mol/L) Äquivalent-konzentration
Konz. H_2SO_4		96	18	36
Verd. H_2SO_4		9–10	1	2
Konz. HCl (rauchend)		36,5	12	12
Verd. HCl		7	2	2
Konz. HNO_3		65	14	14
Verd. HNO_3		12	2	2
CH_3COOH (Eisessig)		Mind. 99	17	17
Verd. CH_3COOH		12	2	2
Konz. H_3PO_4		85	17,3	26
Verd. H_3PO_4		12,5	0,3	1
H_2SO_3		5	0,6	1,2
Perchlorsäure ($HClO_4$)		60	9	9
Konz. Ammoniak[a]		25	13	13
Verd. Ammoniak[a]		3,5	2	2

Tab. 3: Gehalte und Konzentrationen von Säuren und Basen (Fortsetzung)

Säure bzw. Base	Gefahren-symbole	Massen-konzentration (%)	c(mol/L) Stoffmengen-konzentration	c^{eq}(mol/L) Äquivalent-konzentration
Stark verd. Ammoniak	✖	0,4	0,2	0,2
Konz. NaOH[a, b]	🜸	40	10	10
Verd. NaOH[a, b]	🜸	8	2	2
Stark verd. NaOH	✖	2	0,5	0,5
Verd. KOH[a, b]	🜸	20	3	3

[a] gut verschlossen halten, um Absorption von Kohlendioxid aus der Laborluft zu vermeiden.
[b] Kunststoffstopfen verwenden, da Glasstopfen sich leicht festsetzen. Natron- und Kalilauge greifen Glasflaschen an und sollten in Flaschen aus Polypropylen aufbewahrt werden s. Al^{3+} ⑤.

Tab. 4: Herstellung verdünnter Säuren und Basen

Stoffmengenkonzentration	Gefahrensymbole	Benötigte Chemikalie/L	der Massenkonzentration (%)
1 mol/L H_2SO_4	🜸	102 mL H_2SO_4	96
2 mol/L HCl	🜸	170 mL HCl	36,5
2 mol/L HNO_3	🜸	145 mL HNO_3	65
2 mol/L CH_3COOH	🜸	120 mL CH_3COOH	99
0,3 mol/L H_3PO_4	🜸	60 mL H_3PO_4	85
2 mol/L NH_3	🜸	155 mL NH_3	25
2 mol/L NaOH		80 g NaOH	100
3 mol/L KOH	🜸, ✖	200 g KOH	85

2.3.3 Anorganische Probe- und Reagenzlösungen

Tab. 5: Konzentration und Herstellung der Probe- und Reagenzlösungen

Substanz	Gefahren-symbole	c(mol/L) Stoffmengen-konzentration	Massen-konzentration (%)	Herstellung, Bemerkungen
$AgNO_3$	🜸, ✖	0,05		8,5 g/L
$Al_2(SO_4)_3$		0,025		17 g $Al_2(SO_4)_3 \cdot 18 H_2O$/L
$AsCl_3$	☠, 🜨 R45	0,05		5 g As_2O_3 in 50 mL konz. HCl lösen/L
$BaCl_2$	✖	0,5		122 g $BaCl_2 \cdot 2 H_2O$/L
$Ba(OH)_2$	🜸	0,2 Gesättigt	ca. 3,9	64 g $Ba(OH)_2 \cdot 8 H_2O$/L oder 31 g BaO/L filtrieren, Polypropylen-flasche

Tab. 5: Konzentration und Herstellung der Probe- und Reagenzlösungen (Fortsetzung)

Substanz	Gefahrensymbole	c(mol/L) Stoffmengenkonzentration	Massenkonzentration (%)	Herstellung, Bemerkungen
$BiONO_3$		0,05		15 g in 50 mL konz. HNO_3 + 200 mL Wasser lösen, auf 1 L verdünnen
Bromwasser	☒	Gesättigte Lösung		15 mL Br_2 mit 1 L Wasser schütteln, Glasgefäß; dunkel und kühl lagern
$CaCl_2$	☒	0,5		73,5 g $CaCl_2 \cdot 2H_2O$/L
$CaCl_2$		0,05		8 g $CaCl_2 \cdot 2H_2O$/L oder 1 Teil 0,5 mol/L $CaCl_2$ + 9 Teile Wasser
$Ca(OH)_2$	☒	0,02 Gesättigt	ca. 0,3	3,5 g $Ca(OH)_2$ oder 1,3 g CaO/L filtrieren (Polypropylenflasche)
$CaSO_4 \cdot 2H_2O$ (Gipswasser)		Gesättigte Lösung	ca. 0,25	2,5 g mit 1 L Wasser schütteln und filtrieren
$Cd(CH_3COO)_2$	☒, ☒	0,05		13,5 g $Cd(CH_3COO)_2 \cdot 2H_2O$/L
$CeCl_3$		0,05		22 g $Ce(NO_3) \cdot 6H_2O$/L
Citronensäure		0,5		9,6 g/100 mL
$Co(CH_3COO)_2$ und $UO_2(CH_3COO)_2$	☒+, ☒			200 g $Co(CH_3COO)_2 \cdot 4H_2O$ + 50 g $UO_2(CH_3COO)_2 \cdot 2H_2O$ + 80 mL Eisessig/L
$CoSO_4$	☒, ☒	0,05		14 g $CoSO_4 \cdot 7H_2O$/L
$CuSO_4$	☒, ☒	0,05		13 g $CuSO_4 \cdot 5H_2O$/L
$FeCl_3$ (oder $NH_4Fe(SO_4)_2$ oder $Fe_2(SO_4)_3$)	☒	0,05		14 g + 50 mL 2 mol/L HCl/L
Eisenperiodat-Reagenz	☒			23 g KIO_4 + 50 mL KOH 20 % + 40 mL H_2O, + 5,4 g $FeCl_3 \cdot 6H_2O$ in 50 mL H_2O, + 300 mL verd. KOH/L
$FeSO_4$ (oder $(NH_4)_2Fe(SO_4)_2$)	☒	0,05		14 g $FeSO_4 \cdot 7H_2O$ + 50 mL 1 mol/L H_2SO_4/L gegen Oxidation durch Luftsauerstoff einige Eisennägel hinzufügen
$Fe_2(SO_4)_3$ (oder $FeCl_3$ oder $NH_4Fe(SO_4)_2$)	☒	0,025		12 g $Fe_2(SO_4)_3 \cdot 9H_2O$ + 50 mL
$FeCl_3$		0,05	1,35	13,5 g $FeCl_3 \cdot 6H_2O$ + 50 mL verd. HCl/L
H_2O_2	☒		30–35	
H_2O_2			3	1 Teil 30 %iges H_2O_2 + 9 Teile Wasser
H_3PO_2 s. NaH_2PO_2				
$H_2[PtCl_6]$	☠		10	10 g $H_2[PtCl_6] \cdot 6H_2O$/100 mL
H_2SeO_3	☠, ☒	0,01		0,1 g SeO_2/100 mL
$HgBr_2$	☠+, ☒	0,15	5	In Ethanol

Tab. 5: Konzentration und Herstellung der Probe- und Reagenzlösungen (Fortsetzung)

Substanz	Gefahren-symbole	c(mol/L) Stoffmengen-konzentration	Massen-konzentration (%)	Herstellung, Bemerkungen
$HgCl_2$	☠+, 🌿	0,05	0,8	8 g/L
$Hg_2(NO_3)_2$	☠+, 🌿	0,025	1,4	14 g $Hg_2(NO_3)_2 \cdot 2H_2O$ + 50 mL konz. HNO_3/L, gegen Oxidation durch Luftsauerstoff: etwas elem. Hg zusetzen
Iod-Azid-Reagenz	☠+, 🌿			In 150 mL KI_3-Lösung 1 g NaN_3 lösen
Iod-Lösung s. KI_3				
$KAl(SO_4)_2$		0,05		24 g $KAl(SO_4)_2 \cdot 12H_2O$/L
KBr		1	12	12 g/100 mL
KBr		0,05	0,6	6 g/L oder 1 Teil 1 mol/L KBr + 19 Teile Wasser
$KBrO_3$	☠	0,2	3,4	34 g $KBrO_3$/L
KCl		0,1	0,8	8 g/L
$KClO_3$	✖	0,05	0,6	6 g/L
KCN	☠+, 🌿	0,05	0,35	3,5 g/L
K_2CrO_4	☠, 🌿	1	19,4	194 g/L
$K_2Cr_2O_7$	☠, 🌿	0,3	8,8	88 g/L
$KCr(SO_4)_2$		0,05		25 g $KCr(SO_4)_2 \cdot 12H_2O$/L, nicht erwärmen
$K_3[Fe(CN)_6]$		0,05	1,65	16,5 g/L
$K_4[Fe(CN)_6]$		0,05		21 g $K_4[Fe(CN)_6] \cdot 3H_2O$/L
$K_2[HgI_4]$ (Neßlers Reagenz)	☠+, 🜢, 🌿	0,022		7,5 g KI + 10 g HgI_2 in 50 mL H_2O lösen, mit 2 N NaOH auf 1 L auffüllen
KI		0,05	0,8	8 g/L
KI_3 (auch Iodlösung genannt)		0,05		13 g I_2 + 20 g KI/L
KIO_3		0,05	1,1	11 g/L
$KMnO_4$		0,02	0,4	4 g/L
KNO_3		0,05	0,5	5 g/L
$K[Sb(OH)_6]$	✖, 🌿	0,05 oder 0,15		14 g in 95 mL heißem Wasser lösen, schnell abkühlen, + 17 g KOH in 340 mL Wasser + 7 mL verd. NaOH, nach 24 h absaugen und zu 1 L verdünnen oder 40 g + 50 g KOH/L
$La(NO_3)_3$	✖	0,1		50 g $La(NO_3)_3 \cdot 6H_2O$/L
LiCl	✖	1	4,2	42 g/L

Tab. 5: Konzentration und Herstellung der Probe- und Reagenzlösungen (Fortsetzung)

Substanz	Gefahren-symbole	c(mol/L) Stoffmengen-konzentration	Massen-konzentra-tion (%)	Herstellung, Bemerkungen
$Mg(CH_3COO)_2$ und $UO_2(CH_3COO)_2$	☣⁺, ☠			165 g $Mg(CH_3COO)_2 \cdot 4H_2O$ + 50 g $UO_2(CH_3COO)_2 \cdot 2H_2O$ + 80 mL Eisessig/L
$MgCl_2$		0,05		10 g $MgCl_2 \cdot 6H_2O$/L
$MnSO_4$	✕, ☠	0,05		11 g $MnSO_4 \cdot 4H_2O$/L
NH_4CH_3COO besonders rein für Zn/Dithizon		4,5	34,5	300 mL konz. NH_3 mit 260 mL Eisessig neutralisieren, mit demin. H_2O auf 1 L auffüllen; Reinheit mit Zn^{2+} ⑨ überprüfen
$(NH_4)_2CO_3$	✕	1	10	100 g/L, nicht erwärmen
$(NH_4)_2C_2O_4$	✕	0,3 Gesättigt	ca. 4,3	42,5 g $(NH_4)_2C_2O_4 \cdot H_2O$/L
$(NH_4)_2C_2O_4$	✕	0,05		167 mL 0,3 mol/L auf 1 L auffüllen
$(NH_4)_2Ce(SO_4)_3$		0,1		63 g $(NH_4)_2Ce(SO_4)_3 \cdot 2H_2O$/L
NH_4Cl	✕	1		54 g/L
$(NH_4)_2Fe(SO_4)_2$		0,05		20 g $(NH_4)_2Fe(SO_4)_2 \cdot 6H_2O$ + 50 mL 1 mol/L H_2SO_4/L gegen Oxidation durch Luftsauerstoff einige Eisen-nägel hinzufügen.
$(NH_4)_2[Hg(SCN)_4]$	☠⁺	0,1		32 g $Hg(SCN)_2$ + 15,5 g NH_4SCN/L oder 30 g NH_4SCN + 27 g $HgCl_2$/L
$(NH_4)_2MoO_4$	✕	0,6	10	106 g $(NH_4)_6Mo_7O_{24} \cdot 4H_2O$ + 70 mL konz. NH_3/L + 200 g NH_4NO_3/L
$(NH_4)_2MoO_4$ und NH_4VO_3	☠, ⚠			40 mL 10%ige $(NH_4)_2MoO_4$-Lösung + 0,2 g NH_4VO_3/100 mL
$(NH_4)_2S$ (farblos!)	✕	1		H_2S in 2 mol/L Ammoniak bis zur Sättigung einleiten; erst kurz vor Bedarf herstellen, da S^{2-} sehr schnell durch Luftsauerstoff zu S^0 oxidiert wird (Gelbfärbung); oder sofort nach Herstellung mit einer Schicht Paraffinöl, das für einen verlängerten Schutz bis zu 5% Triphenylphosphin enthalten sollte, abdecken. Reagenz ohne Durchlei-ten von Luft entnehmen, s. a. Kap. 5.2.2
$(NH_4)_2S_x$ (gelb)	✕	1		H_2S in 2 mol/L Ammoniak bis zur Sättigung einleiten, + 5 g S-Pulver, öfter umschütteln, S löst sich nur langsam (s. Kap. 5.2.2, Kap. 6.1.2)
NH_4SCN	✕	1	7,6	76 g/L

Tab. 5: Konzentration und Herstellung der Probe- und Reagenzlösungen (Fortsetzung)

Substanz	Gefahren-symbole	c(mol/L) Stoffmengen-konzentration	Massen-konzentra-tion (%)	Herstellung, Bemerkungen
$(NH_4)_2[SnCl_6]$	☒	0,05		18 g + 250 mL 2 mol/L HCl/L oder 6 g NH_4Cl in 2 mol/L HCl lösen + 6 mL $SnCl_4$/L
Na_3AsO_3	☒, ☒, R45	0,05		5 g As_2O_3 + 100 mL 2 mol/L NaOH/L
$Na_2B_4O_7$		0,05		19 g $Na_2B_4O_7 \cdot 10 H_2O$/L
$NaCH_3COO$		3,5		475 g $NaCH_3COO \cdot 3 H_2O$/L
$NaCH_3COO$		0,5		145 mL 3,5 mol/L $NaCH_3COO$/L oder 68 g $NaCH_3COO \cdot 3 H_2O$/L
Na_2CO_3	☒	0,5	5,3	53 g oder 62 g $Na_2CO_3 \cdot H_2O$/L
$Na_3C_6H_5O_7 \cdot 2 H_2O$ (Natriumcitrat)		0,5	10,5 g/100 mL	
NaCl		1	5,9	59 g/L
$NaClO_4$	☒	0,5		7 g $NaClO_4 \cdot H_2O$/L
$Na_3[Co(NO_2)_6]$		0,25		100 g/L oder 73 g $Co(NO_3)_2 \cdot 6 H_2O$ + 220 g $NaNO_2$ + 30 mL Eisessig/L, 15–30 min Luft durchsaugen und eventuell filtrieren, nicht fest verschließen, da Gasentwicklung möglich
NaF	☒	0,05	0,2	2 g/L
$Na_2[Fe(CN)_5NO]$	☒	0,05		15 g $Na_2[Fe(CN)_5NO] \cdot 2 H_2O$ in 1 L 0,5 mol/L $NaCH_3COO$ lösen, dunkel aufbewahren
Na_2HAsO_4	☒, ☒, R45	0,05		15 g $Na_2HAsO_4 \cdot 2 H_2O$/L
Na_2HAsO_4	☒, R45	0,5		150 g $Na_2HAsO_4 \cdot 2 H_2O$/L
NaH_2PO_2	☒	1		10 g $NaH_2PO_2 \cdot H_2O$ in 20 mL Wasser lösen, mit konz. HCl auf 100 mL auffüllen, von ausfallendem NaCl dekantieren oder durch eine Fritte absaugen
Na_2HPO_4		0,2	0,2 Gesättigt	70 g/$Na_2HPO_4 \cdot 12 H_2O$/L
$NaHSO_3$	☒	0,1	0,5	9,5 g $Na_2S_2O_5$/L
$NaMoO_4 \cdot 2 H_2O$			14,5 g/100 mL	
$NaNO_2$	☒, ☒	0,05		3,5 g/L; Oxidation durch Luftsauerstoff zu NO_3^-; frisch bereiten
NaN_3	☒, ☒	0,1		6,5 g/L

Tab. 5: Konzentration und Herstellung der Probe- und Reagenzlösungen (Fortsetzung)

Substanz	Gefahren-symbole	c(mol/L) Stoffmengen-konzentration	Massen-konzentra-tion (%)	Herstellung, Bemerkungen
Na_2S	⚠	0,5		12 g $Na_2S \cdot 9 H_2O$ in 100 mL Wasser oder einer Mischung aus 10 mL Wasser + 30 mL Glycerin lösen und mit Wasser auf 100 mL auffüllen; nicht haltbar, verfärbt sich unter Polysulfid-Bildung gelb (Oxidation durch Luftsauerstoff), s. Kap. 5.1.6
Na_2S_x	⚠			S. auch $(NH_4)_2S$ und S. 43 f.
Na_2SO_3		0,05		13 g $Na_2SO_3 \cdot 7 H_2O/L$; Oxidation durch Luftsauerstoff zu SO_4^{2-}; frisch bereiten
Na_2SO_4		1		142 g oder 322 g $Na_2SO_4 \cdot 10 H_2O/L$
$Na_2S_2O_3$		0,1		25 g $Na_2S_2O_3 \cdot 5 H_2O/L$
Na_2SiO_4 (Natron-wasserglas)			1 und 10	
$Na[Sn(OH)_3]$	⚠, ✖	0,1		**a** 23 g $SnCl_2 \cdot 2 H_2O$ in 25 mL konz. HCl lösen, auf 500 mL verdünnen **b** 125 g NaOH in 500 mL Wasser lösen **a** und **b** vermischen. Die Lösung ist nicht unbegrenzt haltbar: Oxidation durch Luftsauerstoff und Dispro-portionierung zu Sn + $[Sn(OH)_6]^{2-}$; besser haltbar bei Ausschluss von Licht[a]
$NiSO_4$	✖, ☠	0,05		14 g $NiSO_4 \cdot 7 H_2O/L$
$H_2C_2O_4$ (Oxalsäure)	✖	0,05		6 g $H_2C_2O_4 \cdot 2 H_2O/L$
$Pb(CH_3COO)_2$	☠, ☠	0,05		19 g $Pb(CH_3COO)_2 \cdot 3 H_2O/L$
$Pb(NO_3)_2$	☠, ☠	0,05		16,5 g/L
$SbCl_3$	⚠, ☠	0,05		8 g Sb_2O_3 in 35 mL konz. HCl lösen, evtl. von Ungelöstem absaugen
$SnCl_2$	✖	0,05		12 g $SnCl_2 \cdot 2 H_2O$ + 50 mL konz. HCl/L, gegen Oxidation durch Luft-sauerstoff mit Paraffin abdecken[a]
$SrCl_2$		0,05		13,5 g $SrCl_2 \cdot 6 H_2O/L$
$SrSO_4$		0,0005	Gesättigt	0,5 g/L
$Th(NO_3)_4$		0,1	0,1	5,8 g $Th(NO_3)_4 \cdot 6 H_2O/L$
$TiOSO_4$	⚠	0,05		10 mL $TiCl_4$ zu 500 mL halbkonz. H_2SO_4, kühlen

Tab. 5: Konzentration und Herstellung der Probe- und Reagenzlösungen (Fortsetzung)

Substanz	Gefahren-symbole	c(mol/L) Stoffmengen-konzentration	Massen-konzentra-tion (%)	Herstellung, Bemerkungen
$(VO_2)_2SO_4$				0,2 g V_2O_5 in 4 mL konz. H_2SO_4 unter Erhitzen lösen, nach Abkühlung mit Wasser zu 100 mL verdünnen
Weinsäure ($H_2C_4H_4O_6$)	✖	3,3	50	500 g/L
Weinsäure ($H_2C_4H_4O_6$)		0,5		75 g/L oder 150 mL 50% + 850 mL Wasser
$Zn(CH_3COO)_2$ und $UO_2(CH_3COOO)_2$	☠⁺, 🌱			300 g $Zn(CH_3COO)_2 \cdot 2H_2O$ + 100 g $UO_2(CH_3COO)_2 \cdot 2H_2O$ + 25 mL CH_3COOH/L
$ZnSO_4$	✖, 🌱	0,05		15 g $ZnSO_4 \cdot 7H_2O$/L
$ZrOCl_2$	🔥	0,1		23,5 g $ZrCl_4$ oder 32 g $ZrOCl_2 \cdot 8H_2O$ in 1 L 2 mol/L HCl lösen

[a] PE-Spritzflasche oben mit einem Loch von ca. 2 mm Ø versehen, das zur Entnahme mit dem Daumen verschlossen wird und danach geöffnet zum direkten Druckausgleich dient. Zusätzlich kann die innere Öffnung des Steigrohres mit einer Fritte, Porosität 0 oder 1 verschlossen werden, um die Entnahme des höher viskosen Paraffinöls zu erschweren. Durch Umwickeln mit Aluminiumfolie kann Licht ausgeschlossen werden.

2.3.4 Organische Reagenzlösung

Die Lösungen der organischen Reagenzien sind oft nicht sehr beständig, darum müssen einige täglich frisch bereitet werden. Die Herstellung kleiner Mengen dieser meist sehr verd. Lösungen ist sehr aufwändig. Daher ist es sinnvoll, das pulverförmige organische Reagenz mit einer inerten, schwerlöslichen, pulverförmigen und reinen Substanz möglichst homogen zu mischen. Bariumsulfat z. B. erfüllt diese Bedingungen und hat ein Schüttgewicht von ca. 1 g/cm^3. Der Gehalt der Mischung an organischem Reagenz sollte um eine Zehnerpotenz über dem gewünschten Gehalt der Lösung liegen. Von einer solchen Mischung nimmt man etwa 1 g, d. h., man füllt die Rundung eines Reagenzglases (16 × 160 mm) reichlich, und übergießt mit 10 mL des jeweiligen Lösungsmittels. Ein zu ⅓ gefülltes Reagenzglas enthält ca. 10 mL. Nach kräftigem Umschütteln wird das Bariumsulfat durch Zentrifugieren abgetrennt.

Tab. 6: Gehalte und Herstellung der organischen Reagenzlösungen

Substanz (Nachweis)	Gefahrensymbole	Massenkonzentration (%)	Herstellung, Bemerkungen
Alizarin S (C.I. 58005) (Al^{3+} ⑥, F^- ④)		0,05–0,1	In Wasser
Aluminon (Al^{3+} ⑥)		0,5	0,5 g + 10 g arab. Gummi in 50 mL Wasser unter Erwärmen lösen + 175 g NH_4CH_3COO + 170 mL konz. HCl mit Wasser zu 1 L auffüllen
2,2'-Bipyridin (Fe^{2+} ⑩)	✖	0,5	0,5 in 2 mol/L Essigsäure
Bromkresolgrün ($C_4H_4O_6^{2-}$ ⑩)	🔥	0,04	In Ethanol
Chloramin T (Br^- b ③, I^- b ③)	🜂	2	In 0,1 mol/L NaOH, vor Licht geschützt aufbewahren
Chromazurol S (C.I. 43825) (Al^{3+} ⑥)		0,05	In Wasser
Citronensäure ($Fe^{2/3+}$ ⑪)	✖	20	200 g/L Wasser
Diacetyldioxim = Dimethylglyoxim (Ni^{2+} ④)	🔥, ☠, 🜂	a 1 b 0,4	10 g/L Ethanol oder 10 g $Na_2C_4H_6O_2 \cdot 8H_2O$/L bzw. 4 g in 35 mL 2 mol/L NaOH/L, d.h., erst die 4 g in der NaOH-Lsg. lösen, dann auf 1 L verdünnen
3,3'-Diaminobenzidintetrahydrochlorid Se ②	✖		0,5%ig in Wasser im Kühlschrank unter N_2 aufbewahren
2,3-Diaminonaphthalin Se ②	✖		0,1% in 0,1 mol/L HCl
Diethyldithiocarbamat Na- oder Diethylammoniumsalz (Cu^{2+} ⑩)		0,1–0,2	In Wasser, alle 1–2 Tage frisch bereiten
Diphenylamin (NO_3^- ⑤)	☠, 🜲	0,1	In konz. Schwefelsäure
Diphenylcarbazid (Cr^{3+} ⑩)	🔥	0,25	In Aceton
Dithizon (Hg^{2+} ⑬, Pb^{2+} ⑨, Zn^{2+} ⑨, Cu^{2+} ⑪)	✖	ca. 0,5	21–64 mg Dithizon/10 mL Salicylsäure-methylester (haltbar); für Reaktion: 4 Tr./10 mL $CHCl_3$ (s. Zn^{2+} ⑨) frisch bereiten (ca. 0,001–0,003%ig)
α,α'-Dipyridyl			S. 2,2'-Bipyridin
Eriochromcyanin R (C.I. 43820) (Al^{3+} ⑥)	✖	0,1	1 g + wenig Wasser + 2 mL 2 mol/L HCl/L Wasser
Fluorescein (Br^- ④)	🔥	0,2	In Ethanol
Formalin (Ag^+ ⑦ a, Hg ⑦ b, Se ① e)	☠	3	1 Teil Formaldehyd-Lösung 30%ig + 9 Teile Wasser
Fuchsin (Br^- ⑤)		0,1	In Wasser
GBHA (Ca^{2+} ⑥)	🔥	0,2	In Ethanol
Glyoxalbis(2-hydroxyanil)			s. GBHA
8-Hydroxychinolin			S. Oxin

Tab. 6: Gehalte und Herstellung der organischen Reagenzlösungen (Fortsetzung)

Substanz (Nachweis)	Gefahren-symbole	Massen-konzentration (%)	Herstellung, Bemerkungen
Indigocarmin (E132) (NO_3^- ⑨ und ClO_4^- ②)		0,5	5 g/960 mL Wasser + 40 mL 1 mol/L H_2SO_4
Kalignost (K^+ ⑥)	☒	2	In Wasser
Lunges Reagenz (NO_2^- ⑥ NO_3^- ④)	☠, 🌿		0,5 g Sulfanilsäure + 0,2 g 1-Naphthylamin oder 0,2 g Perisäure oder 0,45 g N-(1-Naphthyl)-ethylendiamindihydrochlorid in 100 mL Natriumacetat 0,5 mol/L lösen + max. 0,05 g $Na_2S_2O_5$ vor Licht[a] geschützt aufbewahren
Magneson II (Mg^{2+} ⑤)	⚠	0,002	In 2 mol/L NaOH auch unter Lichtausschluss[a] nicht unbegrenzt haltbar
α-Methoxyphenylessigsäure (Na^+ ④)		10	2,7 g in 20 mL Ethanol lösen + 6 mL 1 mol/L KOH
Morin (C.I. 75 660) (Al^{3+} ⑤)	🔥	0,1	In Ethanol
Natriumtetraphenylborat			S. Kalignost
Oxin (Al^{3+} ⑦, Mg^{2+} ⑥)		1	In verd. Essigsäure
Phenanthrolin × HCl (Fe^{2+} ⑩)	☠, 🌿	0,1 bis 0,5	In Wasser
Phenolphthalein (Al ⑬)	🔥	0,1	In Ethanol Umschlagsbereich pH 6,4–9,8/farblos-rot
Pyrrolidindithio-carbamat-Ammonium- oder Natriumsalz (Pb^{2+} ⑪, Ni^{2+} ⑤)			1%ig in Wasser, frisch bereiten
Silberdiethyldithio-carbamat ($As^{3/5+}$ ⑥)	☠, ☒	0,5	In Pyridin
Stärke (I^- ④)		1	1 g mit 5 mL Wasser anrühren, in 100 mL siedendes Wasser geben, 0,5 g Chlorbutanol (1,1,1-Trichlor-2-methyl-2-propanol) zufügen
Tetraphenylborat			S. Kalignost
Thioharnstoff (Bi^{3+} ④)	☒		10% in Wasser
Thioacetamid (s. a. S. 42)	☠, 🔥	7,5	In Methanol
Thioglykolsäure ($Fe^{2+/3+}$ ⑪)	☠	Mind. 79	
Titangelb (Mg^{2+} ④) (C.I. 19 540)		0,05–0,1	In Wasser, begrenzt haltbar

[a] Lichtausschluss wird durch Umwickeln der Vorratsflasche mit Aluminiumfolie erreicht.

2.3.5 Feststoffe und organische Lösungsmittel

Die in Tabelle 7 aufgeführten Substanzen werden zusätzlich in fester Form benötigt. Lösungsmittel sollen nur in kleinen Mengen am Arbeitsplatz stehen (Tab. 8).

Tab. 7: Feststoffe

Feststoffe	Gefahrensymbole	Feststoffe	Gefahrensymbole
Ag, metall.		$MgCl_2 \cdot 6\,H_2O$	
Al-Nadeln		MnO_2	✖
Al-Gries		Mangan-Silber-Papier: Filterpapier mit einer Mischung aus gleichen Volumina $MnSO_4$ und $AgNO_3$ tränken und über P_2O_5 trocknen	
Amidoschwefelsäure	✖		
Amidosulfonsäure	s. Amidoschwefelsäure		
Ammoniumperoxodisulfat	🔥, ✖		
As_2O_3	☠[++]		
$BaCl_2 \cdot 2\,H_2O$	✖		
$BiONO_3$		Mannitol	
Brucin	☠[+]	NH_4Cl	✖
CH_3CSNH_2	☠	$NH_4Fe(SO_4)_2$ od. $FeCl_3$	✖
$CaCl_2 \cdot 2\,H_2O$	✖	$(NH_4)_2S_2O_8$	🔥, ✖
CaF_2		2-Naphthol	✖
CaO	✖	N,N'-Diphenylbenzidin	
Citronensäure	✖	$Na_2B_4O_7 \cdot 10\,H_2O$	
$CoSO_4$	✖	Na_2CO_3	✖
Cu-Blech oder		$Na_2C_2O_4$	✖
Cu-Draht		NaF	☠
$CuCl_2 \cdot 2\,H_2O$	✖, 🌿	NaCl	
CuJ		$NaHCO_3$	
Cu_2O	✖	$NaIO_4$	🔥
Cu-Pulver		$NH_4NaHPO_4 \cdot 4\,H_2O$	
$CuSO_4 \cdot 5\,H_2O$	✖	$NaNO_2$ (oder KNO_2)	☠, 🔥, 🌿
Diphenylamin	☠	$NaNO_3$ (oder KNO_3)	🔥
Devardasche Legierung		NaOH*	🧪
Fe-Nägel		$NaClO_4 \cdot H_2O$	🔥, ✖
FeS		Na_2SO_3	
$FeSO_4 \cdot 7\,H_2O$	✖	$Na_2S_2O_4$	✖
Harnstoff		Oxalsäure $\cdot 2\,H_2O$	✖

Tab. 7: Feststoffe (Fortsetzung)

Feststoffe	Gefahrensymbole	Feststoffe	Gefahrensymbole
$HgCl_2$	☠+	PbO_2 (es kann auch Pb_3O_4 verwendet werden)	☠, 🌿
Hg, metall.	☠		✖
HgO	☠+	Phenylhydraziniumchlorid	☠, 🌿
KBr		Resorcin	✖, 🌿
K_2CO_3	✖	S-Pulver	
$K_2Cr_2O_7$	☠	SiO_2	
$KHSO_4$	🧪	$SrCl_2 \cdot 6 H_2O$	
KI		Sulfanilamid	s. Amidoschwefelsäure
$KMnO_4$	✖, 🔥, 🌿	Thioharnstoff	☠
KNO_2 (oder $NaNO_2$)	☠, 🔥, 🌿	TiO_2	
KNO_3 (oder $NaNO_3$)	🔥	Weinsäure	✖
KOH*	🧪	Zn-Granalien	
LiCl	✖	Zn-Pulver	🔥
Mg-Pulver	🔥	ZnO	🌿

* in Polypropylengefäßen lagern, aus Glasgefäßen kann Al und Silikat in das Reagenz gelangen (s. Al^{3+} ⑤, S. 108)

Tab. 8: Organische Lösungsmittel und Reagenzien*

Substanz	Gefahrensymbole	Formel, Bemerkungen
Alkylnitrobenzol[a]	☠, 🌿	2- und 4-Ethylnitrobenzol sind käuflich
Aceton	🔥, ✖	CH_3COCH_3
Amylalkohol	✖	$C_5H_{11}OH$, n- sowie Isoamylalkohol (Methylbutanol) sind die preiswertesten und geeignetsten Isomere
Chloroform[b]	✖	$CHCl_3$, nicht in Polyethylen-Flaschen aufbewahren
Dichlormethan[c]	✖	CH_2Cl_2, nicht in Polyethylen-Flaschen aufbewahren
Diethylether	🔥+, ✖	$C_2H_5OC_2H_5$, nicht in Polyethylen-Flaschen aufbewahren
Essigsäureethylester	🔥, ✖	$CH_3COOC_2H_5$
Ethanol 96 %ig	🔥	C_2H_5OH
Glycerol		$HOCH_2CHOHCH_2OH$
Glycerol 85 %		
Isobutylmethylketon		S. Methylisobutylketon
Methanol	🔥, ☠	CH_3OH
Methylenchlorid	✖	S. Dichlormethan

Tab. 8: Organische Lösungsmittel und Reagenzien (Fortsetzung)

Substanz	Gefahren-symbole	Formel, Bemerkungen
Methylisobutylketon	🔥, ✖	$CH_3COCH_2CH(CH_3)_2$ = MIBK
4-Methyl-2-pentanon		S. Methylisobutylketon
Nitrobenzol[a]	☠[+], 🌱	Besser Alkylnitrobenzol (2- oder 4-Ethylnitrobenzol)
Pentanol		S. Amylalkohol
Piperidin	🔥, ☠	$C_5H_{11}N$
Toluol	✖, 🔥	$C_6H_5CH_3$

* Glasflaschen, keine Kunststoffflaschen verwenden!
[a] Hautresorption
[b] Dampfdruck b. 20 °C 210 mm
[c] Dampfdruck b. 20 °C 475 mm

3 Vorbereitung der Analyse

3.1 Mischen und Zerkleinern der Analysensubstanz

Erste Voraussetzung für eine aussagekräftige Analyse ist das Vorliegen eines homogenen Gemisches mit möglichst kleinen Partikeln. Falls erforderlich, muss vor der Probennahme die zu analysierende Probe zerkleinert und durchmischt (homogenisiert) werden. Fehler bei der Probenahme lassen sich durch noch so sorgfältiges Arbeiten nicht beheben. Bei der Arbeitsweise im Halbmikromaßstab im Praktikum geht man von einem Spatel Analysensubstanz aus (ca. 10–100 mg).

Das Zerkleinern und Vermischen wird in einem Mörser aus Porzellan mit dem Pistill vorgenommen. Dabei ist die Bildung von Stäuben, die teilweise toxisch sind, zu vermeiden, notfalls ist unter einem gut ziehenden Abzug zu arbeiten.

Der Mörser ist innen nicht glasiert, um zu vermeiden, dass die Partikel unter dem Druck des Pistills wegrutschen, statt zu zerbrechen. Für die Zerkleinerung von Gläsern gibt es spezielle Stahlmörser. Die fein gepulverte Analysensubstanz wird in einem verschließbaren Gefäß aufbewahrt, um die Aufnahme von

- Kohlendioxid bei alkalischen Substanzen,
- Schwefelwasserstoff (Laborluft) bei Schwermetallen,
- Ammoniak (Laborluft) bei sauren Substanzen sowie Kationen, die damit Komplexe bilden und
- Wasser bei hygroskopischen Substanzen

zu vermeiden.

3.2 Glühen

Wird beim Glühen einer Probe im Glühröhrchen Verkohlung (Schwarzfärbung) beobachtet, kann diese von verschiedenen organischen Anionen herrühren, wenn organische Kationen oder Hilfsstoffe ausgeschlossen sind. In diesem Falle muss die gesamte Probe, die für die **Analyse der Kationen** eingesetzt werden soll, in einem Porzellantiegel (nicht Metalltiegel!) unter dem Abzug geglüht werden, möglichst bis sich die Probe wieder aufhellt, d. h. bis der Kohlenstoff vom Luftsauerstoff oxidiert wurde. Die Oxidation kann durch die Zugabe von Ammoniumperoxodisulfat $((NH_4)_2S_2O_8)$ beschleunigt werden (s. a. Kap. 12.2.1, Tab. 22, S. 279). Die Metallkationen bleiben als Carbonate bzw. Oxide, bei Einsatz von Peroxodisulfat als Sulfate zurück.

Es kann die Probe auch in konzentrierter Schwefelsäure erhitzt werden, die sich dabei schwarz färbt. In Tabelle 22 sind außerdem die Komplikationen aufgeführt, die nach Zugabe von $((NH_4)_2S_2O_8)$ zu beachten sind.

3.3 Lösen der Analysensubstanz

Alle Reaktionen werden in **wässriger Lösung** durchgeführt, mit Ausnahme der Spektralanalyse (s. Kap. 4.1). Schwerlösliche Rückstände müssen aufgeschlossen werden (s. Kap. 4.2). Ist die Substanz in Wasser löslich, so können insbesondere bei Kenntnis der vorhandenen Anionen und unter Berücksichtigung der Farbe Vermutungen angestellt werden, die im Laufe der Analyse bewiesen oder verworfen werden müssen. Es gibt einige Anionen, die die Nachweise einiger Kationen erheblich stören und ein besonderes Vorgehen erforderlich machen (s. Tab. 22). Für die Durchführung des Kationen-Trennungsgangs, der auf einer Änderung der Konzentration der Sulfid-Ionen beruht, muss eine verd. salzsaure Lösung vorliegen. Bei Verwendung von verd. Schwefelsäure ist die Bildung von schwerlöslichen Blei- und Erdalkalisulfaten zu beachten. Salpetersäure ist nicht geeignet, da sie mit Thioacetamid bzw. Schwefelwasserstoff unter Schwefel-Abscheidung und Sulfat-Bildung reagieren kann. Aus dem gleichen Grunde müssen Permanganat (tiefviolett) und Dichromat (orange) zuvor reduziert werden (s. Mn^{2+} ④a, e oder f, Cr^{3+} ⑥d). Es sollte unbedingt in salzsaurer Lösung gearbeitet werden, da von einigen Kationen Chlorokomplexe in der Lösung gebildet werden, die für den Lösevorgang wie für den Trennungsgang in der vorgestellten, klassischen Form wichtig sind. Das Sulfat ist dagegen vergleichsweise kaum als Ligand zur Komplexbildung geeignet. Hinweise zum Lösen der Analysensubstanz finden Sie auch in Kapitel 12.3.1.

Man übergießt eine Spatelspitze (ca. 10 mg) der zu analysierenden Substanz mit 3–4 mL 0,4–0,5 molarer Salzsäure (1 Vol. 2 mol/L HCl + 3 bis 4 Vol. H_2O) und erhitzt zum Sieden. Hat sich nach 3–5 min noch nicht alles gelöst, dekantiert man die Lösung ab und wiederholt den Vorgang mit wenig verd. Salzsäure (1 mol/L) und, falls erforderlich, anschließend noch mit verd. Salzsäure (2 mol/L) und mit wenig (!) konz. Salzsäure (dazwischen immer abzentrifugieren und abdekantieren). Die Lösung wird abdekantiert und der eventuelle Rückstand mit wenig konz. Salzsäure erhitzt. Die salzsauren Lösungen werden vereint. Man hat großes Interesse, nicht mehr Salzsäure als unbedingt erforderlich zu verwenden: Viel HCl erschwert die Vervollständigung der Schwefelwasserstoff-Gruppenfällung, es wird zu Ammoniumchlorid neutralisiert, das später abgeraucht werden muss. Auch das Wasser der Salzsäure muss im Laufe der Analyse abgedampft werden.

Zwei Lösungsversuche mit verd. Salzsäure sind für Bleichlorid (s. Pb^{2+} ⑥) und Bariumchlorid (s. Ba^{2+} ③ und Kap. 11.1) nötig, da die Löslichkeit dieser Salze in konz. Salzsäure stark zurückgedrängt wird (s. Massenwirkungsgesetz). Konz. Salzsäure ist erforderlich, um Bi_2O_3, As_2O_3, Sb_2O_3, $Sb_2S_{3/5}$, SnS, SnS_2, CdS und PbS sowie Co_2S_3, Ni_2S_3 und Fe_2O_3 zu lösen. Fe_2O_3 löst sich je nach Herstellung erst bei längerem Kochen in konz. HCl, ist aber durch seine Farbe (rostbraun) und die der salzsauren Lösung (gelb) gut zu erkennen.

Bleibt auch nach dem Lösungsversuch mit konz. Salzsäure ein Rückstand, beurteilt man dessen Farbe, um zu entscheiden, ob ein Lösungsversuch mit Königswasser notwendig ist.

Ist der **Rückstand weiß,** kann es sich um die Substanzen AgCl, Hg_2Cl_2, $PbCl_2$, $PbSO_4$, SnO_2, Al_2O_3, $CaSO_4$ (ohne Kristallwasser) (totgebrannter Gips), $SrSO_4$, $BaSO_4$, $BaCl_2$ und TiO_2 handeln, schwach gelb sind AgBr und AgI, die beim Erhitzen mit Königswasser in AgCl übergehen. Von diesen Rückständen würde sich nur Hg_2Cl_2 in Königswasser lösen (s. Hg_2^{2+} ③c). Auch die grünen Substanzen Cr_2O_3 und kristallwasserarmes $Cr_2(SO_4)_3$ sowie ockerfarbenes kristallwasserfreies $Cr_2(SO_4)_3$ werden durch Königswasser nicht angegriffen.

Das Aufkochen mit möglichst wenig Königswasser **unter dem Abzug** ist nur erforderlich bei **schwarzen Rückständen** wie Ag_2S (zu AgCl weiß), HgS (auch rot), Bi_2S_3 (schwarzbraun), Cu_2S, CuS und restlichem PbS, bei gelbem $As_2S_{3/5}$, bei rotem HgI_2 (I_2-Dämpfe sind nicht immer sichtbar) und bei einigen Metallpulvern. SnO gleicht einem grauen Metallpulver und geht in weißes SnO_2 über. Sulfide hinterlassen meist etwas elementaren Schwefel, der durch Einschlüsse des Rückstandes vor der Königswasser-Behandlung dessen Farbe annimmt.

Die Lösung in Königswasser bzw. Salpetersäure darf nicht direkt den vereinigten salzsauren Lösungen zugefügt bzw. zur Schwefelwasserstoff-Gruppenfällung eingesetzt werden. Zunächst muss die Salpetersäure des Königswassers **unter dem Abzug** abgeraucht werden. Dazu dampft man die Lösung in einer Porzellanschale ein, bis sich keine braunen Dämpfe (Stickoxide) mehr entwickeln. Durch eventuelle Zugabe von konz. Salzsäure wird das Eintrocknen der Lösung verhindert. Die konzentriert salzsaure Lösung wird anschließend auf etwa das zehnfache Volumen verdünnt, ein eventueller Rückstand abzentrifugiert und gesondert analysiert (s. Kap. 4.2). Quecksilber-, Antimon- und Arsen-Verbindungen sind relativ flüchtig und können bei zu langem und zu kräftigem Abrauchen verloren gehen. Erst nach dem Abrauchen der mit Königswasser erhaltenen Lösung wird diese Lösung mit den salzsauren Lösungen vereinigt. Bei der Behandlung mit Königswasser sind AgBr und AgI teilweise in AgCl umgewandelt worden.

Aus dem verbleibenden Rückstand muss man selektiv $PbSO_4$ und $PbCl_2$ mit konz. Ammoniumacetat-Lösung herauslösen (s. Pb^{2+} ⑤) und in dieser Lösung als gelbes Bleichromat (s. Pb^{2+} ④) nachweisen. Nicht herausgelöstes $PbSO_4$ würde später beim basischen Aufschluss $BaSO_4$ vortäuschen. Nach der Behandlung mit Ammoniumacetat löst man AgI mit einer gesättigten Natriumthiosulfat-Lösung und oxidiert zum Silber-Nachweis das Thiosulfat mit Kaliumtriiodid (s. Ag^+ ⑩b). Um AgBr zu lösen, nimmt man konz. Ammoniak; für AgCl reicht verd. Ammoniak. Für den Silber-Nachweis fügt man Kaliumiodid-Lösung hinzu, wobei Silberiodid ausfällt (s. Ag^+ ④, Cl^- ①, Br^- ①, I^- ①).

Auch andere Oxidationsmittel als Königswasser müssen vor Beginn des Trennungsganges reduziert werden: Das tiefviolette Permanganat wird spätestens durch Aufkochen der salzsauren Lösung unter Entwicklung von Chlorgas (Abzug!) reduziert (s. Mn^{2+} ④f). Zur Reduktion des orangefarbenen Dichromats zu grünem Cr^{3+} (s. Cr^{3+} ⑥d) versetzt man mit etwas Ethanol und kocht auf.

3.4 Unterbrechen der Analyse

Muss die Arbeit an einer Analyse unterbrochen werden, sind die Proben gut zu verschließen und zu beschriften. Saure Lösungen können besser aufbewahrt werden als basische. Abgesehen von der möglichen Absorption von CO_2 und NH_3 (aus der Saalluft) unterliegen basische Lösungen leichter dem oxidierenden Einfluss des Luftsauerstoffes. Daher sollte der Sodaauszug nicht längere Zeit verwahrt werden. Fällungen, die oft mikrokristallin oder amorph sind „altern" mit der Zeit, d. h. die Teilchen wandeln sich zu gröber kristallinen um, die bei der Weiterverarbeitung weniger gut löslich sind. In feuchten sulfidischen Niederschlägen muss mit Oxidation durch Luftsauerstoff zu Schwefel und Sulfat gerechnet werden.

4 Spezielle Analysenmethoden

Im Prinzip befasst sich die qualitative anorganische Analyse mit Reaktionen in wässriger Lösung. Es wäre auch möglich, in wasseranalogen Lösungsmitteln – z. B. in flüssigem Ammoniak – zu arbeiten, doch sind dann die Löslichkeiten der Substanzen anders als im Wasser. Spezielle Analysenmethoden sind:

▶ **Spektralanalyse** durch Untersuchung der Flammenfärbung mit dem Spektroskop
▶ **Aufschlüsse** von in Wasser schwerlöslichen bzw. unlöslichen Substanzen.

4.1 Spektralanalyse

In die nichtleuchtende Bunsenflamme gebracht, führen verschiedene Verbindungen der Alkali- und Erdalkalielemente, des Kupfers und des Bors zu charakteristischen Flammenfärbungen. Besteht der Verdacht, dass die Probe toxische flüchtige Substanzen enthält (z. B. As_2O_3, Hg-Verbindungen), sollte man unter dem Abzug arbeiten. Durch Verwendung eines Spektroskops können diese sich zum Teil überdeckenden Flammenfärbungen für die Analyse nutzbar gemacht werden. Ein Kobaltglas (blau) kann zur Absorption des gelben Natriumlichtes verwendet werden.

4.1.1 Flammenfärbung

Für die Flammenfärbung braucht man Magnesiastäbchen oder einen Platindraht (in einem Glasstab eingeschmolzen). Um Verunreinigungen, die schon durch Anfassen mit den Fingern entstehen, zu erkennen und eventuell zu beseitigen, glüht man ein Magnesiastäbchen in der besonders heißen Zone etwas über dem Ende des inneren Kegels der nichtleuchtenden Bunsenflamme aus. Gebrauchte, d. h. verunreinigte Enden von Magnesiastäbchen werden abgebrochen; der Rest kann nach erneutem Ausglühen weiterverwendet werden.

Verunreinigungen an Platindrähten lassen sich durch Eintauchen in konz. Salzsäure abwaschen. Keinesfalls darf zum Reinigen Königswasser ($3\,HCl + 1\,HNO_3$) verwendet werden, da sich Platin darin löst.

Das ausgeglühte Magnesiastäbchen (bzw. den ausgeglühten Platindraht) taucht man zuerst in verd. oder konz. Salzsäure, dann in die Analysensubstanz von der eine ausreichende Menge an Magnesiastäbchen hängen bleibt, und hält das Ganze in die nicht leuchtende Bunsenflamme etwas unter das Ende des inneren Kegels. Es ist ein Kunstfehler, die zu untersuchende Substanz mit dem Spatel in die Flamme zu bringen.

Charakteristische Flammenfärbungen geben besonders die Chloride von Lithium, Natrium, Kalium, Calcium, Strontium und Barium sowie die Halogenide des Kupfers (jeweils Nachweis ①). Bei Gemischen wird meist eine Komponente die andere(n) überdecken.

4.1.2 Spektroskopie

Betrachtet man das Licht einer Flammenfärbung durch ein Spektroskop, so erkennt man, dass es sich aus einigen charakteristischen Linien und/oder Banden zusammensetzt.

Ein Hand-Spektroskop enthält ein Prisma, das das Licht zerlegt, einen regelbaren Spalt, um das Licht eintreten zu lassen, und ein optisches System, damit man das Spektrum geradeaus (ohne Winkel) beobachten kann. Es ist erforderlich, dass sich jeder Benutzer das Spektroskop seinem Auge entsprechend scharf einstellt. Die Ränder einer Linie – meist der gelben Natrium-Linie oder auch z. B. der gelben Doppellinie (Hg) einer Leuchtstoffröhre – müssen scharf eingestellt werden; anschließend verengt man den Spalt, dadurch wird der Hintergrund dunkel und die Linien und Banden heben sich besser ab. Auch die Wellenlängenskala muss individuell scharf eingestellt werden, zur Eichung wird die gelbe Natriumlinie, in der die Linien von 589 und 590 nm zusammenfallen, verwendet. Anschließend wird die Wellenlängenskala mit einer Feststellschraube gegen Verrutschen gesichert. Für die Aufstellung des Spektroskops wählt man einen nicht zu hellen Platz mit einem möglichst schwarzen Hintergrund, um Fremdlicht einzudämmen und dadurch den Hintergrund dunkel zu halten. Um das Spektroskop nicht durch Hitzeeinwirkung zu beschädigen, muss man die flache Hand ohne Schwierigkeit zwischen Flamme und Spektroskop halten können. In den Spalt des Spektroskops darf nur Licht aus der Flamme oberhalb des inneren Kegels fallen, das Bandenspektrum des Kohlenmonoxids im inneren Kegel würde sonst die Zuordnung der Spektrallinien und -banden unnötig erschweren. Für die Beobachtung des Spektrums sollte eine Sitzgelegenheit zur Verfügung stehen.

Man beobachte zunächst die einzelnen Spektren der Chloride von Lithium, Natrium, Kalium, Calcium, Strontium, Barium und Kupfer. Die Carbonate oder Oxide dieser Ionen werden durch die Salzsäure ebenfalls in Chloride umgewandelt. Die Sulfate z. B. sind meist nicht mehr ausreichend flüchtig, um eine Flammenfärbung hervorzurufen.

Um die jeweiligen Linien und Banden auch von sonst im Spektroskop nur schwierig erkennbaren Verbindungen – wie z. B. Erdalkalisulfaten und -chromaten – deutlich und dauerhaft beobachten zu können, mischt man die Analysensubstanz mit 1–5 Teilen $MgCl_2 \cdot 6\,H_2O$. Es empfiehlt sich, Vergleichsmischungen mit Salzen der nachzuweisenden Elemente auf Vorrat herzustellen. Da $MgCl_2 \cdot 6\,H_2O$ hygroskopisch ist, müssen diese Mischungen dicht verschlossen aufbewahrt werden. Bei der Berührung mit einem heißen Magnesiastäbchen bleibt daran genügend Mischung für die Spektroskopie hängen. In der Flamme entweicht das Kristallwasser unter Zurücklassung einer großen Oberfläche. Für die Intensivierung der Linien und Banden spielen die Oberfläche, die ständige Übertragung von Chlorid, durch HCl, das bei der thermischen Zersetzung von $MgCl_2 \cdot 6\,H_2O$ frei wird, eine Rolle. Magnesium wird unter den angewendeten Bedingungen nicht zur Aussendung einer bestimmten Wellenlänge angeregt. Die Phosphate und Kaliumchromsulfat entziehen sich auch bei Zusatz von $MgCl_2 \cdot 6\,H_2O$ dem spektroskopischen Nachweis. Daher mischt man diese Substanzen mit etwa der gleichen Menge Magnesiumgries (oder -pulver) und bringt diese Mischung mit einem feuchten Magnesiastäbchen in die Flamme. Dabei verbrennt das Magnesium in wenigen Sekunden blitzartig. Während dieser Zeit erkennt man die jeweiligen Linien und Banden. Durch das brennende Magnesium wird die Temperatur und damit die Flüchtigkeit der Substanzen erhöht. Gleichzeitig erfolgt durch das Magnesium auch Reduktion zu den ungeladenen Atomen, die für die Linienspektren verantwortlich sind. Das Licht des brennenden Magnesiums darf nicht in das Spektroskop fallen, d. h., das Magnesiastäbchen sollte möglichst weit unten in die Flamme gehalten werden.

Die gelbe Linie des Natriums bei 589 nm ist praktisch immer vorhanden, da kaum eine Substanz frei von Natriumspuren ist. Selbst der Staub, der vom Bunsenbrenner mit der Luft angesaugt wird, reicht meist als Natriumquelle aus. Besitzt das Spektroskop eine beleuchtete Wellenlängenskala, so wird die gelbe Natrium-Linie zum Eichen verwendet. Bei Anwesenheit einer Natriumverbindung (nicht nur von Spuren) leuchtet die Flamme sehr lange (mind. 10–15 min) unverändert kräftig. Die Natriumlinie ist so intensiv, dass sie blendet. Das gelbe Licht kann durch ein Kobaltglas (Komplementärfarbe) herausgefiltert werden (s. K^+ ①).

Für die Erkennung des Lithiums achtet man auf die sehr intensive rote Linie bei 670 nm, die nicht mit der roten Kaliumlinie bei 770 nm verwechselt werden darf. Die erste rote Kaliumlinie erscheint erst langsam bei längerem Erhitzen, die zweite rote Kaliumlinie bei 694 nm bleibt oft ganz aus (s. a. Kap. 10, S. 248). Charakteristisch für das Calcium sind die beiden meist nicht aufgelösten orangeroten Banden bei 618 und 620 nm zusammen mit der grünen Bande bei 554 nm. Für das Strontium ist auf die roten Banden zwischen 660 und 690 nm und die orange Bande bei 606 nm zu achten. Charakteristisch für Barium ist das Muster grüner Banden zwischen 514 und 554 nm, die Banden bei 514 und 524 nm sind besonders intensiv. Kupfer(II)-chlorid (s. Cu^{2+} ①) führt zu einem intensiv grünen Bandensystem um 550 nm sowie orangeroten Banden zwischen 600 und 650 nm, die dem Kupfer(II)-nitrat fehlen. Kupfer(II)-sulfat erteilt der Flamme dagegen praktisch keine Färbung.

Es gibt außerdem noch Linien im blauen und violetten Bereich, die sich jedoch für die Zuordnung schlecht eignen, da das menschliche Auge in diesem Bereich weniger empfindlich ist.

Brennen im Raum Leuchtstoffröhren, sieht man die Linien des Quecksilber-Dampfes: 579 und 577 (gelb), 546 (grün), 436 (blau) und 408 und 405 nm (violett). Auch Borverbindungen können unter anderen Bedingungen zu grünen Flammenfärbungen führen (s. BO_3^{3-} ①, ②). Die für das Erkennen der Elemente wichtigsten Linien und Banden sind als Zeichnung der Wellenlängen in Abbildung 4 zusammengestellt.

Die Linienmuster und ihre absolute Lage sind für die jeweiligen Elemente charakteristisch und addieren sich bei Anwesenheit von zwei oder mehr Elementen. Daher lässt sich die Flammenspektroskopie analytisch nutzen. Glaubt man im Spektrum die Linie z. B. des Kaliums erkannt zu haben, bringt man etwas Kaliumchlorid an einem zweiten Magnesiastäbchen zusätzlich in die Flamme. Wenn es sich

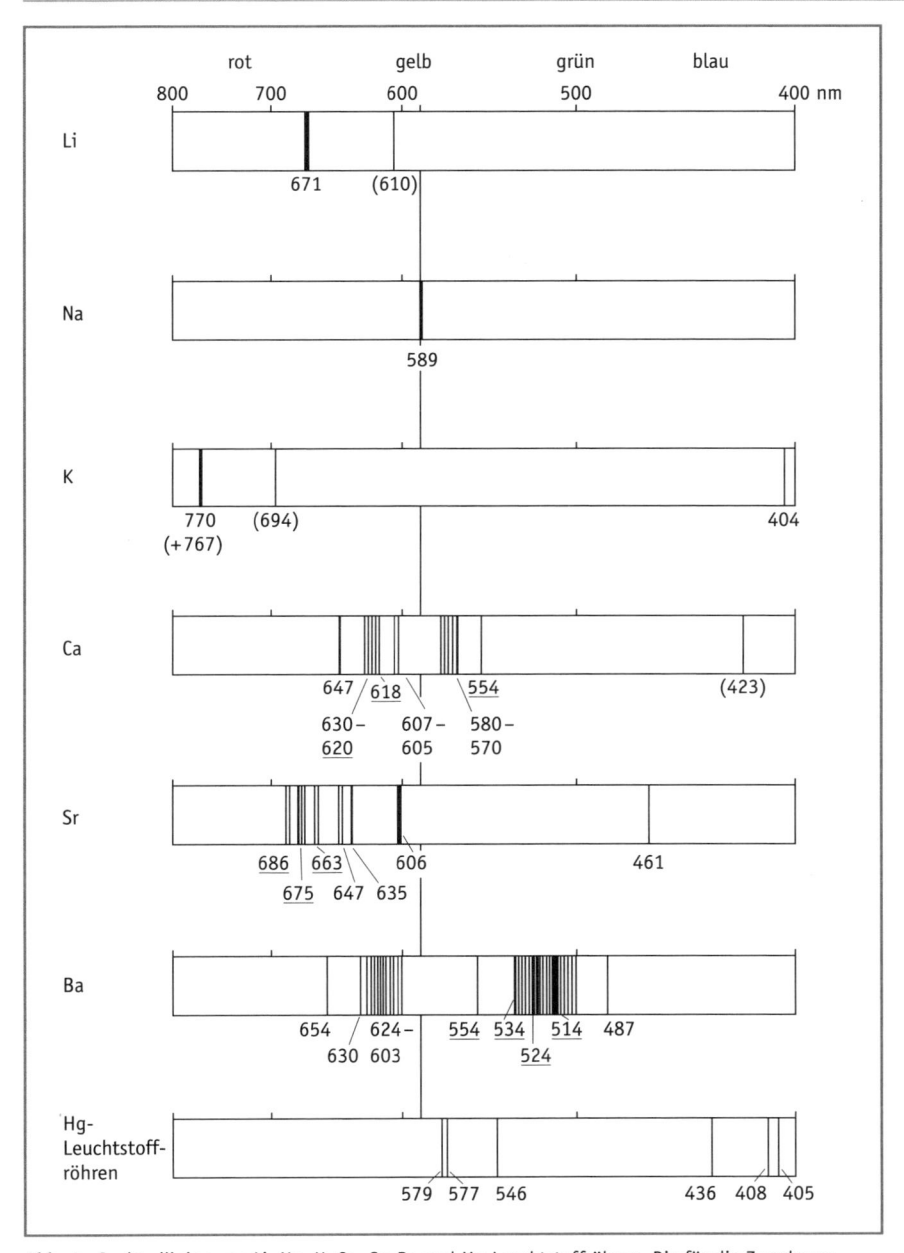

Abb. 4 Spektrallinien von Li, Na, K, Ca, Sr, Ba und Hg-Leuchtstoffröhren. Die für die Zuordnung wichtigen Linien und Banden sind unterstrichen; bei Linien, die oft nicht erkannt werden, sind die Wellenlängen in Klammern gesetzt.

wirklich um die rote Kalium-Linie handelte, wird ihre Intensität durch die Vergleichsprobe verstärkt. Wenn es sich nicht um die vermutete Kalium-Linie handelte, tritt mit dem Einbringen von Kaliumchlorid am zweiten Magnesiastäbchen diese Linie zusätzlich ins Blickfeld.

Die Spektroskopie ist eine sehr empfindliche Methode, daher sei vor Schmutz im Brenner und am Magnesiastäbchen gewarnt. Die Empfindlichkeit ist sehr unterschiedlich; so sind z. B. schon Spuren von Lithium und Natrium zu erkennen, die durch Fällungsreaktionen nicht erfasst werden. Deshalb wertet man die **Flammenemissionsspektroskopie** in der beschriebenen Ausführung nur als Vorprobe.

4.2 Aufschlüsse schwerlöslicher Verbindungen

Es gibt einige Verbindungen, die weder durch Säuren noch durch Komplexbildner in Lösung gebracht werden können. Um ein Ion durch Reaktionen identifizieren zu können, muss es in wässriger Lösung vorliegen. Daher ist es notwendig, die schwerlöslichen (d. h. praktisch unlöslichen) Verbindungen $BaSO_4$, Al_2O_3, SiO_2, TiO_2, Cr_2O_3, $Cr_2(SO_4)_3$ (ohne oder mit nur wenig Kristallwasser) und SnO_2 durch besondere Aufschlüsse in Verbindungen umzuwandeln, die sich direkt (z. B. SO_4^{2-}, $[Al(OH)_4]^-$, Al^{3+}, CrO_4^{2-}) oder indirekt (z. B. $BaCO_3$) lösen lassen. Der **Rückstand** vom Lösen der Analysensubstanz wird abzentrifugiert und mit wenig Wasser in einem Tiegel gespült. Vor dem Aufschluss muss das Wasser durch Erhitzen verdampft werden.

Die Aufschlüsse werden in möglichst kleinen, dünnwandigen Platin-, Porzellan- oder Nickeltiegeln durchgeführt. Die Wahl des Tiegelmaterials – man kommt mit einem Nickel- und einem Porzellantiegel aus – ist wichtig und wird bei jedem Aufschluss angegeben. Den Tiegel füllt man mindestens zur Hälfte mit dem Gemisch aufzuschließende Verbindung/Aufschlussmittel, im Zweifelsfall nimmt man mehr Aufschlussmittel. Der Tiegel wird in ein Tondreieck gehängt und das Gemisch mit einem oder zwei Bunsenbrennern oder einem Elektrobrenner zur Schmelze erhitzt. Der innere Kegel der Bunsenflamme darf den Platin- oder Nickeltiegel nicht berühren: Platin wird spröde, Nickel bildet unter diesen Bedingungen gasförmiges $Ni(CO)_4$, und der Tiegel wird leck.

Man hält die Schmelze mindestens 5 min aufrecht und gießt sie dann auf ein Kupferblech. Lässt man die gesamte Schmelze im Tiegel erkalten, ist das Herauslösen wegen der geringen Oberfläche äußerst langwierig. Der erkaltete Schmelzkuchen wird zur Vergrößerung der Oberfläche und dadurch bedingten Beschleunigung des Lösevorganges im Mörser zerkleinert.

4.2.1 Basischer Aufschluss

Man kann den basischen Aufschluss mit Natriumcarbonat (Smp. 854 °C) oder mit Kaliumcarbonat (Smp. 897 °C) durchführen. Ein Gemisch mit dem Stoffmengenanteil (Mol %) Kaliumcarbonat $x_i = 55\%$ und Natriumcarbonat $x_i = 45\%$ bzw. $Na_2CO_3 \cdot 10\,H_2O$ (Kristallsoda), die bei 32 °C im Kristallwasser schmilzt und bei

36,5 °C in $Na_2CO_3 \cdot 1,5\,H_2O$ übergeht, (Massenanteil (Gew. %) $\omega_i = 61,4\,\%$ Kaliumcarbonat und (Gew. %) $\omega_i = 38,6\,\%$ Natriumcarbonat) schmilzt schon bei 712 °C, wird also leichter zum Schmelzen gebracht. Man spricht von einem eutektischen Gemisch oder **Eutektikum**. Der Schmelzpunkt eines Eutektikums liegt tiefer als die Schmelzpunkte der Komponenten. Ein Gemisch aus etwa gleichen Massenanteilen Natriumcarbonat (wasserfrei) und Natriumhydroxid schmilzt schon bei ca. 320 °C und ist ebenfalls für den basischen Aufschluss geeignet; wegen der Aggressivität der Schmelze gegenüber Porzellan muss ein Nickel- oder Platintiegel verwendet werden. Zur Herabsetzung der Schmelztemperatur lassen Arzneibücher z. B. die Ph. Eur. ein Gemisch aus 3 g Na_2CO_3 und 1 g KNO_3 verwenden.

Mit dem basischen Aufschluss werden **Barium-, Strontium- und Calciumsulfat** in die in Wasser schwerlöslichen Carbonate umgewandelt, das Sulfat liegt als leicht lösliches Alkalisulfat vor (s. Ba^{2+} ⑥). Zur Unterscheidung von Barium, Strontium und Calcium s. Ammoniumcarbonat-Gruppe, s. Kap. 6.3. Wurde das Bleisulfat nicht sorgfältig aus dem Rückstand gelöst (s. Pb^{2+} ⑤), kann Blei Barium vortäuschen.

Aus **Aluminiumoxid** bildet sich unter den Bedingungen des basischen Aufschlusses Natriumaluminat ($NaAlO_2$), das sich in Wasser zu Hydroxoaluminat löst (s. Al^{3+} ⑧). Da Aluminium im Porzellan enthalten ist, darf kein Porzellantiegel verwendet werden. Ungeeignet ist auch die Magnesiarinne, da Magnesiumoxid-Körner mit Aluminiumsilicat verklebt und gesintert werden.

Siliciumdioxid und Silicate werden in lösliche Silicate übergeführt (s. SiO_4^{4-} ② a). Auch hier kann kein Porzellantiegel verwendet werden. Vor dem Aluminium-Nachweis muss allerdings das lösliche Silicat durch mehrmaliges Abrauchen mit konz. Salzsäure in unlösliches Siliciumdioxid umgewandelt werden (s. SiO_4^{4-} ①).

Bei Anwesenheit von Silberhalogeniden darf kein Platin- oder Nickeltiegel verwendet werden. Es entsteht elementares Silber (s. Ag^+ ⑧). Es ist jedoch günstiger, AgX mit Zink und verd. Schwefelsäure zu reduzieren und anschließend in konz. Salpetersäure zu lösen (s. Ag^+ ①, ⑦ b). AgX kann, auch wenn es sich um Silberiodid handelt, in gesättigter Natriumthiosulfat-Lösung komplex gelöst werden (s. Ag^+ ⑩ b).

Zinn(IV)-oxid ergibt in der basischen Schmelze Stannat(IV), das beim Lösen in Wasser weit gehend zu schwerlöslichem Zinn(IV)-hydroxid bzw. -oxid hydrolysiert wird. Zum Freiberger Aufschluss (Sn^{2+} ⑧) s. Kap. 4.2.4 und Lösen in Ammoniumsulfid (s. Sn^{2+} ⑨). Titan(IV)-oxid ergibt in der basischen Schmelze Titanate, die mit Wasser zur Ausgangsverbindung (wasserhaltig) hydrolysieren.

Da der Luftsauerstoff Zutritt zur Schmelze hat, wird besonders bei längeren Aufschlusszeiten etwas **Chrom(III)-oxid** in Chromat (Cr^{3+} ③) umgewandelt, das die Lösung leicht gelb färbt.

Man gießt die Schmelze auf ein Kupferblech und lässt erkalten. Der zerkleinerte Schmelzkuchen wird bei Zimmertemperatur oder im warmen Wasserbad mit wenig Wasser in einem Zentrifugenglas unter Rühren mit einem Glasstab augelaugt. In einem kleinen Teil dieses ersten Waschwasser prüft man nach dem Ansäuren mit verd. bis halbkonz. Salzsäure auf Sulfat (s. SO_4^{2-} ①). Dieses erste Waschwasser kann außerdem $[Al(OH)_4]^-$ und SiO_4^{4-} enthalten, die beide den Nachweis von Sulfat nicht stören. Der Rückstand kann auch in Essigsäure gelöst werden und der Barium-Nachweis als Chromat (Ba^{2+} ④) erfolgen.

Man säuert das Waschwasser mit viel konz. Salzsäure an und dampft in der Porzellanschale unter dem **Abzug** zur Trockne ein. Dabei bildet sich Siliciumdioxid, das sich anschließend in verd. Salzsäure nicht mehr löst (s. SiO_4^{4-} ①). Macht man die salzsaure Lösung ammoniakalisch, fällt Aluminiumhydroxid aus (s. Al^{3+} ③). Wenn die Probe auf Sulfat, das aus den Erdalkalisulfaten stammen muss, positiv war, wird der Schmelzkuchen so oft ausgelaugt, bis das Waschwasser kaum noch Sulfat enthält. Der ungelöste Teil enthält neben SnO_2, Cr_2O_3 und eventuell nicht vollständig umgesetzten $BaSO_4$, Al_2O_3 und SiO_2 das $BaCO_3$, das in verd. Salzsäure gelöst wird. In dieser Lösung wird Barium mit einigen Tropfen verd. Schwefelsäure zum Nachweis gefällt (s. Ba^{2+} ②).

Nach dem bas. Aufschluss reinigt man die Tiegel mit verd. Salzsäure. Der Nickeltiegel sollte nicht länger als ca. 15 min in der verd. Salzsäure belassen werden und muss danach gut mit Wasser gespült werden.

4.2.2 Saurer Aufschluss

Beim sauren Aufschluss schmilzt man den Rückstand mit Kaliumhydrogensulfat ($KHSO_4$). Dieses saure Sulfat schmilzt bei 210 °C, verliert Wasser durch Kondensation unter Bildung von Kaliumdisulfat (ältere Bezeichnung: Kaliumpyrosulfat, $K_2S_2O_7$, Smp. ca. 300 °C). Beim Lösen von Kaliumdisulfat in Wasser bildet sich Kaliumhydrogensulfat zurück. Die Schmelze wird unter dem Abzug bis zum Beginn der Bildung von H_2SO_4-Nebel (aus SO_3 + Luftfeuchtigkeit) bei ca. 500 °C erhitzt und etwa 5 min aufrechterhalten. Zu kräftiges Erhitzen führt zu starkem Verlust an SO_3 und Bildung des als Aufschlussmittel unwirksamen Kaliumsulfats mit einem Schmelzpunkt von 1069 °C. Bei zu schwachem und zu kurzem Erhitzen wird das Aluminiumoxid nur unvollständig aufgeschlossen.

Durch diese Schmelze wird Al_2O_3 in wasserlösliches Aluminiumsulfat umgewandelt (s. Al^{3+} ⑨), was bei grobkörnigem Material länger dauern kann bzw. bei Abbruch des Aufschlusses noch nicht abgeschlossen ist. MgO wird in wasserlösliches Magnesiumsulfat umgewandelt.

Fe_2O_3 wird analog umgesetzt; jedoch ist dieses Oxid fast immer in heißer konz. Salzsäure löslich und erfordert dann keinen Aufschluss. Für den sauren Aufschluss von Al_2O_3 ist der Porzellantiegel nicht geeignet, da er selbst Aluminium enthält. Aus dem Nickeltiegel löst sich ebenfalls etwas Metall, was die Fällung des Aluminiumhydroxids durch Ammoniak (s. Al^{3+} ③) nicht beeinträchtigt und den Nachweis von Aluminium nicht stört. Allerdings ist die überstehende Lösung durch $[Ni(NH_3)_6]^{2+}$ leicht blau gefärbt. Wird der pH-Wert von 9 nicht überschritten, bleibt Mg^{2+} in Lösung (Mg^{2+} ①).

Der in der Reibschale zerkleinerte Schmelzkuchen wird in wenig Wasser gelöst. Dabei bildet sich Kaliumhydrogensulfat zurück. Die wässrige Lösung reagiert durch den Überschuss Kaliumhydrogensulfat sauer und enthält Aluminium, das durch Ammoniak ausgefällt wird (s. o.). Beim Neutralisieren der $KHSO_4$-Lösung fällt oft auch ein Konzentrationsniederschlag von K_2SO_4 aus, der sich schnell absetzt und durch Zugabe von H_2O gelöst werden kann. Die farblosen glasigen $Al(OH)_3$-Flocken sinken nur langsam zu Boden und lösen sich nicht bei Zugabe von Wasser. Bei

Aufschluss mit $NaHSO_4 \cdot H_2O$ (Schmp. 58.5 °C) bzw. $NaHSO_4$ (Schmp. > 315 °C) wird der Konzentrationsniederschlag vermieden, da Natriumsulfat besser löslich ist. Für den Nachweis mit Morin (s. Al^{3+} ⑤) bringt man die stark saure Lösung durch Zugabe von festem Natriumacetat auf den geeigneten pH-Wert von 4,5. Zinn(IV)-oxid wird auch nicht in Spuren aufgeschlossen, stört demnach den Aluminium-Nachweis mit Morin nicht. Die anderen Rückstände (außer TiO_2, s. Ti^{4+} ②) bleiben ungelöst zurück. Titan gibt mit Morin eine Gelbfärbung, stört aber die grüne Fluoreszenz des Aluminium-Morin-Farblackes nicht. Der Nachweis von Titan erfolgt mit H_2O_2 (Ti^{4+} ④) und wird durch Aluminium nicht gestört.

4.2.3 Oxidationsschmelze

Man mischt 1 Teil Cr_2O_3 (grün) oder $Cr_2(SO_4)_3$ (grün oder lavendelgrau) mit 5–10 Teilen einer der Mischungen für die Oxidationsschmelze (s. Tab. 9) und schmilzt auf einer Magnesiumrinne oder im Porzellantiegel. Auch die Verwendung eines Nickeltiegels ist möglich. Da die Oxidationsmittel sich bei 400 °C zersetzen, sollte die Schmelze nicht bis zur Rotglut (600 °C) erhitzt werden. Chrom(III) wird in der Schmelze in kurzer Zeit zum gelben Chromat oxidiert (s. Cr^{3+} ③), das man in wenig Wasser löst. Bismut kann den erkalteten Schmelzkuchen auch gelb färben, aber nur Chromat führt zu einer gelben Lösung; Nachweis des Chromats mit Diphenylcarbazid (s. $Cr^{3/6+}$ ⑩). Da keine anderen Substanzen unter diesen Bedingungen zu einer gelben Lösung (!) führen, kann von einer zusätzlichen Nachweisreaktion abgesehen werden. Da die Oxidationsschmelze in kürzester Zeit abgeschlossen ist, werden die anderen Rückstände (Al_2O_3, $BaSO_4$, SnO_2 und SiO_2) nur wenig angegriffen, stören aber auch nicht in größeren Mengen. Bei Anwesenheit von Mangan bildet sich das tiefgrüne Manganat(VI) (s. Mn^{2+} ⑧), das das gelbe Chromat überdeckt. Durch Zugabe von Mangan(II) bildet sich Braunstein (Synproportionierung, s. Mn^{2+} ⑤b). Nach Zentrifugation ist die gelbe Farbe des Chromats zu erkennen.

Tab. 9: Schmelztemperaturen von Gemischen (4 : 1) für die Oxidationsschmelze

Gemisch (4:1) Gew. %	Schmelztemperatur (°C)
$NaNO_3$: $NaOH$	215
$NaNO_3$: K_2CO_3	220
Na_2O_2 : $NaOH$	280
$NaNO_3$: Na_2CO_3	290
KNO_3 : Na_2CO_3	310

4.2.4 Freiberger Aufschluss

Für die Überführung von SnO_2 in lösliches SnS_3^{2-} ist das Schmelzen bzw. Sintern mit Natrium- (und Kaliumcarbonat) und Schwefel im Porzellantiegel erforderlich (s. Sn^{2+} ⑧). Die stets auftretende und störende Bildung von Polysulfid wird vermieden, wenn man den pulverisierten Schmelzkuchen des basischen Aufschlusses mit

Natriumcarbonat/Natriumhydroxid in wenig Ammoniumsulfid löst (s. Sn^{2+} ⑨). Der Nachweis von Zinn als Zinn(IV)-sulfid wird durch die anderen Rückstände nicht beeinträchtigt.

4.3 Reihenfolge der Aufschlüsse

Zunächst muss die Farbe des in konz. Salzsäure und Königswasser unlöslichen Rückstands festgestellt werden:

SiO_2 und Silicate	Al_2O_3	$BaSO_4$	Cr_2O_3	SnO_2	TiO_2
farblos	farblos	farblos	grün	farblos	farblos

Das grüne Cr_2O_3 kann sehr leicht die Farbe der anderen Rückstände überdecken, selbst aber nicht überdeckt werden. Die Rückstände spült man mit wenig Wasser aus den Zentrifugengläsern in den Nickeltiegel. Vor dem Schmelzen verdampft man das Wasser mit kleiner Flamme.

Man führt zunächst die basische Schmelze mit Na_2CO_3/NaOH durch, mit der man Al_2O_3, $BaSO_4$, und SnO_2 gleichzeitig aufschließt. Ein Teil des zerkleinerten Filterkuchens wird mit Wasser ausgelaugt. Die wässrige Lösung wird auf Al^{3+} und SO_4^{2-}, der Rückstand auf $BaCO_3$ untersucht. Ist Silicat zugegen, muss dieses vor dem Aluminium-Nachweis durch zweimaliges Abrauchen mit konz. Salzsäure unlöslich gemacht werden. Aus dem anderen Teil des zerkleinerten Schmelzkuchens wird das Stannat(IV) mit farblosem Ammoniumsulfid als Thiostannat herausgelöst und als gelbes Zinn(IV)-sulfid gefällt (s. Sn^{2+} ⑦ und ⑨).

War Zinn anwesend, muss man dieses für den Aluminium-Nachweis mit Morin (s. Al^{3+} ⑤) binden, wenn man nicht den sauren Aufschluss durchführen will, bei dem SnO_2 auch nicht in Spuren gelöst wird.

Die Oxidationsschmelze kann man mit dem schwerlöslichen, grünen Rückstand auf der Magnesiarinne ausführen. Man kann die Oxidationsschmelze auch mit neuem Rückstand – nicht Ursubstanz! – durchführen.

5 Schwefelwasserstoff als Fällungsmittel

5.1 Eigenschaften von Schwefelwasserstoff

Das übelriechende Gas Schwefelwasserstoff H_2S löst sich nur sehr gering in Wasser. In wässriger Lösung dissoziiert es in 2 Stufen:

1. Stufe: $H_2S + H_2O \rightleftarrows H_3O^+ + HS^-$
2. Stufe: $HS^- + H_2O \rightleftarrows H_3O^+ + S^{2-}$

Die wässrige Lösung ist eine sehr schwache Säure.
Für jede Stufe kann das Massenwirkungsgesetz MWG (s. Kap. 11.1) formuliert werden:

$$\text{MWG für 1. Stufe:} \quad \frac{c(H^+) \cdot c(HS^-)}{c(H_2S)} = K_{S1}$$

$$\text{MWG für 2. Stufe:} \quad \frac{c(H^+) \cdot c(S^{2-})}{c(HS^-)} = K_{S2}$$

c = Konzentration in mol $\cdot$ L^{-1}

K_{S1}, K_{S2} = Säurekonstanten (in Tab. 16 (S. 258) zusammengestellt)

Durch Umformung und Einsetzen der Zahlenwerte (gerundet; für $c(H_2S)$ wird 10^{-6} mol$\cdot$L^{-1} angenommen) kann die Konzentration der Sulfidionen bei verschiedenen pH-Werten (s. Tab. 10) berechnet werden:

$$c(S^{2-}) = \frac{K_{S1} \cdot K_{S2} \cdot c(H_2S)}{c^2(H^+)} = \frac{10^{-25}}{c^2(H^+)}$$

Tab. 10: Erreichbare Sulfid-Ionen-Konzentrationen $c(S^{2-})$

pH	$c(S^{2-})$	$K_L = c(Me^{2+}) \cdot c(S^{2-})$ (Löslichkeitsprodukt)
1	10^{-23}	10^{-27}
2	10^{-21}	10^{-25}
3	10^{-19}	10^{-23}
4	10^{-17}	10^{-21}
7	10^{-11}	10^{-15}
8	10^{-9}	10^{-13}
9	10^{-7}	10^{-11}

Die verwendete Lösung eines Salzes entspricht einer Konzentration von ca. 10^{-4} mol·L^{-1} des Kations. Zur besseren Übersichtlichkeit werden hier nur die Sulfide zweiwertiger Kationen betrachtet:

$$Me^{2+} + S^{2-} \rightleftharpoons MeS \downarrow$$

Für den Punkt des Auftretens der Fällung von MeS bezeichnet man das Produkt der Konzentrationen von Me^{2+} und S^{2-} als Löslichkeitsprodukt (K_L). Wird das Löslickeitsprodukt überschritten, erfolgt die Bildung des Niederschlags. Die errechneten Löslichkeitsprodukte sind in Tab. 15 zusammengestellt. Es ist zu beachten, dass hohe pK_L-Zahlenwerte niedrige pK_L-Werte bedeuten. So entspricht für HgS pK_L = 52,2 und K_L = $10^{-52,2}$; das bedeutet, dass bei allen pH-Werten in Tabelle 10 das Löslichkeitsprodukt für HgS überschritten wird und HgS ausfällt. Für ZnS gilt pK_L = 24 und K_L = 10^{-24}; erst bei pH > 3 wird das Löslichkeitsprodukt überschritten. MnS mit pK_L = 15 und K_L = 10^{-15} fällt erst bei pH > 4 aus.

So können die Sulfide, die in saurer Lösung ausfallen, von den Sulfiden, die in schwach saurer bis schwach alkalischer Lösung ausfallen, getrennt werden. Der pH-Wert einer Lösung kann durch Zugabe von z. B. Salzsäure oder wässrigem Ammoniak leicht verändert werden. Die Kationen, die in saurer Lösung als Sulfide ausfallen, werden als Schwefelwasserstoffgruppe bezeichnet, und so von den Kationen, die im schwach ammoniakalischen Bereich ausfallen, abgetrennt. Die zweite Gruppe bezeichnet man als Ammoniumsulfidgruppe. Wichtig ist die vollständige Fällung der Sulfide der H$_2$S-Gruppe, Reste würden in die (NH$_4$)$_2$S-Gruppe geraten und könnten dort die Nachweise stören.

5.2 Schwefelwasserstoff-Bereitstellung

5.2.1 Entnahme aus einer Druckflasche

Diese Art von Schwefelwasserstoff-Versorgung ist zweifellos bequem. Wegen der recht großen *Mindestmenge* einer Druckflasche und der technischen Wartung sollte ein angemessener Verbrauch zu erwarten sein. Bei einer mittleren Zahl von 50–60 Studenten pro Semester ist eine platzaufwändige Verteileranlage in einem *Stinkraum* mit einer ausreichenden Zahl von Hähnen, Ventilen o. Ä. zum Einleiten von Schwefelwasserstoff erforderlich. Dadurch vergrößert sich aber auch die Zahl der möglichen Leckstellen, was bei dem unangenehmen Geruch und besonders der Gesundheitsschädlichkeit von Schwefelwasserstoff bedenklich ist.

5.2.2 Verwendung von Thioacetamid

Thioacetamid (TAA) ist eine haltbare, farblose, wasserlösliche Substanz (Schmp. 111–113 °C) mit nur sehr schwachem Geruch. Durch Hydrolyse entsteht daraus Schwefelwasserstoff und Ammoniumacetat. Durch die langsame Freisetzung von Schwefelwasserstoff (langsamer als Einleiten von Schwefelwasserstoff-Gas) fallen die

Sulfide der Schwefelwasserstoff-Gruppenfällung grobkörniger aus und können leichter abzentrifugiert bzw. abfiltriert werden. Ammoniumacetat kann ohnehin in der Analyse vorliegen und stört nur in größeren Mengen, die sich leicht entfernen lassen.

Thioacetamid hydrolisiert um den Neutralpunkt (pH = 7) äußerst langsam, in saurer Lösung bei pH = 1 und 80 °C ist nach ca. 45 min erst die Hälfte umgesetzt. In basischer Lösung verläuft die Hydrolyse acht- bis zehnmal schneller als in saurer. Für die Hydrolyse sind zwei Reaktionswege denkbar:

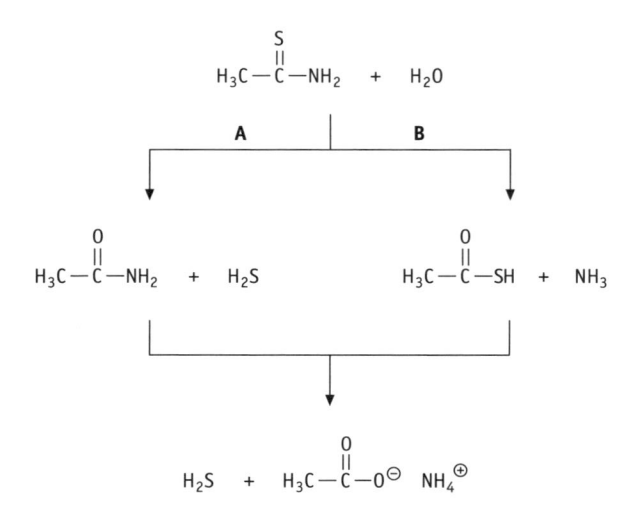

$$H_3C-\underset{\underset{S}{\|}}{C}-NH_2 \ + \ H_2O$$

$$\overset{A}{\swarrow} \qquad \overset{B}{\searrow}$$

$$H_3C-\underset{\underset{O}{\|}}{C}-NH_2 \ + \ H_2S \qquad H_3C-\underset{\underset{O}{\|}}{C}-SH \ + \ NH_3$$

$$\downarrow$$

$$H_2S \ + \ H_3C-\underset{\underset{O}{\|}}{C}-O^{\ominus} \ NH_4^{\oplus}$$

Untersuchungen haben ergeben, dass in saurer Lösung die Hydrolyse zu etwa 80 % über den Weg **A** und zu etwa 20 % über den Weg **B** erfolgt; in alkalischer Lösung ist das Verhältnis umgekehrt. Das auf Weg **A** entstehende Zwischenprodukt Acetamid ist gut wasserlöslich und farblos. Es beeinträchtigt den Kationen-Trennungsgang wie das Acetat-Anion nur unbedeutend. Die Thioessigsäure, die auf dem Weg **B** entsteht, ist selbst als Schwefelwasserstoff-Ersatz vorgeschlagen worden. Da sie nicht sehr haltbar ist und einen sehr unangenehmen Geruch hat, konnte sie sich nicht durchsetzen.

Es zeigte sich, dass in alkalischer Lösung die Bildung von Sulfiden aus Thioacetamid schneller erfolgt als Schwefelwasserstoff durch Hydrolyse freigesetzt wird. Offenbar bilden sich aus Thioessigsäure und Schwermetallen Salze oder Komplexe, die die Hydrolyse außerordentlich beschleunigen.

Für die **Schwefelwasserstoff-Gruppenfällung** wird die salzsaure Lösung von einem Spatel Analysensubstanz mit 1 bis 2 Spateln Thioacetamid versetzt. Zur Vermeidung von Schwefelwasserstoff-Verlusten deckt man das Reagenzglas mit einem umgekehrten Stopfen (lose!) ab, oder verschließt es mit einem Wattestopfen und stellt es für mindestens 20 min in ein siedendes Wasserbad unter dem Abzug. Anders als bei der Fällung mit Schwefelwasserstoff-Gas bilden sich in salzsaurer Lösung aus Kupfer(II)-Ionen $[Cu(CH_3CSNH_2)_4]Cl$ von schwach gelblich-grüner Färbung. Bei längerem Erhitzen, sicher aber beim Digerieren mit Ammoniumpolysulfid bildet sich daraus schwarzes Kupfersulfid (s. Cu^{2+} ⑧). Zur Vervollständigung der Fällung muss die Säurestärke herabgesetzt werden. Bei der klassischen Arbeitsweise wurde deshalb die Lösung verdünnt. Bei Verwendung von Thioacetamid ist dieses Verfahren nicht geeignet: Nicht nur die Wasserstoff-Ionen, auch die zu fällenden Kationen, Schwefelwasserstoff und Thioacetamid werden verdünnt. Außerdem erfolgt die Bildung von Schwefelwasserstoff in schwach saurer Lösung besonders langsam. Die Überschreitung der Löslichkeitsprodukte, besonders von Blei- und Cadmiumsulfid, ist nur noch schwierig zu erreichen, abgesehen von dem Zeit- und Arbeitsaufwand (und Energieaufwand), wenn an späterer Stelle des Trennungsganges das Wasser abgedampft werden muss.

Die Verwendung von TAA als Feststoff ist unökonomisch, daher wird nachfolgend der Kationen-Trennungsgang unter Verwendung einer 7,5 %igen **TAA-Lösung in Methanol** (= 1 mol/L) beschrieben: 1 Spatel Analysensubstanz (ca. 100 mg) werden in 5 mL HCl (max. 2 mol/L) notfalls unter Erhitzen gelöst, nicht aber in konz. HCl wegen der Behinderung der Fällung von PbS und CdS durch Bildung von Chlorokomplexen. Nach Zusatz von 1–2 mL der methanolischen TAA-Lösung zur sauren Lösung der Analysensubstanz erhitzt man 30 min im siedenden Wasserbad unter dem Abzug. Um den Verlust von H_2S einzuschränken, bedeckt man das Reagenzglas lose (!) mit einem Stopfen. Während dieser Zeit bereitet man aus einer Mischung von 5 mL einer verd. NH_3-Lösung (ca. 2 mol/L) und 2 mL TAA-Lösung durch gelegentliches Erwärmen im Wasserbad eine Lösung von **Ammoniumsulfid**, falls dieses nicht zur Verfügung steht. Diese Lösung ist nicht haltbar. Unter dem Einfluss von Luftsauerstoff färbt sie sich unter Bildung von Polysulfid gelb. Von dieser Lösung (farblos) tropft man zum sauren Ansatz der H_2S-Fällung bis zum pH 2, bei höheren pH-Werten könnte ZnS vorzeitig ausfallen. Der Ammoniak neutralisiert einen Teil der Salzsäure, gleichzeitig werden Sulfidionen zugesetzt, um die Fällung von PbS und CdS zu vervollständigen. Nach dem Abzentrifugieren des Niederschlages sollte durch Tüpfeln mit Cadmium- oder Bleiacetat-Lösung die Vollständigkeit der Fällung überprüft werden. Um die Sulfide von As, Sb und Sn aus dem Niederschlag herauszulösen, benötigt man in der Regel **Ammoniumpolysulfid**. Zu dessen Bereitung (s. Tab. 5) leitet man Schwefelwasserstoff in 1 L Ammoniak-Lösung (ca. 2 mol/L) bis zur Sättigung und löst darin 5 g Schwefel; die Herstellung der Reagenzlösung unter Verwendung von TAA erfolgt zu langsam, daher bereitet man sich eine Lösung von **Natriumpolysulfid** (s. a. Tab. 5) aus 2 mL verd. Natronlauge (ca. 2 mol/L), 1 mL der TAA-Lösung und einer Spatelspitze (ca. 30 mg) Schwefel; nicht gelösten Schwefel zentrifugiert man ab. Zu der gelben Lösung gibt man 1–2 Spatel NH_4Cl, um den pH-Wert herabzusetzen und so das Lösen von HgS zu vermeiden. Zur Fällung der Ammoniumsulfidgruppe wird das Zentrifugat der H_2S-Fällung mit Ammoniumsulfid-Lösung (s. o.) versetzt bis zu pH 9, in stärker alkalischen Lösungen würde auch $Mg(OH)_2$ ausfallen. Das verwendete Ammoniumsulfid sollte farblos sein, da mit Polysulfid die Bildung von kolloidem Cobalt- bzw. Nickelsulfid zu fürchten ist, eine Abtrennung durch Filtration oder Zentrifugation ist dann nahezu unmöglich. Das verwendete Ammoniumsulfid sollte auch frei von Carbonat sein, um die vorzeitige Fällung der Erdalkalicarbonate zu vermeiden. Die Weiterverarbeitung des Zentrifugats der $(NH_4)_2S$-Fällung erfordert keine weiteren Modifikationen.

5.3 Toxikologie

5.3.1 Schwefelwasserstoff

Der penetrante Geruch von Schwefelwasserstoff ist allgemein bekannt. Weniger bekannt ist die Giftigkeit, die etwa der Blausäure entspricht. Schwefelwasserstoff lähmt ebenfalls das Atemzentrum und die Atmungsenzyme. Der intensive Geruch ist schon in noch ungefährlichen Konzentrationen eine Warnung – anders als bei der Blausäure. Bei höheren Konzentrationen ist jedoch das Geruchsempfinden gestört. Als Gefahrstoff ist Schwefelwasserstoff mit T^+, F^+, N zu kennzeichnen. Die MAK-Werte (2002) sind mit 10 mL/m^3 und 14 mg/m^3 angegeben.

Subakute Vergiftungserscheinungen sind u. a. Kopfschmerz, Benommenheit, Kraftlosigkeit und Reizungen am Auge. Schwefelwasserstoff wird im Organismus schnell oxidiert, es tritt also keine Kumulation ein. Auch im Darm entsteht bei der Eiweißfäulnis Schwefelwasserstoff, der als Peristaltikum wirkt.

5.3.2 Thioacetamid

TAA ist in der Pharmakologie zur experimentellen Erzeugung von Leberschäden verwendet worden, wobei eine sichere Proportion zwischen Dosis und Ausmaß der Schädigung besteht. Dazu muss Thioacetamid durch den Magen-Darm-Kanal aufgenommen oder mit einer Spritze direkt in den Körper gebracht werden (parenteral, intraperitoneal und subkutan); eine Aufnahme durch die Haut (perkutan) ist nicht bekannt. TAA wird in Katalogen als toxisch eingestuft, ist jedoch nicht in der MAK-Liste (1998) aufgeführt.

6 Analyse der Kationen

6.1 Salzsäure- und Schwefelwasserstoff-Gruppe

HCl-Gruppe	Ag^+, Hg_2^{2+}, Pb^{2+}
H_2S-Gruppe	Hg^{2+}, Pb^{2+}, Bi^{3+}, Cu^{2+}, Cd^{2+}, $As^{3/5+}$, $Sb^{3/5+}$, $Sn^{2/4+}$
Rückstände	AgX, $PbSO_4$, ($PbCl_2$), SnO_2

6.1.1 Einzelreaktionen

Silber   Ag   Z = 47 A_r = 107,868

Metallisches Silber findet in der Elektrotechnik, zur Herstellung von Schmuck, chirurgischen Geräten und Münzen Verwendung. In der Ph. Eur. findet sich die Monographie Silbernitrat. Die Lichtempfindlichkeit der Silberhalogenide bildet die Grundlage der klassischen Schwarz-Weiß-Fotografie.

Silber-Verbindungen wirken adstringierend und eiweißfällend. Die Ätzwirkung des Silbernitrats (in Form von Stiften als „Höllenstein") wird bei Behandlung von Warzen und Wucherungen genutzt. Die Schwarzfärbung der Haut bei Berührung mit Silbernitrat entsteht durch die Reduktion des Ag^+ zu Ag^0, die eigentliche Ätzwirkung erfolgt durch die dabei freigesetzte Salpetersäure. Silber-Ionen haben eine bakterizide Wirkung (z. B. Blennorhö-Prophylaxe bei Neugeborenen), auch noch in stark verdünnter Lösung. Vergiftungen werden erst bei Einnahme von 2 g Silbernitrat beobachtet. Die Bildung von schwerlöslichem Silberchlorid und -sulfid sowie metallischem Silber erfolgt schneller als die Resorption im Magen-Darm-Kanal.

Chemische Eigenschaften: Das Edelmetall Silber löst sich nur in oxidierenden Säuren und kann aus seinen Lösungen leicht zum Metall reduziert werden. Außer Silberfluorid sind die Silberhalogenide und -pseudohalogenide wenig löslich. Mit einem Überschuss an Ammoniak oder Pseudohalogenid-Lösung bilden sich gut lösliche Komplexe mit der Koordinationszahl 2. Silber-Ionen haben in der Regel die Ladung 1+; höhere Ladungen können durch Komplexbildung stabilisiert werden, sind aber pharmazeutisch ohne Interesse. Silberoxid(-hydroxid) ist nicht amphoter. Silber-Ionen sind farblos.

Probelösung: 0,05 mol/L $AgNO_3$-Lösung (Herstellung, s. Tab. 5).

Silber

① **Lösen von metallischem Silber**

Metallisches Silber z. B. aus Ag^+ ⑦ oder ⑧, löst sich beim Erwärmen in konz. Salpetersäure unter Bildung eines braunen Gases, Gold löst sich nicht. Daher wurde früher konz. Salpetersäure auch als Scheidewasser bezeichnet:

$$Ag^0 + NO_3^- + 2H^+ \longrightarrow Ag^+ + NO_2 \uparrow + H_2O$$

In halbkonz. Salpetersäure löst sich Silber bei Ausschluss von Luftsauerstoff unter Entwicklung eines farblosen Gases:

$$3Ag + 4H^+ + NO_3^- \longrightarrow 3Ag^+ + NO \uparrow + 2H_2O$$

Das farblose Gas NO reagiert mit dem Sauerstoff der Luft zu dem braunen, giftigen Gas Stickstoffdioxid oder Stickstoff(IV)-oxid (**Abzug!**):

$$2NO + O_2 \longrightarrow 2NO_2 \uparrow$$

Silber kann auch in heißer konz. Schwefelsäure gelöst werden, dabei erfolgt Reduktion zu gasförmigem Schwefeldioxid:

$$2Ag + 2H_2SO_4 \longrightarrow 2Ag^+ + SO_4^{2-} + SO_2 \uparrow + 2H_2O$$

② **Reaktion mit Natronlauge**

Bei Zugabe von verd. Natronlauge zur Probelösung fällt dunkelbraunes Silberoxid aus, das sich im Überschuss des Fällungsmittels nicht löst:

$$2Ag^+ + 2OH^- \longrightarrow \underline{Ag_2O}_{\text{braun}} + H_2O$$

③ **Reaktion mit Ammoniak**

Gibt man stark verd. Ammoniak tropfenweise zur Probelösung, fällt zunächst braunes Silberoxid aus, das sich im Überschuss des Fällungsmittels unter Komplexbildung löst:

$$\underline{Ag_2O}_{\text{braun}} + 4NH_3 + H_2O \longrightarrow 2[Ag(NH_3)_2]^+ + 2OH^-$$

$[Ag(NH_3)_2]^+$ darf wegen Bildung von dunklem, explosivem Knallsilber Ag_3N nicht aufbewahrt werden. Bei Verwendung von verd. oder konz. Ammoniak wird die Ausfällung von Silberoxid nicht beobachtet, da sich der farblose Diamminsilber-Komplex schneller bildet.

④ Reaktion mit Chlorid-Ionen

Ph. Eur., USP

Verd. Salzsäure oder andere Lösungen von Chloriden fällen aus einer mit Salpetersäure angesäuerten Probelösung einen weißen, käsigen Niederschlag von Silberchlorid, der sich nach Abzentrifugation nicht in Salpetersäure, aber in verd. Ammoniak unter Komplexbildung löst (s. Ag^+ ③ und Cl^- ①):

$$Ag^+ + Cl^- \longrightarrow \underset{\text{weiß}}{AgCl}$$

$$AgCl + 2\,NH_3 \rightleftharpoons [Ag(NH_3)_2]^+ + Cl^-$$

Säuert man diese Lösung z. B. mit Salpetersäure an, so fällt das Silberchlorid wieder aus, da die Protonen der Salpetersäure Ammoniak aus dem Gleichgewicht entfernen:

$$NH_3 + H^+ \rightleftharpoons NH_4^+$$

Lässt man die Niederschläge von AgCl, AgBr und AgI einige Stunden im Licht stehen, färben sie sich dunkelviolett (s. Fotografie); die Verfärbung ist durch einen Vergleich mit frisch gefällten Silberhalogeniden deutlich zu erkennen.

Silberbromid ist schwerer löslich als Silberchlorid, Silberiodid noch schwerer (s. Br^- ① und I^- ① sowie Löslichkeitsprodukte s. Kap. 11.1). In verd. Ammoniak löst sich nur Silberchlorid, in konz. Ammoniak auch Silberbromid. Die Löslichkeit der Silberhalogenide sinkt mit steigender Ordnungszahl des Halogens. Aus den ammoniakalischen Silberdiammin-Lösungen fällt Kaliumiodid das in Ammoniak schwerlösliche Silberiodid aus (s. a. I^- ①).

⑤ Pseudohalogenide

(s. CN^- ①, SCN^- ①)

⑥ Chromat

Bei Zugabe einer Kaliumchromat-Lösung zur neutralen Probelösung fällt rotbraunes Silberchromat aus (pK_L 11,4; Indikator bei der Argentometrie nach Mohr), das in verd. Salpetersäure wie in Ammoniak löslich ist:

$$2\,Ag^+ + CrO_4^{2-} \longrightarrow \underset{\text{rotbraun}}{Ag_2CrO_4}$$

⑦ Reduzierende Substanzen (Tollens-Reagenz)

USP

a In einem fettfreien Reagenzglas gibt man zu einer schwach ammoniakalischen Silberdiammin-Lösung (z. B. aus Ag^+ ③ oder ④) etwas Formalin (wässrige Lösung von Formaldehyd), Weinsäure oder reduzierende Zucker (z. B. Glucose) und lässt es einige Minuten im warmen Wasserbad stehen. An der Reagenzglaswand scheidet sich unter gleichzeitiger Bildung von Formiat ein Silberspiegel ab. Beim Erhitzen im siedenden Wasserbad reduziert das Formiat-Anion weiteres Silberdiammin unter Bildung von Carbonat:

$$2\,[Ag(NH_3)_2]^+ + HCHO + 3\,OH^- \longrightarrow \underset{\text{Silberspiegel}}{2\,Ag^0} + HCOO^- + 4\,NH_3 + 2\,H_2O$$

Bei Reduktion mit Weinsäure darf die Lösung nur ganz schwach ammoniakalisch sein (s. a. $C_4H_4O_6^{2-}$ ⑤). Bei Verwendung von Eisen(II)-sulfat-, Zinn(II)-chlorid- oder -fluorid-Lösungen sowie Zink, Eisen, Zinn oder Hypophosphit als Reduktionsmittel (s. Redoxpotenziale, Kap. 11.3.1) scheidet sich das elementare Silber als grauer Schlamm ab.

b Silberhalogenide als Suspension in verd. Salpeter- oder Schwefelsäure werden durch Zink-Granalien reduziert (Entwicklung dieser Gleichung in Kap. 11.3.4, S. 266).

$$2\,AgBr + Zn \xrightarrow{H_2SO_4} \underset{\text{grau}}{2\,Ag^0} + Zn^{2+} + 2\,Br^-$$

Nach Zentrifugation: Lösen und Nachweis des Silbers: Ag^+ ①, ④.

⑧ Basischer Aufschluss von Silberhalogeniden

Schmilzt man schwerlösliches Silberhalogenid im Porzellantiegel mit der 5- bis 10fachen Menge eines 1:1-Gemisches aus Natrium- und Kaliumcarbonat, so erhält man nach Zerkleinern und Auslaugen des Schmelzkuchens elementares Silber, weil das intermediär gebildete Silbercarbonat bei 200 °C zerfällt:

$$2\,AgBr + Na_2CO_3 \longrightarrow Ag_2CO_3 + 2\,NaBr$$

$$2\,Ag_2CO_3 \xrightarrow{\Delta} \underset{\text{grau}}{4\,Ag^0} + 2\,CO_2 \uparrow + O_2 \uparrow$$

Lösen des Silbers: Ag^+ ①; Nachweis: anschließend Ag^+ ④) (s. a. Halogenide, Kap. 7.3).

⑨ Silbersulfid

Leitet man Schwefelwasserstoff in die Probelösung ein, fällt schwarzes Silbersulfid aus, das in konz. Salpetersäure löslich ist. Gibt man zu einer ammoniakalischen $[Ag(NH_3)_2]^+$-Lösung Thioacetamid, Natrium- oder Ammoniumsulfid-Lösung, so fällt Silbersulfid aus.

⑩ **Reaktion mit Thiosulfat**

a Versetzt man eine Probelösung mit wenigen Tr. Natriumthiosulfat, fällt weißes Silberthiosulfat aus. In ca. 20 s bildet sich daraus schwarzes Silbersulfid (s. $S_2O_3^{2-}$ ③).

b Versetzt man wenig Probelösung mit viel Natriumthiosulfat, bildet sich eine beständige, klare und farblose Lösung des Komplexes $[Ag(S_2O_3)_2]^{3-}$. Silberchlorid und -bromid lösen sich in 0,1 mol/L Natriumthiosulfat-Lösung, für Silberiodid ist eine nahezu gesättigte Lösung erforderlich (s. Cl^- ①, Br^- ①, I^- ①):

$$AgI + 2\,S_2O_3^{2-} \longrightarrow [Ag(S_2O_3)_2]^{3-} + I^-$$

Versetzt man diese Lösung mit Kaliumtriiodid (Iod-Lösung), so wird Thiosulfat zu Tetrathionat oxidiert (s. $S_2O_3^{2-}$ ②). Da Tetrathionat mit Silber-Ionen keinen Komplex bildet, fällt Silberiodid aus.

Quecksilber   Hg   Z = 80 A_r = 200,59

Elementares Quecksilber wird bei der Alkalichlorid-Elektrolyse und für physikalische Apparaturen benötigt. Die hohe Toxizität von Quecksilber und seinen anorganischen Verbindungen hängt bei oraler Aufnahme von der Wasserlöslichkeit und dem Verteilungsgrad ab. So sind elementares Quecksilber und Quecksilbersulfid relativ wenig giftig. Akute Vergiftungen mit 0,2–1 g Quecksilber(II)-chlorid sind letal. Quecksilber(I)-chlorid ist schwerlöslich und daher weniger giftig. Die Toxizität beruht auf Reaktionen mit schwefelhaltigen Enzymen. Chronische Vergiftungen treten schon bei der Resorption von täglich mind. 3 mg über längere Zeit auf. Diese Gefahr besteht, wenn man sich 6–8 h am Tag in einem Raum aufhält, in dem elementares Quecksilber verschüttet wurde, da dieses einen hohen Dampfdruck besitzt[1]. Die Symptome einer chronischen Quecksilber-Vergiftung beruhen hauptsächlich auf Schädigung des Nervensystems: Nervosität, Kopfschmerz, Gedächtnisschwäche und vermehrter Speichelfluss.

In der aktuellen Ph. Eur. sind keine Quecksilber(I)verbindungen in Form von Monographien oder Reagenzien aufgeführt. In der Ph. Eur. findet sich die Monographie Quecksilber(II)-chlorid. Weiterhin kommt Hg(II) in Form zahlreicher Reagenzien in der Ph. Eur. vor.

Quecksilber(I)-chlorid wurde früher als Laxans verwendet, Silberamalgam für Zahnfüllungen. Wegen der Hautresorption wird die *graue Salbe* (Hg^0) nicht mehr verwendet. Organische Quecksilber-Verbindungen sind als Diuretika durch besser wirksame, weniger toxische Verbindungen verdrängt worden. Natriumchlorid-Quecksilberchlorid-Lösungen wurden zur Haut- und Händedesinfektion verwendet. Wegen der guten bakteriziden Wirkung dienten Lösungen von $Hg(CN)_2 \cdot HgO$ zur

---

[1] Zur Aufnahme von verschüttetem Quecksilber s. Hg^{2+} ②

Wundbehandlung und Desinfektion von Geräten. Einige organische Quecksilber-Verbindungen spielen als Desinfektions- und Konservierungsmittel eine geringe Rolle; wegen der fungiziden Wirkung waren ähnliche Verbindungen als Saatgutbeizmittel im Gebrauch.

Chemische Eigenschaften: Quecksilber ist edler als Wasserstoff (s. Spannungsreihe, Tab. 17) und wird daher nur von oxidierenden Säuren gelöst.

Quecksilber(II) und das dimere Quecksilber(I) unterscheiden sich deutlich durch ihre Reaktionen, Hg_2^{2+} reagiert häufig unter Disproportionierung. Quecksilberionen sind farblos.

Quecksilber(II)-halogenide und -pseudohalogenide sind teilweise nur sehr wenig dissoziiert. So lässt sich über Quecksilber(II)-iodid mit Silber kein Iodid nachweisen, mit Quecksilber(II)-cyanid gelingen die Reaktionen Hg^{2+} ⑥ und Hg^{2+} ⑨ nicht, auch die CN-Reaktionen bleiben aus. Für die aufgeführten Nachweise ist das Quecksilber(II)-chlorid ausreichend dissoziiert.

Probelösungen: 0,025 mol/L $Hg_2(NO_3)_2$-Lösung,
0,05 mol/L $HgCl_2$-Lösung (s. Tab. 5).
Vorprobe: Trockenes Erhitzen ⑫.

① Lösen von metallischem Quecksilber

Elementares Quecksilber wird von konz. Salpetersäure unter Entwicklung von braunem Stickstoffdioxid gelöst:

$$Hg^{2+} + 2\,NO_3^- + 4\,H^+ \longrightarrow Hg^{2+} + 2\,NO_2 \uparrow + 2\,H_2O$$

In halbkonz. Salpetersäure löst sich Quecksilber bei Ausschluss von Luftsauerstoff unter Entwicklung eines farblosen Gases:

$$3\,Hg + 2\,NO_3^- + 8\,H^+ \longrightarrow 3\,Hg^{2+} + 2\,NO \uparrow + 4\,H_2O$$

Das farblose Stickstoff(II)-oxid oder Stickstoffmonoxid wird durch den Luftsauerstoff zum rotbraunen Stickstoff(IV)-oxid NO_2 oxidiert (**Abzug!**, s. Gleichung Ag^+ ①).

② Kupferamalgam

Ph. Eur. (Identitätsreaktion Quecksilber), USP

Aus sauren Quecksilber(I)- oder Quecksilber(II)-Lösungen scheidet sich auf einer reinen Kupferfläche elementares Quecksilber ab (Entwicklung dieser Gleichung in Kap 11.3.4, S. 265):

$$Hg^{2+} + Cu^0 \longrightarrow \underset{\text{silbrig-glänzend}}{Hg^0} + Cu^{2+}$$

bzw.

$$Hg_2^{2+} + Cu^0 \longrightarrow \underset{\text{silbrig-glänzend}}{2\,Hg^0} + Cu^{2+}$$

Die Kupferfläche wird durch kurzes Spülen mit Salpetersäure gereinigt, die Kupferamalgam-Fläche kann mit Filterpapier silbrig glänzend poliert werden. Unter dem **Abzug** (!) lässt sich das Quecksilber mit dem Bunsenbrenner verflüchtigen, auch beim Liegenlassen verdampft das Quecksilber. Wegen der Quecksilberdämpfe und der Schwierigkeit der Entsorgung sollte dem Nachweis als $Cu_2[HgI_4]$, der außerdem empfindlicher ist, der Vorzug gegeben werden (s. Hg^{2+} ⑩).

Auch auf Zink, nicht jedoch auf Eisen, scheidet sich ein Überzug von Quecksilber ab.

Aufnahme von verschüttetem Quecksilber: Man taucht einen Kupferdraht kurz in konzentrierte Salpetersäure und berührt die Quecksilberkügelchen mit dem noch salpetersäurefeuchten Draht. Dabei nimmt das Kupfer das Quecksilber unter Amalgambildung auf.

③ **Quecksilber(I)-chlorid und Ammoniak**

USP

a Fügt man zu einer Quecksilber(I)-Lösung verd. Salzsäure (oder eine chloridhaltige Lösung), bildet sich ein weißer Niederschlag von Quecksilber(I)-chlorid (s. a. Hg^{2+} ⑫, Ag^+ ④ und Pb^{2+} ⑥):

$$Hg_2^{2+} + 2\,Cl^- \longrightarrow \underline{Hg_2Cl_2}$$
$$\text{weiß}$$

b Übergießt man den Niederschlag mit Ammoniak, so erfolgt Disproportionierung (s. Kap. 10). Das fein verteilte, schwarze Quecksilber überdeckt die Farbe des weißen Quecksilber(II)-amidochlorids und hat zu dem Trivialnamen Kalomel (griech. Schönes Schwarz) für Hg_2Cl_2 geführt:

$$Hg_2Cl_2 + 2\,NH_3 \longrightarrow \underline{Hg^0} + \underline{HgNH_2Cl} + NH_4^+ + Cl^-$$
$$\quad\quad\quad\quad\quad\quad\quad\quad\quad\quad\;\; \text{schwarz} \quad\; \text{weiß}$$

c Quecksilber(I)-chlorid wird unter Oxidation durch Königswasser (s. NH_4^+ ③ d), heiße konz. Salpeter- oder Schwefelsäure gelöst **(Abzug!)**:

$$Hg_2Cl_2 + 2\,Cl \longrightarrow 2\,Hg^{2+} + 4\,Cl^-$$

④ **Reaktion von Quecksilber(II)-chlorid mit Ammoniak**

Versetzt man die Quecksilber(II)-chlorid-Probelösung mit Ammoniak, fällt weißes Quecksilber(II)-amidochlorid $HgNH_2Cl$ (Trivialname: *unschmelzbares Präzipitat; polymere Struktur*) aus. Bei Anwesenheit von viel Ammoniumchlorid bildet sich das ebenfalls schwerlösliche Quecksilber(II)-diamminchlorid $[Hg(NH_3)_2]Cl_2$ (Trivialname: *schmelzbares Präzipitat*).

⑤ Reaktion von Quecksilber(I) mit Natronlauge

USP

Gibt man zur Quecksilber(I)-Probelösung oder zu einer Suspension von Hg_2Cl_2 verd. Natronlauge, erfolgt Disproportionierung. Die schwarze Farbe des fein verteilten metallischen Quecksilbers überdeckt das gelbe Quecksilber(II)-oxid:

$$Hg_2Cl_2 + 2\,OH^- \longrightarrow \underset{\text{schwarz}}{Hg^0} + \underset{\text{gelb}}{HgO} + 2\,Cl^- + H_2O$$

Wenn sich eine braune Fällung bildet, ist die Oxidation des Quecksilber(I) zu -(II) durch Luftsauerstoff schon weit fortgeschritten.

⑥ Reaktion von Quecksilber(II) mit Natronlauge

Ph. Eur. (Identitätsreaktion Quecksilber), USP

Gibt man zur Probelösung verd. Natronlauge, fällt gelbes Quecksilber(II)-oxid aus, das sich nicht im Überschuss des Fällungsmittels löst:

$$Hg^{2+} + 2\,OH^- \longrightarrow \underset{\text{gelb}}{HgO} + H_2O$$

⑦ Reduktion von Quecksilber(II)

a Tropft man zu einer sauren Quecksilber(II)-Probelösung eine Zinn(II)-chlorid-Lösung, so bildet sich eine weiße Trübung von Quecksilber(I)-chlorid, die sich durch weitere Zugabe von Zinn(II)-chlorid-Lösung grau färbt:

$$2\,Hg^{2+} + Sn^{2+} + 8\,Cl^- \longrightarrow \underset{\text{weiß}}{Hg_2Cl_2} + [SnCl_6]^{2-}$$

$$Hg_2Cl_2 + Sn^{2+} + 4\,Cl^- \longrightarrow \underset{\text{grau}}{2\,Hg^0} + [SnCl_6]^{2-}$$

b Man versetzt eine Quecksilber(II)-Probelösung mit Natronlauge (s. Hg^{2+} ⑥) und anschließend mit Formalin. Nach kurzer Zeit wird das gelbe Quecksilber(II)-oxid zu grauem, fein verteilten Quecksilber reduziert.

c Schüttelt man eine salpetersaure Quecksilber(II)-nitrat-Lösung mit elementarem Quecksilber, so bildet sich durch Synproportionierung (s. Kap. 10) eine Quecksilber(I)-nitrat-Lösung:

$$Hg^{2+} + Hg^0 \longrightarrow Hg_2^{2+}$$

⑧ Quecksilber(I)-iodid

USP

Versetzt man die Probelösung tropfenweise mit einer Kaliumiodid-Lösung, fällt gelbes Quecksilber(I)-iodid aus, das sich im Licht über grün und braun nach schwarz verfärbt (Disproportionierung). Durch einige Tropfen Kaliumtriiodid wird es zu Quecksilber(II)-iodid bzw. Tetraiodomercurat(II) oxidiert (s. Hg^{2+} ⑩).

⑨ Quecksilber(II)-iodid

Ph. Eur., USP

Versetzt man die Probelösung tropfenweise mit einer Kaliumiodid-Lösung, fällt gelbes Quecksilber(II)-iodid aus, das sich langsam in die beständigere rote Modifikation umwandelt (Ostwald'sche Stufenregel, s. Lehrbücher). Bei 127 °C wandelt sich die rote Modifikation reversibel in die gelbe um (Thermochromie). In einer konzentrierten Kaliumiodid-Lösung löst sich der Niederschlag zu hellgelbem $[HgI_4]^{2-}$, das nach Zugabe von Kaliumhydroxid als Neßlers Reagenz zum Nachweis von geringen Mengen Ammoniak dient (s. NH_4^+ ⑥).

Das rote Quecksilber(II)-iodid wandelt sich oberhalb 127 °C in die gelbe Modifikation um, schmilzt bei 257 °C zu einer braunen Flüssigkeit, die bei 351 °C siedet. Aus dem Dampf scheidet sich gelbes Quecksilber(II)-iodid an dem kälteren Teil des Reagenzglases ab.

$$Hg^{2+} + 2\,I^- \longrightarrow \underline{HgI_2} \atop \text{gelb, rot}$$

$$HgI_2 + 2\,I^- \longrightarrow [HgI_4]^{2-}$$

Analog reagiert Quecksilber(II) mit Thiocyanat: $Hg(SCN)_2$ ist farblos und schwerlöslich (pK_L 29,5), $[Hg(SCN)_4]^{2-}$ farblos (s. a. Zn^{2+} ⑧).

Wurde gerade die für die Komplexbildung erforderliche Menge Kaliumiodid-Lösung verwendet, so fällt bei der Zugabe von Kupfersulfat-Lösung und schwefliger Säure (oder Natriumsulfit und verd. Schwefelsäure), (s. a. Cu^{2+} ⑦ u. Hg^{2+} ⑩), rotes $Cu_2[HgI_4]$ aus. Ein großer Überschuss Kaliumiodid-Lösung zersetzt die Verbindung unter Bildung von grauweißem Kupferiodid:

$$Cu_2[HgI_4] + 2\,KI \longrightarrow [HgI_4]^{2-} + 2\,K^+ + \underline{2\,CuI} \atop \text{grauweiß}$$

⑩ Kupfer(I)-tetraiodomercurat(II)

Man übergießt eine kleine Spatelspitze Kupfer(I)-iodid (ca. 10 mg) oder direkt als Suspension aus Cu^{2+} ⑦ mit einer sauren Quecksilber(II)-Probelösung: Der weiße bis hellgraue Bodensatz wandelt sich sofort in hellrotes $Cu_2[HgI_4]$ um, das sich bei 71 °C braunschwarz färbt (Thermochromie).

$$\underset{\text{weiß}}{4\,CuI} + Hg^{2+} \longrightarrow \underset{\text{hellrot}}{Cu_2[HgI_4]} + 2\,Cu^+$$

Es stören Oxidationsmittel wie Nitrit und nitrose Gase (nicht aber NO_3^-), die nach dem Lösen von Quecksilbersulfid mit Königswasser anwesend sind, da sie Kupfer(I) oxidieren und das Komplexsalz auflösen. Sie lassen sich durch Erwärmen mit wenig Harnstoff zu Stickstoff und Wasser zersetzen (s. NO_2^- ⑦), ein Überschuss Harnstoff bildet einen farblosen Niederschlag von Harnstoff-Nitrat, der nicht stört. Quecksilber(I) bildet gelbes Hg_2I_2, das durch einige Tr. Kaliumtriiodid oxidiert werden kann (s. Hg^{2+} ⑧). Silber(I), das durch Kupfer(I) reduziert wird, lässt sich als Silberchlorid abtrennen.

⑪ Quecksilber(II)-sulfid

Ph. Eur., USP

Eine salzsaure Quecksilber(II)-Probelösung wird mit einer Spatelspitze Thioacetamid versetzt und auf dem Wasserbad erwärmt: Quecksilber(II)-sulfid scheidet sich zunächst fast immer als metastabile schwarze, selten auch als stabile zinnoberrote Modifikation ab. Zinnober ist das wichtigste Quecksilbererz.

Quecksilber(II)-sulfid fällt beim Einleiten von Schwefelwasserstoff-Gas in eine salzsaure Quecksilber(II)-Probelösung aus.

Bei Zugabe einer konz. Natriumsulfid-Lösung zu einer Quecksilber(II)-Probelösung fällt Quecksilber(II)-sulfid aus, das sich im Überschuss des Fällungsmittels zum Teil unter Bildung des nahezu farblosen Komplexes $[HgS_2]^{2-}$ löst.

Quecksilber(II)-sulfid löst sich in konz. Salpetersäure oder Königswasser durch Oxidation des Sulfidschwefels. Alternativ kann ein Gemisch aus konz. HCl und Kaliumchlorat eingesetzt werden (Cl_2-Entwicklung, Abzug!). Es ist nicht löslich in Ammoniumsulfid-, Ammoniumpolysulfid-Lösung und heißer verd. Salpetersäure. Bei Verwendung einer Hg_2^{2+}-Probelösung oder einer Suspension von Quecksilber(I)-chlorid erfolgt Disproportionierung zu Quecksilber(II)-sulfid und metallischem Quecksilber:

$$Hg_2^{2+} + S^{2-} \longrightarrow HgS + Hg^0$$

⑫ Trockenes Erhitzen von Quecksilber-Verbindungen (Abzug!)

a Quecksilber(II)-chlorid (Trivialname: *Sublimat*, Name von der Herstellung durch Sublimation aus $HgSO_4$ + NaCl) schmilzt bei 276 °C zu einer farblosen Flüssigkeit und siedet bei 302 °C. Aus dem Dampf scheidet es sich als weißer Festkörper im kühleren Teil des Glühröhrchens wieder ab (Sublimation).

b Quecksilberamidochlorid (Trivialname: *unschmelzbares Präzipitat*) ergibt unter gleichen Bedingungen ein weißes Sublimat von Quecksilber(I)-chlorid (weitere Zersetzungsprodukte Stickstoff und Ammoniak).

c Quecksilber(I)-chlorid (Trivialname: *Kalomel*) sublimiert bei 383 °C ohne zu schmelzen und schlägt sich an den kühleren Wänden des Glühröhrchens als weißer Festkörper nieder.

d Gelbes Quecksilberoxid (HgO) wandelt sich in der Hitze in grobkörnigeres rotes um, das beim Erkalten erhalten bleibt. Oberhalb 400 °C zerfällt es in seine Bestandteile; Quecksilber-Tröpfchen scheiden sich im kühleren Teil des Reagenzglases ab.

e Quecksilbersulfid mit einigen Körnchen Iod erhitzt ergibt ein gelbes Sublimat.

⑬ Quecksilber(II)-dithizonat

Ph. Eur., USP

Schüttelt man eine schwach saure Probelösung mit einer Dithizon-Lösung (s. Zn^{2+} ⑨), so färbt sich die ursprünglich grüne Methylenchlorid- oder Chloroform-Phase (Lösung von Dithizon) durch Quecksilber(II)-dithizonat orange.

a
Dithizon
(Diphenylthiocarbazon)

b

M(DzH)$_2$
M = z. B. Hg^{2+}, Pb^{2+}, Zn^{2+}

Primäres Dithizonat

MDz

Sekundäres Dithizonat

Dithizon bildet mit vielen Schwermetall-Kationen intensiv gefärbte innere Komplexe (Tab. 11). Durch geeignete Reaktionsführung und Maskierung lässt sich eine gewisse Selektivität erreichen.

Diphenylthiocarbazon = **Dithizon** = DzH$_2$ (**a** und **b** sind tautomere Formen) reagiert mit Schwermetall-Ionen [M = z. B. Quecksilber(II), Blei(II), Zink] zu den *primären* Dithizonaten [M(DzH)$_2$]. Im alkalischen Bereich können auch beide Wasserstoff-Atome als Wasserstoff-Ionen abgegeben werden unter Bildung sekundärer Dithizonate MDz (s. Chelat-Komplex, Kap. 10). Der fünfgliedrige Chelat-Ring kann auch zum entsprechenden Stickstoff der Azo-Gruppe ausgebildet sein. Denkbar ist auch das Vorliegen eines sechsgliedrigen Ringes ausgehend von der tautomeren Form **a**, doch gibt es darauf keine Hinweise (Röntgenstrukturanalyse).

Tab. 11: Farben von Metall-Dithizonaten in $CHCl_3$ und pH-Bereiche ihrer Bildung

Ion	pH	Farbe	Ion	pH	Farbe
Ag^+	1–7	Gelb	Sn^{2+}	5–9	Rot
Hg^{2+} ⑬	1–4	Orange	Co^{2+}	6–10	Violett
	7–14	Violett		13–14	Gelbbraun (nur mit CCl_4)
Pb^{2+} ⑨	6,5–10,5	Karminrot	Ni^{2+}	6–9	Braunviolett
Bi^{3+}	2–9	Orange	Fe^{2+}	7,5–8,5	Violett
Cu^{2+} ⑪	2–5	Rotviolett	Mn^{2+}	9,5–10,5	Grauviolett
	7–14	Gelbbraun	Zn^{2+} ⑨	6,5–8,5	Purpurrot
Cd^{2+}	6–14	Rosarot-orange			

Es sind nur die in diesem Buch behandelten Kationen berücksichtigt. In pH-Grenzbereichen bilden sich oft Mischfarben aus, zumindest Gemische können nicht über die Farbe einzelnen Kationen zugeordnet werden.

Blei   Pb   Z = 82 A_r = 207,2

Elementares Blei findet Verwendung in Akkumulatoren, als Strahlenschutz und als Legierungsbestandteil (z. B. Letternmetall, Lagermetall). Bleihaltige mineralische Farben sind schon sehr lange bekannt, wegen ihrer Giftigkeit aber nur als Ölfarbe zu verwenden. Bleihaltige Gläser haben eine hohe Brechzahl. Aus Bleiglas wie aus bleihaltigen Glasuren darf nur eine begrenzte Menge Blei abgegeben werden. Wegen der besonderen Giftigkeit ist das Bleitetraethyl zu erwähnen, das dem Benzin als Antiklopfmittel zugesetzt wird (Gehalt inzwischen gesetzlich eingeschränkt).

Für Blei(II)-Verbindungen gibt es keine Monographie in der Ph. Eur. Viele Blei-Salze werden gut resorbiert. Bleitetraethyl wird auch durch die Haut aufgenommen. Akute Blei-Vergiftungen treten erst bei der Aufnahme von 2–3 g Blei-Verbindung auf und werden von Darmkoliken begleitet. Für chronische Bleivergiftungen genügt die tägliche Aufnahme von 1–2 mg Blei. Blei wird in die Knochen eingelagert. Neben einer gelblichen Blässe der Haut (Störung der Blutbildung) werden neurologische Symptome wie Kopfschmerz, Appetitlosigkeit, Müdigkeit, Zittern, Verstopfung und Muskelschwäche beobachtet. Die toxische Wirkung entsteht wahrscheinlich durch die Blockierung der SH-Gruppen in Enzymen und Eiweiß.

Blei-Salze wie z. B. basisches Bleiacetat fällen Eiweiß, es sind Adstringenzien, die keine lokalen Schädigungen hervorrufen. Früher waren viele bleihaltige Salben und Pflaster in Gebrauch.

Chemische Eigenschaften: Metallisches Blei ist unedler als Wasserstoff, wird aber trotzdem von Schwefelsäure, Salzsäure und Flusssäure kaum angegriffen. Es bilden sich festhaftende Überzüge der entsprechenden schwerlöslichen Salze, die das Metall vor weiterem Angriff schützen. In Verbindungen ist das Blei meist zweifach, selten auch vierfach positiv geladen. Blei(II)-Ionen sind farblos. Viele Bleiverbindungen ähneln den schwer löslichen Erdalkaliverbindungen. Blei(IV)-oxid (schwarzbraun) und Mennige (Blei(II)-orthoplumbat(IV), Pb_3O_4, leuchtend rot) sind schwerlöslich. Sie lösen sich in H_2O_2/verd. Essig- oder Salpetersäure unter Reduktion zu Blei(II) (s. a. Mn^{2+} ⑦ **b**, Br^- ③ **g**, I^- ③ **h**).

Probelösung: 0,05 mol/L $Pb(NO_3)_2$-Lösung (s. Tab. 5).

Vorprobe: Flammenfärbung (s. Kap. 12.1).

① Reaktion mit Ammoniak

Versetzt man die Probelösung mit Ammoniak, fällt weißes Bleihydroxid aus, das sich im Überschuss des Fällungsmittels nicht löst, da Blei(II) keine Ammin-Komplexe bildet:

$$Pb^{2+} + 2\,OH^- \longrightarrow \underline{Pb(OH)_2}_{\text{weiß}}$$

② Reaktion mit Natronlauge (oder Kalilauge)

Versetzt man die Probelösung mit verd. Natronlauge, fällt zunächst weißes Bleihydroxid aus, das sich im Überschuss des Fällungsmittels als Hydroxoplumbat(II) löst. Bleihydroxid ist amphoter.

$$Pb(OH)_2 + OH^- \longrightarrow [Pb(OH)_3]^-$$

In verd. Natronlauge lösen sich entsprechend auch Blei(II)-sulfat, -chromat, -chlorid, -carbonat und -thiocyanat; notfalls erhitzt man.

③ Bleisulfat

USP

Aus der Probelösung fällt bei Zugabe von verd. Schwefelsäure ein weißer Niederschlag von Bleisulfat aus, der im Überschuss des Fällungsmittels sowie in verd. Salzsäure oder verd. Salpetersäure schwerlöslich ist:

$$Pb^{2+} + SO_4^{2-} \longrightarrow \underline{PbSO_4}_{\text{weiß}} \quad \text{(s.a. } Pb^{2+} \text{ ⑤)}$$

Blei(II)-sulfat löst sich teilweise beim Erhitzen in konz. Schwefelsäure zu einem Komplex unbekannter Zusammensetzung, der beim Verdünnen (der erkalteten Lösung!) auf das doppelte Volumen wieder zerfällt.

In gesättigter Natriumthiosulfat-Lösung löst es sich unter Bildung von $[Pb(S_2O_3)_3]^{4-}$. Durch Ammoniumsulfid oder -polysulfid wird Bleisulfat, nicht aber Bariumsulfat, in schwarzes Bleisulfid umgewandelt.

Da auch einige andere Anionen (z. B. Chlorid, Acetat) die Fällung von Bleisulfat durch Komplexbildung stören, muss im Trennungsgang *bis zum Auftreten von weißen*

Schwefelsäurenebeln unter dem Abzug erhitzt werden, um die Anionen flüchtiger Säuren zu vertreiben.

④ Bleichromat

Ph. Eur. (Identitätsreaktion Blei), USP

Aus einer Probelösung oder Trisacetatoplumbat-Lösung (s. Pb^{2+} ⑤) fällt mit Alkalichromat- oder Alkalidichromat-Lösungen gelbes Bleichromat aus (s. Cr^{3+} ⑤), das in Essigsäure schwerlöslich ist. Der Niederschlag löst sich in heißer konz. Salpetersäure, warmer Natronlauge (s. Pb^{2+} ②) und teilweise in ammoniakalischer Tartrat-Lösung, nicht jedoch in Ammoniak allein. Mit Ammoniak oder stärker verdünnter Natronlauge (0,1–0,5 mol/L) bildet sich ein Bodensatz von orangem basischen Bleichromat. Bi^{3+} gibt in neutraler oder essigsaurer Lösung mit Chromat einen gelben Niederschlag, der sich in verd. Salpetersäure, nicht jedoch in verd. Natronlauge löst. Bi^{3+} gibt mit Chromat in alkalischer Lösung einen hellorangen Niederschlag! Andere schwerlösliche Chromate: s. Cr^{3+} ⑦, besonders aber Ba^{2+} ④).

$$Pb^{2+} + CrO_4^{2-} \longrightarrow \underset{\text{gelb}}{PbCrO_4}$$

$$2\,Pb^{2+} + Cr_2O_7^{2-} + H_2O \rightleftharpoons \underset{\text{gelb}}{2\,PbCrO_4} + 2\,H^+$$

⑤ Trisacetatoplumbat(II)

USP

Bleisulfat, -fluorid, -chlorid, -thiocyanat, -hydroxid und -oxid werden von konz. Natrium- oder Ammoniumacetat-Lösung zu einem farblosen Komplex gelöst:

$$PbSO_4 + 3\,CH_3COO^- \longrightarrow [Pb(CH_3COO)_3]^- + SO_4^{2-}$$

Die anderen schwerlöslichen Verbindungen (s. S. 36) wie auch As_2O_3, Sb_2O_3, und Bi_2O_3 bleiben in Ammoniumacetat ungelöst; dagegen lösen sich wasserlösliche Barium-, Strontium- und Quecksilber(II)-Salze wie auch HgO, die anschließend bei Zugabe von Dichromat ebenfalls als gelbe Chromate (s. Pb^{2+} ④ und Cr^{3+} ⑦) ausfallen können. In ammoniakalischer Tartrat-Lösung lösen sich die genannten Blei-Verbindungen (außer dem Carbonat und Thiocyanat) ebenfalls (s. Pb^{2+} ④).

⑥ Bleichlorid

Konz. Salzsäure fällt aus der Probelösung weißes Bleichlorid, das in der Siedehitze teilweise in Lösung geht und beim langsamen Abkühlen in Form von charakteristischen Nadeln wieder auskristallisiert. Bei Zimmertemperatur ist Bleichlorid zu 1 %, bei 100 °C zu 3 % in reinem Wasser löslich. Aus gleichen Teilen 0,05 mol/L Bleinitrat-Lösung und verd. Salzsäure fällt Bleichlorid aus, das beim Erwärmen vollständig in Lösung geht (s. a. Ag^+ ④, Hg^{2+} ③ und Ba^{2+} ③).

⑦ Bleiiodid

Ph. Eur. (Identitätsreaktion Blei)

Eine Kaliumiodid-Lösung fällt aus einer Bleinitrat-Probelösung gelbes Bleiiodid,

$$Pb^{2+} + 2\,I^- \longrightarrow \underset{\text{gelb}}{PbI_2}$$

das in siedendem Wasser löslich ist (0,5% statt 0,08% bei Zimmertemperatur) und beim Abkühlen in goldglänzenden Blättchen auskristallisiert. Die Lösung in heißem Wasser ist farblos. Konz. Kaliumiodid-Lösung löst den Niederschlag zu schwach gelbem Triiodoplumbat(II).

$$PbI_2 + I^- \rightleftharpoons [PbI_3]^-$$

Beim Verdünnen fällt wieder Bleiiodid aus. Hohe Konzentrationen von Acetat-Ionen verhindern die Bildungen von Bleiiodid (s. Pb^{2+} ⑤).

⑧ Bleisulfid

Ph. Eur., USP

Leitet man Schwefelwasserstoff in eine essigsaure oder schwach salzsaure Probelösung oder fügt eine Natriumsulfid-Lösung hinzu, so fällt schwarzes Bleisulfid aus, das in verd. Salzsäure und Ammoniumsulfid-Lösung schwerlöslich ist. Konz. Salzsäure und hohe Chloridionen-Konzentrationen sind zu vermeiden, da sich Bleichlorokomplexe bilden, die die Fällung von Bleisulfid stören. Bei Verwendung von Thioacetamid als Schwefelwasserstoff-Lieferant muss auf dem Wasserbad erhitzt werden.

⑨ Bleidithizonat

Ph. Eur., USP

Schüttelt man eine schwach basische bis neutrale Probelösung mit einer frisch bereiteten Dithizon-Lösung, färbt sich die organische Phase durch $Pb(HDz)_2$ rotviolett (s. Formel und Erklärung, Hg^{2+} ⑬).

⑩ Thermochromie von Blei(II)-oxid

Erhitzt man gelbes Bleioxid im Glühröhrchen über der Bunsenflamme, so färbt es sich rot und schmilzt bei 884 °C. Beim Abkühlen kehrt die gelbe Farbe zurück.

⑪ Komplex mit Pyrrolidindithiocarbamat

Bei Zugabe einer frisch bereiteten 1%igen Lösung von Natrium- oder Ammoniumpyrrolidindithiocarbamat zu einer schwach essigsauren Probelösung bildet sich ein gelber Komplex (Struktur analog Cu^{2+} ⑨), der sich mit Isobutylmetylketon ausschütteln lässt.

Bismut   Bi   Z = 83 A_r = 208,980

Bismut (früher Wismut) ist ein wesentlicher Bestandteil niedrigschmelzender Legierungen. In der Ph. Eur. finden sich die Monographien basisches Bismutcarbonat, basisches Bismutgallat sowie schweres basisches Bismutnitrat und Bismutsalicylat. Schwerlösliche Bismut-Salze wirken adstringierend und absorbierend und werden äußerlich zur Wundbehandlung, oral bei Magen- und Darmentzündungen therapeutisch verwendet. Sie bilden einen Schutzfilm auf der Magenschleimhaut und wirken bakteriozid auf Helicobacter pylori. Die Resorption von der Haut wie im Magen-Darm-Kanal ist nur gering, so dass chronische Vergiftungen kaum zu befürchten sind.

Chemische Eigenschaften: Elementares Bismut ist mit einem Normalpotenzial von + 0,32 Volt edler als Wasserstoff und löst sich daher nur in oxidierenden Säuren. Die im sauren Bereich klar löslichen BiX_3-Salze hydrolysieren beim Verdünnen oder Neutralisieren zu meist schwerlöslichen Bismutyl- oder Bismutoxid-Salzen (BiOX). Durch starke Oxidationsmittel können Bismut-Verbindungen der Oxidationsstufe +5 erhalten werden. Bi^{3+}- und BiO^+-Ionen sind farblos. Bismutate(V) sind gelb bis rotbraun.

Probelösung: 0,05 mol/L $BiONO_3$-Lösung (s. Tab. 5).
Vorprobe: Trockenes Erhitzen ① b.

①   **Bismuthydroxid, Bismutoxid**

Ph. Eur.

a   Verd. Natronlauge oder Ammoniak fällen aus der Probelösung weißes Bismuthydroxid, das sich im Überschuss des Fällungsmittels nicht löst. Löst man in der Suspension etwas festes Natriumhydroxid und erhitzt, so wird unter Wasserabspaltung gelbes Bismutoxid gebildet:
In 40 %iger heißer Natronlauge löst sich Bismuthydroxid.

$$Bi^{3+} + 3\,OH^- \longrightarrow \underline{Bi(OH)_3}_{\text{weiß}}$$

$$Bi(OH)_3 \longrightarrow \underline{BiO(OH)}_{\text{gelblich}} + H_2O$$

$$2\,BiO(OH) \longrightarrow \underline{Bi_2O_3}_{\text{gelb}} + H_2O$$

b   Erhitzt man das gelbe Bismutoxid trocken in einem Glühröhrchen, so wandelt es sich etwas oberhalb 700 °C reversibel in eine rotbraune Modifikation um (Thermochromie). Entsprechend verhalten sich $Bi(OH)_3$, $Bi(OH)CO_3$, $BiONO_3$ und $Bi(NO_3)_3$, die sich beim Glühen zu Bismut(III)-oxid zersetzen.

②   **Hydrolyse**

Ph. Eur. (Identitätsreaktion), USP

Beim Verdünnen der salpetersauren Probelösung bildet sich eine milchig weiße Trübung von Bismutyl-Salzen. Es ist zweckmäßig, zur Durchführung des Versuchs einige Tropfen der salpetersauren Probelösung zu einer Natriumchlorid- oder Kaliumchlorid-Lösung zu geben und umzuschütteln:

$$Bi^{3+} + Cl^- + H_2O \rightleftharpoons \underset{\text{weiß}}{BiOCl} + 2\,H^+$$

Das Bismutylchlorid (Bismutoxidchlorid) löst sich nicht bei Zugabe von Weinsäure (Unterscheidung von Antimonyl-Verbindungen). In konz. Ammoniumacetat-Lösung sind BiOX, $Bi(OH)_3$ und Bi_2O_3 nicht löslich (Unterscheidung von Blei-Verbindungen, sie lösen sich in Salzsäure).

③ Bismutiodid, Tetraiodobismutat(III)

Aus einer Probelösung fällt eine 0,05 mol/L Kaliumiodid-Lösung einen braun-schwarzen Niederschlag von Bismutiodid. Im Überschuss einer konz. Kaliumiodid-Lösung löst sich der Niederschlag zu dem orangen Komplex $[BiI_4]^-$; diese Reaktion kann zur Unterscheidung von Quecksilber (s. Hg^{2+} ⑨) dienen:

$$Bi^{3+} + 3\,I^- \longrightarrow \underset{\text{braun-schwarz}}{BiI_3}$$

$$BiI_3 + I^- \longrightarrow \underset{\text{orange Lösung}}{[BiI_4]^-}$$

Dieser Komplex bildet mit organischen Basen, z. B. 8-Hydroxychinolin (Oxin, Struktur s. S. 136 Mg^{2+} ⑥) orange bis hellrote schwerlösliche Verbindungen. Er wird für die Dünnschichtchromatographie als *Dragendorffs Reagenz* auf organische Basen und Alkaloide verwendet. $H[BiI_4]$ lässt sich mit Methylisobutylketon, Isoamylalkohol oder Diethylether ausschütteln.

④ Bismut-Thioharnstoff-Komplex

Ph. Eur.

Gibt man zu einer schwach salpetersauren Probelösung eine Spatelspitze Thioharnstoff oder Thioharnstoff-Lösung, so bildet sich eine orangegelbe Lösung des Bismut-Komplexes $[Bi(S=C(NH_2)_2)_3]^{3+}$. Bei Verwendung von Schwefelsäure und besonders von Salzsäure resultiert eine heller gelbe Lösung. Die durch Antimon hervorgerufene schwächere Gelbfärbung kann durch Zugabe von Natriumfluorid zum Verschwinden gebracht werden, der Bismut-Komplex wird dabei nicht verändert. Nach Ph. Eur. darf innerhalb von 30 min keine Entfärbung auftreten. Durch Erwärmen und durch Oxidationsmittel (auch Eisen(III)) wird Thioharnstoff zerstört. Nitrit, das beim Lösen von Bi_2S_3 entsteht, wird mit Harnstoff entfernt. Überschüssiger Harnstoff bildet weiße Kristalle von Harnstoffnitrat, die die Reaktion mit Thioharnstoff nicht stören.

⑤ Reduktion zu elementarem Bismut

Die Probelösung wird mit Zinn(II)-Lösung versetzt und mit verd. Natronlauge alkalisch gemacht oder man versetzt eine alkalische Bismuthydroxid-Suspension (s. Bi^{3+} ①) mit Natriumhydroxostannat(II)-Lösung (s. Sn^{2+} ② a). Das fein verteilte elementare Bismut ist tiefschwarz:

$$2\,Bi(OH)_3 \;+\; 3\,[Sn(OH)_3]^- \;+\; 3\,OH^- \;\longrightarrow\; \underset{\text{schwarz}}{2\,Bi^0} \;+\; 3\,[Sn(OH)_6]^{2-}$$

Auch andere in alkalischem Milieu relativ zum Zinn edlere Kationen wie Quecksilber, Silber, Kupfer, Arsen, Antimon und Blei werden zu Metallen reduziert, die, da fein verteilt, ebenfalls schwarz sind.

⑥ Bismutsulfid

Ph. Eur., USP

Beim Einleiten von Schwefelwasserstoff in eine saure Probelösung fällt dunkelbraunes, fast schwarzes Bismutsulfid aus. Bei Verwendung von Thioacetamid als Feststoff oder als Lösung muss im Wasserbad erhitzt werden. Verwendet man eine Natriumsulfid-Lösung bildet sich der Niederschlag sofort. Bismutsulfid löst sich in 20 %iger Salpetersäure (= 4 molar, $HNO_3 : H_2O = 1:2$) im siedenden Wasserbad, nicht aber in Ammoniumsulfid- oder -polysulfid-Lösung.

Kupfer   Cu   Z = 29 A_r = 63,546

Wegen der guten Leitfähigkeit wird elementares Kupfer in großen Mengen in der Elektrotechnik gebraucht. Kupfer ist weiterhin Legierungsbestandteil u. a. von Messing (+Zn) und Bronze (+Sn). Kupfer-Verbindungen werden als Schädlingsbekämpfungsmittel verwendet.

Kupfer ist ein wichtiges Spurenelement für Pflanze und Tier; es ist z. B. für die Hämoglobin-Bildung erforderlich. Für Mikroorganismen sind Kupfer-Ionen schon in geringer Konzentration giftig. In größeren Konzentrationen wirken Kupfer-Ionen adstringierend und emetisch. Die orale Aufnahme von 0,25–0,5 g Kupfersulfat führt zum Erbrechen. Daher sind Vergiftungen selten. In der Ph. Eur. finden sich die Monographien wasserfreies Kupfer(II)-sulfat sowie Kupfer(II)-sulfat-Pentahydrat.

Chemische Eigenschaften: Kupfer hat ein Normalpotenzial von + 0,35 Volt (s. Spannungsreihe, s. Tab. 18) und löst sich nur in oxidierenden Säuren. In Lösungen liegt meist das Kupfer(II)-Ion vor, das blaue bis grüne, in konz. Salzsäure auch gelbe Komplexe bildet. Durch Reduktion erhält man farblose Kupfer(I)-Ionen in Form von schwerlöslichen Salzen oder löslichen Komplex-Verbindungen.

Probelösung: 0,05 mol/L $CuSO_4$-Lösung (s. Tab. 5).
Vorprobe: Flammenfärbung ①.

Salzsäure- und Schwefelwasserstoff-Gruppe

① Flammenfärbung (Beilsteinprobe)

Bringt man etwas Kupferchlorid oder eine andere Kupfer-Verbindung vermischt mit $MgCl_2 \cdot 6\,H_2O$ in eine nichtleuchtende Bunsenflamme, so wird diese intensiv grün gefärbt. Unter dem Namen *Beilsteinprobe* ist die Flammenfärbung als Nachweis von Halogenen in organischen Substanzen bekannt: Man hält einen ausgeglühten Kupferdraht mit der fraglichen Substanz in die Flamme. Abzug! Insbesondere, wenn mit Anwesenheit von flüchtigen, toxischen Elementen wie As, Hg, Sb gerechnet werden muss. Auch die Bildung von Dioxinen ist möglich.

② Lösen von metallischem Kupfer

Konz. Salpetersäure löst Kupfer unter Entwicklung von braunem Stickstoff(IV)-oxid (Abzug!) (s. Ag^+ ①, Hg^{2+} ① und Sn^{2+} ①).

$$Cu^0 + 2\,NO_3^- + 4\,H^+ \longrightarrow Cu^{2+} + 2\,NO_2 \uparrow + 2\,H_2O$$

In halbkonz. Salpetersäure löst sich Kupfer unter Bildung von farblosem Stickstoff(II)-oxid, das mit Luftsauerstoff zu braunem Stickstoff(IV)-oxid reagiert (s. Gleichung Ag^+ ①).

Mit heißer konz. Schwefelsäure entwickelt sich Schwefeldioxid (Abzug!):

$$Cu + SO_4^{2-} + 4\,H^+ \longrightarrow Cu^{2+} + SO_2 \uparrow + 2\,H_2O$$

③ Reduktion von Kupfer(II)

USP (a)

a Bringt man einen Eisennagel (oder eine Zink-Perle) in eine schwach saure Probelösung, so überzieht er sich mit Kupfer (s. Spannungsreihe, s. Tab. 18):

$$Cu^{2+} + Fe \longrightarrow Cu + Fe^{2+}$$

b Schüttelt und erhitzt man eine salzsaure Probelösung mit Kupfer-Pulver, so entfärbt sich die Lösung (Synproportionierung s. Kap. 10):

$$Cu^{2+} + Cu \longrightarrow 2\,Cu^+$$

Lösungen von Kupfer(I)-Komplexen werden je nach Liganden (s. Kap. 10) unterschiedlich leicht durch Luftsauerstoff oxidiert.

c In einer stark ammoniakalischen Probelösung (s. Cu^{2+} ④) löst man eine Spatelspitze Natriumdithionit: Die Lösung entfärbt sich langsam (ca. 5 min), es fällt rotbraunes Kupfer aus. Erwärmt man im Wasserbad (max. 50 °C), so wird die Reduktion beschleunigt, der Niederschlag ist dann von Kupfersulfiden (Nebenprodukt) eher schwarz gefärbt:

$$2\,[Cu(NH_3)_4]^{2+} + S_2O_4^{2-} + 2\,NH_3 + 2\,OH^- \longrightarrow 2\,[Cu(NH_3)_4]^+ + 2\,SO_3^{2-} + 2\,NH_4^+$$

$$2\,[Cu(NH_3)_4]^+ + S_2O_4^{2-} + 4\,OH^- \longrightarrow \underset{\text{rotbraun}}{2\,Cu^0} + 2\,SO_3^{2-} + 8\,NH_3 + 2\,H_2O$$

Der Cadmiumammin-Komplex bleibt unverändert; die Hydroxide oder Amminkomplexe edlerer Metalle (s. Spannungsreihe) werden reduziert (fein verteilte Metalle sind meist schwarz).

④ **Reaktion mit Ammoniak**

Ph. Eur., USP

Gibt man zur Probelösung wässriges Ammoniak, fällt zunächst blassblaues Kupferhydroxid aus, das sich im Überschuss zu dem tiefblauen Tetramminkupfer-Komplex löst (s. auch Ni^{2+} ②):

$$Cu^{2+} + 2\,OH^- \longrightarrow \underset{\text{blassblau}}{Cu(OH)_2}$$

$$Cu(OH)_2 + 4\,NH_3 \longrightarrow \underset{\text{tiefblaue Lösung}}{[Cu(NH_3)_4]^{2+}} + 2\,OH^-$$

⑤ **Reaktion mit Natronlauge**

Bei Zugabe von verd. oder konz. Natronlauge zur Probelösung fällt hellblaues Kupfer(II)-hydroxid aus, das sich in einem Überschuss des Fällungsmittels etwas zu blauem Tetrahydroxocuprat(II) löst:

$$Cu(OH)_2 + 2\,OH^- \longrightarrow \underset{\text{blaue Lösung}}{[Cu(OH)_4]^{2-}}$$

Das Kupferhydroxid wandelt sich beim Aufkochen der Suspension, langsam auch bei Zimmertemperatur, in schwarzes Kupfer(II)-oxid um.

$$Cu(OH)_2 \xrightarrow{\Delta} \underset{\text{schwarz}}{CuO} + H_2O$$

In 0,5 mol/L Natronlauge löst sich Kupferhydroxid kaum, sehr gut dagegen bei Zusatz von Tartrat als **Fehling'sche Lösung** (s. $C_4H_4O_6^{2-}$ ⑥).

⑥ **Kristallwasser**

Erhitzt man einige Kristalle $CuSO_4 \cdot 5\,H_2O$ in einem Glühröhrchen über dem Bunsenbrenner, so entweicht das Kristallwasser. Die ursprünglich hellblauen Kristalle werden undurchsichtig schmutzigweiß. Durch Wasseraufnahme – auch aus wasserhaltigen organischen Lösungsmitteln – bildet sich die blaue Farbe zurück.

⑦ Kupfer(I)-iodid, Kupfer(I)-thiocyanat

Bei der Zugabe einer Kaliumiodid-Lösung zur Probelösung fällt weißes bis hellgraues Kupfer(I)-iodid fein verteilt aus; die Suspension ist durch gleichzeitig gebildetes Iod braun gefärbt. Auf dieser Reaktion beruht die iodometrische Kupferbestimmung. Die weiße Eigenfarbe des Kupfer(I)-iodids wird nach Reduktion des Iods mit schwefliger Säure (oder Natriumhydrogensulfit oder Natriumsulfit und verd. Schwefelsäure) sichtbar (s. SO_3^{2-} ② **b**):

$$2\,Cu^{2+} + 5\,I^- \longrightarrow \underline{2\,CuI}_{\text{weiß}} + \underline{I_3^-}_{\text{braune Lösung}}$$

$$I_3^- + SO_3^{2-} + H_2O \longrightarrow 3\,I^- + SO_4^{2-} + 2\,H^+$$

Analog verläuft die Reaktion mit einer Kalium- oder Ammoniumthiocyanat-Lösung, allerdings ist das intermediär gebildete schwarze Kupfer(II)-thiocyanat etwas beständiger als das entsprechende Kupfer(II)-iodid (s. SCN^- ③).

⑧ Kupfer(II)-sulfid, Kupfer(I)-sulfid

USP

Leitet man Schwefelwasserstoff in eine saure oder ammoniakalische Probelösung oder gibt man eine Natriumsulfid-Lösung hinzu, so fällt schwarzes Kupfer(II)-sulfid aus. Mit Thioacetamid fällt aus einer ammoniakalischen Probelösung schwarzes Kupfersulfid aus, aus einer salzsauren Probelösung fällt mit Thioacetamid ein grünlich weißer Niederschlag der Zusammensetzung $[Cu(CH_3CSNH_2)_4]Cl$ aus, der sich beim Erhitzen auf dem Wasserbad langsam zu Kupfer(I)-sulfid umwandelt. Die Umwandlung erfolgt sehr schnell bei Anwesenheit von Ammoniak. Mit Ammoniumpoylsulfid bildet sich schwarzes Kupfer(II)-sulfid.

⑨ Reaktion mit Diethyldithiocarbamat

Ph. Eur., USP

$$Cu^{2\oplus} + 2\ \begin{array}{c}H_5C_2\\ \diagdown\\ H_5C_2\end{array}\!\!N\!-\!C\!\!\begin{array}{c}\diagup S\\ \diagdown\\ S^\ominus\ Na^\oplus\end{array} \longrightarrow \begin{array}{c}H_5C_2\\ \diagdown\\ H_5C_2\end{array}\!\!N\!-\!C\!\!\begin{array}{c}\diagup S\\ \diagdown\\ S\end{array}\!\!Cu\!\!\begin{array}{c}\diagup S\\ \diagdown\\ S\end{array}\!\!C\!-\!N\!\!\begin{array}{c}\diagup C_2H_5\\ \diagdown\\ C_2H_5\end{array} + 2\,Na^\oplus$$

Natriumdiethyl-
dithiocarbamat   Kupfer(II)-diethyldithiocarbamat

Eine ca. 0,1%ige frisch bereitete Lösung von Natrium- oder Diethylammoniumdiethyldithiocarbamat wird im Bereich pH 4–11 zu einer Probelösung (die stärker verdünnt als 0,05 mol/L sein kann) gegeben. Es bildet sich gelbbraunes Kupferdiethyldithiocarbamat (Chelat-Komplex, s. Kap. 10), das mit Dichlormethan, Chloroform, Toluol oder besser Methylisobutylketon extrahiert werden kann (s. *Nernst'sches Verteilungsgesetz,* s. Kap. 10).

⑩ **Reaktionen mit Hexacyanoferraten**

(s. [Fe(CN)$_6$]$^{3/4-}$ ⑤ und ⑥)

⑪ **Kupfer mit Dithizon**

USP

s. Hg^{2+} ⑬.

Cadmium	Cd Z = 48 A$_r$ = 112,40

Cadmium ist ein Begleiter des Zinks und fällt bei der Zink-Gewinnung an. Es dient u. a. als Legierungsbestandteil und als Absorber für thermische Neutronen in Reaktoren.

Lösliche Cadmium-Verbindungen werden rasch im Magen-Darm-Kanal resorbiert und sind äußerst giftig: 50 mg können letal sein! Die toxische Wirkung entsteht durch Blockierung von Phosphatasen. Zink, das mit Lebensmitteln in Kontakt kommt, muss frei von Cadmium sein. Akute Vergiftungen gehen mit Krämpfen, Leibschmerzen, Leberschäden und Erbrechen einher. Chronische Vergiftungen beginnen mit Gelbfärbung der Zahnhälse, es folgen Schmerzen in der Wirbelsäule, Knochenveränderungen und Nierenschäden. Cadmiumchlorid kann in Form atembarer Stäube/Aerosole im Tierversuch Krebs erzeugen.

Chemische Eigenschaften: Cadmium löst sich in Säuren unter Wasserstoff-Entwicklung zu farblosen Cadmium(II)-Ionen. Es bildet leicht Komplexe, das Cadmiumhydroxid ist im Unterschied zu den sonst ähnlichen Reaktionen des Zinks nicht amphoter.

Probelösung: 0,05 mol/L Cd(CH$_3$COO)$_2$-Lösung (s. Tab. 5).

Vorprobe: Glühröhrchenprobe ④

① **Reaktion mit Natronlauge**

Verd. Natronlauge fällt aus der Probelösung weißes Cadmiumhydroxid, das sich im Überschuss des Fällungsmittels nicht löst:

$$Cd^{2+} + 2\,OH^- \longrightarrow \underset{\text{weiß}}{Cd(OH)_2}$$

② **Reaktion mit Ammoniak**

Verd. Ammoniak fällt aus der Probelösung zunächst Cadmiumhydroxid, das sich im Überschuss von Ammoniak zu farblosen Komplexen löst:

$$Cd(OH)_2 + 4\,NH_3 \longrightarrow [Cd(NH_3)_4]^{2+} + 2\,OH^-$$
weiß

$$[Cd(NH_3)_4]^{2+} + 2\,NH_3 \rightleftharpoons [Cd(NH_3)_6]^{2+}$$

③ **Cadmiumsulfid**

a Aus einer schwach salzsauren Probelösung (max. 0,5 mol/L) fällt beim Einleiten von Schwefelwasserstoff oder bei Zugabe von Thioacetamid und Erwärmen auf dem Wasserbad (10–20 min) gelbes Cadmiumsulfid aus. Konz. Salzsäure und hohe Chloridionenkonzentrationen sind zu vermeiden, da sich Cadmiumchlorokomplexe bilden, die die Fällung des Cadmiumsulfids durch Verringerung der freien Cd^{2+}-Ionen beeinträchtigen. Die Fällung kann durch vorsichtiges Zutropfen von farblosem (!) Ammoniumsulfid oder einer Lösung von Thioacetamid in verd. Ammoniak vervollständigt werden, falls die Lösung zu sauer war. Nach jedem Zutropfen ist kräftig umzuschütteln und der pH-Wert zu prüfen, der zwischen pH 1–2 bleiben soll. Die Einhaltung dieser Arbeitsvorschrift ist bei der Durchführung des Trenngangs wichtig.

b Aus einer ammoniakalischen Probelösung fällt mit Schwefelwasserstoff oder Thioacetamid sofort Cadmiumsulfid aus:

$$Cd^{2+} + S^{2-} \longrightarrow CdS$$
gelb

Aus ammoniakalischer Lösung gefälltes Cadmiumsulfid ist hellgelb; das aus saurer Lösung langsamer ausfallende ist dunkler, da die Partikel größer sind.
Cadmiumsulfid ist in halbkonz. Säuren unter Schwefelwasserstoff-Entwicklung löslich, es löst sich nicht in Ammoniumsulfid und Ammoniumpolysulfid.

c Bei gleichzeitiger Anwesenheit von Kupferionen (im Trenngang) überdeckt schwarzes Kupfersulfid das gelbe Cadmiumsulfid. Kupferionen wurden früher als stabiler Tetracyano-Kupfer(I)-Komplex maskiert. Der unter denselben Bedingungen gebildete weniger stabile Cadmiumcyano-Komplex dissoziiert ausreichend, um Cadmiumsulfid zu bilden. In Kupfer-Cadmium-Gemischen können Kupferionen mit Dithionit reduziert und abgeschieden werden: s. Cu^{2+} ③c.

④ **Cadmiumsulfid im Glühröhrchen**

Eine Cadmium-Verbindung wird mit der 5- bis 10fachen Menge Natriumoxalat vermischt und unter dem Abzug geglüht. Dabei reduziert Oxalat die Cadmiumverbindung und es scheidet sich ein Metallspiegel im kühleren Teil des Reagenzglases ab. Gibt man anschließend eine Spatelspitze Schwefel hinzu und erhitzt erneut, so reagiert das metallische Cadmium zu Cadmiumsulfid, das in der Hitze rot, bei Zimmertemperatur gelb ist (Thermochromie). Das Cadmiumsulfid lässt sich durch Erhitzen mit der Bunsenflamme nicht verflüchtigen. Arsen führt ebenfalls zu einem gelben Beschlag (Arsensulfid), der sich in der Hitze reversibel über rot bis nach schwarz verfärbt und sich im Unterschied zu Cadmiumsulfid im Glühröhrchen (trockenes Reagenzglas) hochtreiben lässt. Antimon, Quecksilber und Zinn geben keine ähnlichen Beschläge im Glühröhrchen.

Arsen   As   Z = 33 A_r = 74,9216

Arsen-Verbindungen fanden Verwendung als Schädlingsbekämpfungsmittel und zur Konservierung von Tierbälgen. Arsen-Verbindungen sind stark giftig, besonders die Arsen(III)-Verbindungen. Schon 60–120 mg Arsen(III)-oxid wirken tödlich. Arsen(V) wird im Körper zu Arsen(III) reduziert. Akute Vergiftungen gehen mit Erbrechen und Durchfall einher, durch Lähmung der Hauptkapillaren kühlt die Haut aus. Bei chronischen Vergiftungen sind die Störungen des Magen-Darm-Kanals weniger ausgeprägt. Im Vordergrund stehen u. a. Kopfschmerzen. Arsen wird überwiegend in der Leber, den Nieren, dem Herzen, der Lunge sowie Haaren und Nägeln gespeichert. Interessanterweise ist Arsentrioxid als Zytostatikum zur Behandlung von akuter promyelozytischer Leukämie (APL) zugelassen. Die Substanz soll die Leukozytenreifung im Knochenmark unterdrücken und den programmierten Zelltod (Apoptose) fördern. Arsentrioxid wird auch als Monographie für homöopathische Zubereitungen im Arzneibuch aufgeführt.

Von besonderer Giftigkeit ist das Gas Arsenwasserstoff (AsH_3) wegen seiner starken hämolytischen Wirkung (Zerstörung der roten Blutkörperchen). Die DFG-Senatskommission zur Prüfung gesundheitsschädlicher Arbeitsstoffe hat Arsentrioxid und Arsenpentoxid, arsenige Säure, Arsensäure und ihre Salze in die Liste jener Stoffe aufgenommen, die beim Menschen bösartige Geschwülste verursachen können. Wegen der möglichen karzinogenen Wirkung ist die breite therapeutische Verwendung von Arsen-Verbindungen nicht mehr zu verantworten. Da Arsen bei der Schwefelsäureherstellung nach dem Bleikammerverfahren nicht stört, enthielt die Grundchemikalie Schwefelsäure oft Arsen, für das Kontaktverfahren muss das Arsen vorher abgetrennt werden.

Chemische Eigenschaften: Entsprechend seiner Stellung in der 5. Hauptgruppe ist in Analogie zu Ammoniak dem Arsen im Arsenwasserstoff die Wertigkeitsstufe −3 zuzuordnen. Wichtigste Wertigkeitsstufen sind +3 und +5. Arsen(III)-oxid bzw. Arsen(III)-säure sind amphoter, d. h., sie lösen sich in Säuren zu Arsen(III), in Basen zu AsO_3^{3-}. Vom Arsen(V) leitet sich die Arsen(V)-säure (H_3AsO_4) ab, die chemisch analog der Phosphorsäure reagiert. As^{3+}-, AsO_3^{3-}- und AsO_4^{3-}-Ionen sind farblos.

Probelösung: As(III): 0,05 mol/L Na_3AsO_3-Lösung (s. Tab. 5),
As(V); $AsCl_3$ 0,05 mol/L-Lösung (s. Tab. 5).
Vorproben: Flammenfärbung ①a, trockenes Erhitzen ①b, Marsh'sche Probe ③, modifizierte Marsh'sche Probe ④.

① Vorproben unter dem Abzug

a Bringt man feste Arsen-Verbindungen mittels eines befeuchteten Magnesiastäbchens in die nichtleuchtende Bunsenflamme, tritt eine fahl blaue Flammenfärbung auf. Antimon- wie Blei-Verbindungen geben ähnliche Flammenfärbungen.

b Beim trockenen Erhitzen im Glühröhrchen unter dem Abzug sublimieren manche Arsen-Verbindungen: Es bildet sich ein Sublimat von schwarzem Arsen, weißem Arsen(III)-oxid oder gelbem Arsen(III)-sulfid. Bei gleichzeitiger Anwesenheit von Acetat bildet sich widerlich riechendes, stark giftiges Kakodyloxid.

② Thiele'sche Probe

Ph. Eur. (Identitätsreaktion)

Unter dem Abzug und nicht länger als notwendig reagieren lassen, da auch gasförmiges AsH_3 entstehen kann!

Versetzt man eine stark salzsaure Arsen(III)-Probelösung mit einer Natriumhypophosphit-Lösung und erhitzt, so fällt braun-schwarzes bis schwarzes Arsen aus:

$$2\,As^{3+} + 3\,H_3PO_2 + 3\,H_2O \longrightarrow \underset{\text{schwarz}}{2\,As^0} + 3\,H_3PO_3 + 6\,H^+$$

Eine stark salzsaure Arsen(V)-Probelösung wird langsamer reduziert, ein Zusatz von etwas Kaliumiodid-Lösung wirkt katalytisch (s. As^{3+} ⑦ **a**):

$$2\,H_3AsO_4 + 5\,H_3PO_2 \longrightarrow \underset{\text{schwarz}}{2\,As^0} + 5\,H_3PO_3 + 3\,H_2O$$

Antimon-Verbindungen reagieren unter diesen Reaktionsbedingungen nicht.

③ Marsh'sche Probe

Nur unter dem Abzug durchführen!
Man gibt etwas Arsen(III)-chlorid-Lösung und 5–10 Zink-Perlen in ein Reagenzglas (16 × 160 mm), füllt ca. 3 cm hoch mit etwa halbkonz. Salzsäure und verschließt mit einem durchbohrten Stopfen, in dessen Bohrung ein Glasrohr steckt, das zu einer Kapillare ausgezogen ist. Es tritt eine heftige Wasserstoff-Entwicklung ein:

$$Zn + 2\,H^+ \longrightarrow Zn^{2+} + H_2 \uparrow$$

Das aus der Kapillare ausströmende Gas ist zunächst ein Gemisch aus Wasserstoff und Sauerstoff aus dem Gasraum des Reagenzglases und darf nicht gleich entzündet werden! Es würde explosionsartig verbrennen (Knallgas), der Stopfen mit Kapillare würde geschossartig wegfliegen. Zunächst ist die *Knallgasprobe* durchzuführen. Dazu sammelt man das ausströmende Gas in einem umgedrehten kleinen Reagenzglas (Öffnung nach unten) und bringt es nach ca. 1 min zur Entzündung. Erst wenn das Gas im Reagenzglas ruhig abbrennt, wird das aus der Kapillare ausströmende Gas angezündet. Es besteht nicht die Gefahr, dass wegen zu langen Wartens kein Arsen mehr gefunden wird. Die Luft für die Knallgasbildung lässt sich durch Zugabe einer kleinen Spatelspitze eines Carbonats unmittelbar vor dem Aufsetzen des Stopfens mit Kapillare aus dem Reagenzglas schneller verdrängen.

In der Flamme verbrennt hauptsächlich der Wasserstoff zu Wasser.

$$2\,H_2 \;+\; O_2 \longrightarrow 2\,H_2O$$

Außerdem hat sich Arsenwasserstoff oder Arsin gebildet.

$$As_2O_3 \;+\; 6\,Zn \;+\; 12\,H^+ \longrightarrow 2\,AsH_3 \uparrow \;+\; 6\,Zn^{2+} \;+\; 3\,H_2O$$

Arsin verbrennt mit fahl blauer Flamme unter Bildung eines weißlichen Rauches von Arsen(III)-oxid:

$$2\,AsH_3 \;+\; 3\,O_2 \longrightarrow 3\,H_2O \;+\; As_2O_3$$

Hält man einen kalten Gegenstand, z. B. eine Porzellanschale, in die Flamme, erfolgt eine unvollständige Verbrennung; es scheidet sich elementares Arsen als schwarzer Metallspiegel ab:

$$4\,AsH_3 \;+\; 3\,O_2 \longrightarrow \underline{4\,As}_{\text{schwarz}} \;+\; 6\,H_2O$$

Der Arsen-Spiegel löst sich in einer Mischung aus gleichen Teilen verd. Ammoniak oder verd. Natronlauge und 3%igem Wasserstoffperoxid oder einer frisch bereiteten Natriumhypochlorit-Lösung (Chlor in verd. Natronlauge einleiten) zu AsO_4^{3-}. Ein Antimon-Spiegel (s. $Sb^{3/5+}$ ④) löst sich nicht oder nur langsam in diesen Reagenzien. Bei eventueller Anwesenheit beider Metalle lässt der Lösevorgang keine eindeutige Aussage zu. Aus Bismut-Verbindungen bildet sich, wenn auch in sehr geringen Mengen, BiH_3, das ebenfalls einen Metallspiegel bildet. Bei den schwarzen Flocken in dem Reaktionsgemisch handelt es sich um Arsen:

$$2\,As^{3+} \;+\; 3\,Zn \longrightarrow \underline{2\,As}_{\text{schwarz}} \;+\; 3\,Zn^{2+}$$

Reicht die Wasserstoff-Entwicklung für die Erhaltung der Flamme nicht aus, versucht man die Reaktion durch Erwärmen zu beschleunigen. Meist ist aber die Zugabe von mehr granuliertem Zink, einigen weiteren Tropfen konz. Salzsäure und von 1 (!) Tropfen Kupfersulfat-Lösung (zur Bildung von Lokalelementen) mit erneuter *Knallgasprobe* erforderlich.

Ist in der zu untersuchenden Substanz Sulfid, Sulfit, Thiosulfat oder Thiocyanat vorhanden, würde unter den Versuchsbedingungen Schwefelwasserstoff entstehen (s. SO_3^{2-} ⑥). Bei der unvollständigen Verbrennung scheidet sich oft vor dem Metallspiegel störender Schwefel ab. Zur Vermeidung dieser Störung sind zu der Substanz die vorgesehene Salzsäure und zur Oxidation der Schwefel-Verbindungen einige Tr.

Salzsäure- und Schwefelwasserstoff-Gruppe

30 %iges Wasserstoffperoxid zuzugeben und aufzukochen. Die Zink-Perlen werden erst anschließend zugegeben. Zink-Pulver sollte nicht verwendet werden, da es häufig mit Sulfid verunreinigt ist und eine ungleichmäßige Wasserstoff-Entwicklung ergibt. In den Nachweisen $As^{3/5+}$ ⑤ und ⑥ wird nach den Arzneibüchern der Schwefelwasserstoff durch Einfügen von Bleiacetat-Watte in den Gasstrom eliminiert.

Die Ionen edler Metalle schlagen sich elementar auf dem Zink nieder. Sind größere Mengen Edelmetall-Ionen in der Lösung (z. B. Cu, Hg), werden die Zink-Perlen ganz damit überzogen. Es findet keine Wasserstoff-Entwicklung mehr statt, die überzogenen Zink-Perlen müssen gegen neue ausgetauscht werden.

④ Modifizierte Marsh'sche Probe

Nur unter dem Abzug durchführen!

Man gibt eine kleine Spatelspitze Arsen(III)-oxid und Aluminium-Nadeln in ein Reagenzglas, übergießt mit verd. Natronlauge (s. Al^{3+} ① **b**) und steckt einen durchbohrten Stopfen mit Kapillare auf (s. $As^{3/5+}$ ③). Die Wasserstoff-Entwicklung kommt langsam in Gang und kann durch kurzes Erwärmen beschleunigt werden. Eine zu heftige Reaktion lässt sich durch Abkühlen des Reagenzglases unter fließendem Wasser bremsen. Es bildet sich ein Gemisch von Wasserstoff und Arsin, das bei der unvollständigen Verbrennung auf einer kalten Porzellanschale einen schwarzen Metallspiegel abscheidet. Gebildeter Antimonwasserstoff wird an in der Lösung schwimmenden Metallpartikeln (z. B. $2 SbH_3 \rightarrow 2 Sb^0 + 3 H_2\uparrow$) katalytisch zersetzt. Man sollte daher das Aluminium nicht zu niedrig mit Natronlauge bedecken, damit das Stibin nicht entweichen kann.

$$2 Al + 2 OH^- + 6 H_2O \longrightarrow 3 H_2 \uparrow + 2 [Al(OH)_4]^-$$

$$2 Al + AsO_3^{3-} + 6 H_2O \longrightarrow AsH_3 \uparrow + 2 [Al(OH)_4]^- + OH^-$$

Aluminium-Gries und -Späne sind weniger geeignet, da die Reaktion nach kurzer Zeit so heftig wird (zu große Oberfläche), dass sie kaum beherrscht werden kann. Aluminium-Granalien werden nur zu einem geringen Teil ausgenutzt und erfordern eine ca. 3–4 mol/L Natronlauge (zu geringe Oberfläche). Völlig ungeeignet ist Aluminium-Bronze (Pulver), die zunächst nicht benetzt wird und dann unkontrollierbar heftig reagiert.

⑤ Modifizierte Gutzeit'sche Probe

Ph. Eur.

Als Demonstrationsversuch unter dem Abzug.

Noch sehr geringe Mengen Arsin (aus $As^{3/5+}$ ③) werden durch ein mit Quecksilber(II)-bromid (auch das -chlorid ist geeignet) getränktes Filterpapier, das in ein in Ph. Eur. beschriebenes Glasgerät eingespannt ist, geleitet. Es bildet sich ein gelber bis brauner Fleck, der aus Quecksilberarsenid (Hg_3As_2) besteht. Mit Antimonwasserstoff bildet sich ein grauer Fleck, mit H_2S und PH_3 ein leuchtend gelber Fleck.

⑥ Reaktion mit Silberdiethyldithiocarbamat

Ph. Eur., USP

Arsin (s. $As^{3/5+}$ ③) wird in eine Lösung von Silberdiethyldithiocarbamat in Pyridin geleitet. Das zum Metall reduzierte Silber bleibt bei nicht zu großer Konzentration mit violetter bis roter Farbe kolloid in Lösung:

$$AsH_3 + 6\,(C_2H_5)_2NCSSAg \longrightarrow \underset{\text{violette Lösung}}{6\,Ag^0} + 6\,(C_2H_5)_2NCSS^- + 3\,H^+ + As^{3+}$$

Die Reaktion läuft auch mit Antimonwasserstoff ab (s. $Sb^{3/5+}$ ④). Zur Struktur des Diethyldithiocarbamats s. Cu^{2+} ⑨.

⑦ Oxidation von Arsen(III)

USP XXII.

a Versetzt man die alkalische Arsen(III)-Probelösung mit weniger als dem gleichen Volumen der Iod-Lösung, so wird diese entfärbt:

$$AsO_3^{3-} + I_3^- + 2\,OH^- \longrightarrow AsO_4^{3-} + 3\,I^- + H_2O$$

Auf dieser Reaktion beruht die Verwendung von Arsen(III)-oxid als Urtitersubstanz in der Iodometrie. Durch Ansäuern mit konz. Salzsäure lässt sich das Gleichgewicht der Reaktion nach links verschieben (s. Massenwirkungsgesetz, s. Kap. 10):

$$AsO_4^{3-} + 3\,I^- + 2\,H^+ \longrightarrow AsO_3^{3-} + I_3^- + H_2O$$

b Man kocht eine alkalische Arsen(III)-Probelösung oder Arsen(III)-oxid und verd. Ammoniak mit einigen Tr. 30 %igem Wasserstoffperoxid kurz auf:

$$AsO_3^{3-} + H_2O_2 \longrightarrow AsO_4^{3-} + H_2O$$

Für Versuch As^{5+} ⑨ stören Reste von Wasserstoffperoxid nicht. Für Versuch As^{5+} ⑩ muss 1 Tr. Kaliumpermanganat-Lösung zugesetzt und nochmals kurz erhitzt werden, um überschüssiges Wasserstoffperoxid sicher zu zerstören (s. Mn^{2+} ④a und H_2O_2 ⑤a).

c Arsen(III)-oxid sowie Arsen(III)- und Arsen(V)-sulfid werden durch siedende konz. Salpetersäure (Abzug!) zu Arsen(V)-Säure H_3AsO_4 oxidiert und gelöst.

$$As_2O_3 + 4\,HNO_3 + H_2O \rightleftharpoons 2\,H_3AsO_4 + 4\,NO_2 \uparrow$$

Diese Lösung kann direkt für Versuche As^{5+} ⑨ u. ⑩ eingesetzt werden.

⑧ Silberarsenat(III)

Aus der mit verd. Salpetersäure oder verd. Ammoniak neutralisierten Probelösung fällt bei Zugabe einer Silbernitrat-Lösung gelbes Silberarsenat(III). Der Niederschlag ist in Säuren und verd. Ammoniak löslich, durch verd. Natronlauge wird er unter Bildung von Silberoxid zersetzt. Beim Erhitzen der ammoniakalischen Lösung oder des Niederschlages (in wässriger Suspension) tritt Zersetzung unter Bildung von elementaren Silber ein:

$$\underline{Ag_3AsO_3}_{\text{gelb}} + H_2O \longrightarrow \underline{2\,Ag^0}_{\text{grau}} + Ag^+ + 2\,H^+ + AsO_4^{3-}$$

⑨ Ammoniummagnesiumarsenat(V) und Silberarsenat(V)

Ph. Eur.

Eine ammoniakalische Arsen(V)-Probelösung aus Versuch As^{3+} ⑦ b oder c wird mit einer Magnesiumchlorid-Lösung versetzt. Es fällt $MgNH_4AsO_4 \cdot 6\,H_2O$ in kristalliner Form aus, das isomorph mit $MgNH_4PO_4 \cdot 6\,H_2O$ ist (s. PO_4^{3-} ① und Mg^{2+} ③). Unter dem Mikroskop erkennt man sargdeckel- oder scherenförmige Kristalle (Winkel 60° und 120°), die nicht mit eingetrockneten Ammonium-Salzen verwechselt werden dürfen. Übergießt man den mit Wasser ausgewaschenen Niederschlag mit Silbernitrat-Lösung, so färbt er sich durch Bildung von Silberarsenat(V) rotbraun. Bei gleicher Behandlung von $MgNH_4PO_4$ bildet sich hellgelbes Silberphosphat (s. PO_4^{3-} ②).

⑩ Ammoniummolybdatoarsenat(V)

Man versetzt eine mit reichlich konz. Salpetersäure stark angesäuerte Arsen(V)-Probelösung (s. As^{3+} ⑦ c) mit einem Überschuss Ammoniummolybdat-Reagenz. In einem engen Bereich um pH 1 (zu schwach sauer) fällt weiße, voluminöse Molybdänsäure aus. Man löst diese in wenigen Tropfen Ammoniak, säuert dann kräftig mit konz. Salpetersäure an. Erst beim Sieden der klaren Lösung färbt sich diese gelb und es fällt $(NH_4)_3[As(Mo_3O_{10})_4]$ kristallin aus, die Mutterlauge bleibt gelb.

Sehr viel Chlorid, Sulfat oder Oxalat sowie Fluorid verhindern die Bildung der gelben Heteropolysäure. Die Heteropolysäure lässt sich mit Isoamylalkohol oder Methylisobutylketon extrahieren. Durch Zinn(II) erfolgt in saurer wie alkalischer Lösung Reduktion zu Molybdänblau. Phosphat gibt die gleichen Reaktionen, darf also nicht anwesend sein (s. PO_4^{3-} ⑤, ⑥).

H_2O_2 gibt einen gelben löslichen Molybdän-Komplex; Cyanid und die Hexacyanoferrate stören durch die Ausbildung dunkelbrauner Molybdän-Cyano-Komplexe.

⑪ Arsen(III)-sulfid

Ph. Eur. (Identitätsreaktion)

Beim Einleiten von Schwefelwasserstoff in eine salzsaure Probelösung bzw. Zugabe einer Natriumsulfid-Lösung fällt gelbes Arsen(III)-sulfid aus. Bei Verwendung von Thioacetamid (fest oder als Lösung) muss auf dem Wasserbad erhitzt werden:

$$2\,As^{3+} + 3\,S^{2-} \longrightarrow \underline{As_2S_3}$$
$$\text{gelb}$$

Arsen(III)-sulfid ist schwerlöslich in konz. Salzsäure. Es löst sich in Natrium- oder Ammoniumcarbonat-Lösung, verd. Ammoniak oder verd. Natronlauge zu Thioarsenat(III) und Arsenat(III), bzw. Thiooxoarsenaten(III):

$$As_2S_3 + 6\,OH^- \longrightarrow AsS_3^{3-} + AsO_3^{3-} + 3\,H_2O$$

und

$$\longrightarrow AsO_2S^{3-} + AsOS_2^{3-} + 3\,H_2O$$

In *farblosem* Ammoniumsulfid oder Natriumsulfid löst es sich unter Bildung von Thioarsenat(III):

$$As_2S_3 + 3\,S^{2-} \longrightarrow 2\,AsS_3^{3-}$$

In Ammoniumpolysulfid-Lösung (gelb) erfolgt gleichzeitig Oxidation durch Schwefel zu Thioarsenat(V):

$$As_2S_3 + 3\,S^{2-} + 2\,S^0 \longrightarrow 2\,AsS_4^{3-}$$

$$As_2S_3 + 3\,S_x^{2-} \longrightarrow 2\,AsS_4^{3-} \quad x = \tfrac{5}{3}$$

bzw. $\quad As_2S_3 + 2\,S_2^{2-} + S^{2-} \longrightarrow 2\,AsS_4^{3-}$

Beim Ansäuern der Thioarsenate(III) und der Thiooxoarsenate(III) fällt Arsen(III)-sulfid wieder aus, z. B.:

$$2\,AsOS_2^{3-} + 6\,H^+ \longrightarrow \underline{As_2S_3} + H_2S \uparrow + 2\,H_2O$$
$$\text{gelb}$$

⑫ Arsen(V)-sulfid

USP

In stark saurer Probelösung fällt mit Schwefelwasserstoff wie mit Thioacetamid gelbes Arsen(V)-sulfid aus. Es ist, je langsamer die Fällung verläuft, mit steigenden Mengen Arsen(III)-sulfid und Schwefel verunreinigt.

$$As^{5+} + H_2S \longrightarrow As^{3+} + S^0 + 2\,H^+$$

Arsen(V)-sulfid ist schwerlöslich in konz. Salzsäure. Mit Natrium- oder Ammoniumcarbonat-Lösung, verd. Ammoniak und verd. Natronlauge löst es sich unter Bildung von Thioarsenat(V) und Thiooxoarsenaten(V):

$$\underset{\text{gelb}}{As_2S_5} + 6\,OH^- \longrightarrow AsS_4^{3-} + AsO_3S^{3-} + 3\,H_2O$$

$$\text{und} \longrightarrow AsOS_3^{3-} + AsO_2S_2^{3-} + 3\,H_2O$$

Mit Ammoniumsulfid bildet sich Thioarsenat(V):

$$\underset{\text{gelb}}{As_2S_5} + 3\,S^{2-} \longrightarrow 2\,AsS_4^{3-}$$

Beim Ansäuern der Thioarsenate(V) fällt Arsen(V)-sulfid aus, z. B.

$$5\,AsO_3S^{3-} + 15\,H^+ \longrightarrow \underset{\text{gelb}}{As_2S_5} + 3\,H_3AsO_4 + 3\,H_2O$$

Antimon   Sb   Z = 51 A_r = 121,75

Elementares Antimon ist in Legierungen enthalten, Antimonsulfide sind Bestandteil der Masse von Streichholzköpfen und werden zur Vulkanisation von Gummi verwendet. Akute Vergiftungen führen zu Störungen im Magen-Darm-Kanal, Leberschäden und Muskelschmerzen. Schon therapeutische Dosen von *Brechweinstein* (Kaliumantimonyltartrat = Kaliumtartratoantimonat = Kaliumantimon(III)-oxidtartrat) oder *Stibophen* (organische Antimon-Verbindung) – die als Mittel gegen Tropenkrankheiten allerdings durch antimonfreie Verbindungen verdrängt werden – können zu Kopfschmerz, Veränderungen des EKG, Nierenschäden, Erbrechen und Durchfall führen. Das Gas Antimonwasserstoff oder *Stibin* (SbH_3) wirkt wie Arsenwasserstoff hämolytisch (Zerstörung der roten Blutkörperchen).

Antimon(III)-oxid in atembarer Form kann im Tierversuch Krebs erzeugen.

Chemische Eigenschaften: In seinen Reaktionen gleicht das Antimon denen des Arsens. Es kommt ebenfalls in den Oxidationsstufen −3, +3 und +5 vor. Charakteristisch für Antimon(III)-Salze ist die leichte Hydrolysierbarkeit zu meist wenig löslichen Antimonyl-Verbindungen. In salzsaurer Lösung von Antimon(III) liegen die Komplexe $[SbCl_4]^-$, $[SbCl_5]^{2-}$ und $[SbCl_6]^{3-}$ vor, Antimon(V) bildet unter gleichen Bedingungen Hexachloroantimonat(V) ($[SbCl_6]^-$). Sb^{3+}- und Sb^{5+}-Ionen sind farblos.

Probelösung: Sb(III): 0,05 mol/L $SbCl_3$-Lösung (s. Tab. 5),
Sb(V): 0,15 mol/L $K[Sb(OH)_6]$-Lösung (s. Tab. 5).

Vorproben: Flammenfärbung s. As^{3+} ①a, Marsh'sche Probe ③.

① Reaktion des Antimon(III) mit Natronlauge bzw. Ammoniak

Versetzt man eine Antimon(III)-Probelösung mit verd. Natronlauge, so fällt zunächst weiße Antimon(III)-Säure, $H[Sb(OH)_4]$ bzw. $Sb_2O_3 \cdot aq$ aus, die sich im Überschuss der Natronlauge wieder löst. Mit Ammoniak wird die gleiche Fällung erhalten, die sich jedoch auch in konz. Ammoniak nicht auflöst.

② Hydrolyse von Antimon(III)-Salzen

Ph. Eur.

a Gibt man einige Tropfen der salzsauren Antimon(III)-Probelösung in ein halb mit Wasser gefülltes Reagenzglas und schüttelt um, bildet sich eine weiße Trübung von Antimonylchlorid (Antimon(III)-oxidchlorid), die sich in Salzsäure löst.

$$[SbCl_4]^- + H_2O \longrightarrow \underset{\text{weiß}}{SbOCl} + 3\,Cl^- + 2\,H^+$$

Bei Zugabe von Weinsäure löst sich der Niederschlag. Ph. Eur. lässt K-Na-Tartrat zugeben. Es bildet sich der zweikernige Chelat-Komplex $[Sb_2(C_4H_2O_6)_2]^{2-}$ (s. Kap. 10).

b Säuert man die Antimon(V)-Probelösung schwach an, so fällt Antimon(V)-oxidhydrat aus, das durch Zugabe von Weinsäure nicht gelöst werden kann.

③ Reduktion mit metallischem Eisen

Gibt man zu einer nicht zu stark salzsauren Antimon(III)- oder -(V)-Lösung einen Eisennagel, so scheidet sich daran elementares Antimon in Form schwarzer Flocken ab. Zinn(IV) wird nur zu Zinn(II) reduziert (s. Sn^{4+} ⑥), dagegen muss Arsen vorher abgetrennt werden, da es sonst ebenfalls zu schwarzen Flocken reduziert wird (s. Tab. 17 Spannungsreihe):

$$2\,Sb^{3+} + 3\,Fe \longrightarrow \underset{\text{schwarz}}{2\,Sb} + 3\,Fe^{2+}$$

In stark salzsaurer Lösung wird bei langer Einwirkung so viel Eisen gelöst, dass im Eisen enthaltener Kohlenstoff mit Antimon verwechselt werden kann. Die Beurteilung des Nachweises soll deshalb nach max. 10–15 min erfolgen. Bei Anwesenheit von viel Fluorid oder Oxalat bilden sich $[SbF_4]^-$, $[Sb(C_2O_4)_2]^-$ und $[Sb(C_2O_4)_3]^{3-}$ mit geringeren Normalpotentialen, d.h. die Abscheidung von elementarem Antimon wird verzögert oder bleibt ganz aus.

④ **Marsh'sche Probe**

Nur unter dem Abzug durchführen und nicht länger als notwendig reagieren lassen!
Die Durchführung dieser Reaktionsfolge ist ausführlich im Versuch As$^{3/5+}$ ③ beschrieben. In den Gleichungen ist das Arsen gegen Antimon auszutauschen. Das Antimon wird durch das gasförmige, giftige Stibin (SbH$_3$) transportiert, das ebenfalls mit fahlblauer Flamme verbrennt bzw. sich als Metallfleck an einer kalten Porzellanschale abscheidet.

⑤ **Natriumhexahydroxoantimonat(V)**

(s. Na$^+$ ②)

⑥ **Antimon(III)-sulfid**

Ph. Eur., USP

Beim Einleiten von Schwefelwasserstoff in eine schwach salzsaure (max. 2 mol/L) Probelösung bzw. Zugabe einer Natriumsulfid-Lösung fällt orangegelbes Antimon(III)-sulfid aus. Bei Verwendung von Thioacetamid (fest oder als Lösung) muss auf dem Wasserbad erhitzt werden:

$$2\,Sb^{3+} + 3\,S^{2-} \longrightarrow \underset{\text{orange}}{Sb_2S_3}$$

Antimon(III)-sulfid löst sich in halbkonz. Salzsäure unter Zersetzung:

$$Sb_2S_3 + 6\,H^+ + 8\,Cl^- \longrightarrow 3\,H_2S \uparrow + 2\,[SbCl_4]^-$$

In *farblosem* Ammoniumsulfid löst es sich unter Bildung von Thioantimonat(III):

$$Sb_2S_3 + 3\,S^{2-} \longrightarrow 2\,SbS_3^{3-}$$

In Ammoniumpolysulfid-Lösung *(gelb)* erfolgt gleichzeitig Oxidation zu Thioantimonat(V):

$$Sb_2S_3 + 3\,S^{2-} + 2\,S \longrightarrow 2\,SbS_4^{3-}$$

$$Sb_2S_3 + 3\,S_x^{2-} \longrightarrow 2\,SbS_4^{3-} \quad x = \tfrac{5}{3}$$

$$\text{bzw.}\quad Sb_2S_3 + 2\,S_2^{2-} + S^{2-} \longrightarrow 2\,SbS_4^{3-}$$

In verd. Natronlauge und genügend konz. Natriumcarbonat-Lösung (s. Sodaauszug, Kap. 7.1) löst sich Antimon(III)-sulfid unter Bildung von Thiooxoantimonaten(III):

$$Sb_2S_3 + 6\,OH^- \longrightarrow SbO_2S^{3-} + SbOS_2^{3-} + 3\,H_2O$$

Antimon(III)-sulfid löst sich nicht in verd. Salzsäure, Ammoniumcarbonat-Lösung und verd. Ammoniak. Aus den Thio- und Thiooxoantimonaten(III) fällt beim Ansäuern Antimon(III)-sulfid aus, z. B.:

$$2\,SbS_3^{3-}\ +\ 6\,H^+\ \longrightarrow\ \underline{Sb_2S_3}\ +\ 3\,H_2S \uparrow$$
$$\text{orange}$$

Die orangefarbene Modifikation des Antimon(III)-sulfids lagert sich langsam in die stabilere grauschwarze um, die in der Natur als Grauspießglanz vorkommt.

⑦ Antimon(V)-sulfid

Aus einer schwach salzsauren Probelösung fällt mit Schwefelwasserstoff bzw. Thioacetamid oranges Antimon(V)-sulfid aus. Es erfolgt aber ebenfalls Reduktion zu Antimon(III)-sulfid unter Oxidation von S^{2-} zu S^0 (s. As^{5+} ⑫):

$$Sb_2S_5\ \longrightarrow\ Sb_2S_3\ +\ 2\,S$$

Antimon(V)-sulfid löst sich in Ammoniumsulfid unter Bildung von Thioantimonat(V):

$$Sb_2S_5\ +\ 3\,S^{2-}\ \longrightarrow\ 2\,SbS_4^{3-}$$

In verd. Natronlauge oder genügend konz. Natriumcarbonat-Lösung bilden sich Thio- und Thiooxoantimonate(V):

$$Sb_2S_5\ +\ 6\,OH^-\ \longrightarrow\ SbS_4^{3-}\ +\ SbO_3S^{3-}\ +\ 3\,H_2O$$
und $\longrightarrow\ SbOS_3^{3-}\ +\ SbO_2S_2^{3-}\ +\ 3\,H_2O$

Beim Ansäuern der Thiooxoantimonate(V) fällt Antimon(V)-sulfid, eventuell verunreinigt mit Antimon(III)-sulfid und Schwefel wieder aus, z. B.:

$$2\,SbOS_3^{3-}\ +\ 6\,H^+\ \longrightarrow\ Sb_2S_5\ +\ H_2S \uparrow\ +\ 2\,H_2O$$

Löst man in einer schwach salzsauren Probelösung genügend Natriumfluorid, so bleibt die Sulfid-Fällung aus, da sich der verhältnismäßig stabile Hexafluoroantimonat(V)-Komplex bildet.

⑧ Antimon(III)-iodid
Ph. Eur.

Gibt man Kaliumiodid-Lösung zur sauren Antimon(III)-Probelösung, so fällt gelbes bis orangefarbenes Antimon(III)-iodid aus:

$$Sb^{3+} + 3\,I^- \longrightarrow \underset{\text{gelb}}{SbI_3}$$

Bei geringen Mengen Antimon oder gleichzeitiger Anwesenheit von viel Chlorid (Komplexbildung) bleibt der Niederschlag aus. In diesem Falle unterschichtet man mit konz. Schwefelsäure, die Grenzschicht färbt sich dann gelb. Arsen(III), Zinn(II), Zinn(IV) sowie Quecksilber (s. Hg^{2+} ⑧ und ⑨), Blei und Bismut (s. Pb^{2+} ⑦, Bi^{3+} ③) bilden ähnlich gefärbte Iodide.

Zinn   Sn   Z = 50 A_r = 118,69

Der Hauptteil der Zinn-Produktion wird zur Herstellung von Weißblech verarbeitet. Weißblech ist mit Zinn überzogenes Eisenblech, um dieses gegen Angriffe von nicht zu starken Säuren und Basen zu schützen. Außerdem ist Zinn Bestandteil von Legierungen, z. B. der Bronze (mit Kupfer). Vor der Erfindung des Porzellans verwendete man das Metall zur Herstellung von Tellern, Schüsseln und Krügen.

Zinn und anorg. Zinn-Verbindungen sind relativ wenig giftig. Bei oraler Zufuhr z. B. von Zinn(II)-chlorid sind Erbrechen und Störungen des Magen-Darm-Kanals meist die einzigen Vergiftungserscheinungen. Anorganische Zinn-Verbindungen wurden früher in Tagesdosen bis zu 5 g als Bandwurmmittel verwandt. Organische Zinn-Verbindungen sind giftiger. Man verwendet sie als Fungizide und Stabilisatoren für Kunststoffe. Ph. Eur. führt die Monographie Zinn(II)chlorid-Dihydrat auf.

Chemische Eigenschaften: Zinn kommt in den Oxidationsstufen +2 und +4 vor. Zinn(II)-Salze sind Reduktionsmittel und werden leicht zu Zinn(IV) oxidiert. Zinn(II)- und Zinn(IV)-hydroxid sind amphotere Verbindungen. Zinn(IV) bildet komplexe Anionen wie z. B. $[Sn(OH)_6]^{2-}$ und $[SnCl_6]^{2-}$. In einem weiten Bereich um den Neutralpunkt fällt Zinn (IV)-oxidhydrat aus. Zinn hat ein Normalpotenzial von –0,136 V und löst sich langsam in Salzsäure. Zinn(II)- und Zinn(IV)-Ionen sind farblos.

Probelösung: Sn(II): 0,05 mol/L $SnCl_2$-Lösung (s. Tab. 5),
Sn(IV): 0,05 mol/L $(NH_4)_2[SnCl_6]$-Lösung (s. Tab. 5).
Vorprobe: Leuchtprobe ⑤.

① Lösen von metallischem Zinn

Konz. Salpetersäure reagiert mit metallischem Zinn unter Entwicklung von braunem Stickstoff(IV)-oxid (Abzug!) und der Bildung von weißem Zinn(IV)-oxid (auch als Zinnsäure bezeichnet).

$$Sn + 4\,NO_3^- + 4\,H^+ \longrightarrow \underset{\text{weiß}}{SnO_2} + 4\,NO_2 \uparrow + 2\,H_2O$$

② **Reaktion mit Natronlauge:**
Hydroxostannat(II) und Hydroxostannat(IV)[a]

Ph. Eur.

a Aus einer Zinn(II)-Probelösung fällt verd. Natronlauge einen weißen Niederschlag von Zinn(II)-hydroxid, der sich im Überschuss des Fällungsmittels löst:

$$Sn^{2+} + 2\,OH^- \longrightarrow \underline{Sn(OH)_2}_{\text{weiß}}$$

$$Sn(OH)_2 + OH^- \longrightarrow [Sn(OH)_3]^-$$

Mit Hydroxostannat(II)-Lösung wird Bismut(III) reduziert (s. Bi^{3+} ⑤). Beim Erhitzen oder auch bei längerem Stehen tritt Disproportionierung unter Abscheidung von metallischem, schwammigem Zinn ein:

$$2\,[Sn(OH)_3]^- \longrightarrow \underline{Sn}_{\text{grau}} + [Sn(OH)_6]^{2-}$$

Bei längerem Stehen wird das Zinn(II) auch durch Luftsauerstoff oxidiert (Blindprobe beim Bismut-Nachweis nach Bi^{3+} ⑤ erforderlich):

$$2\,[Sn(OH)_3]^- + 2\,OH^- + O_2 + 2\,H_2O \longrightarrow 2\,[Sn(OH)_6]^{2-}$$

b Aus einer Zinn(IV)-Probelösung fällt bei Zugabe von verd. Natronlauge weißes Zinn(IV)-hydroxid, das sich im Überschuss des Fällungsmittels als Hexahydroxostannat(IV) löst:

$$[SnCl_6]^{2-} + 4\,OH^- \longrightarrow \underline{Sn(OH)_4}_{\text{weiß}} + 6\,Cl^-$$

$$Sn(OH)_4 + 2\,OH^- \longrightarrow [Sn(OH)_6]^{2-}$$

Diese Reaktion ist nicht zur Unterscheidung von Aluminium und Zink geeignet (s. Al^{3+} ②, und Zn^{2+} ②).

③ **Reaktion mit Ammoniak**

Versetzt man eine Zinn(II)-Probelösung mit verd. Ammoniak, fällt Zinn(II)-hydroxid aus, das sich nicht im Überschuss des Fällungsmittels löst. Entsprechend fällt aus einer Zinn(IV)-Probelösung Zinn(IV)-hydroxid aus, das ebenfalls in verd. Ammoniak schwerlöslich ist.

---

[a] Hydroxokomplexe können, je nach pH der Lösung, auch H_2O statt OH^- als Liganden enthalten.

④ **Reduktion mit Zinn(II)**

Ph. Eur.

a Reduktion von Quecksilber(II)-chlorid zu Quecksilber(I)-chlorid und weiter zu elementarem Quecksilber s. Hg^{2+} ⑦ a.
b Versetzt man eine Lösung von Zinn(II)-fluorid (SnF_2) mit einer Silber-Probelösung, so fällt braunschwarzes, elementares Silber aus.
c In alkalischer Lösung s. Bi^{3+} ⑤.
d Zinn(II)-chlorid reduziert auch I_3^- sowie IO_3^-.

⑤ **Leuchtprobe**

Zu etwa halbkonz. Salzsäure in einem Porzellantiegel oder einem engen, kleinen Becherglas gibt man etwas Zinn(II)-Probelösung (oder Ursubstanz). Ein mit kaltem Wasser voll gefülltes Reagenzglas taucht man in diese Lösung und hält es in die nichtleuchtende Bunsenflamme. Es tritt vorübergehend eine blaue Lumineszenz auf. Das blaue Leuchten wird besser in einem möglichst dunklen Abzug erkannt und darf nicht mit der Spiegelung der blauen Bunsenflamme im Reagenzglas verwechselt werden. Das kalte Wasser im Reagenzglas dient zur Verzögerung der Verdunstung der anhaftenden Lösung und damit zur Verlängerung des Leuchtens. Zinn(IV)-Verbindungen müssen in halbkonz. Salzsäure mit Zink-Perlen reduziert werden, was bei schwerlöslichem Zinn(IV)-oxid (SnO_2, Name als Mineral: Zinnstein oder Cassiterit) etwas länger dauern kann. Die Reduktion von Zinn(IV) zu Zinn(II) kann, wenn auch langsamer, mit Eisen erfolgen (kein Eisen-Pulver verwenden).

Wurde Zinn(IV) mit Eisen reduziert (s. Sn^{2+} ⑥ a), behindert die sich auf dem Reagenzglas bildende gelbe Kruste das Erkennen des blauen Leuchtens. Gleichzeitige Anwesenheit von Sulfid (auch Thioacetamid, Thiocyanat), Fluorid oder Phosphat verhindert das Leuchten. Bei der Verwendung zu großer Substanzmengen bei der Vorprobe bildet sich eine Salzkruste oder ein Metallspiegel, die beide das Erkennen des Leuchtens erschweren. In diesen Fällen ist ein Teil der Lösung zu verwerfen und durch verdünnte Salzsäure zu ersetzen.

⑥ **Reduktion von Zinn(IV) und Zinn(II)**

a Eine salzsaure (ca. halbkonz.) Zinn(IV)-Probelösung wird von metallischem Eisen (Nagel, Draht, Pulver) zu Zinn(II) reduziert.

$$[SnCl_6]^{2-} + Fe \longrightarrow [SnCl_4]^{2-} + Fe^{2+} + 2\,Cl^{-\,a}$$

Die Reduktion von Zinn(IV)-oxid in Suspension erfolgt nur langsam und unvollständig. Unter gleichen Bedingungen wird Antimon(III) oder -(V) bis zum Element reduziert (s. Sb^{3+} ③).

b Eine salzsaure Zinn(IV)-Probelösung wird durch Zink-Perlen langsam über Zinn(II) zu elementarem Zinn reduziert, das sich grau und schwammig abscheidet (s. a. Sn^{2+} ② a):

---

[a] Auch Verbindungen des Trichlorostannat(II) $[SnCl_3]^-$ sind bekannt.

$$[SnCl_6]^{2-} + Zn \longrightarrow [SnCl_4]^{2-} + Zn^{2+} + 2\,Cl^-$$

$$[SnCl_4]^{2-} + Zn \longrightarrow \underset{\text{grau}}{Sn} + Zn^{2+} + 4\,Cl^-$$

⑦ Zinnsulfide und Thiostannat(IV)[a]

a Leitet man in eine schwach salzsaure Zinn(II)-Probelösung Schwefelwasserstoff oder fügt eine Natriumsulfid-Lösung hinzu, so fällt schwarzbraunes Zinn(II)-sulfid aus. Zinn(II)-sulfid wird ebenfalls erhalten, wenn man Thioacetamid zur schwach salzsauren Lösung gibt, das Reagenzglas mit einem Stopfen lose abdeckt und im Wasserbad erwärmt. Zinn(II)-sulfid ist nicht löslich in *farblosem* Ammoniumsulfid; von Ammoniumpolysulfid-Lösung (*gelb*) wird es unter gleichzeitiger Oxidation als Thiostannat(IV) langsam (mind. 10 min) gelöst (abhängig von der Intensität des Rührens oder Schüttelns):

$$Sn^{2+} + S^{2-} \longrightarrow \underset{\text{braun}}{SnS}$$

$$SnS + S_2^{2-} \longrightarrow [SnS_3]^{2-}$$

b Beim Einleiten von Schwefelwasserstoff in eine schwach salzsaure Zinn(IV)-Probelösung fällt gelbes Zinn(IV)-sulfid aus. Zinn(IV)-sulfid kann auch erhalten werden, wenn man Thioacetamid zur schwach salzsauren Probelösung gibt, mit einem Stopfen lose abdeckt und im Wasserbad erwärmt. Zinn(IV)-sulfid löst sich in Ammoniumsulfid unter Bildung von Thiostannat(IV), es löst sich nicht in Ammoniumcarbonat:

$$SnS_2 + S^{2-} \longrightarrow [SnS_3]^{2-}$$

Beim Ansäuern von $[SnS_3]^{2-}$ fällt Zinn(IV)-sulfid aus:

$$[SnS_3]^{2-} + 2\,H^+ \longrightarrow \underset{\text{gelb}}{SnS_2} + H_2S \uparrow$$

Löst man in der schwach salzsauren Probelösung Oxalsäure und fügt Ammoniumoxalat-Lösung hinzu, so bleibt die Sulfid-Fällung aus, da sich der verhältnismäßig beständige Dioxalatostannat(IV)-Komplex bildet.
In konz. Salzsäure lösen sich Zinn(IV)-sulfid und Zinn(II)-sulfid:

$$SnS_2 + 6\,Cl^- + 4\,H^+ \longrightarrow [SnCl_6]^{2-} + 2\,H_2S \uparrow$$

$$SnS + 4\,Cl^- + 2\,H^+ \longrightarrow [SnCl_4]^{2-} + H_2S \uparrow$$

---

[a] Dem Thiostannat-Anion in wässriger Lösung kommt wahrscheinlich die Zusammensetzung $[Sn(SH)_3(OH)_3]^{2-}$ zu.

⑧ Freiberger Aufschluss

Um das schwerlösliche Zinn(IV)-oxid in eine lösliche Form zu überführen (s. Kap. 4.2.1), wird es mit der 6–10fachen Menge des Gemischs aus Schwefel, Kaliumcarbonat und Natriumcarbonat (wasserfrei) im Verhältnis 2:1:1 im Porzellantiegel (kein Metalltiegel!) vermischt und unter dem Abzug gesintert. Wenn der Schwefel weit gehend verbrannt ist, wird der Schmelzkuchen direkt im abgekühlten Porzellantiegel mit Wasser ausgelaugt. Man zentrifugiert vom Ungelösten ab und erhält eine gelb bis grüne Lösung, die neben $[SnS_3]^{2-}$ auch S_x^{2-} enthält. Beim Ansäuern fällt ockergelbes Zinn(IV)-sulfid und Schwefel aus. Das Zinn(IV)-sulfid wird nach dem Versuch Sn^{2+} ⑦b gelöst, nach dem Versuch Sn^{2+} ⑥b reduziert und über die *Leuchtprobe* (Sn^{2+} ⑤) nachgewiesen:

$$2\,SnO_2 + 5\,Na_2CO_3 + 9\,S \longrightarrow 2\,Na_2[SnS_3] + 5\,CO_2 \uparrow + 3\,Na_2SO_3 \; ^a$$

Es wird dringend empfohlen als Blindprobe eine Schmelze ohne Zinn(IV)-oxid durchzuführen, um den beim Ansäuern aus Na_2S_x ausfallenden Schwefel von dem Gemisch Zinn(IV)-sulfid und Schwefel unterscheiden zu können:

$$3\,Na_2CO_3 + 3\,S \longrightarrow 2\,Na_2S + 3\,CO_2 \uparrow + Na_2SO_3 \; ^a$$

$$Na_2S + (X-1)S \longrightarrow Na_2S_x$$

$$Na_2S_x + 2\,H^+ \longrightarrow 2\,Na^+ + H_2S \uparrow + \underline{(X-1)S}$$
$$\text{weiß bis gelb}$$

⑨ Basischer Aufschluss

Das schwerlösliche Zinn(IV)-oxid wird durch eine Schmelze aus gleichen Teilen Natriumhydroxid und -carbonat (s. Kap. 4.2.1) in Natriumstannat(IV) umgewandelt:

$$SnO_2 + 2\,NaOH \longrightarrow Na_2[SnO_3] + H_2O$$

Beim Kontakt des zerstoßenen Schmelzkuchens mit Wasser wird weit gehend Zinn(IV)-oxid (und -hydroxid) zurückgebildet. Mit wenig Ammonium- oder Natriumsulfid (farblos) bildet sich Thiostannat(IV) ohne die Verunreinigung durch Polysulfid (s. Sn^{2+} ⑧):

$$Na_2[SnO_3] + 3(NH_4)_2S \longrightarrow Na_2[SnS_3] + 6\,NH_3 + 3\,H_2O$$

Durch Ansäuern der von ungelösten Anteilen abzentrifugierten Lösung mit verd. Salzsäure fällt nur ockerfarbenes Zinn(IV)-sulfid aus (s. Sn^{2+} ⑦). Arsen- und Antimonoxide werden wie beim Freiberger Aufschluss ebenfalls über ihre Thiosalze in Sulfide umgewandelt. Eventuell vorhandenes Cr_2O_3 kann durch Luftsauerstoff zu Chromat oxidiert werden (s. Cr^{3+} ③) Die Schmelze ist dann etwas gelb gefärbt.

---

[a] Es handelt sich um eine Disproportionierung des Schwefels.

Chromat oxidiert Sulfid zu Schwefel (s. $Cr^{3/6+}$ ⑥b) bzw. Polysulfid, das wie beim Freiberger Aufschluss zu Schwefelabscheidung führt (s. $Sn^{2/4+}$ ⑧).

6.1.2 Trennungsgang der HCl/H₂S-Gruppe (s. Kap. 12.3.3)

Vorproben: Cu^{2+} ①; evtl. Cd^{2+} ④; $As^{3+/5+}$ ③, ④; $Sb^{3+/5+}$ ④ und $Sn^{2+/4+}$ ⑤.

Für die Abtrennung der Salzsäure-Gruppe muss eine salpetersaure, chloridfreie Lösung vorliegen. Bei Zugabe von Salzsäure fallen folgende Niederschläge aus:

AgCl	Hg₂Cl₂	PbCl₂
weiß	weiß	weiß

Nach dieser Fällung muss die Salpetersäure abgeraucht werden, da mit Schwefelwasserstoff bzw. Thioacetamid erhebliche Mengen an Schwefel und u. U. auch Sulfat gebildet würden.

Zum Abrauchen dampft man die Lösung unter dem Abzug(!) in einer Porzellanschale ein, jedoch nicht zur Trockne, da dabei Quecksilber, Arsen und Antimon verloren gehen können. Verdampfende Flüssigkeit ersetzt man durch konz. Salzsäure. Silber und Quecksilber(I) sind nur selten in einer Analyse vorhanden, Chlorid dagegen häufig, Bleichlorid wird nur unvollständig gefällt, Quecksilber(I) kann zu Quecksilber(II) oxidiert sein.

Deshalb ist es günstiger, die Niederschläge von Silber-, Quecksilber(I)- und Bleichlorid den schwerlöslichen Rückständen zuzuschlagen, wo sie ohne Schwierigkeiten getrennt und identifiziert werden können (s. Kap. 12.3.1, 12.3.2).

Außerdem wird Zinn(II) durch konz. Salpetersäure spätestens beim Abrauchen in schwerlösliches Zinn(IV)-oxidhydrat umgewandelt. Aus diesen Gründen kann man fast nie die Salzsäure-Gruppe *lehrbuchmäßig* abtrennen. Deshalb wird vom Trennungsgang der Salzsäuregruppe abgeraten. Die Lösung sollte nicht zu stark salzsauer sein, um die Fällung der Sulfide von Blei und Cadmium nicht zu erschweren (Löslichkeitsprodukte). Außerdem bilden beide Kationen Chlorokomplexe, die die Fällung der Sulfide zusätzlich erschweren.

Quecksilber und Blei werden fast immer auch in der H₂S-Gruppe gefunden, da etwas Quecksilber(I) zu Quecksilber(II) oxidiert wird und Bleichlorid nur mäßig schwerlöslich ist (s. Pb^{2+} ⑥). Ist mit Anwesenheit von Arsen(V) zu rechnen, muss dieses mit einer kleinen Spatelspitze Ammoniumiodid reduziert werden (s. $As^{3/5+}$ ⑦a, s. a. S^{2-} ⑤). Das gebildete Iod wird vom Schwefelwasserstoff zu Iodid reduziert, das weiteres Arsen(V) reduzieren kann (Katalyse).

Die salzsaure Lösung, in der eventuell anwesendes Manganat(VII) oder Dichromat reduziert wurden, wird mit 1–2 Spateln Thioacetamid versetzt (s. a. Kap. 5.2.2), mit einem Stopfen lose(!) verschlossen, um einen Verlust von Schwefelwasserstoff zu vermeiden, und im siedenden Wasserbad 20–30 min erhitzt (Erhöhung der Temperatur zur Beschleunigung der Reaktion). Man zentrifugiert die Fällung der Sulfide der Schwefelwasserstoff-Gruppe ohne abzudekantieren:

HgS	PbS	Bi_2S_3	$[Cu(TAA)_4]Cl$	CdS	As_2S_3	Sb_2S_3	SnS
schwarz oder rot	schwarz	braun	grünlich	gelb	gelb	orange	schwarzbraun
			Cu_2S, CuS	CdS	As_2S_5	Sb_2S_5	SnS_2
			schwarz	gelb	gelb	orange	gelb

Zur Prüfung, ob die Fällung vollständig war, gibt man 5–10 Tropfen Zentrifugat auf eine Tüpfelplatte oder in ein kleines Reagenzglas und fügt einen (!) Tropfen Cadmiumacetat-Lösung hinzu. War die Fällung vollständig, bildet sich sofort ein Niederschlag von gelbem Cadmiumsulfid. Bildet sich jedoch ein schwarzer Niederschlag, so handelt es sich wahrscheinlich um Bleisulfid, das nach Verringerung der Säurekonzentration ausfällt; d. h. die Fällung ist noch nicht vollständig. Das Ausbleiben des gelben Niederschlages weist ebenfalls darauf hin, dass die Fällung noch nicht vollständig ist.

Dies ist bei den Konzentrationen der Metall-Ionen (ca. 10^{-3} mol/L), einem pH-Wert von 1 und der Konzentration von Sulfid-Ionen im Gleichgewicht in der Regel zunächst nicht der Fall. Blei- und Cadmiumsulfid fallen zuletzt in der H_2S-Gruppe aus (s. Löslichkeitsprodukte s. Tab. 15) oder geraten in die Ammoniumsulfid-Gruppe! Zu berücksichtigen ist außerdem, dass Schwefelwasserstoff aus Thioacetamid in saurer Lösung nur langsam freigesetzt wird (s. Kap. 5.2.2), die Lösung nicht gesättigt ist bzw. eine gesättigte Lösung in der Wärme weniger Schwefelwasserstoff enthält als bei Zimmertemperatur.

Zur vollständigen Fällung muss die Sulfid-Ionenkonzentration erhöht werden. Wie aus dem Dissoziationsgleichgewicht von Schwefelwasserstoff ersichtlich ist, lässt sich dies durch Verminderung der Wasserstoff-Ionenkonzentration erreichen:

$$H_2S \rightleftharpoons H^+ + HS^- \rightleftharpoons 2H^+ + S^{2-}$$

Zur Vervollständigung der Fällung tropft man unter kräftigem Schütteln *farblose* Ammoniumsulfid-Lösung oder eine Lösung von Thioacetamid in verd. Ammoniak (etwa 1 Spatel TAA auf ½ großes Reagenzglas), die man einige Minuten erwärmt hat, zum Zentrifugat über dem ersten Sulfid-Niederschlag und überprüft erneut die Vollständigkeit der Fällung.

Der Ammoniak neutralisiert einen Teil der Salzsäure, gleichzeitig werden zusätzliche Sulfid-Ionen in die Reaktionsmischung gebracht. Mit Indikatorpapier muss ständig der pH-Wert überwacht werden, der pH 2 nicht übersteigen darf, da dann außer Zinksulfid auch Cobalt- und Nickelsulfid ausfallen, die sich schnell in die schwerlöslichen Formen umwandeln und beim erneuten Ansäuern nicht wieder in Lösung gehen.

Hat man den Verdacht, dass schon Zink-, Cobalt- und Nickelsulfid ausgefallen sind, prüft man, ob ein Tropfen einer Cobalt- oder Nickel-Probelösung mit einigen Tr. Zentrifugat schon eine Fällung ergeben. Dabei ist zu berücksichtigen, dass die 0,05 mol/L-Probelösung wahrscheinlich um den Faktor 10 konzentrierter ist als die Analysenlösung. Auch Eisen(II)-sulfid kann bei Nichtbeachtung des pH-Wertes 2 ausfallen und dann als Eisen(III)-hydroxid an der Stelle des Bismuthydroxids auftreten.

Theoretisch lässt sich die Reihenfolge der Sulfid-Fällungen aus den Löslichkeitsprodukten der Sulfide ableiten. Es sei aber davor gewarnt, mehr als einen zu beweisenden Hinweis in den auftretenden Farben zu sehen. Es treten Überschneidungen und damit Mischfarben auf, und Kupfer fällt zunächst als grünlich-weißes $[Cu(CH_3CSNH_2)_4]Cl$ aus (s. Cu^{2+} ⑧).

Die letzte Sulfid-Fällung wird abzentrifugiert und, falls die Vervollständigung der Fällung nicht im selben Zentrifugenglas vorgenommen wurde, mit den vorherigen Fällungen dieser Gruppe vereinigt. Das Zentrifugat wird für die Ammoniumsulfid-Gruppe aufgehoben. Die vereinigten Sulfid-Fällungen übergießt man mit reichlich *gelber* Ammoniumpolysulfid-Lösung und rührt 10–20 min bei max. 50 °C (**Abzug!**) öfter auf (d. h. man digeriert).

Bei höherer Temperatur entweicht zu viel Ammoniak als auch Schwefelwasserstoff und es kann zur Abscheidung von Schwefel kommen, der zunächst auf der Oberfläche schwimmt. Die überstehende Lösung muss die gelbe Farbe des Ammoniumpolysulfids haben. Ist sie farblos, dann hat die im Sulfid-Schlamm verbliebene Salzsäure das Ammoniumpolysulfid neutralisiert und zerstört. In diesem Falle wird abzentrifugiert und neues Polysulfid zugesetzt. Beim Digerieren mit Ammoniumpolysulfid lösen sich die Arsensulfide (s. As^{3+} ⑪ u. ⑫), die Antimonsulfide (s. Sb^{3+} ⑥ u. ⑦), und ziemlich langsam die Zinnsulfide (s. $Sn^{2/4+}$ ⑦ a, b) zu Thiosalzen. In farblosem Ammoniumsulfid würde sich Zinn(II)-sulfid nicht lösen, daher muss es durch Ammoniumpolysulfid oxidiert werden. Nicht als $[SnS_3]^{2-}$ gelöstes SnS gerät im Trennungsgang an die Stelle von Bismut, ohne dessen Nachweise Bi^{3+} ④ und ⑤ zu stören. Kupfersulfid kann in Spuren in Lösung gehen und gerät zum Arsen, ohne dessen Nachweis zu stören.

Steht kein *gelbes* Ammoniumpolysulfid zur Verfügung, löst man 3 g Thioacetamid in 10 mL verd. Ammoniak, fügt 1 Spatel Schwefel-Pulver hinzu und erwärmt unter gelegentlichem Umschütteln 10–15 min auf ca. 50 °C. Der ungelöste Schwefel wird abfiltriert oder -zentrifugiert und die Lösung vor Verwendung mit 2–3 mL konz. Ammoniak versetzt.

Ungelöst bleiben die Sulfide HgS, Bi_2S_3, PbS, CuS, CdS.

Sie werden abzentrifugiert.

Im Zentrifugat befinden sich AsS_4^{3-}-, SbS_4^{3-}-, SnS_3^{2-}-Ionen.

Das Zentrifugat wird für die Nachweise von Arsen, Antimon und Zinn aufbewahrt.
Die nicht gelösten Sulfide behandelt man 5 min bei 80–90 °C (fast siedendes Wasserbad) mit ca. 20 %iger Salpetersäure (1 Teil konz. Salpetersäure + 2 Teile Wasser). Dabei lösen sich alle Sulfide unter Schwefelabscheidung mit Ausnahme des Quecksilber(II)-sulfids; bei zu verd. Salpetersäure oder zu geringer Temperatur bleibt das Kupfersulfid beim Quecksilbersulfid und wird dort übersehen.

Der abgeschiedene Schwefel nimmt meistens durch eingeschlossene Sulfid-Partikel die Farbe des zu lösenden Sulfid-Gemisches an. Der Rückstand, bestehend aus Quecksilber(II)-sulfid, Schwefel, sehr selten auch aus weißem $Hg_2S(NO_3)_2$, wird abzentrifugiert, mit wenig Königswasser versetzt und kurz aufgekocht (**Abzug!**).

Der Schwefel wird bei längerem Kochen zu Sulfat oxidiert, was aber nicht erforderlich ist. Man verwirft den zusammengeschmolzenen Schwefel, verdünnt die Lösung auf die 2- bis 3fache Menge mit Wasser und gibt Harnstoff zur Zersetzung von gelösten Stickoxiden hinzu, ein eventuell auftretender kristalliner Niederschlag von Harnstoffnitrat stört nicht, dann fügt man konz. Kaliumiodid-Lösung hinzu, bis sich rotes Quecksilber(II)-iodid wieder gelöst hat (s. Hg^{2+} ⑨). Zu dieser Lösung gibt man Kupfer(I)-iodid (s. Cu^{2+} ⑦) und führt den **Quecksilber-Nachweis** als Kupfer(I)-tetraiodomercurat(II) durch (s. Hg^{2+} ⑩).

Da von dem Quecksilber auf dem Kupferblech Quecksilberdämpfe entweichen, sollte auf die Amalgamprobe verzichtet werden.

Das salpetersaure Zentrifugat enthält Pb^{2+}-, Bi^{3+}-, Cu^{2+}-, Cd^{2+}-Ionen

Es wird mit ca. 1 mL konz. Schwefelsäure versetzt und in einer Porzellanschale eingedampft (**Abzug!**), bis weiße Schwefelsäure-Nebel entstehen. Durch dieses Abdampfen werden alle anderen Anionen entfernt, die eine Fällung von Bleisulfat beeinflussen könnten. **Vorsicht! Die konz. Schwefelsäure ist ca. 300 °C heiß** und enthält komplex gelöstes Bleisulfat. **Erst nach dem Abkühlen** (s. Schwefelsäure Kap. 7.4) verdünnt man vorsichtig mit Wasser auf das 2- bis 3fache Volumen. Dabei löst sich ein Konzentrationsniederschlag, und komplex gelöstes Bleisulfat fällt aus. In der weißen Porzellanschale kann das weiße Bleisulfat übersehen werden. Daher gießt man die Probe in ein Zentrifugenglas, auch um das Bleisulfat durch Zentrifugation abzutrennen. Der **Blei-Nachweis** wird nach dem Auflösen des Bleisulfates in konz. Ammoniumacetat-Lösung (s. Pb^{2+} ⑤) durch Zugabe von Chromat-Lösung (s. Pb^{2+} ④) geführt. Hat man den Konzentrationsniederschlag von $Bi_2(SO_4)_3$ nicht (vollständig) gelöst, kann dadurch Blei vorgetäuscht werden.

Das schwefelsaure Zentrifugat enthält Bi^{3+}-, Cu^{2+}-, Cd^{2+}-Ionen

Man versetzt es vorsichtig mit konz. Ammoniak bis zur alkalischen Reaktion. Dabei fällt Bismuthydroxid in Form von gallertartigen Flocken aus, die man abzentrifugiert.

Nach unvollständigem Digerieren mit Ammoniumpolysulfid fällt hier auch Zinn(II)-hydroxid aus; wurde die Schwefelwasserstoff-Fällung bei zu hohem pH-Wert vorgenommen, auch Eisen(III)-hydroxid. Selten wird etwas Quecksilbersulfid gelöst, das an dieser Stelle als Quecksilberamidochlorid oder Diamminoquecksilber(II)-chlorid (s. Hg^{2+} ④) ausfällt und den Bismut-Nachweis mit Natriumhydroxostannat(II) (s. Bi^{3+} ⑤) nicht stört.

Im ammoniakalischen Zentrifugat befinden sich Cu^{2+}- und Cd^{2+}-Ionen

Eine tiefblaue Farbe der Lösung gilt als **Kupfer-Nachweis** (s. Cu^{2+} ④).

Man versetzt die blaue Lösung mit weiterem konz. Ammoniak und 1 Spatel Natriumdithionit und erwärmt ca. 10 min auf dem Wasserbad (s. Cu^{2+} ③c). Dabei fällt elementares Kupfer aus. Auch Bismut, Blei und Quecksilber werden zum Element reduziert, falls sie verschleppt wurden.

Die abgetrennte, noch ammoniakalische, farblose Lösung wird zum **Cadmium-Nachweis** mit einer Spatelspitze Thioacetamid versetzt (s. Cd^{2+} ③b). Unter dem gelben Cadmiumsulfid kann sich bei zu weit gehender Schwefelwasserstoff-Fällung farbloses Zinksulfid verbergen. Hat man einen solchen Verdacht, löst man die abzentrifugierte Sulfid-Fällung in sehr wenig heißer konzentrierter Salzsäure, verdünnt mit etwas Wasser auf max. 2 molare Salzsäure und fällt das Zink mit Tetrathiocyanatomercurat(II) (s. Zn^{2+} ⑧).

Nachweise von Arsen, Antimon und Zinn

Die Ammoniumpolysulfid-Lösung enthält $[AsS_4]^{3-}$-, $[SbS_4]^{3-}$- und $[SnS_3]^{2-}$-Ionen

Sie wird mit verd. Salzsäure angesäuert (**Abzug**, starke Schwefelwasserstoff-Entwicklung). Dass die Lösung sauer ist, erkennt man am Verschwinden der gelben Farbe. Es fallen folgende Niederschläge aus:

As_2S_5	Sb_2S_5	SnS_2	S
weiß	orange	gelb	gelb bis weiß

Sulfide und Schwefel werden abzentrifugiert, das Zentrifugat verworfen. Durch kurzes Aufkochen mit 2–5 mL konz. Salzsäure gehen Antimon- und Zinnsulfid in Lösung. Das ungelöste Arsensulfid (+ Schwefel) wird abzentrifugiert.

Das Zentrifugat enthält $[SbCl_6]^-$- und $[SnCl_6]^{2-}$-Ionen

Das Arsensulfid wird durch Kochen mit konz. Salpetersäure in Arsenat(V) umgewandelt. Der **Arsen-Nachweis** erfolgt durch Zugabe von Ammoniummolybdat-Lösung zu der noch nicht abgekühlten salpetersauren Lösung (s. $As^{3/5+}$ ⑩).

Will man den Arsen-Nachweis über die Bildung von Magnesiumammoniumarsenat(V) führen (s. As^{3+} ⑨), oxidiert man das Arsensulfid in verd. Ammoniak mit einigen Tr. Wasserstoffperoxid (30%ig), indem man ca. 2 min zum Sieden erhitzt. Nach Zugabe von Magnesiumchlorid und evtl. Ammoniak erhält man die gewünschten Kristalle (Mikroskop!); Reste von Wasserstoffperoxid stören nicht.

Aus der salzsauren Lösung mit Antimon und Zinn verkocht man den Schwefelwasserstoff (Abzug!), verdünnt anschließend auf das 2- bis 3fache Volumen und teilt die Lösung: zum Antimon-Nachweis gibt man einen Eisennagel, an dem sich in ca. 10 min Antimon in schwarzen Flocken abscheidet (s. Sb^{3+} ③).

Den anderen Teil für den Nachweis von Zinn verdünnt man auf das Doppelte, gibt einige Zink-Perlen dazu und führt damit die Leuchtprobe durch (s. Sn^{2+} ⑤).

Sollte die *Leuchtprobe* negativ ausfallen, reduziert man zusätzlich mit 1–2 Zink-Perlen. Man kann die Leuchtprobe auch direkt als sehr zuverlässige Vorprobe mit der Ursubstanz durchführen.

6.2 Ammoniumsulfid-Gruppe

$(NH_4)_2$S-Gruppe Rückstände	Co^{2+}, Ni^{2+}, Fe^{2+}, Mn^{2+}, Cr^{3+}, Al^{3+}, Zn^{2+} Al_2O_3, Cr_2O_3, $Cr_2(SO_4)_3$

6.2.1 Einzelreaktionen

Cobalt   Co $Z = 27$ $A_r = 58{,}933$

Cobalt (früher Kobalt) dient hauptsächlich als Legierungsbestandteil von besonders harten, schwer oxidierbaren und magnetischen Spezialstählen. Cobalt-Verbindungen geben eine kräftige blaue Farbe auf Porzellan, Keramik und in Gläsern.

Cobalt ist ein Spurenelement für Pflanze und Tier, es kommt als Zentralatom im Vitamin B_{12} (s. Cyanocobalamin) vor (s. Komplex-Verbindungen s. Kap. 10). Cobalt-Salze sind toxischer als Eisen-Salze, werden jedoch nur langsam resorbiert. Vergiftungserscheinungen sind Übelkeit und Blutdruckabfall durch Erweiterung der Gefäße. Cobalt verbessert (wie auch Nickel und Mangan) die Wirkung des Eisens bei Anämien und wird in Dosen von 0,5–5 mg injiziert oder von 20–50 mg oral verabreicht; Komplex-Verbindungen werden besser vertragen. Für Cobalt(II)-Salze gibt es keine Monographie in der Ph. Eur.

Das Isotop $^{60}_{27}$Co wird wegen seiner harten γ-Strahlung in Medizin und Technik eingesetzt. Dieses Isotop hat eine Halbwertszeit von 5,24 Jahren. Cyanocobalamin mit dem Isotop $^{58}_{27}$Co als Zentralatom (Halbwertszeit: 71,3 Tage) dient zur Feststellung der Resorption von Vitamin B_{12} und zur Sicherung der Diagnose perniziöse Anämie, einer Blutkrankheit.

Cobalt und schwerlösliche Verbindungen haben sich in Form atembarer Stäube/Aerosole im Tierversuch als krebserzeugend erwiesen.

Chemische Eigenschaften: In einfachen Salzen liegt Cobalt meist in der Oxidationsstufe +2 vor, Komplexe mit Cobalt(III) als Zentralatom sind meist stabiler als mit Cobalt(II). Die bevorzugte Koordinationszahl ist 6 bei oktaedrischer Umgebung des Zentralatoms. $[Co(H_2O)_6]^{2+}$ ist rosa gefärbt, wasserfreie Cobalt(II)-Salze sind blau (Koordinationszahl 4, tetraedrische Koordination). Von dieser reversiblen Indikatoreigenschaft machte man in dem Trockenmittel *Blaugel* (cancerogen) Gebrauch.

Probelösung: 0,05 mol/L $CoSO_4$-Lösung (s. Tab. 5).
Vorproben: Phosphorsalz-Perle ⑦.

① **Reaktion mit Natronlauge**

Versetzt man eine Probelösung mit verd. Natronlauge, so fällt ein leuchtend blauer Niederschlag aus, der sich schnell olivgrau verfärbt. Bei längerem Stehen an der Luft erfolgt Oxidation zu braunschwarzem Cobalt(III)-oxidhydrat:

$$Co^{2+} + 2\,OH^- \longrightarrow \underset{\text{blau}}{Co(OH)_2} \longrightarrow \underset{\text{olivgrau}}{Co(OH)_2}$$

$$4\,Co(OH)_2 + O_2 \longrightarrow \underset{\text{braunschwarz}}{4\,CoO(OH)} + 2\,H_2O$$

Führt man die Fällung in der Hitze aus, erhält man beständigeres rosenrotes Cobalt(II)-hydroxid. Die Cobalthydroxide sind nicht amphoter. Durch Zugabe von starken Oxidationsmitteln wie Wasserstoffperoxid, Natriumhypochlorit oder Brom bildet sich das schwarze Cobalt(IV)-oxidhydrat:

$$Co(OH)_2 \xrightarrow{H_2O_2} \underset{\text{schwarz}}{CoO_2} \cdot x\,H_2O$$

② **Reaktion mit Ammoniak**

Versetzt man eine Probelösung mit konz. Ammoniak, bildet sich zunächst eine grünlich blaue Fällung (s. Co^{2+} ①), die sich im Überschuss des Fällungsmittels, nicht aber in verd. Ammoniak, löst. Zunächst ist der schwach rosa Hexammincobalt(II)-Komplex sichtbar, der durch Luftsauerstoff schnell zum gelbbraunen Hexammincobalt(III) oxidiert wird. Durch Austausch von Ammin-Liganden werden u. a. rote und purpurfarbene Komplexe erhalten. Führt man die Reaktion bei Anwesenheit von reichlich Ammoniumsalzen durch, so bleibt die Fällung von Cobalt(II)-hydroxid, auch bei Verwendung von verd. Ammoniak aus:

$$\underset{\text{blau}}{Co(OH)_2} + 6\,NH_3 \longrightarrow [Co(NH_3)_6]^{2+} + 2\,OH^-$$

$$4\,[Co(NH_3)_6]^{2+} + O_2 + 2\,H_2O \longrightarrow 4\,[Co(NH_3)_6]^{3+} + 4\,OH^-$$

③ **Tetrathiocyanotocobaltat(II)**

Versetzt man eine neutrale oder schwach saure Probelösung mit Ammoniumthiocyanat-Lösung, so bleibt die Lösung rosa gefärbt (Koordinationszahl des Cobalts: hier 6, s. Kap. 10), erst konz. Lösungen sind blau gefärbt. Bei Zugabe von Methylisobutylketon zur rosa Lösung bildet sich das tiefblaue $[Co(SCN)_4]^{2-}$ (tetraedrisch), das sich als Säure in der organischen Phase anreichert (s. Nernst'sche Verteilung, s. Kap. 10).

Die Blaufärbung wird auch mit Aceton erhalten, allerdings ohne Trennung in zwei Phasen.

Die Verteilungskoeffizienten für die Systeme der verschiedenen Pentanole mit Wasser sind weniger günstig; Diethylether vermag den blauen Komplex gar nicht zu extrahieren. Viel Oxalat in zu schwach saurer Lösung verhindert die Bildung des blauen Komplexes. Oxidationsmittel wie Wasserstoffperoxid, salpetrige Säure und Stickoxide zerstören Thiocyanat, teilweise unter Bildung roter oder gelber Produkte und sollten weit gehend abwesend sein.

④ **Cobalttetrathiocyanatomercurat(II)**

Versetzt man eine neutrale bis saure Probelösung mit einer Ammoniumtetrathiocyanatomercurat(II)-Lösung, so bildet sich langsam (ca. 2 min) ein kornblumenblauer, kristalliner Niederschlag. Die Cobalt-Lösung sollte nicht verdünnter als 0,05 mol/L sein (s. a. Zn^{2+} ⑧ und Hg^{2+} ⑨):

$$Co^{2+} \;+\; [Hg(SCN)_4]^{2-} \longrightarrow \underset{\text{kornblumenblau}}{Co[Hg(SCN)_4]}$$

⑤ **Kaliumhexanitrocobaltat(III)**

USP

(s. K^+ ③)

⑥ **Cobaltsulfid**

Aus schwach essigsaurer, am besten aus ammoniakalischer Lösung, fällt bei Zugabe von *farblosem* Ammoniumsulfid, Natriumsulfid oder Thioacetamid schwarzes Cobalt(II)-sulfid aus. Im Kontakt mit Luftsauerstoff wird Cobalt(II) unter den Reaktionsbedingungen schnell zu Cobalt(III) oxidiert, das sich mit weiteren Sulfid-Ionen zu in verd. Salzsäure nicht löslichem, ebenfalls schwarzen Cobalt(III)-sulfid verbindet, es wird auch angenommen, dass sich das zunächst ausfallende α-CoS in das schwerer lösliche β-CoS umwandelt.

$$Co^{2+} \;+\; S^{2-} \longrightarrow \underset{\text{schwarz}}{CoS}$$

$$4\,CoS \;+\; 2\,S^{2-} \;+\; O_2 \;+\; 2\,H_2O \longrightarrow \underset{\text{schwarz}}{2\,Co_2S_3} \;+\; 4\,OH^-$$

Cobalt(III)-sulfid wird im Trennungsgang durch ein Gemisch von 3%igem Wasserstoffperoxid mit verd. Essigsäure (etwa 1:1) oder durch Erhitzen mit wenig konz. Salpetersäure gelöst:

$$Co_2S_3 \;+\; 11\,H_2O_2 \longrightarrow 2\,Co^{2+} \;+\; 3\,SO_4^{2-} \;+\; 2\,H^+ \;+\; 10\,H_2O$$

(Ableitung dieser Redoxgleichung s. Kap. 11.3.4)

$$3\,Co_2S_3 + 4\,NO_3^- + 16\,H^+ \longrightarrow 6\,Co^{2+} + \underline{9\,S} + 4\,NO\uparrow + 8\,H_2O$$
$$\text{gelb}$$

⑦ **Phosphorsalzperle, Boraxperle**

Man taucht die Spitze eines glühenden Magnesiastäbchens in **Phosphorsalz** ($NaNH_4HPO_4 \cdot 4\,H_2O$, Schmelzbereich 171–175 °C, unter Zersetzung) oder **Borax** ($Na_2B_4O_7 \cdot 10\,H_2O$). Die anhaftenden Kristalle werden in der nicht leuchtenden Bunsenflamme unter ständigem Drehen geschmolzen, die Spitze des Magnesiastäbchens wird dabei nach unten geneigt. Nach anfänglichem Schäumen erhält man eine glasklare Perle, die mit einem möglichst kleinen Kristall des Cobalt-Salzes in Berührung gebracht wird, solange die Schmelze noch nicht erstarrt ist. Die Schmelze nicht in den Bunsenbrenner tropfen lassen!

Man schmilzt erneut in der Oxidationsflamme (s. Bunsenbrenner, s. Kap. 2.2.3) unter ständigem Drehen. Die abgekühlte Perle ist blau gefärbt. Wird zu viel Cobalt-Salz eingeschmolzen, erhält man eine schwarze Perle. Findet der Schmelzvorgang in der Reduktionsflamme statt, entsteht durch Metallteilchen eine Graufärbung. In beiden Fällen ist der Versuch neu zu beginnen:

$$NaNH_4HPO_4 \cdot 4\,H_2O \xrightarrow{\Delta} NaPO_3 + NH_3\uparrow + 5\,H_2O\uparrow$$

$$2\,NaPO_3 + CoCl_2 \longrightarrow Co(PO_3)_2 + 2\,NaCl$$

$$Na_2B_4O_7 \cdot 10\,H_2O \xrightarrow{\Delta} \underset{\text{Natriummetaborat}}{2\,NaBO_2} + \underset{\text{Bortrioxid}}{B_2O_3} + 10\,H_2O\uparrow$$

$$2\,NaBO_2 + CoO \longrightarrow Co(BO_2)_2$$

$$B_2O_3 + CoO \longrightarrow Co(BO_2)_2$$

$$Na_2B_4O_7 \cdot 10\,H_2O + CoSO_4 \xrightarrow{\Delta} Co(BO_2)_2 + 2\,NaBO_2 + 10\,H_2O\uparrow + SO_3\uparrow$$

Mit PO_3^- bezeichnet man ein Gemisch polymerer (d. h. kondensierter) Phosphate. Borax verliert sein Wasser bei 350–400 °C und schmilzt bei 870 °C, auch das Metaborat-Anion BO_2^- ist polymer.

⑧ **Cobalt(III)-hexacyanoferrat(II)**

s. [Fe(CN)$_6$]$^{3/4-}$ ⑧.

Nickel   Ni   Z = 28   A$_r$ = 58,71

Nickel findet Verwendung als Legierungsbestandteil für nicht rostende Stähle und elektrische Widerstände, zur galvanischen Vernickelung und zur Herstellung von Münzen. In *Edison*- und *Jungner*-Akkumulatoren steht einer NiO(OH)-Elektrode eine Eisen- bzw. Cadmium-Elektrode gegenüber. In fein verteilter Form findet *Raney-Nickel* als Hydrierungskatalysator breite Anwendung in der organischen Chemie.

Nickel-Salze werden langsam resorbiert und rufen Brechreiz hervor. Nickelhaltiger Staub kann beim Menschen bösartige Geschwülste verursachen. Das besonders toxische Nickeltetracarbonyl [Ni(CO)$_4$, Sdp. 42 °C] hat sich im Tierversuch als karzinogen erwiesen. Manche Menschen reagieren auf Nickel allergisch mit Hauterkrankungen. Therapeutisch wird Nickel nicht verwendet.

Chemische Eigenschaften: Nickel tritt in seinen Verbindungen hauptsächlich in der Oxidationsstufe +2 auf, auch Nickel(0), Nickel(I)-, Nickel(III)- und Nickel(IV)-Verbindungen sind bekannt. Wasserhaltige Nickel(II)-salze sind meist grün gefärbt und liegen als [Ni(H$_2$O)$_6$]$^{2+}$ vor.

Probelösung: 0,05 mol/L NiSO$_4$-Lösung (s. Tab. 5).

① **Reaktion mit Natronlauge**

Versetzt man die Probelösung mit verd. Natronlauge, fällt hellgrünes Nickel(II)-hydroxid aus, das sich nicht im Überschuss des Fällungsmittels löst:

$$Ni^{2+} + 2\,OH^- \longrightarrow \underset{\text{grün}}{Ni(OH)_2}$$

② **Reaktion mit Ammoniak**

Tropft man zur Probelösung sehr verd. Ammoniak, fällt hellgrünes Nickel(II)-hydroxid aus, das sich in konzentriertem Ammoniak unter Bildung des blauen Hexamminnickel(II)-Komplexes löst (s. a. Cu^{2+} ④):

$$Ni(OH)_2 + 6\,NH_3 \longrightarrow \underset{\text{blaue Lösung}}{[Ni(NH_3)_6]^{2+}} + 2\,OH^-$$

③ **Nickelsulfid**

Aus schwach essigsaurer, besser ammoniakalischer Lösung fällt bei Zugabe von *farblosem* Ammoniumsulfid oder Thioacetamid schwarzes Nickel(II)-sulfid aus, das sich durch Luftsauerstoff zu dem in verd. Salzsäure schwerlöslichen Nickel(III)-sulfid oxidiert. Auch eine dem CoS analoge Vorstellung (s. Co^{2+} ⑥) wird diskutiert. Für die Auflösung in Essigsäure/Wasserstoffperoxid oder konz. Salpetersäure ist in den Gleichungen bei Co^{2+} ⑥ das Cobalt durch Nickel zu ersetzen.

Besonders bei Verwendung von *gelbem* Ammoniumpolysulfid beobachtet man häufig die Bildung von kolloidem Nickelsulfid (braune Lösung), das die Durchführung des Trennungsganges stört. Setzt man Eisen(II) oder Eisen(III) zu, werden die kolloiden Teilchen von FeS oder $Fe(OH)_3$ mitgefällt.

④ Inneres Komplexsalz mit Diacetyldioxim

Versetzt man eine schwach ammoniakalische Probelösung (z. B. aus Ni^{2+} ②) mit einer ethanolischen Lösung von Diacetyldioxim[1] oder einer wässrigen Lösung des Natrium-Salzes von Diacetyldioxim, fällt ein himbeerroter Niederschlag von Bis(diacetyldioximato)nickel(II) (quadratisch ebener Bau) aus. Ungeladene (Chelat-)Komplexe bezeichnet man als innere Komplexsalze. Eisen(II) führt zu einer intensiven Rotfärbung der Lösung, die durch wenige Tropfen Wasserstoffperoxid zu Eisen(III)-hydroxid zersetzt wird, ohne die Nickelfällung anzugreifen (s. $Fe^{2/3+}$ ⑤ d). Größere Mengen NO_2^- oder H_2O_2 müssen jedoch weit gehend entfernt werden (s. Mn^{2+} ④, NO_2^- ⑦, H_2O_2 ④, ⑤). Der Niederschlag wird durch Ammoniumsulfid nicht verändert.

Diacetyldioxim

Ni-Diacetyldioxim
Bis(diacetyldioximato)-nickel (II)

⑤ Komplex mit Pyrrolidindithiocarbamat

Ph. Eur.

Eine schwach essigsaure Probelösung gibt mit einer gesättigten Lösung des Ammoniumsalzes des Reagenzes (auch Ammoniumcarbodithionat genannt) einen gelbgrünen Komplex, der mit Methylisobutylketon ausgeschüttelt werden kann (für AAS) s. a. Cu ⑨.

---

[1] auch als Dimetylglyoxim oder nach seinem Entdecker als Tschugajeffs Reagenz bezeichnet.

Eisen	Fe Z = 26 A$_r$ = 58,71

Eisen ist das wichtigste Gebrauchsmetall. Es spielt eine entscheidende Rolle in vielen Enzymsystemen. Der menschliche Organismus enthält etwa 4–5 g Eisen, ⅔ davon als Zentralatom Eisen(II) im Blutfarbstoff Hämoglobin (Sauerstofftransport ohne Wertigkeitsänderung). Der verwandte grüne Blattfarbstoff Chlorophyll mit Magnesium als Zentralatom kann sich ohne Eisen nicht bilden. Eisen(III)-Verbindungen wirken stark eiweißfällend und adstringierend, sie werden äußerlich zur Blutstillung verwendet, oral verursachen sie Erbrechen und Magenschmerzen durch Verätzung. Eisensalze kompensieren als Antianämika Fe-Mangelzustände, etwa in der Schwangerschaft oder bei Blutungen. In der Nahrung liegt Eisen überwiegend dreiwertig und komplex gebunden vor. Eisen(II)-Verbindungen wirken erst in größeren Mengen ätzend. Bei intravenöser Applikation bewirken schon 15 mg Eisen(II) eine periphere Gefäßerweiterung und dadurch Blutdruckabfall. Die Resorbierbarkeit ist für Eisen(II) günstiger als für Eisen(III) und liegt bei nur 0,5–2 %. Eisen(II) kann in die Mucosa-Zellen des Darms aufgenommen werden. Eisen(II)-Verbindungen werden therapeutisch verwendet, wobei Komplex-Verbindungen besser verträglich sind. Als Eisensalze werden in der Ph. Eur. aufgeführt: Eisen(III)-chlorid-Hexahydrat, Eisen(II)-fumarat, Eisen(II)-gluconat sowie Eisen(II)-sulfat-Heptahydrat.

Chemische Eigenschaften: Eisen kann in den Oxidationsstufen +2 und +3 vorliegen. Das hellgrüne Eisen(II) hat besonders im alkalischen Milieu die Tendenz, sich zu gelbem Eisen(III) zu oxidieren. Die beiden Eisenhydroxide sind nicht amphoter, Eisen(III)-Salze neigen zur Hydrolyse, sie bilden keine Ammin-Komplexe. Metallisches Eisen wird durch konz. HNO_3 und konz. H_2SO_4 mit einer dünnen Oxidhaut überzogen und nicht weiter angegriffen (Passivierung).

Probelösungen: Fe(II): 0,05 mol/L $FeSO_4$-Lösung oder $Fe(NH_4)_2(SO_4)_2$ (s. Tab. 5)
Fe(III): 0,05 mol/L $Fe_2(SO_4)_3$-Lösung (s. Tab. 5), 0,05 mol/L $FeCl_3$ oder $NH_4Fe(SO_4)_2$.

① **Eisen(III)-chlorid**

DAB

Eisen(III) bildet in saurer Lösung mit Cl^- einen intensiv gelben, tetraedrischen Komplex, der sich mit Methylisobutylketon ausschütteln lässt. Fe_2O_3 löst sich erst durch längeres Sieden in konz. Salzsäure, s. a. Kap. 4.2.2.

$$Fe^{3+} + 4\,Cl^- + H^+ \longrightarrow H[FeCl_4]$$

② **Reaktion mit Natronlauge**

a Versetzt man eine Eisen(II)-Probelösung mit verd. Natronlauge, fällt Eisen(II)-hydroxid aus, das bei völliger Abwesenheit von Eisen(III) und völligem Ausschluss von Luftsauerstoff weiß gefärbt wäre. Durch Luftsauerstoff wird es über grüne und schwarze Zwischenstufen zum braunen Eisen(III)-hydroxid oxidiert:

$$Fe^{2+} + 2\,OH^- \longrightarrow \underline{Fe(OH)_2}$$
$$\phantom{Fe^{2+} + 2\,OH^- \longrightarrow } \text{weiß}$$

$$4\,Fe(OH)_2 + O_2 + 2\,H_2O \longrightarrow \underline{4\,Fe(OH)_3}$$
$$ \text{braun}$$

b Versetzt man eine Eisen(III)-Probelösung mit verd. Natronlauge, fällt rostbraunes Eisen(III)-hydroxid aus:

$$Fe^{3+} + 3\,OH^- \longrightarrow \underline{Fe(OH)_3}$$
$$\phantom{Fe^{3+} + 3\,OH^- \longrightarrow } \text{rostbraun}$$

③ **Reaktion mit Ammoniak**

Ph. Eur., USP

a Gibt man zu einer Eisen(II)-Probelösung verd. Ammoniak, fällt weißes Eisen(II)-hydroxid (s. $Fe^{2/3+}$ ②) aus, das durch Luftsauerstoff schnell zu braunem Eisen(III)-hydroxid oxidiert wird (s. $Fe^{2/3+}$ ②). Bei Anwesenheit von großen Mengen Ammonium-Salz kann die Fällung wegen Bildung von Eisen(II)-ammin-Komplexen ausbleiben. Es erfolgt aber bald Ausflockung von Eisen(III)-hydroxid.

b Versetzt man eine Eisen(III)-Probelösung mit verd. Ammoniak, fällt ein sehr voluminöser, rostbrauner Niederschlag von Eisen(III)-hydroxid aus, der im Überschuss des Fällungsmittels schwerlöslich ist.

④ **Reduktion von Eisen(III)**

a s. I^- ③ f.

b Man schüttelt eine Probelösung mit Eisennägeln. Nachweis des entstehenden Eisen(II) durch $Fe^{2/3+}$ ⑦ (Synproportionierung, s. Kap. 10):

$$2\,Fe^{3+} + Fe^0 \longrightarrow 3\,Fe^{2+}$$

c Man versetzt eine Eisen(III)-Probelösung mit einer Zinn(II)-chlorid-Lösung (s. Sn^{2+} ⑥ **a**):

$$2\,Fe^{3+} + Sn^{2+} \longrightarrow 2\,Fe^{2+} + Sn^{4+}$$

⑤ **Oxidation von Eisen(II)**

a Durch Bromwasser wird Eisen(II) in einer neutralen oder sauren Probelösung zu Eisen(III) oxidiert:

$$2\,Fe^{2+} + Br_2 \longrightarrow 2\,Fe^{3+} + 2\,Br^-$$

b Tropft man eine Kaliumpermanganat-Lösung zu einer schwefelsauren Eisen(II)-Probelösung, so tritt Entfärbung ein, bis alles Eisen(II) zu Eisen(III) oxidiert ist.

Die Reaktion kann am Anfang etwas langsamer verlaufen, bis sich genügend als Katalysator wirkendes Mangan(II) gebildet hat (s. a. Mn^{2+} ④):

$$5\,Fe^{2+} + MnO_4^- + 8\,H^+ \longrightarrow 5\,Fe^{3+} + Mn^{2+} + 4\,H_2O$$

c Eine saure Eisen(II)-Probelösung versetzt man mit konz. Salpetersäure und erhitzt. Nach vorübergehender Braunfärbung (s. NO_3^- ③) wird die Lösung gelb:

$$3\,Fe^{2+} + NO_3^- + 4\,H^+ \longrightarrow 3\,Fe^{3+} + NO\uparrow + 2\,H_2O$$

Zur Oxidation von NO s. Ag^+ ①. Der Nachweis des Eisen(III) erfolgt nach Fe^{2+} ⑧ oder Fe^{3+} ⑨.

d Eine saure Eisen(II)-Probelösung versetzt man mit einigen Tropfen 3%igem Wasserstoffperoxid. Bei der Oxidation von Eisen(III) entstehen vorübergehend OH-Radikale (s. $C_4H_4O_6^{2-}$ ⑨) sowie Sauerstoff (Gasentwicklung) durch katalytische Zersetzung von Wasserstoffperoxid (s. H_2O_2 ⑤ b). Zur Oxidation kann auch Ammoniumperoxodisulfat eingesetzt werden:

$$2\,Fe^{2+} + H_2O_2 + 2\,H^+ \longrightarrow 2\,Fe^{3+} + 2\,H_2O$$

$$2\,H_2O_2 \xrightarrow{Fe^{2/3+}} O_2 + 2\,H_2O$$

e Oxidation mit $Cr_2O_7^{2-}$ s. Cr^{3+} ⑥ e.

f Besonders leicht erfolgt die Oxidation durch Luftsauerstoff in neutraler oder basischer Lösung:

$$4\,Fe(OH)_2 + O_2 + 2\,H_2O \longrightarrow 4\,Fe(OH)_3$$

⑥ **Eisen(II)-sulfid**

USP

Aus einer essigsauren, neutralen oder ammoniakalischen Probelösung fällt bei Zugabe von Ammoniumsulfid, Natriumsulfid oder Thioacetamid schwarzes Eisen(II)-sulfid aus. War die Probelösung salz- oder schwefelsauer, wird die Lösung durch den gebildeten Schwefel milchig trüb. Eisen(III) wird durch Sulfid-Ionen zu Eisen(II) reduziert:

$$2\,Fe^{3+} + S^{2-} \longrightarrow 2\,Fe^{2+} + \underline{S}_{\text{gelb}}$$

$$Fe^{2+} + S^{2-} \longrightarrow \underline{FeS}_{\text{schwarz}}$$

⑦ Reaktionen mit Hexacyanoferrat(III)

Ph. Eur. (Identitätsreaktion a der Ph. Eur.), USP

a Gibt man eine Kaliumhexacyanoferrat(III)-Lösung zu einer neutralen oder sauren Eisen(II)-Probelösung, fällt *Turnbulls Blau* aus (s. $[Fe(CN)_6]^{3/4-}$ ②). Mit geringen Eisen(II)-Mengen und ausreichender Verdünnung bildet sich eine blaue kolloide Lösung von $K[Fe^{2+}Fe^{3+}(CN)_6]$.

Das blaue $[Fe^{2+}Fe^{3+}(CN)_6]^-$ ist ein mehrkerniger Komplex und bildet ein Kristallgitter, ist also polymer, die Gegenionen befinden sich in Gitterhohlräumen:

$$K^+ + Fe^{2+} + [Fe^{3+}(CN)_6]^{3-} \longrightarrow \underline{K[Fe^{2+}Fe^{3+}(CN)_6]}$$
blaue kolloide Lösung

$$Fe^{2+} + 2\,[Fe^{2+}Fe^{3+}(CN)_6]^- \longrightarrow \underline{Fe[Fe^{2+}Fe^{3+}(CN)_6]_2}$$
blau

Turnbulls Blau und Berliner Blau $Fe^{2/3+}$ ⑧ sind in ihrer Struktur identisch.
Durch Erhitzen mit verd. Natronlauge oder konz. Natriumcarbonat-Lösung (Sodaauszug) wird der Farbstoff zerstört, das Eisen(II)-/Eisen(III)-hydroxid-Gemisch ist schwarz:

$$Fe^{2+}[Fe^{2+}Fe^{3+}(CN)_6]_2 + 8\,OH^- \longrightarrow 2\,[Fe(CN)_6]^{4-} + \underline{[Fe(OH)_2 + 2\,Fe(OH)_3]}$$
schwarz

b Eisen(III) reagiert mit Hexacyanoferrat(III) nicht. Durch Spuren Eisen(II) und/oder Hexacyanoferrat(II) ist die Mischung meist schmutzig grünbraun gefärbt. Mit Reduktionsmitteln, die einen Teil des Eisen(III) zu Eisen(II) reduzieren, wird eine blaue Fällung oder kolloide Lösung erhalten.

⑧ Reaktionen mit Hexacyanoferrat(II)

Ph. Eur. (Identitätsreaktion c der Ph. Eur.), USP

a Gibt man eine Kaliumhexacyanoferrat(II)-Lösung zu einer neutralen oder sauren Eisen(III)-Probelösung, fällt *Berliner Blau* aus (s. $[Fe(CN)_6]^{3/4-}$ ①). Mit geringen Eisen(III)-Mengen und ausreichender Verdünnung bildet sich eine blaue kolloide Lösung von $K[Fe^{2+}Fe^{3+}(CN)_6]$ (s. $Fe^{2/3+}$ ⑦):

$$K^+ + Fe^{3+} + [Fe^{2+}(CN)_6]^{4-} \longrightarrow \underline{K[Fe^{2+}Fe^{3+}(CN)_6]}$$
blaue kolloide Lösung

$$Fe^{3+} + 3\,[Fe^{2+}Fe^{3+}(CN)_6]^- \longrightarrow \underline{Fe^{3+}[Fe^{2+}Fe^{3+}(CN)_6]_3}$$
blau

Durch Erhitzen mit verd. Natronlauge oder konz. Natriumcarbonat-Lösung (Sodaauszug) wird der Farbstoff zerstört:

$$Fe^{3+}[Fe^{2+}Fe^{3+}(CN)_6]_3 + 12\,OH^- \longrightarrow 3\,[Fe(CN)_6]^{4-} + \underline{4\,Fe(OH)_3}$$
$$\text{braun}$$

b Eisen(II) ergibt mit Hexacyanoferrat(II) einen weißen Niederschlag von $Fe^{2+}[Fe^{2+}Fe^{2+}(CN)_6]$, der sich durch Luftoxidation schnell blau färbt.

⑨ Eisen(III)-thiocyanat

Ph. Eur., USP

Versetzt man eine saure, möglichst schwefelsaure Eisen(III)-Probelösung mit einer Ammoniumthiocyanat-Lösung, entsteht eine blutrote Färbung (s. SCN⁻ ②), die bei sehr starker Verdünnung mit Wasser verblasst (Dissoziationsgleichgewicht).

$$Fe^{3+} + 4\,SCN^- \rightleftharpoons Fe(SCN)_3 + SCN^- \rightleftharpoons [Fe(SCN)_4]^-$$

Die Färbung lässt sich mit Diethylether, Isoamylalkohol oder Methylisobutylketon, nicht jedoch mit Chloroform ausschütteln. Extrahiert wird außer $Fe(SCN)_3$ auch $H[Fe(SCN)_4]$ (Tetrathiocyanatoferrat(III)). Vorsicht: Nitrit bildet mit Thiocyanat rotes Nitrosylthiocyanat, auch gelbe Zersetzungsprodukte des Thiocyanats mit Oxidationsmitteln sind bekannt. Eisen(III)-chlorid lässt sich aus salzsaurer Lösung als gelbes $H[FeCl_4]$ ausschütteln! Bei Anwesenheit von Fluorid, Phosphat, Acetat, Oxalat und Tartrat bildet sich die tiefrote Farbe erst bei stärkerem Ansäuern und einem Überschuss Eisen(III), in zu stark saurer Lösung (über 2 mol H^+/L) wird die Dissoziation der Thiocyansäure

$$HSCN \rightleftharpoons SCN^- + H^+$$

zurückgedrängt und damit zerfällt das Eisen(III)-thiocyanat und es verschwindet auch die blutrote Farbe. Die Färbung verblasst bei Zugabe von Quecksilber(II) unter Bildung von wenig dissoziiertem $Hg(SCN)_2$ bzw. $[Hg(SCN)_4]^{2-}$ (Verschiebung des Dissoziationsgleichgewichts nach links), von Phosphat unter Bildung von $[Fe(PO_4)_3]^{6-}$, von F^- unter Bildung von $[FeF_6]^{3-}$.

Die rote Farbe dient als Endpunktanzeige bei der Argentometrie nach Volhard.

⑩ Eisen(II)-Chelat-Komplexe

Ph. Eur., USP

Versetzt man eine essigsaure oder schwach salz- oder schwefelsaure Eisen(II)-Probelösung mit 2,2′-Bipyridin-Lösung oder Phenathrolin-Lösung, so bilden sich die roten Eisen(II)-Chelat-Komplexe. Mit Eisen(III) bleiben die Lösungen farblos. Die Chelatkomplexe sind oktaedrisch aufgebaut.

Mangan **101**

1,10-Phenanthrolin
(N⌒N)

2,2'-Bipyridin
(N⌒N)

Rote Fe(II)-Chelat-Komplexe

⑪ **Reaktion mit Thioglykolsäure**

Ph. Eur.

Ein Tropfen einer Eisen(II)- oder Eisen(III)-Probelösung wird mit Wasser verdünnt, mit 1–2 Tropfen Thioglykolsäure versetzt und mit verd. Ammoniak alkalisch gemacht. Die Lösung wird durch den abgebildeten Komplex rosa bis violett gefärbt, der sich zwischen pH 6 und 11 bildet. Der Citrat-Puffer in Ph. Eur. soll das Ausfallen von Metallhydroxiden unterbinden. Eisen(III) wird durch Thioglykolsäure zu Eisen(II) reduziert, Eisen(II) bildet einen Bis-thioglycolat-Komplex, der durch gelösten Luftsauerstoff zu dem abgebildeten Eisen(III)-Komplex oxidiert wird. Cobalt bildet einen rotbraunen Komplex, der das Erkennen des violetten Eisen-Komplexes stört; die blaugrünen Komplexe von Nickel und Chrom(III) sind weniger intensiv gefärbt.

Thioglykolsäure

Mangan Mn Z = 25 A_r = 54,938

Mangan dient hauptsächlich als Legierungsbestandteil von Stählen; Braunstein (MnO_2) wird zur Herstellung brauner Glasuren verwendet. Mangan ist ein Spurenelement, es aktiviert Enzyme, die Redoxvorgänge katalysieren. Kaliummaganat(VII) (Kaliumpermanganat) ist ein kräftiges Oxidationsmittel und wird in Form sehr verd. Lösungen als Desinfektionsmittel verwendet. Mangan-Vergiftungen bei oraler Einnahme sind bisher nicht bekannt geworden. Ph. Eur. führt die Monographien Mangansulfat-Monohydrat und Kaliumpermanganat auf.

Chemische Eigenschaften: Mangan kann in den Oxidationsstufen +2 bis +7 vorkommen. Für die Praktikumsversuche müssen die ganz schwach rosa gefärbten

Salze des Mangan(II), der Braunstein (Mangan(IV)-oxid) als besonders stabile Verbindung des Mangan(IV) und die Anionen MnO_4^{2-} (tiefgrün) und MnO_4^- (tiefviolett) als Verbindungen des Mangan(VI) bzw. des Mangan(VII) berücksichtigt werden. Das Mangan(II)-hydroxid hat deutlich basischen Charakter. Das Manganat(VII) wird oft als Permanganat bezeichnet, wobei nicht vergessen werden darf, dass dieses Anion keine Peroxo-Gruppe (– O – O –) enthält. Bei der Fällung von Braunstein aus wässriger Lösung wird die Formulierung $MnO(OH)_2$ bevorzugt. Die höheren Manganoxide sind Säureanhydride.

Probelösungen: Mn(II): 0,05 mol/L $MnSO_4$-Lösung (s. Tab. 5),
Mn(VII): 0,02 mol/L $KMnO_4$-Lösung (s. Tab. 5).

Vorprobe: Oxidationsschmelze ⑧.

① Reaktion von Mangan(II) mit Natronlauge

Versetzt man eine Probelösung mit verd. Natronlauge, so fällt weißes Mangan(II)-hydroxid aus, das durch Luftsauerstoff (auch Chlor oder Wasserstoffperoxid) schnell zu ebenfalls schwerlöslichem Mangan(IV)-oxidhydrat (Braunstein) oxidiert wird:

$$Mn^{2+} + 2\,OH^- \longrightarrow \underline{Mn(OH)_2}$$
$$\text{weiß}$$

$$2\,Mn(OH)_2 + O_2 \longrightarrow \underline{2\,MnO(OH)_2}$$
$$\text{dunkelbraun}$$

② Reaktion von Mangan(II) mit Ammoniak

Versetzt man eine Mn(II)-Probelösung mit verd. Ammoniak, so fällt Manganhydroxid aus (s. Mn^{2+} ①). Bei Anwesenheit von Ammonium-Salzen bleibt die Fällung wegen Bildung von $[Mn(NH_3)_6]^{2+}$ und Herabsetzung der Hydroxid-Ionenkonzentration durch Pufferwirkung aus.

③ Mangan(II)-sulfid

USP

Aus neutraler, besser ammoniakalischer Probelösung fällt Ammoniumsulfid – aus ammoniakalischer Probelösung auch Thioacetamid – lachsfarbenes Mangansulfid aus, das sich in Essigsäure löst:

$$Mn^{2+} + S^{2-} \longrightarrow \underline{MnS}$$
$$\text{lachsfarben}$$

Das Mangansulfid wandelt sich bei längerem Stehen im Kontakt mit dem Fällungsmittel oder in der Wärme in die stabilere schmutzig grüne Modifikation um.

④ **Oxidation mit Kaliumpermanganat in saurer Lösung**

Ph. Eur. (a, c), USP (a)

In schwefel- oder salzsaurer Lösung wird das violette Manganat(VII) durch Reduktionsmittel entfärbt. Auf dieser Reaktion beruht die Manganometrie (s. Redoxgleichungen, Kap. 11.3.2). Die Reaktion wird durch Mangan(II) katalysiert; der Zusatz von etwas Mangan(II)-sulfat-Lösung beschleunigt daher die Entfärbung besonders zu Beginn. Es werden von Kaliumpermanganat u. a. oxidiert: Wasserstoffperoxid, Sulfit, Oxalat, Sulfid, Ethanol, Eisen(II) (s. Fe ⑤b), Nitrit (s. NO_2^- ③):

a $2\,MnO_4^- + 5\,H_2O_2 + 6\,H^+ \longrightarrow 2\,Mn^{2+} + 5\,O_2 \uparrow + 8\,H_2O$

b $2\,MnO_4^- + 5\,HSO_3^- + H^+ \longrightarrow 2\,Mn^{2+} + 5\,SO_4^{2-} + 3\,H_2O$

c $2\,MnO_4^- + 5\,C_2O_4^{2-} + 16\,H^+ \longrightarrow 2\,Mn^{2+} + 10\,CO_2 \uparrow + 8\,H_2O$

Diese Reaktion verläuft zunächst langsam, daher sollten Mn^{2+}-Ionen als Katalysator zugegeben und die Mischung notfalls leicht erwärmt werden.

d $2\,MnO_4^- + 5\,H_2S + 6\,H^+ \longrightarrow 2\,Mn^{2+} + 5\,S^0 + 8\,H_2O$

  $8\,MnO_4^- + 5\,H_2S + 14\,H^+ \longrightarrow 8\,Mn^{2+} + 5\,SO_4^{2-} + 12\,H_2O$

Wegen der Reaktionen ④d muss Manganat(VII) vor Beginn des Kationen-Trennungsganges nach Reaktion e oder f entfernt werden.

e $2\,MnO_4^- + 5\,CH_3CH_2OH + 6\,H^+ \longrightarrow 2\,Mn^{2+} + 5\,CH_3CHO + 8\,H_2O$
(s. Ableitung dieser Redoxgleichung, Kap. 11.3.4).

f $2\,MnO_4^- + 10\,Cl^- + 16\,H^+ \longrightarrow 2\,Mn^{2+} + 5\,Cl_2 \uparrow + 8\,H_2O$

Die Reaktion mit konz. Salzsäure dient neben Mn^{2+} ⑥ zur Chlor-Entwicklung im Labor (s. a. Cl^- ③, Br^- ③e und I^- ③i).

⑤ **Oxidation mit Kaliumpermanganat in alkalischer Lösung**

In alkalischer Lösung wird das Manganat(VII) nur bis zum voluminösen Mangan(IV)-oxidhydrat (Braunstein) reduziert – mit Ausnahme der Reaktion c –, doch behindert der voluminös ausfallende Braunstein die Anwendung dieser Reaktion. Als weiteres Beispiel s. CN^- ⑤c:

a $2\,MnO_4^- + 3\,CH_3CH_2OH \longrightarrow \underset{\text{dunkelbraun}}{2\,MnO(OH)_2} + 3\,CH_3CHO + 2\,OH^-$

b $\quad 2\,MnO_4^- + 3\,Mn(OH)_2 + 3\,H_2O \longrightarrow \underset{\text{dunkelbraun}}{5\,MnO(OH)_2} + 2\,OH^-$

c $\quad MnO_4^{2-} + Mn(OH)_2 \rightleftharpoons \underset{\text{dunkelbraun}}{2\,MnO(OH)_2}$

d $\quad MnO_2 + 2\,MnO_4^- + 4\,OH^- \longrightarrow \underset{\text{tiefgrüne Lösung}}{3\,MnO_4^{2-}} + 2\,H_2O$

Für die Reaktion **b**, die analog auch mit MnO_4^{2-} abläuft (s. Gleichung **c**), verwendet man eine neutrale Mangan(II)-Probelösung oder die ammoniakalische Lösung aus Mn^{2+} ②. Die Reaktion **d** verläuft in verd. Natronlauge ab; bei den Reaktionen **b**, **c** und **d** handelt es sich um eine Synproportionierung. Ein großer Überschuss Permanganat ist zu vermeiden, um die grüne Farbe des Manganat(VI) nicht zu überdecken (Synproportionierung s. Kap. 10).

⑥ Oxidation mit Braunstein (Mangan(IV)-oxid)

Zur Herstellung von Chlor im Labor kann man auch konz. Salzsäure auf Braunstein einwirken lassen (statt auf Kaliumpermanganat Mn^{2+} ④f) und notfalls etwas erwärmen (s. Ableitung dieser Redoxgleichung, Kap. 11.3.4).

a $\quad MnO_2 + 2\,Cl^- + 4\,H^+ \longrightarrow Mn^{2+} + Cl_2 \uparrow + 2\,H_2O$

b Braunstein kann auch mit schwefliger Säure aufgelöst (d. h. reduziert) werden:

$\quad MnO_2 + SO_3^{2-} + 2\,H^+ \rightleftharpoons Mn^{2+} + SO_4^{2-} + H_2O$

Die Reaktion läuft auch in alkalischer Lösung ab. Beide Reaktionen eignen sich zur Entfernung von Braunsteinablagerungen in Glasgefäßen.

⑦ Oxidation in wässriger Lösung zu Manganat(VII)

Ph. Eur. (a, c)

Wegen der schon in geringer Menge gut erkennbaren violett gefärbten Permanganat-Anionen kann eine der folgenden Varianten dieser Oxidation zum Nachweis von Mangan dienen. Es stört in saurer Lösung besonders Chlorid (s. Mn^{2+} ④f), unabhängig vom Oxidationsmittel sowie alle anderen Reduktionsmittel (s. Mn^{2+} ④). Dem Oxidationsmittel Ammoniumperoxodisulfat sollte vor Blei(IV)-oxid aus ökologischen Gründen der Vorzug gegeben werden. Die Verwendung von Pb(IV) als Oxidationsmittel erbringt keinen Vorteil.

a Man säuert eine geringe Menge Mangan(II)-Probelösung mit verd. Salpeter-, Schwefel- oder Phosphorsäure an [Orthophosphorsäure maskiert gleichzeitig Eisen(III)], gibt eine Spatelspitze Natrium- oder Kaliummetaperiodat und erhitzt zum Sieden. Es bildet sich die charakteristische violette Farbe des Permanganat-Ions.

Mit $KBrO_3$ bildet sich rotes Mn^{3+}. Die Oxidation von Mangan(IV)-oxid gelingt nur unbefriedigend:

$$2\,Mn^{2+} + 5\,IO_4^- + 3\,H_2O \longrightarrow 2\,MnO_4^- + 5\,IO_3^- + 6\,H^+$$

b Man kocht eine geringe Menge Mangan(II)-Probelösung oder Braunstein mit einem Spatel schwarzen Blei(IV)-oxids oder leuchtend roter Mennige (Pb_3O_4) in verd. Salpeter- oder Schwefelsäure auf. Es bildet sich die charakteristische Violettfärbung des Manganat(VII)-Ions:

$$2\,Mn^{2+} + 5\,PbO_2 + 4\,H^+ \longrightarrow 2\,MnO_4^- + 5\,Pb^{2+} + 2\,H_2O$$

c Man säuert eine Mangan(II)-Probelösung mit verd. Schwefelsäure an, fügt einen Spatel Ammonium- oder Kaliumperoxodisulfat hinzu und erhitzt zum Sieden: Es bildet sich ein dunkelbrauner Niederschlag von Mangan(IV)-oxidhydrat. Fügt man einige Tropfen Silbernitrat-Lösung als Katalysator hinzu, so bildet sich das tiefviolette Manganat(VII)-Ion, das nicht mit dem wesentlich schwächer gefärbten Cobalt(II) verwechselt werden darf. Bei Anwesenheit von Chlorid-Ionen fallen diese als Silberchlorid aus (s. Ag^+ ④). Erst die Silber(I)-Ionen, die in Lösung bleiben, werden zu Silber(II) oxidiert, das die gewünschte Oxidation zu Manganat(VII) bewirkt. Das Silberchlorid braucht nicht abgetrennt zu werden.

$$2\,Mn^{2+} + 5\,S_2O_8^{2-} + 8\,H_2O \xrightarrow{Ag^+} 2\,MnO_4^- + 10\,SO_4^{2-} + 16\,H^+$$

$$2\,MnO_2 + 3\,S_2O_8^{2-} + 4\,H_2O \xrightarrow{Ag^+} 2\,MnO_4^- + 6\,SO_4^{2-} + 8\,H^+$$

d Man versetzt wenig Probelösung mit einigen Tropfen Kupfersulfat-Lösung als Katalysator, reichlich verd. Natronlauge und einigen Tropfen Brom (Abzug!) oder entsprechend mehr Bromwasser und erhitzt kurz. Nach Absitzen des Niederschlages ist die überstehende Lösung vom Manganat(VII) violett gefärbt.

$$2\,Mn(OH)_2 + 5\,Br_2 + 12\,OH^- \xrightarrow{Cu^{2+}} 2\,MnO_4^- + 10\,Br^- + 8\,H_2O$$

Phosphat verhindert die Reaktion; es bildet sich dann neben viel Braunstein etwas rotes Mangan(III).

⑧ Oxidationsschmelze

Eine kleine Spatelspitze einer Mangan(II)- oder Mangan(IV)-Verbindung wird mit der 5- bis 10fachen Menge einer der Mischungen für die Oxidationsschmelze (s. Kap. 4.2.3) vermischt und auf einer Magnesiarinne erhitzt, bis eine gleichmäßige Schmelze entsteht. Der Schmelzkuchen wie dessen Lösung in wenig Wasser ist von Manganat(VI) tiefgrün gefärbt (s. Ableitung dieser Redoxgleichung, Kap. 11.3.4):

bzw.

$$MnSO_4 + 2\,NaNO_3 + 2\,Na_2CO_3 \longrightarrow Na_2MnO_4 + 2\,NaNO_2 + Na_2SO_4 + 2\,CO_2$$

$$MnO_2 + NaNO_3 + Na_2CO_3 \longrightarrow Na_2MnO_4 + NaNO_2 + CO_2$$

Bringt man die grüne Lösung mit Ammoniumchlorid oder verd. Essigsäure auf pH 8–9, so färbt sich die Lösung violett durch Manganat(VII) unter gleichzeitiger Ausbildung einiger Mangan(IV)-oxidhydrat-Flocken (Disproportionierung). In saurer Lösung wird das Nitrit bzw. restliche Wasserstoffperoxid (aus Natriumperoxid) durch Manganat(VI) wie Manganat(VII) bei gleichzeitiger Entfärbung oxidiert (s. NO_2^- ③, Mn^{2+} ④ a):

$$3\,MnO_4^{2-} + 3\,H_2O \longrightarrow 2\,MnO_4^- + MnO(OH)_2 + 4\,OH^-$$

Chrom(III) wird in alkalischem Milieu leichter als Mangan oxidiert (s. Redoxpotenziale, Kap. 11.3.), bei vollständiger Oxidation überdeckt das Manganat(VI) das Chromat und muss durch Synproportionierung als Mangan(IV)-oxidhydrat ausgefällt werden, um die gelbe Farbe des Chromats erkennen zu können.

Ergab das Lösen des tiefgrünen Schmelzkuchens nur eine farblose Lösung mit dunkelbraunen Partikeln, so war noch Mangan(II) für eine Synproportionierung anwesend.

Aluminium Al Z = 13 A_r = 26,9815

Aluminium und seine Legierungen finden wegen ihrer geringen Dichte und ihrer Korrosionsbeständigkeit vielseitige Verwendung, u. a. im Apparate- und Flugzeugbau. Tonmineralien enthalten beachtliche Mengen Aluminium und dienen als Rohstoff für die Porzellan- und Keramikindustrie. Aluminiumoxid *(Korund)* dient als Schleif- und Poliermittel, in besonders aktiver Form für die Chromatographie als Adsorptionsmittel zur Stofftrennung.

Zahlreiche Aluminiumverbindungen sind in der Ph. Eur. monographiert. Lösliche Aluminium-Verbindungen fällen Eiweiß, wirken adstringierend (Essigsaure Tonerde, Aluminiumacetat-Tartrat-Lösung DAB 2005) und antiseptisch. Sie werden zur lokalen Behandlung von Entzündungen verwendet. Wasserhaltiges Aluminiumoxid und Aluminiumhydroxid fungieren als Antacida bei Sodbrennen und Gastritis. Kaliumaluminiumsulfat (Alaun) wirkt antihidrotisch (schweißhemmend) und lokal Blut stillend (Alaunstift). Aluminiumhydroxid und Aluminiumphosphat dienen als Adjuvanzien für Adsorbat-Impfstoffe (Ph. Eur.). Aluminiumhydroxid ist u. a. Bestandteil verschiedener Antacida. Es kann nicht nur einen Teil der Magensäure neutralisieren, sondern auch magenreizende Stoffe adsorbieren. Aluminium-Verbindungen sind weit gehend ungiftig.

Bei oraler Aufnahme löslicher Aluminium-Verbindungen kann es zu gastrointestinalen Reizerscheinungen kommen.

Aluminium

Chemische Eigenschaften: Aluminium kommt nur in der Oxidationsstufe +3, in wässriger Lösung als farbloses $[Al(H_2O)_6]^{3+}$ vor. Aluminiumhydroxid ist amphoter.
Probelösung: 0,025 mol/L $Al_2(SO_4)_3$-Lösung (s. Tab. 5).

① Auflösung von metallischem Aluminium

a Übergießt man Aluminium-Grieß oder Aluminium-Späne mit verd. Salzsäure oder verd. Schwefelsäure, so löst sich das Aluminium unter Wasserstoff-Entwicklung.
Bei Verwendung von verd. Salpetersäure kommt die Wasserstoff-Entwicklung nach kurzer Zeit wegen Passivierung zum Erliegen:

$$2\,Al + 6\,H^+ \longrightarrow 2\,Al^{3+} + 3\,H_2 \uparrow$$

b Übergießt man Aluminium-Grieß oder -Nadeln mit verd. Natronlauge, so löst sich das Aluminium unter Wasserstoff-Entwicklung (s. Al^{3+} ②, $As^{3/5+}$ ④):

$$2\,Al + 2\,OH^- + 6\,H_2O \longrightarrow 2\,[Al(OH)_4]^- + 3\,H_2 \uparrow$$

② Reaktion mit Natronlauge
Ph. Eur., USP

Versetzt man eine Probelösung vorsichtig mit kleinen Mengen verd. Natronlauge, so fällt farbloses, gelatineartiges Aluminiumhydroxid aus. In einem geringen Überschuss Natronlauge (oder Natriumcarbonat) löst es sich zum Hydroxoaluminat, das in Lösung als $[Al(OH)_4(H_2O)_2]^-$ vorliegt. Mit konz. Natronlauge bildet sich auch $[Al(OH)_6]^{3-}$ (s. Amphoterie, Kap. 10).

$$\underline{Al(OH)_3} + OH^- \longrightarrow [Al(OH)_4]^-$$
farblos

Mit Natriumsulfid-Lösung verläuft die Reaktion gleich, ohne dass hydrolyseempfindliches Aluminiumsulfid ausfällt. Auch in saurer Lösung darf mit Thioacetamid kein Niederschlag von Al_2S_3 entstehen (Identitätsreaktion Ph. Eur. auf Al^{3+}). Mit ausreichend konzentrierter Natriumcarbonat-Lösung bildet sich Hydroxoaluminat (s. Sodaauszug, Kap. 7.1). Erst in ca. 0,05 mol/L Natronlauge löst sich Aluminiumhydroxid nicht mehr auf. Diese Reaktion ist nicht zur Unterscheidung von anderen farblosen amphoteren Verbindungen geeignet (s. Pb^{2+} ②, Sb^{3+} ①, $Sn^{2/4+}$ ②, Zn^{2+} ②).

③ Reaktion mit Ammoniak
Ph. Eur., USP

Versetzt man eine Probelösung mit verd. Ammoniak oder Natriumhydrogencarbonat, fällt Aluminiumhydroxid in Form farbloser, glasiger Flocken (amorph) aus, die sich im Überschuss des Fällungsmittels nicht lösen und leicht übersehen werden können:

$$Al^{3+} + 3\,OH^- \longrightarrow \underset{\text{farblos}}{Al(OH)_3}$$

In einigen Pharmakopöen wird Ammoniak nach folgender Gleichung gebildet:

$$NH_4Cl + NaOH \longrightarrow NH_3 + NaCl + H_2O$$

Auch mit Ammoniumsulfid fällt Aluminiumhydroxid und nicht das hydrolyseempfindliche Aluminiumsulfid aus. Geht man vom sauren Aufschluss mit $KHSO_4$ aus (s. Kap. 4.2.2 u. Al^{3+} ⑨), kann beim Erhöhen des pH-Wertes ein Konzentrationsniederschlag von K_2SO_4 kristallin auftreten. Die OH^--Konzentration in wässrigem Ammoniak reicht nicht zur Bildung von Hydroxoaluminat (Unterschied zu ②).

④ **Thenards Blau**

Aluminiumhydroxid aus dem vorstehenden Versuch wird abzentrifugiert und auf eine Magnesiarinne gebracht. Man trocknet den Niederschlag zunächst vorsichtig etwas ein, befeuchtet mit 1–3 Tropfen der auf das 10fache verd. Cobaltsulfat-Probelösung und erhitzt in der oxidierenden Bunsenflamme. Es bildet sich ein blauer Spinell der Formel $CoAl_2O_4$. Wurde zu viel Cobalt-Salz zugegeben, überdeckt schwarzes Cobaltoxid das *Thenards Blau*. Bei der Beurteilung ist zu beachten, dass das *Thenards Blau* auf der Magnesiarinne liegt. Da zur Herstellung der Magnesiarinne Magnesiumoxid mit Aluminiumsilicat gesintert wird, wird auch diese mehr oder weniger blau gefärbt. Auch Siliciumdioxid u. a. Verbindungen geben eine Blaufärbung (s. Co^{2+} ⑦, s. a. Zn^{2+} ⑥).

⑤ **Fluoreszenz mit Morin**

Morin
(3,5,7,2',4'-Pentahydroxyflavon)

Morin-Lösung DAB 7 versetzt man zur Einstellung des geeigneten pH-Wertes von etwa 4,0 bis 4,5 und zur Pufferung mit verd. Essigsäure (2 mol/L) und Natriumacetat-Lösung (3,5 mol/L) (2+1+0,35). Gibt man zu 1 mL dieser Mischung 1–4 Tropfen der Aluminium-Probelösung, tritt die grüne Fluoreszenz eines Farblackes auf, die man besonders gut im Vergleich mit einer Blindprobe unter einer UV-Lampe (366 nm) beobachten kann. In stärker verd. Lösungen kann man die Fluoreszenz durch Zugabe von bis zu 20 % Ethanol verstärken.

Eine mineralsaure Lösung (z. B. im Anschluss an den sauren Aufschluss, s. Al^{3+} ⑨) muss mit Natriumacetat abgestumpft werden (pH-Wert mit Indikatorpapier prüfen!) bei einer alkalischen Lösung (z. B. im Anschluss an den basischen Aufschluss, s. Al^{3+} ⑧, oder im Trennungsgang) muss mit konz. Essigsäure (besser wenig konz. als viel verd.) angesäuert werden.

Zink im Trennungsgang und Zinn(II) und Zinn(IV) aus dem basischen, nicht jedoch aus dem sauren Aufschluss stören durch eine eigene, wenn auch schwächere Fluoreszenz. Durch Zugabe von Ammoniumsulfid zur essigsauren Lösung können diese Kationen als Sulfide gefällt werden. Eine Abtrennung der Sulfide ist nicht erforderlich, es empfiehlt sich aber ein erneuter Zusatz von etwas konz. Essigsäure, da ein Teil der Essigsäure durch das zugesetzte Ammoniumsulfid neutralisiert wurde. Auf gleiche Weise lässt sich die durch Blei und Antimon hervorgerufene Fluoreszenz entstören. Die bei dieser Reaktion und zuvor verwendeten basischen Reagenzien sollten auf ihre Reinheit geprüft werden (Blindprobe) und besonders Natron- und Kalilauge dürfen nicht in Glasgefäßen gelagert werden, da sie evtl. Al^{3+} daraus lösen.

Mehr oder weniger starke Löschungen der Fluoreszenz werden durch folgende Kationen verursacht: Ag^+, Hg^{2+}, Bi^{3+}, $Fe^{2/3+}$, Cr^{3+}. Titan aus dem sauren Aufschluss (Ti^{4+} ②) ergibt mit Morin eine gelbe bis orangebraune Lösung, die nicht fluoresziert und die Fluoreszenz mit Aluminium nicht beeinträchtigt.

Verschiedene Anionen, die mit Aluminium Komplexe oder schwerlösliche Verbindungen bilden bzw. Morin zerstören, verhindern bzw. löschen die Fluoreszenz: F^-, $[Fe(CN)_6]^{3/4-}$, SO_3^{2-}, $C_2O_4^{2-}$, $C_4H_4O_6^{2-}$, PO_4^{3-}, BO_3^{3-}, NO^-_2 und CrO_4^{2-} sowie MnO_4^- und H_2O_2.

Bei der Entfernung von Phosphat gerät Zirkonium (s. PO_4^{3-} ③) in die Analyse, das schon in Spuren durch eine intensive gelbgrüne Fluoreszenz stört. Durch Zugabe von Dinatriumhydrogenarsenat(V) (0,5 mol/L) kann das Zirkonium gefällt werden, eine Abtrennung des Zirkoniumarsenats ist nicht erforderlich.

⑥ Farblacke mit Aluminium

Bei pH 4–4,5 bildet Al^{3+} außer mit Morin (s. Al^{3+} ⑤) auch mit Alizarin S (C. I. 58 005) einen Farblack (orange bis rot). Die Triphenylmethanderivate Aluminon (Ammoniumsalz der Aurintricarbonsäure), Chromazurol S (C. I. 43 825) und Eriochromcyanin R (C. I. 43 820) bilden Farblacke bei pH 6.

Die hohe Empfindlichkeit zusammen mit der Störanfälligkeit machen die Durchführung von Blind- wie Vergleichsprobe erforderlich (s. a. Farblack, Kap. 10).

⑦ Aluminiumoxinat

Ph. Eur.

a Versetzt man eine mit Ammoniumacetat gepufferte Probelösung mit einer essigsauren Oxin-Lösung, so fällt hellgelbes Aluminiumoxinat $[Al(C_9H_6NO)_3] \cdot H_2O$ aus, das in Chloroform löslich ist (s. a. Mg^{2+} ⑥).
b Man kann auch die wässrige, etwa essigsaure Lösung mit einer Lösung von Oxin in Chloroform extrahieren und die grünliche Fluoreszenz (UV: 364 nm, schwächer als

Morin) begutachten oder mit einem Fluorimeter messen. Durch die Extraktion und die Nutzung der Fluoreszenz werden die Störmöglichkeiten verringert.

⑧ Basischer Aufschluss von Aluminiumoxid

Ph. Eur.

Schwerlösliches Aluminiumoxid muss aufgeschlossen, d. h. in eine lösliche Verbindung übergeführt werden (s. Kap. 4.2.1). Man mischt 1 Teil Aluminiumoxid mit 5–10 Teilen eines Gemisches aus etwa gleichen Teilen Natrium- und Kaliumcarbonat oder besser aus gleichen Teilen Natriumhydroxid (nicht aus Glasgefäßen) und -carbonat, erhitzt in einem Nickeltiegel (Porzellan enthält Al) 5–10 min zur Schmelze und gießt diese dann auf ein Kupferblech. Nach dem Abkühlen wird der Schmelzkuchen in der Reibschale zerkleinert und mit wenig Wasser ausgelaugt. Dabei wird das Aluminat zu Hydroxoaluminat hydratisiert, das in wässriger Lösung als $[Al(OH)_4(H_2O)_2]^-$ vorliegt:

$$Na_2CO_3 + Al_2O_3 \longrightarrow 2\,NaAlO_2 + CO_2 \uparrow$$

$$NaAlO_2 + 2\,H_2O \longrightarrow Na^+ + [Al(OH)_4]^-$$

Das Hydroxoaluminat kann mit wenig konz. Salzsäure in Aluminium-Ionen und durch anschließende Zugabe von konz. Ammoniak (im Überschuss) in Aluminiumhydroxid-Flocken (s. Al^{3+} ③) übergeführt werden. Man kann die Umwandlung in Aluminiumhydroxid auch durch Erwärmen mit genügend festem Ammoniumchlorid erreichen.

$$[Al(OH)_4]^- + 4\,H^+ \longrightarrow Al^{3+} + 4\,H_2O$$

$$Al^{3+} + 3\,NH_3 + 3\,H_2O \longrightarrow \underset{\text{farblos}}{Al(OH)_3} + 3\,NH_4^+$$

$$\text{bzw.}\quad [Al(OH)_4]^- + NH_4^+ \longrightarrow \underset{\text{farblos}}{Al(OH)_3} + H_2O + NH_3$$

⑨ Saurer Aufschluss von Aluminiumoxid

Man mischt zum sauren Aufschluss (s. Kap. 4.2.2) 1 Teil Aluminiumoxid mit 5–10 Teilen Kalium -oder Natriumhydrogensulfat und schmilzt unter dem Abzug in einem Platin- oder Nickeltiegel etwa 5 min bis zum Beginn des Auftretens von Schwefelsäurenebel. Danach gießt man die Schmelze auf ein Kupfer-Blech oder eine saubere Kachel. Nach Abkühlen wird der Schmelzkuchen in der Reibschale zerkleinert und ausglaugt, dabei löst sich das gebildete Aluminiumsulfat (bzw. Aluminiumkaliumsulfat, Alaun). Will man den Aluminium-Nachweis mit Morin (s. Al^{3+} ⑤) durchführen, so muss man die Säure mit Natriumacetat abstumpfen:

$$Al_2O_3 + 6\,KHSO_4 \xrightarrow{\Delta} 2\,KAl(SO_4)_2 + 2\,K_2SO_4 + 3\,H_2O \uparrow$$

oder

$$2\,KHSO_4 \rightleftharpoons K_2S_2O_7 + H_2O$$

wenn zu hoch erhitzt:

$$K_2S_2O_7 \longrightarrow K_2SO_4 + SO_3 \uparrow$$

$$Al_2O_3 + 3\,K_2S_2O_7 \xrightarrow{\Delta} 2\,KAl(SO_4)_2 + 2\,K_2SO_4$$

$$K_2S_2O_7 + H_2O \longrightarrow 2\,KHSO_4$$

$$KHSO_4 + H_2O \longrightarrow K^+ + H_3O^+ + SO_4^{2-}$$

$$H_3O^+ + Na^+ + CH_3COO^- \longrightarrow CH_3COOH + Na^+ + H_2O$$

⑩ **Kryolith-Probe**

$Al(OH)_3$ (aus ② oder ③) wird mit Wasser, dem man 1 Tropfen Phenolphtalein-Lösung zugesetzt hat, ausgewaschen, bis das Waschwasser nicht mehr rot (oder rosa) gefärbt ist. Gibt man nun eine NaF-Lösung hinzu, der 1 Tropfen Phenolphtalein-Lösung zugesetzt ist, bildet sich durch freigesetzte OH^--Ionen wieder eine Rotfärbung:

$$Al(OH)_3 + 6\,NaF \longrightarrow \underset{\text{Kryolith}}{Na_3[AlF_6]} + 3\,OH^- + 3\,Na^+$$

Basisches Ca-Phosphat und Mg-Carbonat, sowie Eisenhydroxid, Zirkoniumhydroxid, $TiO_2 \cdot aq$ und Kieselsäure ergeben ebenfalls eine Rotfärbung.

Zink $\quad$ Zn $\;$ Z = 30 $\;$ A_r = 65,38

Metallisches Zink findet als Legierungsbestandteil und besonders als Schutzüberzug auf Eisen (Zinkblech) Verwendung. Zink zählt zu den Spurenelementen und ist im Insulin enthalten. Seine Toxizität ist relativ gering: Akute Vergiftungen treten erst nach oraler Aufnahme von mehr als 1 g Zink-Salz auf. Zink-Verbindungen finden bei diversen Hauterkrankungen therapeutische Anwendung wegen ihrer adstringierenden und antiseptischen Wirkung, dem Zinkoxid kommt gleichzeitig ein physikalischer Trocknungseffekt zu. DAB 2005 führt die Monographien Zinkleim, Zinkpaste und Zinksalbe auf, diese enthalten Zinkoxid. Zinksulfat wird lokal (topisch) bei rezidivierendem (wiederkehrendem) Herpes simplex eingesetzt. Es soll die Adsorption der

Viren an nicht infizierte Wirtszellen unterbinden sowie das Eindringen des Virus in die Zelle verhindern.

Chemische Eigenschaften: Zink ist unedler als Wasserstoff. Als Kation hat es die Ladung +2 und ist farblos.

Probelösung: 0,05 mol/L $ZnSO_4$-Lösung (s. Tab. 5).

Vorprobe: Thermochromie von Zinkoxid ⑤.

① **Auflösung von metallischem Zink**

a Zink-Perlen lösen sich beim Übergießen mit verd. Säuren unter Wasserstoff-Entwicklung:

$$Zn + 2H^+ \longrightarrow Zn^{2+} + H_2 \uparrow$$

Bei sehr reinem Zink kommt die Wasserstoff-Entwicklung langsam zum Erliegen: Die Zink-Ionen am Zink erschweren die Annäherung und Entladung der Wasserstoff-Ionen. Die Zugabe eines Tr. Kupfersulfat-Lösung ($Cu^{2+} + Zn \rightarrow Cu + Zn^{2+}$) führt zur Bildung von Lokalelementen, die die Wasserstoff-Entwicklung erleichtern (s. Überspannung und galv. Element). Mit 4 mol/L und konz. Salpetersäure entwickeln sich Stickoxide.

b Übergießt man Zink-Pulver mit verd. Natronlauge, so entwickelt sich Wasserstoff, da $Zn(OH)_2$ amphoter ist:

$$Zn + 2H_2O + 2OH^- \longrightarrow H_2 \uparrow + [Zn(OH)_4]^{2-}$$

② **Reaktion von Zink(II) mit Natronlauge**

Ph. Eur.

Gibt man zu einer Probelösung tropfenweise verd. Natronlauge, so fällt zunächst farbloses, flockiges Zinkhydroxid aus, das sich im Überschuss des Fällungsmittels unter Bildung von Tetrahydroxozinkat löst (s. Amphoterie, Kap. 10): Auf Zusatz von Ammoniumchlorid bleibt die Lösung klar. Zusatz von Natriumsulfid führt zur Bildung eines weißen Niederschlages (Identitätsreaktion Ph. Eur., s. a. Zn^{2+} ③ und ④).

$$Zn^{2+} + 2OH^- \longrightarrow \underline{Zn(OH)_2}_{\text{farblos}}$$

$$\underline{Zn(OH)_2}_{\text{farblos}} + 2OH^- \longrightarrow [Zn(OH)_4]^{2-}$$

③ Reaktion von Zink(II) mit Ammoniak

Ph. Eur.

Tropft man zu einer Probelösung verd. Ammoniak, fällt zunächst farbloses, flockiges Zinkhydroxid aus, das sich im Überschuss des Fällungsmittels unter Bildung von Tetramminzink löst:

$$\underline{Zn(OH)_2} + 4\,NH_3 \longrightarrow [Zn(NH_3)_4]^{2+} + 2\,OH^-$$
farblos

Bei hohen Ammoniak-Konzentrationen kann auch $[Zn(NH_3)_6]^{2+}$ gebildet werden.

④ Zinksulfid

Ph. Eur., USP

Versetzt man eine essigsaure, neutrale, ammoniakalische oder alkalische Probelösung mit einer Lösung von Natriumsulfid, Thioacetamid, Ammoniumsulfid oder leitet man Schwefelwasserstoff ein, so bildet sich ein weißer Niederschlag von Zink(II)-sulfid, der in verd. Salzsäure unter Bildung von Chlorokomplexen, aber kaum in verd. Schwefelsäure löslich ist. Zinksulfid, das über Nacht stehen gelassen oder isoliert und getrocknet wird, altert; d. h. es bilden sich größere kristalline Partikel, die sich nicht mehr vollständig in verd. Salzsäure lösen:

$$Zn^{2+} + S^{2-} \longrightarrow \underline{ZnS}$$
weiß

$$ZnS + 2\,HCl \longrightarrow Zn^{2+} + 2\,Cl^- + H_2S$$

Mit Thioacetamid bildet sich Zink(II)-sulfid nur in ammoniakalischer oder alkalischer Lösung, da aus Thioacetamid in neutraler oder schwach saurer Lösung Schwefelwasserstoff äußerst langsam freigesetzt wird (s. a. Kap. 5.2.2).

Leitet man in eine Lösung, die 0,1 mol HCl/L und 0,025 mol $ZnSO_4$ pro L enthält, Schwefelwasserstoff, so fällt noch Zinksulfid aus; sättigt man die Lösung zuvor mit Ammoniumchlorid, bleibt die Fällung aus, da sich Chloro-Komplexe auf Kosten der freien Zink-Ionen bilden und nur deren Konzentration in das Löslichkeitsprodukt von ZnS eingeht.

⑤ Thermochromie von Zinkoxid

Ph. Eur., USP

Erhitzt man weißes Zinkoxid in einem Reagenzglas oder auf einer Magnesiarinne über der Bunsenflamme, färbt es sich gelb. Beim Abkühlen auf Zimmertemperatur verschwindet die gelbe Farbe wieder. Die reversible Farbänderung hängt mit einem geringen Zink-Überschuss im Zinkoxid und Fehlordnungen des Kristallgitters bei höherer Temperatur zusammen. Entsprechend verhalten sich $ZnCO_3$ und $Zn(NO_3)_2$, die sich beim Glühen zu Zinkoxid zersetzen. Auch weißes Antimon(III)-oxid färbt sich in der Hitze reversibel gelb, schmilzt aber bei 655 °C.

⑥ Rinmanns Grün

Befeuchtet man Zinkoxid, Zinkhydroxid oder Zinksulfid mit 1 : 10 verd. Cobaltsulfat-Lösung und glüht auf der Magnesiarinne, bildet sich *Rinmanns Grün* ($ZnCo_2O_4$, ein Spinell). Bei zu großer Cobalt-Konzentration färbt sich die Probe schwarz (Co_2O_3) und muss verworfen werden (s. a. Al^{3+} ④).

⑦ Reaktion mit Hexacyanoferrat(II)

Ph. Eur., USP

Versetzt man eine neutrale oder schwach angesäuerte Probelösung mit einer Kaliumhexacyanoferrat(II)-Lösung, so fällt ein schmutzig weißer Niederschlag aus:

$$K_2Zn_3[Fe(CN)_6]_2$$

Dieser Niederschlag ist in konz. Salzsäure und verd. Natronlauge löslich.

⑧ Zinktetrahiocyanatomercurat(II)

Aus einer neutralen bis sauren Probelösung fällt bei Zugabe einer Ammoniumtetrathiocyanatomercurat(II)-Lösung langsam (ca. 2 min) kristallines, weißes $Zn[Hg(SCN)_4]$ aus. Cadmium bildet bei höheren Konzentrationen ähnliche Niederschläge. Gibt man vorher einen Tr. Kupfersulfat-Lösung hinzu, ist der Niederschlag violett gefärbt. Durch viel Kupfer wird der Niederschlag fast schwarz gefärbt, Kupfer allein gibt einen grünen Niederschlag. Cobalt färbt den Niederschlag blau, ergibt aber auch allein einen blauen Niederschlag. Gut geeignet für eine Anfärbung des Niederschlags nach rotbraun bis rotviolett ist Eisen(III), das selbst keinen Niederschlag bildet (s. $Fe^{2/3+}$ ⑨). Cobalttetrathiocyanatomercurat(II) ist ebenfalls schwerlöslich und bildet mit $Zn[Hg(SCN)_4]$ Mischkristalle (s. Co ④).

⑨ Zinkdithizonat

Ph. Eur., USP

Zu etwa 2 mL Chloroform oder Methylenchlorid gibt man 1 Tr. konz. Dithizon-Lösung, versetzt mit etwa 2 mL Ammoniumacetat-Lösung und schüttelt kräftig. Die grüne Farbe der Chloroform-Phase darf sich nicht verändern (Blindprobe). Andernfalls ist das Chloroform frisch zu destillieren. Zu dem Zweiphasensystem gibt man einige Tr. Probelösung und schüttelt kräftig. Dabei färbt sich die Chloroform-Lösung purpurrot. Zur Struktur des Chelat-Komplexes s. Hg^{2+} ⑬. Das Ammoniumacetat hält den pH-Wert durch Pufferung im geeigneten Bereich. Wasserstoffperoxid und Chrom(VI) stören die Ausbildung des Komplexes nicht.

Chrom Cr Z = 24 A_r = 51,996

Der Name leitet sich vom griechischen „chromos" (Farbe) her, da alle Chromverbindungen charakteristisch gefärbt sind. Chrom wird als Metallüberzug und als Legierungsbestandteil verwendet. Lösliche Chrom(III)-Verbindungen dienen zur Gerbung von Leder, Chrom(III)-oxid und das giftige Chromgelb ($PbCrO_4$) als Mineralfarben. Chrom(VI)-Verbindungen führen bei oraler Einnahme zur Verätzung der Schleimhäute, zu Erbrechen, Durchfall und Nierenschädigungen. Chromathaltiger Staub kann für den Menschen karzinogen wirken. Bei häufigem Umgang mit Chromaten treten schlecht heilende Geschwüre und Ekzeme auf. Chromschwefelsäure sollte nicht mehr als Reinigungsmittel verwendet werden. Chrom(III)-Verbindungen sind relativ ungiftig, da sie schlecht resorbiert werden.

Chemische Eigenschaften: Neben den hier berücksichtigten Verbindungen mit den Oxidationszahlen +3 und +6 lassen sich auch solche mit +2, +4 und +5 herstellen. Chrom(III) bildet Komplexe mit der Koordinationszahl 6: Das violette $[Cr(H_2O)_6]^{3+}$ wird beim Erhitzen grün, da Wasser gegen Anionen als Liganden langsam ausgetauscht werden (Isomerie). Die Einstellung der Komplexbildungsgleichgewichte erfolgt oft recht langsam. Chrom(III)-hydroxid ist amphoter, Chrom(VI)-oxid (orangerot) ist das Anhydrid der Chromsäure, die zur Kondensation neigt. Chrom(III)-oxid (grün), Chrom(III)-sulfat mit restlichem Kristallwasser (grün) wie ohne Kristallwasser (lavendelfarben), wasserfreies Chrom(III)-chlorid (pfirsichblütenfarbig) und Chromeisenstein ($FeCr_2O_4$) sind schwerlöslich und müssen über die Oxidationsschmelze (s. Cr^{3+} ③) aufgeschlossen werden.

Probelösung: Cr(III): 0,05 mol/L $KCr(SO_4)_2$-Lösung (s. Tab. 5),
Cr(VI): 0,5 mol/L $K_2Cr_2O_7$-Lösung und 1 mol/L K_2CrO_4-Lösung (s. Tab. 5).

Vorproben: Phosphorsalzperle ⑨, Oxidationsschmelze ③.

① Reaktion von Chrom(III) mit Natronlauge

Versetzt man eine Probelösung langsam mit verd. Natronlauge, fällt zunächst graugrünes Chrom(III)-Hydroxid aus, das sich im Überschuss des konzentrierten Fällungsmittels zum grünen Hexahydroxochromat(III) löst:

$$Cr^{3+} + 3\,OH^- \longrightarrow \underline{Cr(OH)_3}$$
$$\text{graugrün}$$

$$Cr(OH)_3 + 3\,OH^- \longrightarrow [Cr(OH)_6]^{3-}$$

Erst in sehr verd. Natronlauge ist Chrom(III)-hydroxid nicht mehr vollständig löslich.

② Reaktion von Chrom(III) mit Ammoniak

Macht man eine Probelösung ammoniakalisch, so fällt graues voluminöses Chrom(III)-hydroxid aus. Wurde konz. Ammoniak zur Fällung verwendet oder verd.

Ammoniak (2 mol/L) bei Anwesenheit von viel Ammoniumsalzen, so löst sich der Niederschlag beim Erhitzen zum rotvioletten Hexamminchrom(III)-Komplex:

$$Cr(OH)_3 + 6\,NH_3 \longrightarrow [Cr(NH_3)_6]^{3+} + 3\,OH^-$$

③ **Oxidationsschmelze**

Eine Spatelspitze einer Chrom(III)-Verbindung wird mit der 5- bis 10fachen Menge einer der Mischungen für die Oxidationsschmelze (s. Kap. 4.2.3) auf der Magnesiarinne geschmolzen. Die Oxidation kann in basischer Schmelze (Aufschluss) auch durch Luftsauerstoff erfolgen (s. Kap. 4.2.1). Die abgekühlte Schmelze ist gelb und löst sich mit gelber Farbe in Wasser. Gelbe bis braune Bismut(V)-Verbindungen lösen sich nicht in Wasser.

$$Cr_2O_3 + 3\,KNO_3 + 2\,Na_2CO_3 \longrightarrow 2\,Na_2CrO_4 + 3\,KNO_2 + 2\,CO_2$$

Es ist nicht möglich, das Chromat-Dichromat-Gleichgewicht (s. ⑤) für den Nachweis zu nutzen, da das Nitrit das Chrom(VI) zu Chrom(III) reduziert (s. a. Mn^{2+} ⑧).

④ **Oxidation von Chrom(III) in wässriger Lösung**

USP

a Eine Probelösung wird durch Zugabe von verd. Natronlauge oder konz. Ammoniak alkalisch gemacht, wobei nicht auf vollständige Wiederauflösung des Chrom(III)-hydroxids geachtet werden braucht (s. Cr^{3+} ①, ②). Gibt man zu dieser Lösung oder Suspension Wasserstoffperoxid, so bildet sich eine klare, durch Chromat(VI) gelb gefärbte Lösung. Ableitung dieser Redoxgleichung s. Kap. 11.3.4:

$$2\,Cr(OH)_3 + 3\,H_2O_2 + 4\,OH^- \longrightarrow 2\,CrO_4^{2-} + 8\,H_2O$$

b Gibt man zu der Lösung oder Suspension aus Cr^{3+} ① oder ② Kaliumpermanganat, so bildet sich Mangan(IV)-oxidhydrat; bei einem geringen Überschuss färbt sich die Lösung durch Manganat(VI) grün (s. Mn^{2+} ⑤):

$$Cr(OH)_3 + MnO_4^- + OH^- \longrightarrow CrO_4^{2-} + MnO(OH)_2 + H_2O$$

Das violette bzw. grüne Manganat(VII) bzw. -(VI) überdeckt das gelbe Chromat, das erst nach Synproportionierung von Permanganat mit Mangan(II) (s. Mn^{2+} ⑤b) und Abzentrifugation des Mangan(IV)-oxidhydrats erkannt werden kann.

c Eine mit Schwefelsäure angesäuerte Probelösung wird mit festem Ammoniumperoxodisulfat versetzt und erhitzt. Die Lösung färbt sich infolge Bildung von Dichromat orange:

$$2\,Cr^{3+} + 3\,S_2O_8^{2-} + 7\,H_2O \longrightarrow Cr_2O_7^{2-} + 6\,SO_4^{2-} + 14\,H^+$$

⑤ Gleichgewicht zwischen Chromat und Dichromat

Versetzt man die orange Kaliumdichromat-Probelösung mit verd. Natronlauge, bildet sich das gelbe Chromat-Anion. Säuert man die gelbe Lösung mit verd. Schwefelsäure an, färbt diese sich wieder orange. Die Natronlauge verringert die Wasserstoff-Ionenkonzentration und verschiebt so das Gleichgewicht:

$$2\,CrO_4^{2-} + 2\,H^+ \rightleftharpoons Cr_2O_7^{2-} + H_2O$$

bzw.

$$Cr_2O_7^{2-} + 2\,OH^- \rightleftharpoons 2\,CrO_4^{2-} + H_2O$$

Übergießt man festes Kaliumdichromat mit konz. Schwefelsäure, so schreitet die Kondensation weiter fort bis zum roten Chrom(VI)-oxid oder Chromsäureanhydrid:

$$Cr_2O_7^{2-} + 2\,H^+ \rightleftharpoons 2\,CrO_3 + H_2O$$

⑥ Oxidation mit Kaliumdichromat

Ph. Eur.

Eine mit verd. Schwefelsäure angesäuerte Probelösung (s. Cr^{3+} ③) oxidiert z. B. **a** schweflige Säure, **b, c** Schwefelwasserstoff, **g** salpetrige Säure, **d** Ethanol, **e** Eisen(II) und **f** Halogenide (s. Redoxgleichungen, Kap. 11.3.4). Dabei schlägt die Farbe von orange nach grün um. Eine alkalische Kaliumchromat-Lösung ist ein schwächeres Oxidationsmittel (s. Redoxpotenziale, Kap. 11.3.) Darüber hinaus reagiert Chromat in alkalischer Lösung z. T. so langsam, dass z. B. Calcium aus einer chromathaltigen Lösung als Calciumoxalat ausgefällt werden kann.

a $\quad Cr_2O_7^{2-} + 3\,H_2SO_3 + 2\,H^+ \longrightarrow 2\,Cr^{3+} + 3\,SO_4^{2-} + 4\,H_2O$

b $\quad Cr_2O_7^{2-} + 3\,H_2S + 8\,H^+ \longrightarrow 2\,Cr^{3+} + 3\,S^0 + 7\,H_2O$

c $\quad 4\,Cr_2O_7^{2-} + 3\,H_2S + 26\,H^+ \longrightarrow 8\,Cr^{3+} + 3\,SO_4^{2-} + 16\,H_2O$

d $\quad Cr_2O_7^{2-} + 3\,CH_3CH_2OH + 8\,H^+ \longrightarrow 2\,Cr^{3+} + 3\,CH_3CHO + 7\,H_2O$

e $\quad Cr_2O_7^{2-} + 6\,Fe^{2+} + 14\,H^+ \longrightarrow 2\,Cr^{3+} + 6\,Fe^{3+} + 7\,H_2O$

f $\quad Cr_2O_7^{2-} + 6\,I^- + 14\,H^+ \longrightarrow 2\,Cr^{3+} + 3\,I_2 + 7\,H_2O$

g $\quad Cr_2O_7^{2-} + 3\,NO_2^- + 8\,H^+ \longrightarrow 2\,Cr^{3+} + 3\,NO_3^- + 4\,H_2O$

Wegen der Schwefel-Abscheidung und der Bildung von Sulfat nach den Reaktionen ⑥**b** und **c** muss Dichromat (oder Chromat) vor der Schwefelwasserstoff-Gruppenfällung nach Reaktion ⑥**d** verkocht werden. Die Reaktion ⑥**f** gelingt mit Chlorid nur, wenn man das gebildete Chlor durch Verkochen vertreibt und so das Gleichgewicht nach rechts verschiebt (s. Nernst'sche Gleichung, Kap. 11.3.1) zur Bildung von Chromylchlorid s. Cl⁻ ④.

⑦ Schwerlösliche Chromate

(s. Ag^+ ⑥, Pb^{2+} ④, Ba^{2+} ④ und Sr^{2+} ④ sowie $HgCrO_4$).

⑧ Chromperoxid

Ph. Eur., USP

Versetzt man eine möglichst kalte, mit verd. Schwefelsäure angesäuerte Kaliumdichromat-Probelösung mit Wasserstoffperoxid, bildet sich ein blaues Chromperoxid, das sich mit Ether oder Amylalkohol ausschütteln lässt (s. H_2O_2 ①). Es entsteht dabei ein etwas beständigeres Addukt $CrO_5 \cdot R$ (R = Wasser, Ether, Alkohol, Keton, Ester oder Pyridin). In Wasser liegt $[CrO_5(OH)]^-$ vor, das sich schnell unter Sauerstoff-Entwicklung und Grünfärbung der Lösung zersetzt:

$$Cr_2O_7^{2-} + 4\,H_2O_2 + 2\,H^+ \longrightarrow 2\,CrO_5 + 5\,H_2O$$

$$4\,CrO_5 + 12\,H^+ \longrightarrow 4\,Cr^{3+} + 6\,H_2O + 7\,O_2$$

Im Chromperoxid wie im Dichromat hat das Chrom die Oxidationszahl +6, da den O-Atomen der beiden Peroxo-Gruppen –O–O– jeweils die Ladung –1 zuzuordnen ist. Es liegt bei der Bildung von CrO_5 kein Redoxvorgang vor!

In dem Addukt bilden die 4 Sauerstoff-Atome der Peroxo-Gruppen und z. B. das Sauerstoff-Atom des Ethers ein Fünfeck mit Chrom in der Mitte, das O= befindet sich als Spitze der pentagonalen Pyramide über dem Chrom.

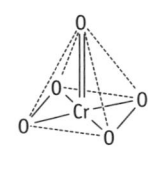

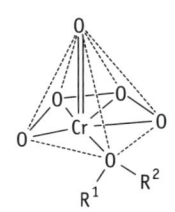

⑨ Phosphorsalz-Perle, Borax-Perle

Zur Beschreibung der Durchführung s. Co^{2+} ⑦. Chrom-Verbindungen geben der Phosphorsalz- oder Borax-Perle eine grüne Färbung.

⑩ **Farbreaktion mit Diphenylcarbazid**

Ph. Eur.

a Man mischt Diphenylcarbazid-Lösung mit verd. Schwefelsäure im Verhältnis etwa 1 : 1 und versetzt mit ein bis zwei Tropfen einer stark verdünnten Chrom(VI)-Probelösung. Es bildet sich eine intensive rotviolette Färbung. Im Gemisch mit Chromat stören Brom und auch Nitrit nicht. Schon ein geringer Überschuss Chrom(VI) zerstört den farbigen Komplex.

b Diese Farbreaktion ist als Chrom-Nachweis bei der Chromylchlorid-Reaktion (s. Cl⁻ ④) gut geeignet. Dazu entnimmt man einige Tropfen aus dem Gärröhrchen. Man kann auch die angesäuerte Diphenylcarbazid-Lösung direkt in das Gärröhrchen füllen oder notfalls ein Filterpapier damit tränken, das man über das Reagenzglas hält. Elementares Brom zerstört das Reagenz. Vermutet man dessen Anwesenheit, schüttelt man den Inhalt des mit verd. Natronlauge beschickten Gärröhrchens mit einigen Tropfen verd. Schwefelsäure und Chloroform, bevor man einige Tropfen der wässrigen Lösung zum Reagenz gibt. Bei der Chloroformextraktion wird gleichzeitig Iod extrahiert, dessen Eigenfarbe das Erkennen der rotvioletten Färbung nur wenig beeinträchtigt.

Das Chrom(VI) oxidiert das Diphenylcarbazid zum Diphenylcarbazon. Es geht dabei in Chrom(III) über, das mit dem Diphenylcarbazon im Verhältnis 1 : 1 einen Komplex bildet. Die Komplexbildung gelingt nicht mit Chrom(III) in wässriger Lösung, da offenbar das Diphenylcarbazon die Wasserhülle des Chrom(III)-Aquakomplexes nicht verdrängen kann. Entsteht Chrom(III) aus Chrom(VI), ist die Wasserhülle des Chrom(III)-Aquakomplexes noch nicht vorhanden.

Diphenylcarbazid

Diphenylcarbazon

6.2.2 Trennungsgang der (NH₄)₂S-Gruppe (s. Kapitel 12.3.4)

In einer Probe des Zentrifugats der Schwefelwasserstoff-Gruppenfällung sollte unbedingt auf **Vollständigkeit der Fällung** geprüft werden. Cadmium und auch Blei werden oft in die Ammoniumsulfid-Gruppe verschleppt und fehlen dann in der Schwefelwasserstoff-Gruppe. Cadmiumhydroxid fällt mit den Hydroxiden von Eisen(III) und Mangan(IV) aus, Bleisulfid bleibt bei den Sulfiden von Cobalt und Nickel. Die Nachweise von Eisen, Mangan, Cobalt und Nickel werden nicht wesentlich gestört. Spuren von kolloidem Cadmiumhydroxid können bei der Reaktion mit

Dithizon Zink vortäuschen (s. Zn^{2+} ⑨). Hat man den Verdacht, Cadmium und Blei bei der Schwefelwasserstoff-Fällung nicht erfasst zu haben, kann man nach dem in Kap. 12.3.4 angegebenen Schema einer modifizierten Ammoniumsulfid-Gruppe vorgehen.

Das saure Zentrifugat der Schwefelwasserstoff-Gruppenfällung wird **schwach** ammoniakalisch gemacht. Oberhalb pH 9 kann Magnesium als Magnesiumhydroxid mit ausfallen, stört nicht in der Ammoniumsulfidgruppe, fehlt dann aber in der löslichen Gruppe. Dabei treten Niederschläge von Eisen(III)-hydroxid, Mangan(II)-hydroxid, Aluminiumhydroxid und Chrom(III)-hydroxid auf. Meist ist jedoch im Zentrifugat noch Schwefelwasserstoff bzw. Thioacetamid enthalten, so dass gleichzeitig schon Sulfide ausfallen, die sich bei der anschließenden Zugabe von Ammoniumsulfid ohnehin aus den Hydroxiden bilden. Gibt man einen geringen Überschuss von *farblosem* (!) Ammoniumsulfid oder 1–2 Spatelspitzen Thioacetamid (TAA) hinzu, sparsamer ist es mit einer 7,5 %igen Lösung von TAA zu arbeiten s. Kap 5.2.2, und erwärmt 5 min im Wasserbad (**Abzug!**), treten folgende Niederschläge auf:

CoS	NiS	FeS	MnS	$Al(OH)_3$	$Cr(OH)_3$	ZnS
schwarz	schwarz	schwarz	rosa	farblos	schmutzig-grün	weiß

Der Niederschlag wird abzentrifugiert, das Zentrifugat für die Nachweise der Erdalkali- und Alkalielemente aufbewahrt.

Der verwendete Ammoniak sollte immer gut verschlossen aufbewahrt werden, da er als basische Lösung Kohlendioxid aus der Luft unter Bildung von Carbonat absorbiert. Ein Carbonat-Gehalt des Ammoniaks würde aber zur Fällung der Carbonate von Calcium, Strontium und Barium führen, die dann in der folgenden Gruppe fehlen würden.

Auf die Verwendung von *farblosem* Ammoniumsulfid ist unbedingt zu achten, da mit gelbem Ammoniumsulfid häufig kolloides Nickelsulfid entsteht, das sich durch Zentrifugieren nicht abtrennen lässt: Das Zentrifugat ist dann braun gefärbt. Hat man die Fällung aus zu stark ammoniakalischer Lösung vorgenommen, geht Chromhydroxid als schmutzig-violetter Ammin-Komplex (s. Cr^{3+} ②) wieder in Lösung. Durch verschlepptes Nickel oder Chrom würden die Nachweise von Magnesium und den Alkalielementen beeinträchtigt. Durch Zugabe von Eisen(II) oder -(III) werden Nickel und Chrom mit ausgefällt; auf Eisen muss in diesem Falle vorher aus der Ursubstanz geprüft werden.

Die Ammoniumsulfid-Gruppenfällung wird abzentrifugiert. Wenn auch die Ammoniumsulfid-Fällung im Gegensatz zur Schwefelwasserstoff-Fällung meist vollständig ist, sollte man ihre Vollständigkeit durch Zugabe einiger weiterer Tropfen farblosen Ammoniumsulfids überprüfen. Dabei darf sich kein zusätzlicher Niederschlag bilden.

Bei der Ammoniumsulfid-Gruppenfällung müssen Ammonium-Salze anwesend sein, damit Magnesium in Lösung bleibt (s. Mg^{2+} ①). Wird von dem sauren Zentrifugat der Schwefelwasserstoff-Gruppenfällung oder einer Lösung in verd. Salzsäure (oder Schwefelsäure) ausgegangen, so entstehen ausreichend Ammoni-

Salze. Bei einem zu großen Überschuss an Ammonium-Salzen und besonders an Ammoniak kann die Fällung von Mangansulfid und von Chrom(III)-hydroxid ausbleiben. Das Ausbleiben der Fällung des Chrom(III)-hydroxids wird auch durch große Mengen Acetat-Ionen begünstigt, die meist durch Zugabe viel zu reichlicher Mengen von Thioacetamid in die Analyse geraten. Das nicht gefällte Chrom(III) wird an einer schmutzig-violetten oder grünen Färbung des Zentrifugats der Ammoniumsulfid-Gruppenfällung erkannt und durch Mitfällung durch Eisen-Salze niedergeschlagen (s. o.).

Die Ammoniumsulfid-Gruppenfällung wird mit 1 mol/L Salzsäure versetzt, etwa 5 min unter dem **Abzug** auf ca. 40 °C erwärmt und zentrifugiert.

Das Zentrifugat enthält Fe^{2+}-, Mn^{2+}-, Al^{3+}-, Cr^{3+}- und Zn^{2+}-Ionen

Das Zentrifugat wird zum Nachweis dieser Ionen aufbewahrt.

Ungelöst bleiben	Ni_2S_3	Co_2S_3
	schwarz	schwarz

Mit einer Probe dieses Sulfid-Rückstandes sollte mittels der Phosphorsalz- oder Borax-Perle auf Cobalt geprüft werden (s. Co^{2+} ⑦). Den schwarzen Sulfid-Rückstand löst man in einigen Tropfen konz. Salpetersäure, verkocht die nitrosen Gase und verdünnt mit Wasser oder verd. Salzsäure. Meist bleibt ein geringer schwarzer Rückstand, der verworfen wird. Es handelt sich um Schwefel, der durch eingeschlossene Sulfid-Partikel schwarz gefärbt ist. In einem Teil der Lösung wird der **Nickel-Nachweis** mit Diacetyldioxim durchgeführt (s. Ni^{2+} ④), in einem anderen der **Cobalt-Nachweis** durch Zugabe von Ammoniumthiocyanat-Lösung und Extraktion des blauen Komplexes mit Methylisobutylketon (s. Co^{2+} ③). Bei zu vorsichtiger Behandlung mit verd. Salzsäure (s. o.) bleibt etwas Eisen ungelöst, das den Cobalt-Nachweis durch seine rote Farbe stört. Man wiederholt den Vorgang, da beim ersten Mal ein Teil der Salzsäure von im Niederschlag verbliebenen Ammoniak neutralisiert wird. Die beiden Zentrifugate werden vereint. Zur Entstörung gibt man eine Spatelspitze Natriumfluorid hinzu. Es bildet sich farbloses $[FeF_6]^{3-}$. Wurde an dieser Stelle Eisen beobachtet, ist zu fürchten, dass auch die übrigen Kationen der Gruppenfällung mangels ausreichender Säure zurückgeblieben sind. Sie stören weder den Nachweis von Nickel noch von Cobalt. Wurde Eisen beim Cobalt-Nachweis beobachtet, ist sicher auch Zink im Rückstand von Cobalt- und Nickelsulfid geblieben (s. Löslichkeitsprodukte Tab. 15) und fehlt an der vorgesehenen Stelle. Zum Nachweis von Zink neben Cobalt und Nickel muss nach der modifizierten Ammoniumsulfid-Gruppe, Kap. 12.3.5, vorgegangen werden; Eisen fällt als $Fe(OH)_3$ mit den Hydroxiden von Cadmium, Nickel und Cobalt aus. Verschlepptes Blei muss abgetrennt werden, da es mit Dithizon eine falsch positive Reaktion für Zink gibt. Die Cobalt- und Nickel-Nachweise werden nicht durch verschlepptes Blei, das als schwarzes Sulfid bei Nickel- und Cobaltsulfid bleibt, gestört. Blei wird dann aber übersehen.

Das salzsaure Zentrifugat mit Fe^{2+}, Mn^{2+}, Al^{3+}, Cr^{3+}, Zn^{2+} wird in einer Porzellanschale (keinesfalls im Reagenzglas!) unter dem **Abzug** zum Sieden erhitzt, um restlichen Schwefelwasserstoff vollständig zu vertreiben (mit Bleiacetatpapier prüfen). Wenn mit viel Thioacetamid gearbeitet wurde, kann das Verkochen etwas länger dauern. Nach dem Verkochen des Schwefelwasserstoffs kann das Eisen(II) mit einigen Tropfen konz. Salpetersäure zu Eisen(III) oxidiert werden.

Anschließend werden noch in der Hitze Natriumhydroxid-Plätzchen (zur Analyse, nicht aus Glasgefäßen, da aus diesen u. a. Aluminium aufgenommen wird) bis zur stark alkalischen Reaktion darin gelöst. Die Suspension oder Lösung wird so lange erhitzt, bis kein Geruch nach Ammoniak mehr wahrgenommen werden kann. Es scheiden sich $Fe(OH)_3$ [bzw. $Fe(OH)_2$], $Mn(OH)_2$ und teilweise $Cr(OH)_3$ ab; $[Al(OH)_4]^-$, $[Zn(OH)_4]^{2-}$ und $[Cr(OH)_6]^{3-}$ gehen in Lösung. In einer Probe der überstehenden Lösung wird dann mit einem Tropfen Zinksulfat-Lösung geprüft, ob genügend Natriumhydroxid zugefügt wurde. Es muss eine klare Lösung von $[Zn(OH)_4]^{2-}$ ohne Zinkhydroxid-Flocken entstehen (s. Zn^{2+} ②).

Die alkalische Suspension wird unter fließendem Leitungswasser auf Zimmertemperatur abgekühlt. Mit einigen Tropfen der überstehenden Lösung kann mit Eisessig und Morin auf Aluminium geprüft werden (s. Al^{3+} ⑤). Die alkalische Suspension wird mit etwa dem gleichen Volumen 3%igem Wasserstoffperoxid – bzw. entsprechend weniger bei 30%igem – in kleinen Portionen unter Rühren oder Umschwenken versetzt. Insbesondere bei Anwesenheit von Mangan und Eisen erfolgt starke Gasentwicklung (O_2, H_2O_2 ⑤) und Erwärmung. Vor der Zugabe der nächsten Portion sollte die Suspension erst wieder abgekühlt werden. Nach Beendigung der Zugabe wird zur Zerstörung des überschüssigen Wasserstoffperoxids erwärmt und anschließend zentrifugiert.

Das Zentrifugat enthält	$[Al(OH)_4]^-$	CrO_4^{2-}	$[Zn(OH)_4]^{2-}$
	farblose Lösung	gelbe Lösung	farblose Lösung

Es wird für die Nachweise von Aluminium, Chrom und Zink aufbewahrt.

Als Niederschläge bleiben zurück	$Fe(OH)_3$	$MnO(OH)_2$
	rotbraun	dunkelbraun

Die Oxidation in alkalischer Lösung kann mit dem gleichen Ergebnis etwas anders durchgeführt werden, wenn die Gruppenfällungen nicht mit Thioacetamid durchgeführt wurden. Die saure Lösung nach dem Verkochen des Schwefelwasserstoffs wird zur Oxidation von Eisen(II) zu Eisen(III) mit einigen Tropfen konz. Salpetersäure versetzt und mit frisch bereiteter Natronlauge bis zum Auftreten erster Hydroxid-Flocken neutralisiert. Man bereitet sich etwa das gleiche Volumen einer 20–30%igen Natronlauge (Schutzbrille!), die man **nach dem Abkühlen** mit $^1/_{10}$ des Volumens an 30%igem Wasserstoffperoxid versetzt. Man kann auch etwa gleiche Mengen Natriumhydroxid und Natriumperoxid in Wasser lösen. In sehr konzentrierten Lösungen kann weißes Natriumhydroperoxid (NaOOH) auskristallisieren, was aber belanglos ist. In diese alkalische Lösung gießt man die oben bereits neutralisierte Lösung.

Ist Cadmium in der Schwefelwasserstoff-Gruppe nicht vollständig gefällt worden, so fällt es als farbloses Cadmiumhydroxid zusammen mit Eisen(III)- und Mangan(IV)-oxidhydrat aus, ohne die Nachweise von Eisen und Mangan zu stören, meist aber auch ohne erkannt zu werden (s. Kap. 12.3.5). Bei zu kräftiger Behandlung mit verd. Salzsäure (s. o.) werden auch Teile vom Cobalt und Nickel gelöst, die ebenfalls an dieser Stelle ausfallen, ohne zu stören.

Die **Eisen-** und **Mangan-Nachweise** können nebeneinander durchgeführt werden. Bei zu kräftigem Lösen kann etwas Nickelhydroxid (hellgrün) und/oder Cobalt(IV)-oxidhydrat (schwarz) an diese Stelle geraten, ohne die Nachweise von Eisen und Mangan zu stören. Ein Teil des Niederschlages wird in verd. Salzsäure gelöst und zur Vertreibung des Chlors [aus Mangan(IV)-oxidhydrat] aufgekocht. Fügt man anschließend Ammoniumthiocyanat-Lösung hinzu, so bildet sich eine blutrote Färbung (s. $Fe^{2/3+}$ ⑨). Zum **Eisen(III)-Nachweis** eignen sich auch die Versuche $Fe^{2/3+}$ ⑦, ⑧. Zum **Mangan-Nachweis** wird ein Teil des Niederschlags mit verd. Schwefelsäure, ausreichend(!) Silbernitrat-Lösung und einem Spatel Ammoniumperoxodisulfat erhitzt. Nach einigen Minuten färbt sich die Lösung tief violett (s. Mn^{2+} ⑦c), die nicht mit der schwachen Violettfärbung von verschlepptem Cobalt verwechselt werden darf. Zur Unterscheidung kann man Manganat(VII) mit Wasserstoffperoxid entfärben, Cobalt jedoch nicht.

Ist das Zentrifugat der alkalischen Oxidation *nicht gelb gefärbt*, Chromat also abwesend, kann der **Aluminium-Nachweis** direkt in einer Probe durchgeführt werden. Dazu darf kein Wasserstoffperoxid mehr zurückgeblieben sein. War Mangan(IV)-oxidhydrat und/oder Eisen(III)-hydroxid anwesend, so ist die Abwesenheit von Wasserstoffperoxid sicher, andernfalls gibt man 1–2 Tropfen Kaliumpermanganat-Lösung zu der alkalischen Lösung. Kaliumpermanganat oxidiert Wasserstoffperoxid zu Sauerstoff, in alkalischer Lösung entsteht Braunstein, der Wasserstoffperoxid katalytisch zu Sauerstoff und Wasser zersetzt (s. H_2O_2 ⑤). Sollte etwas violette Farbe bestehen bleiben, fügt man einige Tropfen Ethanol hinzu und erwärmt. Die Mangan(IV)-oxidhydrat-Flocken zentrifugiert man besser ab, sie stören aber nicht. Der **Aluminium-Nachweis** erfolgt über einen der Farblacke wie in den Versuchen Al^{3+} ⑤–⑥ beschrieben. Die Reaktionsbedingungen (pH-Werte) müssen genau eingehalten werden. Es empfiehlt sich zum Vergleich eine Probe mit einigen Tropfen Aluminiumsulfat-Lösung zu versetzen und in gleicher Weise behandeln (Vergleichsprobe).

Ist die zu untersuchende Lösung *gelb gefärbt*, enthält sie also Chromat, so muss dieses reduziert werden. Dazu säuert man mit konz. Salzsäure oder Schwefelsäure an und kocht mit etwas Ethanol auf. Die Reduktion erkennt man am Farbumschlag nach grün oder schmutzigviolett. Es ist noch einfacher, zum Aluminium-Nachweis eine Probe vor der Zugabe von Wasserstoffperoxid zu entnehmen.

Es ist auch möglich Aluminiumhydroxid abzutrennen, ohne Rücksicht auf die Anwesenheit von Chromat und Zinkat. Dazu säuert man vorsichtig mit einem möglichst geringen Überschuss konz. Salzsäure (um die Lösung nicht zu stark zu verdünnen) schwach an und macht mit konz. Ammoniak ammoniakalisch. Dabei fällt Aluminiumhydroxid in Form glasiger Flocken aus, die man manchmal erst nach dem Zusammenballen im Wasserbad erkennt, wenn man das Reagenzglas gegen das Licht hält und betrachtet. Aluminiumhydroxid wird abzentrifugiert und kann nur beim Vorliegen größerer Mengen außer über die genannten Farblacke auch als *Thenards Blau* identifiziert werden (s. Al^{3+} ④).

Als Chrom-Nachweis gilt die gelbe Farbe des Chromats, die nur selten durch eine kolloide Lösung von Eisen(III)-hydroxid vorgetäuscht wird. Für den Nachweis gibt man einige Tropfen der Lösung zu einer Mischung aus gleichen Teilen verd. Schwefelsäure und Diphenylcarbazid-Lösung, die sich bei Anwesenheit von Chromat violett färbt. Die Lösung muss stark sauer bleiben. Nicht möglich ist an dieser Stelle die Bildung von Dichromat oder Chromperoxid durch Ansäuern (s. Cr^{3+} ⑤ und ⑧).

Man kann auch nach Ansäuern mit Essigsäure durch Zugabe einer Bariumchlorid-Lösung gelbes Bariumchromat fällen (s. $Cr^{3/6+}$ ⑦). Die Oxidation von Cr(III) zu CrO_4^{2-} mit H_2O_2 in alkalischer Lösung versagt oft bei gleichzeitiger Anwesenheit von Fe(III) und/oder Mn(IV), die das H_2O_2 schnell zersetzen (s. H_2O_2 ⑤b). Es befindet sich dann beim $Fe(OH)_3$ und $MnO(OH)_2$. Ein Teil des gemeinsamen Hydroxid-Niederschlages wird in verd. NaOH suspendiert und mit $KMnO_4$ oxidiert (s. Cr^{3+} ④b). Der Überschuss $KMnO_4$ wie das zunächst gebildete grüne K_2MnO_4 (s. Mn^{2+} ⑤c) werden durch Synproportionierung mit Mn^{2+} als $MnO(OH)_2$ gefällt. Die überstehende Lösung ist dann durch CrO_4^{2-} gelb gefärbt.

Der **Zink-Nachweis** ist ohne Abtrennung von Aluminium und Chrom möglich, auch restliches Wasserstoffperoxid stört nicht: Man versetzt eine Probe mit 1–2 Tropfen Eisen(III)-Lösung, säuert durch tropfenweise Zugabe (umschütteln!) von konz. Schwefelsäure (um die Lösung möglichst wenig zu verdünnen) leicht an und gibt etwa das gleiche Volumen $(NH_4)_2[Hg(SCN)_4]$-Lösung hinzu. Es bildet sich langsam ein rotbrauner Niederschlag (s. Zn^{2+} ⑧).

Wesentlich empfindlicher ist der **Zink-Nachweis** mit Dithizon: Man neutralisiert die Probelösung mit Eisessig, versetzt mit etwas konz. Ammoniumacetat-Lösung und schüttelt mit der grünen Dithizon-Lösung in Chloroform: Das Chloroform färbt sich purpurrot (s. Zn^{2+} ⑨). Bei der Empfindlichkeit, auch für verschleppte Kationen, muss unbedingt eine Vergleichs- wie eine Blindprobe durchgeführt werden (s. S. 4).

Will man das Zink abtrennen, so muss man unbedingt das Chromat zuvor als Bariumchromat und besser auch das Aluminium als Aluminiumhydroxid abgetrennt haben. Es dürfen keine Reste von Wasserstoffperoxid mehr in der Lösung sein. In die essigsaure Lösung (von der Bariumchromat-Fällung) leitet man Schwefelwasserstoff ein, zur Fällung von schmutzig weißem Zinksulfid. Will man die Zinksulfid-Fällung mit Thioacetamid vornehmen, so macht man zuvor ammoniakalisch, kann bei Abwesenheit von Chromat auch gleich die alkalische Lösung ohne Rücksicht auf Aluminat verwenden, und gibt nicht zu viel Thioacetamid zu (s. Zn^{2+} ④). Das Zinksulfid kann als *Rinmanns Grün* (s. Zn^{2+} ⑥) oder nach Auflösen in verd. Salzsäure mit Hexacyanoferrat(II) (s. Zn^{2+} ⑦) nachgewiesen werden.

Wenn Thioacetamid verwendet wurde, ist die Durchführung des Hydrolysen- oder Urotropin-Trennung – einer Variante des beschriebenen Verfahrens – nicht möglich.

6.3 Ammoniumcarbonat-Gruppe

$(NH_4)_2CO_3$-Gruppe Ba^{2+}, Sr^{2+}, Ca^{2+}
Rückstände $BaSO_4$, $SrSO_4$, ($CaSO_4$)

6.3.1 Einzelreaktionen

Barium   Ba   Z = 56 A_r = 137,34

Von den Barium-Verbindungen findet fast nur Bariumsulfat ($BaSO_4$ Ph. Eur.) Verwendung, z. B. in weißer Farbe, als Füllmittel für Papier und als Röntgenkontrastmittel für den Magen-Darm-Kanal. Bariumsulfat ist schwerlöslich und ungiftig. Lösliche Barium-Salze, auch $BaCO_3$ in der Salzsäure des Magens, sind bei oraler Einnahme sehr giftig. Sie führen zu Gefäßspasmen, 0,5–0,8 g eines löslichen Barium-Salzes können letal wirken.

Chemische Eigenschaften: Barium gehört mit Strontium und Calcium zu den Erdalkalielementen, die sich in ihren Reaktionen sehr ähneln (s. Löslichkeitsprodukte, Kap. 11.1). Sie geben charakteristische Flammenfärbungen, die sich mit dem Spektroskop in Linien und Banden auflösen lassen (s. Abb. 4). Die Ionen der Erdalkalimetalle haben stets die Oxidationszahl +2, sind farblos und neigen nur wenig zur Komplexbildung.

Probelösung: 0,5 mol/L $BaCl_2$-Lösung (s. Tab. 5).
Vorprobe: Flammenfärbung ①.

①   **Flammenfärbung**

USP

Bariumchlorid gibt in der nichtleuchtenden Bunsenflamme eine grüne Flammenfärbung (s. Spektroskopie, s. Kap. 4.1). Die Flamme erscheint blau, wenn man sie durch ein grün gefärbtes Glas betrachtet.

②   **Bariumsulfat**

Ph. Eur., USP

Tropft man zu einer Probelösung verd. Schwefelsäure oder gesättigte Calciumsulfat-Lösung (Gipswasser), so fällt sofort ein feinkörniger weißer Niederschlag von Bariumsulfat aus. Dieser Niederschlag ist in Salpetersäure und Salzsäure schwerlöslich, er löst sich etwas in konz. Schwefelsäure. Der Niederschlag ist außerdem unlöslich in Natronlauge (Bleisulfat liefert Hydroxokomplexe, s. a. Pb^{2+} ②). Mit Iodlösung kann von Bariumsulfit unterschieden werden (s. SO_3^{2-} ②):

$$Ba^{2+} + SO_4^{2-} \longrightarrow \underline{BaSO_4}$$
$$\text{weiß}$$

③ Bariumchlorid

Versetzt man eine Probelösung mit etwa dem gleichen Volumen konz. Salzsäure, bildet sich ein weißer, kristalliner Konzentrations-Niederschlag von Bariumchlorid, der sich beim Verdünnen mit Wasser auflöst (s. Kap. 11.1).
 Bariumcarbonat und Bariumfluorid lösen sich in verd. Salzsäure; in konz. Salzsäure lösen sie sich scheinbar nicht, da sich die jeweilige weiße Substanz in einen Konzentrationsniederschlag von Bariumchlorid umwandelt:

$$Ba^{2+} + 2\,Cl^- \rightleftharpoons \underset{\text{weiß}}{BaCl_2}$$

④ Bariumchromat

Gibt man zu einer neutralen oder schwach essigsauren Probelösung Kaliumchromat- oder Kaliumdichromat-Lösung, so fällt gelbes Bariumchromat aus. Bei Verwendung von Kaliumdichromat sollte die essigsaure Lösung zum Abfangen der Wasserstoff-Ionen mit Natrium- oder Ammoniumacetat gepuffert sein, da sonst die Fällung nicht vollständig ist:

$$Ba^{2+} + CrO_4^{2-} \longrightarrow \underset{\text{gelb}}{BaCrO_4}$$

$$2\,Ba^{2+} + Cr_2O_7^{2-} + H_2O \rightleftharpoons \underset{\text{gelb}}{2\,BaCrO_4} + 2\,H^+$$

Aus schwach essigsaurer Lösung fällt Strontiumchromat noch nicht aus (s. Sr^{2+} ④), (s. a. Pb^{2+} ④ u. Cr^{3+} ⑤).

⑤ Bariumcarbonat

Versetzt man eine Probelösung mit einer Alkali- oder Ammoniumcarbonat-Lösung, so fällt weißes, flockiges Bariumcarbonat aus. Man kann auch Ammoniumcarbamat ($H_2NCO_2NH_4$) verwenden und die Fällung in der Wärme vornehmen:

$$Ba^{2+} + CO_3^{2-} \longrightarrow \underset{\text{weiß}}{BaCO_3}$$

Bariumcarbonat löst sich zum Teil in einer gesättigten Ammoniumchlorid-Lösung, so dass die Reaktionen mit Sulfat und Dichromat positiv ausfallen (s. Ba^{2+} ② und ④).

⑥ Basischer Aufschluss von Bariumsulfat

Ph. Eur. (Identitätsreaktion)

Um mit dem sehr schwerlöslichen Bariumsulfat die beschriebenen Reaktionen durchführen zu können, muss es erst in eine lösliche Verbindung übergeführt werden. Dazu wird ein basischer Aufschluss durchgeführt (s. Kap. 4.2.1).

a Schmelze. Bariumsulfat wird mit der 5- bis 10fachen Menge eines Gemisches aus etwa gleichen Teilen Natriumcarbonat (wasserfrei) und Kaliumcarbonat in einem Porzellan- oder Nickeltiegel oder einfacher mit einem Gemisch aus etwa gleichen Teilen Natriumcarbonat (wasserfrei) und Natriumhydroxid in einem Nickeltiegel 5–10 min geschmolzen. Man gießt die Schmelze auf ein Kupferblech aus, lässt erkalten und zerkleinert in der Reibschale:

$$BaSO_4 + Na_2CO_3 \rightleftharpoons BaCO_3 + Na_2SO_4$$

Man laugt mehrfach mit nicht zu großen Portionen Wasser aus, um Natriumcarbonat, Kaliumcarbonat und besonders Natriumsulfat herauszulösen und trennt durch Zentrifugieren, bis das Waschwasser weit gehend frei von Sulfat-Ionen ist (s. SO_4^{2-} ①). Dabei ist der große Überschuss an Natriumcarbonat/Kaliumcarbonat zu beachten; wasserfreies Natriumcarbonat löst sich verhältnismäßig langsam. Das Ansäuern des Waschwassers muss vorsichtig erfolgen, da die heftige Gasentwicklung zum Überschäumen führen kann (s. CO_3^{2-} ①). Es bleibt Bariumcarbonat und evtl. nicht umgesetztes Bariumsulfat zurück. Das Bariumcarbonat kann in verd. Salzsäure oder Essigsäure gelöst werden. Wurde in Essigsäure gelöst, kann Ba^{2+} ④ als Nachweis angeschlossen werden.

b Wässriger basischer Aufschluss. Kocht man Bariumsulfat mit einem Überschuss einer 20%igen, besser 50%igen Natriumcarbonat-Lösung 2–5 min, erfolgt die gleiche Umsetzung wie in der Schmelze in einem Maß, dass Sulfat- und Barium-Ionen gut nachgewiesen werden können.

Die Bariumsulfat-Partikel reagieren nur oberflächlich, die Bariumcarbonat-Schicht behindert die weitere Umsetzung. Das Reagenzglas soll nur zu ¼ gefüllt sein und beim Kochen stets bewegt werden, um Siedeverzüge zu vermeiden. Man kann aber auch die Suspension 5 min im siedenden Wasserbad erhitzen. Andere schwerlösliche Sulfate wie Strontium-, Calcium- und Bleisulfat lassen sich ebenfalls nach **a** oder **b** in Carbonate umwandeln und können zu Verwechslungen Anlass geben.

Strontium — Sr Z = 38 A_r = 87,62

Strontium hat keine therapeutische Bedeutung. In der Technik findet es für rotes Feuerwerk Verwendung.

Strontium steht im Periodensystem zwischen Calcium und Barium, ist aber nicht so toxisch wie Barium.

Vom Körper wird es mit Calcium verwechselt und statt dessen in die Knochen eingebaut, was besonders für das strahlende Isotop ^{90}Sr Bedeutung erlangt hat.

Chemische Eigenschaften: Strontium gleicht dem Barium (s. S. 125). Die Löslichkeitsprodukte (s. Tab. 15) der schwerlöslichen Verbindungen unterscheiden sich von denen der entsprechenden Barium-Verbindungen nicht wesentlich. Daher erfordert der Strontium-Nachweis besondere Sorgfalt.

Probelösung: 0,05 mol/L $SrCl_2$-Lösung (s. Tab. 5).
Vorprobe: Flammenfärbung ①.

Ammoniumcarbonat-Gruppe

① **Flammenfärbung**

Strontiumchlorid färbt die nichtleuchtende Bunsenflamme rot. Da auch Lithium-Salze eine rote Flammenfärbung geben und das gelbe Natriumlicht die Farbe überdecken kann, ist zur eindeutigen Zuordnung die Verwendung eines Spektroskopes erforderlich (s. Kap. 4.1.2).

② **Strontiumsulfat**

Fügt man eine gesättigte Calciumsulfat-Lösung (Gipswasser) zu einer Probelösung, fällt weißes Strontiumsulfat aus. Strontiumsulfat neigt zur Übersättigung, d. h., ein Niederschlag, der sich nach dem Löslichkeitsprodukt hätte bilden müssen, bleibt aus. Durch Reiben mit einem Glasstab an der Reagenzglaswand (Glassplitter als Kristallkeime), Aufkochen oder Zugabe eines Tropfens einer aus konz. Lösungen hergestellten Strontiumsulfat-Suspension kann man die Bildung des Niederschlages beschleunigen. Mit verd. Schwefelsäure bildet sich der Niederschlag sofort:

$$Sr^{2+} + SO_4^{2-} \longrightarrow \underline{SrSO_4}_{\text{weiß}}$$

Um Strontiumsulfat in eine lösliche Verbindung überzuführen, ist ein basischer Aufschluss erforderlich (s. Ba²⁺ ⑥). Li-Salze bilden mit 2N Schwefelsäure keinen Niederschlag (Unterscheidung von Sr^{2+} nach USP).

③ **Strontiumcarbonat**

Versetzt man eine Probelösung mit einer Alkali- oder Ammoniumcarbonat-Lösung, so fällt weißes Strontiumcarbonat aus:

$$Sr^{2+} + CO_3^{2-} \longrightarrow \underline{SrCO_3}_{\text{weiß}}$$

④ **Strontiumchromat**

Versetzt man eine alkalische Probelösung mit einer Kaliumchromat-Lösung, fällt gelbes Strontiumchromat aus, das in verd. Essigsäure löslich ist. Strontiumchromat löst sich nicht in wenig halbkonz. Ammoniak-Lösung (Unterschied zu Calciumchromat, s. Löslichkeitsprodukte, Kap. 11.1):

$$Sr^{2+} + CrO_4^{2-} \longrightarrow \underline{SrCrO_4}_{\text{gelb}}$$

Ein Zusatz von bis zu 20% Ethanol oder Methanol des Gesamtvolumens verringert das Löslichkeitsprodukt.

Calcium   Ca   Z = 20 A_r = 40,08

Zahlreiche Calciumsalze finden sich als Monographie in der Ph. Eur., z. B. Calciumcarbonat, Calciumchlorid (wasserfrei, Dihydrat, Hexahydrat), Calciumhydrogenphosphat und Calciumhydroxid. DAB 2005 führt das Calciumfluorid als Monographie auf. Calcium-Verbindungen finden sich in allen Organismen, bei Wirbeltieren auch in Knochen und Zähnen. Im Organismus ist das Verhältnis zu Kalium-, Natrium- und Magnesium-Ionen für ein normales Funktionieren wichtig. Bei den Knochen und Zähnen handelt es sich um Calciumphosphat (Hydroxylapatit $3\,Ca_3(PO_4)_2 \cdot Ca(OH)_2$); Muschelschalen und Schneckenhäuser bestehen aus Calciumcarbonat. Der tägliche Bedarf des Menschen liegt bei etwa 1 g, die Resorption ist unvollständig. Calciumionen spielen bei zahlreichen biochemischen physiologischen Prozessen eine bedeutende Rolle, so z. B. bei der Blutgerinnung oder der Kontraktion der Herz-, Skelett- und glatten Muskulatur. $CaSO_4$-Hemihydrat (DAB 2005) bindet mit Wasser angerührt unter Erhärtung ab und wird für die Herstellung von Gipsverbänden verwendet. Als Antidot bei Verätzungen mit Flusssäure oder Oxalsäure dient Calciumgluconat, es entsteht schwerlösliches CaF_2 ($K_L\,CaF_2\,3{,}1 \cdot 10^{-11}\,mol^3/L^3$). Die antiallergische Wirkung von Ca^{2+}-Ionen wird therapeutisch genutzt.

Chemische Eigenschaften: Calcium gleicht den anderen Erdalkalielementen Strontium und Barium, doch sind seine Verbindungen in der Regel besser löslich. Abweichend davon ist die Löslichkeit des Calciumoxalats geringer (s. Löslichkeitsprodukte, s. Tab. 15).

Probelösung: 0,5 und 0,05 mol/L $CaCl_2$-Lösung (s. Tab. 5).

Vorprobe: Flammenfärbung ①.

① Flammenfärbung

USP

Calciumchlorid färbt eine nichtleuchtende Bunsenflamme ziegelrot. Zur eindeutigen Zuordnung ist die Verwendung eines Spektroskopes erforderlich (s. Kap. 4.1).

② Calciumsulfat

Versetzt man eine Probelösung mit etwa der gleichen Menge verd. Schwefelsäure, so fällt $CaSO_4 \cdot 2\,H_2O$ (Gips) in Form charakteristischer Nadeln aus (Mikroskop!). Man kann auch Gipswasser (= Calciumsulfatlösung gesättigt) auf dem Objektträger etwas (nicht ganz!) eintrocknen lassen oder mit Ethanol versetzen:

$$Ca^{2+} + SO_4^{2-} + 2\,H_2O \longrightarrow \underline{CaSO_4 \cdot 2\,H_2O}$$
$$\text{weiß}$$

Gibt man zu einer Calciumsulfat-Lösung soviel Ethanol, dass er etwa 20–25 % des Gesamtvolumens ausmacht, so kristallisiert ebenfalls *Gips* aus. Wasserfreies Calciumsulfat (Anhydrit, Estrichgips, totgebrannter Gips oder nach Behandlung mit heißer konz. Schwefelsäure) löst sich derart langsam in Wasser, dass ein basischer Aufschluss durchgeführt werden muss, um es in eine indirekt lösliche Verbindung zu überführen (s. Ba^{2+} ⑥).

③ Calciumcarbonat

Versetzt man eine Probelösung mit Alkali- oder Ammoniumcarbonat-Lösung, fällt weißes, zunächst flockiges Calciumcarbonat aus. Als Kalkstein ist Calciumcarbonat gebirgsbildend, auch Marmor ist Calciumcarbonat (kristallin).

$$Ca^{2+} + CO_3^{2-} \longrightarrow \underline{CaCO_3}_{\text{weiß}}$$

Eine Form natürlich vorkommenden Calciumcarbonats ist Kreide; die „Tafelkreide" besteht heute meist aus Calciumsulfat.

④ Calciumoxalat

Ph. Eur., USP

Die ammoniakalische bis essigsaure Probelösung wird mit Ammoniumoxalat-Lösung versetzt. Es fällt weißes Calciumoxalat aus:

$$Ca^{2+} + C_2O_4^{2-} + H_2O \longrightarrow \underline{CaC_2O_4 \cdot H_2O}_{\text{weiß}}$$

Calciumoxalat löst sich in verd. Salzsäure, die entsprechenden Barium- und Strontiumsalze fallen nur in ammoniakalischer bis neutraler Lösung aus. Auch Bleioxalat ist schwerlöslich. In verd. Essigsäure löst sich Bariumoxalat vollständig. Strontiumoxalat teilweise (s. Löslichkeitsprodukte, Kap. 11.1). Die Löslichkeit in Säuren beruht auf der Bildung von $HC_2O_4^-$ und damit auf der Abnahme der für das Löslichkeitsprodukt zählenden Oxalat-Ionenkonzentration.

Bei Anwesenheit von Ethanol sind auch die Löslichkeiten von Calcium- und Ammoniumoxalat herabgesetzt. Calciumoxalat löst sich im Unterschied zum Ammoniumoxalat nicht in Wasser oder verd. Essigsäure.

Die Fällung von Calciumoxalat wird durch Chromat oder Triiodid nicht gestört.

⑤ Reaktion mit Kaliumhexacyanoferrat(II)

Ph. Eur. (Identitätsreaktion b)

Man sättigt eine Kaliumhexacyanoferrat(II)-Lösung weit gehend mit festem Ammoniumchlorid oder mischt sie mit dem gleichen Volumen der konz. Ammoniumacetat-Lösung und versetzt mit einigen Tropfen konz. Ammoniak. Mischt man dieses Reagenz mit dem gleichen Volumen Probelösung, fällt langsam ein weißer Niederschlag der Zusammensetzung $Ca(NH_4)_2[Fe(CN)_6]$ aus. Durch Zugabe von 20–25 % Ethanol wird die Empfindlichkeit erhöht.

Barium und schwächer auch Magnesium bilden ebenfalls einen Niederschlag, nicht jedoch Strontium.

⑥ Calcium-GBHA

Ph. Eur. (Identitätsreaktion a)

Zu einer neutralen oder schwach alkalischen, stark verdünnten Probelösung (z. B. gesättigte Calciumsulfat-Lösung) gibt man einige Tropfen(!) GBHA-Lösung und macht mit stark verdünnter Natronlauge alkalisch (möglichst pH 13).

Nach 1–3 min hat sich das rote, innere Chelat-Komplexsalz gebildet, das man danach mit Isoamylalkohol ausschüttelt, Chloroform ist weniger gut geeignet. Der rote Komplex ist auch in Isoamylalkohol nicht sehr lange haltbar, da das Reagenz in der stark alkalischen Lösung langsam zersetzt wird.

Glyoxal-bis-(2-hydroxyanil) = GBHA   **Tautomere Form von GBHA**

Die GBHA-Lösung darf nicht in eine saure Probelösung gegeben werden. Verwendet man eine zu große Menge GBHA-Lösung, so kann der Isoamylalkohol leicht orange oder auch rosa gefärbt werden (Chloroform bleibt farblos).

Isoamylalkohol extrahiert auch die schwächer roten Strontium- und Barium-Komplexe. Ist mit der Anwesenheit dieser beiden Kationen zu rechnen, versetzt man die Probelösung zuvor mit einer 1 mol/L Natriumsulfat-Lösung. Dadurch werden Barium und Strontium als schwerlösliche Sulfate gefällt und stören den Calcium-Nachweis nicht mehr. Das in der Literatur für die Entstörung vorgeschlagene Natriumcarbonat stört im Überschuss auch die Ausbildung des roten Calcium-Komplexes. Es stören alle Kationen der HCl-, H_2S- und $(NH_4)_2S$-Gruppen sowie Ammonium; die Kationen der löslichen Gruppe und Chromat stören nicht.

⑦ Calciumphosphat

(s. PO_4^{3-} ④).

⑧ Calciumfluorid

(s. F^- ①).

6.3.2 Trennungsgang der $(NH_4)_2CO_3$-Gruppe (s. Kap. 12.3.5)

Das Zentrifugat der Ammoniumsulfid-Gruppenfällung enthält die Kationen der Ammoniumcarbonat-Gruppe und der löslichen Gruppe:

Ba^{2+}, Sr^{2+}, Ca^{2+}, Mg^{2+}, Li^+, Na^+, K^+ und NH_4^+

Alle diese Ionen sind farblos. Außerdem enthält die zu verarbeitende Lösung große Mengen Ammonium-Salze, die die Fällung der Erdalkalicarbonate (s. Ca^{2+} ③) beeinträchtigten können sowie Schwefelwasserstoff bzw. Reste von Thioacetamid. Die Lösung muss daher in einer Porzellanschale mit konz. Salzsäure angesäuert und eingedampft werden (**Abzug!**). Wenn die Kristallisation beginnt, tropft man etwas Königswasser hinzu und dampft zur Trockne ein (s. NH_4^+ ③ d). Zur Sicherheit raucht man ein zweites Mal mit Königswasser ab. Zum Schluss wird die Porzellanschale kurz durchgeglüht (**Abzug!**). Bleibt kein Rückstand in der Porzellanschale, kann keines der Kationen der Ammoniumcarbonat-Gruppe und der löslichen Gruppe anwesend sein.

Fügt man das Königswasser *vor* der völligen Vertreibung von Schwefelwasserstoff und Thioacetamid hinzu, so bildet sich Sulfat, das mit Barium und Strontium vorzeitig schwerlösliche Niederschläge gibt.

Eine kleine Menge des Rückstandes kann man zur spektralanalytischen Untersuchung mit dem Spektroskop verwenden. Günstiger ist die spektralanalytische Untersuchung der Ursubstanz, da insbesondere Natrium-Verunreinigungen aus den Reagenzien hier angereichert vorliegen (s. Spektralanalyse, Kap. 4.1).

Der Rückstand wird in verd. Salzsäure gelöst und mit verd. Ammoniak schwach ammoniakalisch gemacht (max. pH 9). Dabei bildet sich genügend Ammoniumchlorid, um Magnesium und Lithium in Lösung zu halten. Man gibt 1–2 Spatel festes Ammoniumcarbonat zur Lösung und erwärmt 5–15 min im handwarmen Wasserbad.

„Ammoniumcarbonat" ist in der Regel ein Gemisch aus Ammoniumhydrogencarbonat und Ammoniumcarbamat: $H_2NCOONH_4$. In der Wärme wandelt sich das Ammoniumcarbamat unter Aufnahme von Wasser in Ammoniumhydrogencarbonat um. Bei etwa 60 °C zersetzen sich beide Substanzen, auch in Lösung, in Ammoniak, Kohlendioxid und Wasser (s. NH_4^+ ③ a).

Die ausgefallenen Carbonate werden abzentrifugiert:

$BaCO_3$	$SrCO_3$	$CaCO_3$
weiß	weiß	weiß

Das Zentrifugat wird für die Nachweise der Kationen der löslichen Gruppe aufgehoben.

Im Zentrifugat prüft man mit weiterem Ammoniumcarbonat auf Vollständigkeit der Fällung, da durch Barium, Strontium und Calcium der Magnesium-Nachweis in der folgenden Gruppe erheblich gestört wird.

Nützlich ist auf jeden Fall in einer Probe mit 1–2 Tropfen verd. Schwefelsäure auf Anwesenheit von Barium und Strontium zu prüfen. Fällt diese Probe negativ aus, vereinfacht sich die weitere Arbeit.

Chromat-Verfahren

Calcium kann mit GBHA vor Abtrennung von Barium und Strontium nachgewiesen werden. – Man löst die Carbonate in verd. Essigsäure und puffert die Essigsäure mit einer Spatelspitze Natriumacetat ab. Bei Zugabe einer Kaliumdichromat-Lösung in der Wärme fällt gelbes Bariumchromat aus, das abzentrifugiert wird. Das Zentrifugat muss von überschüssigem Chromat gelb gefärbt sein. Durch Zugabe einer weiteren Spatelspitze Natriumacetat prüft man darin auf Vollständigkeit der Fällung, da bei Verschleppung von Barium ein eindeutiger **Strontium-Nachweis** nicht möglich ist.

Zum **Barium-Nachweis** wird ein Teil des Bariumchromats in verd. Salzsäure gelöst und durch Zugabe von wenigen Tropfen verd. Schwefelsäure als weißes Bariumsulfat gefällt (s. Ba^{2+} ②). Ein anderer Teil des Bariumchromats oder das abzentrifugierte Bariumsulfat wird mit Magnesiumchlorid vermischt und spektroskopiert (s. Kap. 4.1.2).

Das Zentrifugat mit Strontium und Calcium wird mit Ammoniak oder Natronlauge (kein Überschuss) alkalisch gemacht. Bei größeren Konzentrationen an Strontium fällt dieses als Chromat aus. Die Zugabe von Ethanol, so dass es 20–25% am Gesamtvolumen ausmacht, vervollständigt die Fällung bzw. ruft sie bei geringeren Strontium-Konzentrationen hervor (s. Sr^{2+} ④). Ist der Niederschlag glasig, so kann es sich um Magnesiumhydroxid handeln, d. h., bei der Ammoniumcarbonat-Fällung war die Lösung zu stark ammoniakalisch und enthielt nicht genug Ammoniumchlorid. Zur Absicherung des **Strontium-Nachweises** wird der Niederschlag abzentrifugiert, mit Magnesiumchlorid vermischt und spektroskopiert.

Aus dem Zentrifugat wird Calcium mit Ammoniumoxalat oder mit Kaliumhexacyanoferrat(II) gefällt (s. Ca^{2+} ④, ⑤), die Anwesenheit von Chromat stört nicht. Wurde oben zu viel Ethanol zugesetzt, kann auch Ammoniumoxalat weißkristallin ausfallen, das sich jedoch in verd. Essigsäure löst (s. Ca^{2+} ④).

Zur Absicherung des **Calcium-Nachweises** wird der Niederschlag abzentrifugiert, mit Magnesiumchlorid vermischt und spektroskopiert, dafür eignet sich das Oxalat besser als das Hexacyanoferrat.

6.4 Lösliche Gruppe

Lösliche Gruppe	Mg^{2+}, Li^+, Na^+, K^+, NH_4^+

6.4.1 Einzelreaktionen

Magnesium	Mg Z = 12 A_r = 24,312

Magnesium ist für pflanzliche und tierische Organismen lebensnotwendig, so ist es z. B. Zentralatom im Chelat-Komplex Chlorophyll. Magnesiumionen zeigen nach Kaliumionen die höchste intrazelluläre Konzentration (ca. 20 mmol/L). Magnesiumionen verhalten sich oft antagonistisch zu Calciumionen, Ca^{2+}-Ionen dagegen können Mg^{2+}-Effekte antagonisieren. Trotz langsamer Resorption wird mit der Nahrung genügend Magnesium aufgenommen. Magnesiumhydroxid und basische Carbonate finden zur Neutralisation überschüssiger Magensäure, $MgSO_4 \cdot 7\,H_2O$ als Abführmittel therapeutische Verwendung. Magnesiumsulfat wird auch zur Behandlung von Krämpfen eingesetzt. Lösliche Magnesium-Salze schmecken bitter.

Chemische Eigenschaften: Magnesium liegt in seinen Verbindungen stets in der Oxidationsstufe +2 vor und ist farblos. Es ist eines der Erdalkalimetalle. Magnesium weicht in der Löslichkeit vieler Verbindungen von Calcium, Strontium und Barium ab (s. Tab. 15).

Probelösung: 0,05 mol/L $MgCl_2$-Lösung (s. Tab. 5).

① **Reaktion mit Natronlauge, Kalilauge und Ammoniak**

Ph. Eur.

Versetzt man eine Probelösung mit verd. Natronlauge oder Kalilauge, so fällt flockiges, weißes Magnesiumhydroxid aus. Die Fällung mit Ammoniak ist unvollständig und bleibt mit 0,1 mol/L Ammoniak und bei Anwesenheit von Ammoniumsalzen ganz aus. Die Grenze liegt etwa bei pH 9:

$$Mg^{2+} + 2\,OH^- \longrightarrow \underline{Mg(OH)_2}\text{ weiß}$$

Bei Anwesenheit von Ammoniumsalzen wird das Protolysegleichgewicht von Ammoniak zurückgedrängt (s. Massenwirkungsgesetz, Kap. 10) mit der Folge einer Verringerung des pH-Wertes. Dadurch bleibt die Fällung von Magnesiumhydroxid auch bei etwas höherer Ammoniak-Konzentration aus. Die mögliche Bildung eines lockeren (nicht isolierten) Ammin-Komplexes gewinnt erst bei sehr hohen Ammoniak-Konzentrationen Einfluss.

② Basisches Magnesiumcarbonat

a Versetzt man eine Probelösung mit einer Natriumcarbonat-Lösung, so fällt weißes basisches Magnesiumcarbonat wechselnder Zusammensetzung aus.
b Man mischt 2 mol/L Ammoniak, 0,05 mol/L Ammoniumcarbonat- und 0,05 mol/L Magnesiumchlorid-Lösung im Verhältnis 1 : 1 : 1 und erhitzt. Es bildet sich langsam eine weiße Trübung, erst allmählich bildet sich ein Niederschlag. Bei Abweichungen von dem Mengenverhältnis bleibt der Niederschlag oft aus (s. Mg^{2+} ①).
c Bei Anwesenheit von Ammonium-Salzen bleibt die Fällung mit Ammoniumcarbonat aus. Durch Verringerung des pH-Wertes durch Pufferung liegt weit gehend HCO_3^- statt CO_3^{2-} vor.

③ Ammoniummagnesiumphosphat

Ph. Eur., USP

In der mit Salzsäure angesäuerten Probelösung löst man einen Spatel Ammoniumchlorid, fügt die Lösung eines Alkali- oder Ammoniumphosphats hinzu und versetzt in der Wärme tropfenweise mit verd. Ammoniak, bis eine Trübung entsteht. Man erwärmt 5 min im Wasserbad, zentrifugiert ab und identifiziert die Kristalle von $MgNH_4PO_4 \cdot 6\,H_2O$ unter dem Mikroskop. Die Kristalle haben je nach ihren Wachstumsbedingungen die Form eines Sargdeckels oder einer Schere mit Winkeln von 60° (2 ×) und 120° (2 ×); auch federförmige Ausbildung oder selten 6strahlige Sterne (6 × 60°) sind möglich. Mit Arsenat (s. $As^{3+/5+}$ ⑨) bilden sich Kristalle gleicher Form (Isomorphie). Ammonium-Salze, die beim Eintrocknen unter dem Mikroskop auskristallisieren, können zu Verwechslungen Anlass geben. Die unter den gleichen Reaktionsbedingungen ausfallenden Niederschläge der anderen Erdalkalimetalle und einiger Schwermetalle sind amorph oder mikrokristallin. Entsprechende Doppelsalze mit nur einem Molekül Kristallwasser und anderen Kristallformen werden mit Zink, Cadmium und Mangan erhalten. Magnesiumphosphat ist ebenfalls amorph und schwer löslich (s. a. As^{3+} ⑨).

④ Farblack mit Titangelb

Ph. Eur., USP

Man gibt zur Probelösung, die auch stärker verdünnt sein kann, Titangelb-Lösung (Thiazolgelb, Claytongelb) und macht mit verd. Natronlauge alkalisch. Es bildet sich ein roter Farblack; die Blindprobe ist orange gefärbt.

Titangelb

Es stören Ag^+, Hg_2^{2+}, Hg^{2+}, Bi^{3+}, Cu^{2+}, Cd^{2+}, Sb^{3+}, Co^{2+}, Ni^{2+}, $Fe^{2/3+}$, Mn^{2+} und Zn^{2+} sowie $[Fe(CN)_6]^{3/4-}$ und PO_4^{3-}. Ammonium stört durch die Herabsetzung des pH-Wertes. Calcium soll die Farbe des Magnesium-Farblackes vertiefen.

⑤ Farblack mit Magneson II

Magneson II
4-(4-Nitrophenylazo)-1-naphthol

Man gibt einige Tropfen Probelösung zu der Lösung von Magneson II (= p-Nitrobenzolazonaphthol) in verd. Natronlauge. Die magnesiumhaltige Lösung ist kornblumenblau, eine Blindprobe violett gefärbt. Es stören Ag^+, Hg_2^{2+}, Cu^{2+}, Cd^{2+}, Sb^{3+}, Co^{2+}, Ni^{2+}, $Fe^{2/3+}$, Mn^{2+} und Cr^{2+} sowie S^{2-}, S_x^{2-} und $[Fe(CN)_6]^{3/4-}$. Ammonium stört durch die Herabsetzung des pH-Wertes. Analog verläuft die Bildung des Farblackes mit Magneson I (= p-Nitrobenzolazoresorcin).

⑥ Magnesiumoxinat

Ph. Eur.

Versetzt man eine Probelösung mit einer Oxin-Lösung und macht stark ammoniakalisch, fällt hellgelbes Magnesiumoxinat, $MgOx_2 \cdot 2H_2O$, aus, das im UV-Licht von 365 nm gelbgrün fluoresziert. Es handelt sich zugleich um ein inneres Komplexsalz und einen Chelat-Komplex (s. Kap. 10). Alkali-Ionen stören nicht, dagegen fast alle anderen Kationen. Erwähnt sei die grüne bis blaugrüne Färbung mit Eisen(III) (s. a. Al^{3+} ⑦).

8-Hydroxychinolin (Oxin)   Magnesiumoxinat

Alkali-Ionen

Chemische Eigenschaften: Die Ionen der hier berücksichtigten Alkalimetalle Lithium, Natrium, Kalium und auch das Ammonium-Ion sind farblos und haben die Oxidationszahl +1. Sie neigen nicht zur Komplexbildung. Ihre Salze sind meist sehr gut wasserlöslich, einige schwer lösliche Verbindungen können jedoch zur Identifizierung herangezogen werden. Das Ammonium-Ion hat einen Ionenradius (143 pm), der dem des Kalium-Ions (133 pm) nahe kommt. Daher ähneln die Reaktionen des Ammonium-Ions denen des Kalium-Ions.

Die Lösungen der Alkalihydroxide sind sehr starke Laugen, die auf Haut und Augen stark ätzend wirken (**Schutzbrille!**).

Die Alkalimetalle und ihre Verbindungen geben charakteristische Flammenfärbungen in Linienspektren (s. Spektroskopie, Kap. 4.1.2).

Lithium Li Z = 3 A_r = 6,939

Lithium-Ionen sind nur bei oraler Aufnahme sehr großer Mengen toxisch. Therapeutisch werden Lithium-Verbindungen als Antidepressiva zur Behandlung manisch-depressiver Zustände verwendet. Der exakte Wirkmechanismus ist jedoch nicht bekannt, die therapeutische Breite gering. Als Arzneistoffe finden Lithiumcarbonat, Lithiumsulfat und Lithiumcitrat Verwendung. Schwerlöslich sind das Carbonat, das Phosphat und das Fluorid (Schrägbeziehung Li–Mg im PSE). Früher versuchte man auch Gicht mit Lithium-Verbindungen günstig zu beeinflussen.

Probelösung: 1 mol/L LiCl-Lösung (s. Tab. 5).
Vorprobe: Flammenfärbung ①.

① Flammenfärbung

Ph. Eur., USP

Bringt man eine Lithium-Verbindung an einem Magnesia-Stäbchen in die nicht leuchtende Bunsenflamme, so leuchtet diese intensiv rot.

② Lithiumcarbonat

USP, XXII.

Versetzt man eine mit Natronlauge stark alkalisch gemachte Probelösung mit gesättigter Natriumcarbonat-Lösung und erhitzt zum Sieden, so kristallisiert langsam weißes Lithiumcarbonat aus:

$$2\,Li^+ + CO_3^{2-} \longrightarrow \underline{Li_2CO_3}_{\text{weiß}}$$

In Gegenwart von Ammoniumchlorid bleibt die Fällung aus (s. Mg^{2+} ②c).

③ Löslichkeit von Lithiumchlorid in organischen Lösungsmitteln

Ph. Eur., USP

Festes Lithiumchlorid ist in Ethanol ebenso gut löslich wie in Wasser (100 g Lösung enthalten bei Zimmertemperatur 44 bzw. 45 g). Man kann festes Lithiumchlorid auch in Methylisobutylketon, Aceton oder Pentanol lösen. In diesen Alkoholen ist jedoch auch Magnesiumchlorid löslich. Tetrahydrofuran löst nur Lithiumchlorid, neigt aber zu stark zur Peroxidbildung. In einem mit Wasser gesättigten Gemisch aus 1 Teil *n*- oder Isoamylalkohol und 3–5 Teilen Diethylether löst sich nur noch Lithiumchlorid, aber nicht mehr Magnesiumchlorid. Fackelt man die organische Lösung von Lithiumchlorid ab (unter Aufsicht des Assistenten!), so ist die rote Flammenfärbung zu sehen (s. Li^+ ①). Die Lösung in Isoamylalkohol/Diethylether kann auch direkt in den Versuchen ④ b und ⑤ eingesetzt werden.

④ Lithiumphosphat

a Erwärmt man eine Probelösung mit Dinatriumhydrogenphosphat-Lösung und einigen Tropfen verd. Natronlauge, fällt langsam weißes Lithiumphosphat aus, das in Säuren leicht löslich ist:

ohne NaOH: $3\,LiCl + Na_2HPO_4 \rightleftharpoons Li_3PO_4 + 2\,NaCl + HCl$

mit NaOH: $3\,LiCl + Na_2HPO_4 + NaOH \longrightarrow Li_3PO_4 + 3\,NaCl + H_2O$

b Statt der Probelösung kann man auch die Lösung von Lithiumchlorid in Pentanol bzw. Pentanol/Ether (s. Li^+ ③) einsetzen und in der Wärme kräftig schütteln. Das Lithiumphosphat trübt die wässrige (untere) Phase. Nach diesem Verfahren wird das feuergefährliche Abdampfen von Ethanol bzw. Ethanol/Ether auf dem Wasserbad vermieden.

⑤ Fällung mit Eisenperiodat-Reagenz

Ph. Eur. (Identitätsreaktion für Li-Citrat)

Versetzt man Eisenperiodat-Reagenz mit wenigen Tropfen Probelösung, so bildet sich ein nicht ganz weißer Niederschlag der wahrscheinlichen Zusammensetzung $LiK[FeIO_6]$. Man kann auch das Reagenz mit einer Lösung von Lithiumchlorid in Pentanol bzw. wassergesättigtem *n*- oder Isoamylalkohol/Diethylether (s. ③) schütteln. Der Niederschlag bildet sich in der unteren wässrigen Phase.

Die Kationen der Erdalkali-Gruppe (u. a.) stören, da sie ebenfalls zu einer Fällung führen. Magnesium kann vorher mit Kalilauge als Magnesiumhydroxid gefällt und abgetrennt werden (s. Mg^{2+} ①). Von den Anionen stört nur Phosphat. Geringe Mengen Natrium erhöhen die Empfindlichkeit, mit einer 1 molaren Natrium-Chlorid-Lösung bildet sich nach 8 Stunden eine leichte Trübung.

Natrium   Na   Z = 11 A_r = 22,9898

Spuren von Natrium-Verbindungen sind praktisch überall (ubiquitär) vorhanden (s. Spektroskopie, Kap. 4.1.2). In der Körperflüssigkeit finden sich beachtliche Mengen Natrium-Ionen hauptsächlich extrazellulär (ca. 140 mmol/L im Blutplasma), sie sind für den osmotischen Druck der Gewebe verantwortlich. Erst die Aufnahme sehr großer Mengen, die den osmotischen Druck stören können, wirken toxisch. Die Aufnahme von 2,5 g Natriumchlorid/kg Körpergewicht (175 g NaCl bei einem Körpergewicht von 70 kg!) wirken letal. Natrium-Ionen werden schnell resorbiert und schnell ausgeschieden. Natriumchlorid ist Bestandteil der isotonischen Kochsalzlösung (0,9 % NaCl). Kochsalz kann auch dazu verwendet werden, bei oraler Giftaufnahme Erbrechen auszulösen. Natriumsalze der Ph. Eur. sind beispielsweise Natriumacetat, Natriumchlorid und Natriumhydroxid.

Probelösung: 1 mol/L NaCl-Lösung (s. Tab. 5).
Vorproben: Flammenfärbung ①.

① Flammenfärbung

Ph. Eur., USP

Bringt man ein Natrium-Salz mit einem Magnesiastäbchen oder Platin-Draht in die nicht leuchtende Bunsenflamme, so leuchtet sie intensiv gelb.

② Natriumhexahydroxoantimonat(V)

Ph. Eur. (Identitätsreaktion a), USP

Versetzt man die neutrale bis alkalische Probelösung, die auch nur 0,05 mol Na^+/L enthalten kann, mit $K[Sb(OH)_6]$, so fällt langsam weißes, kristallines $Na[Sb(OH)_6]$ aus. Die Lösung muss stark alkalisch sein. Lithium-, Ammonium-, Erdalkali- und Schwermetall-Ionen stören, da sie selbst Fällungen ergeben. Magnesium muss zuvor mit Kalilauge als Magnesium-hydroxid gefällt und abgetrennt werden. Durch Zugabe von bis zu 20 % Ethanol wird die Empfindlichkeit erhöht. Die Ph. Eur empfiehlt Reiben mit einem Glasstab und Kühlen im Eis-Wasser-Bad.

$$Na^+ + [Sb(OH)_6]^- \longrightarrow \underline{Na[Sb(OH)_6]}_{\text{weiß}}$$

F^-, SCN^-, $C_2O_4^{2-}$, $C_4H_4O_6^{2-}$, BO_3^{3-} und PO_4^{3-} stören den Nachweis nicht.

③ Natriumuranylacetate

a Natriummagnesiumuranylacetat
DAC

b Natriumzinkuranylacetat

c Natriumcobalturanylacetat
USP

Versetzt man eine essigsaure Probelösung mit dem gleichen Volumen **a** Magnesium- **b** Zink bzw. **c** Cobalturanylacetat, so bildet sich langsam ein kristalliner Niederschlag (Mikroskop):

a $NaMg(UO_2)_3(CH_3COO)_9 \cdot 6\,H_2O$
   gelbe Oktaeder
b $NaZn(UO_2)_3(CH_3COO)_9 \cdot 6\,H_2O$
   gelbe Tetraeder
c $NaCo(UO_2)_3(CH_3COO)_9 \cdot 6\,H_2O$
   blassorange

Diese Verbindungen sind nur mäßig schwerlöslich, es muss daher in konzentrierten Lösungen ($c(Na^+) > 0{,}5$ mol/L) gearbeitet werden. Statt des Doppelsalzes $NaUO_2(CH_3COO)_3$ werden wegen der etwas höheren Empfindlichkeit meist die Tripelsalze $NaM(UO_2)_3(CH_3COO)_9$ [M = Mg^{2+}, Zn^{2+}, Co^{2+}] hergestellt, die sich weder in ihrer Empfindlichkeit noch in ihrer Störanfälligkeit wesentlich unterscheiden. Zur Erhöhung der Empfindlichkeit kann man zur Reaktionsmischung ca. 25 % Ethanol zusetzen. Es stören Lithium in Konzentrationen über 0,5 mol/L, Ammonium-Ionen sowie zahlreiche Schwermetall-Ionen, größere Mengen Kalium-Ionen (1 mol/L), die nadelförmige Kristalle bilden, und einige Anionen wie z. B. Phosphat, Arsenat(V) und Carbonat F^-, SCN^-, $C_2O_4^{2-}$, $C_4H_4O_6^{2-}$, BO_3^{3-} und PO_4^{3-}, die bei exakter Durchführung des Trennungsganges aber hier nicht mehr vorliegen. Bei Anwesenheit von Fluorid sind **a** und **b** wegen Schwerlöslichkeit von MgF_2 und ZnF_2 nicht möglich.

④ **Natriumhydrogen-α-methoxyphenylacetat**

Ph. Eur. (Identitätsreaktion b auf Natrium)

Mischt man 0,5 mL (kleines Reagenzglas untere Halbkugel voll) einer möglichst neutralen Natrium-Lösung mit 1,5 mL Methoxyphenylessigsäure-Reagenz, so bildet sich ein kristalliner Niederschlag, der aus je einem Molekül Salz und Säure besteht.

Bei einem Gehalt von 2 mg Na/ml (etwa 0,1 mol/L) tritt der Niederschlag in wenigen Minuten, bei Kühlung mit Eiswasser (Ph. Eur.: 30 min) in kaum mehr als 1 min auf. Bei Konzentrationen von 4 und mehr mg Na/mL bildet sich der Niederschlag auch bei Zimmertemperatur innerhalb von Sekunden. Günstigster pH-Bereich der Reaktion: 3–4. Es stören Ca^{2+}, Sr^{2+} und Ba^{2+}, nicht jedoch Mg^{2+}, Li^+, NH_4^+ und K^+.

α-Methoxyphenylessigsäure

Kalium K Z = 19 A_r = 39,101

Kalium-Ionen sind für die normale Funktion von Nerven und Muskeln im Körper notwendig. Die tägliche Aufnahme liegt bei 2–6 g; Resorption und Ausscheidung erfolgen rasch. Für toxische Erscheinungen, wie z. B. Lähmungen, ist die orale Aufnahme von 15 g Kaliumchlorid erforderlich. Das Kaliumion ist das quantitativ bedeutsamste intrazelluläre Kation (ca. 150 mmol/L). Es ist wesentlich an der Aufrechterhaltung des Membran-Ruhepotenzials beteiligt. Kaliumsalze finden therapeutische Verwendung bei Kaliummangelzuständen oder Vergiftungen mit Herzglykosiden (Digitalis). In der Ph. Eur. finden sich die Monographien Kaliumacetat, Kaliumchlorid und Kaliumhydroxid.

Probelösung: 0,1 mol/L KCl-Lösung (s. Tab. 5).
Vorprobe: Flammenfärbung ①.

① Flammenfärbung

USP

Bringt man eine Kaliumverbindung an einem Magnesiastäbchen oder Platin-Draht in die nichtleuchtende Bunsenflamme, so wird sie violett gefärbt. Oft überdeckt die gelbe Farbe des Natriums die violette Flammenfärbung. Betrachtet man die Flamme durch ein *Cobaltglas,* wird das Natrium-Licht herausgefiltert. Eine eindeutige Identifizierung ist nur mithilfe des Spektroskopes möglich (s. Kap. 4.1).

② Kaliumperchlorat

Versetzt man eine Probelösung mit 60–70 %iger Perchlorsäure, so fällt kristallines, weißes Kaliumperchlorat aus. Die Reaktion eignet sich zur Durchführung als Mikroreaktion unter dem Mikroskop. Da die Löslichkeit bei Temperaturerhöhung stark zunimmt, wird die Reaktion nach Kühlung der Probelösung unter fließendem Leitungswasser durchgeführt. Es stören nur Ammonium-Ionen, die bei höheren Konzentrationen (ca. 1 mol/L) ebenfalls einen weißen Niederschlag ergeben:

$$K^+ + ClO_4^- \longrightarrow \underline{KClO_4}_{\text{weiß}}$$

③ Kaliumhexanitrocobaltat(III)

Ph. Eur. (Identitätsreaktion b auf Kalium)

a Versetzt man eine schwach alkalische bis schwach essigsaure Probelösung mit $Na_3[Co(NO_2)_6]$, so fällt ein gelb-oranger Niederschlag aus, in dem je nach Mengenverhältnis in der Lösung 1, 2 oder 3 der Natrium-Ionen durch Kalium-Ionen ersetzt sind. Ammonium-Ionen führen zu einem gleichartigen Niederschlag (s. NH_4^+ ⑤) und müssen vorher abgeraucht werden. Es stören außerdem Ag^+ und Ba^{2+}, die ähnliche Niederschläge bilden:

$KNa_2[Co(NO_2)_6]$, $K_2Na[Co(NO_2)_6]$, $K_3[Co(NO_2)_6]$.

b Man sättigt eine Cobaltsulfat-Lösung mit Kaliumchlorid, fügt Kaliumnitrit hinzu und säuert mit verd. Essigsäure an. Es bildet sich bei Zimmertemperatur langsam, beim Erwärmen schneller, ein gelber Niederschlag:

$$Co^{2+} + 7\,NO_2^- + 2\,H^+ + 3\,K^+ \longrightarrow \underbrace{K_3[Co(NO_2)_6]}_{\text{gelb}} + NO + H_2O$$

④ **Kaliumhydrogentartrat**

Ph. Eur. (Identitätsreaktion a auf Kalium), USP

Zu einer konz. Weinsäure-Lösung (50 %ig) gibt man eine 1 mol/L Kaliumchlorid-Lösung. Es kristallisieren langsam farblose, lichtbrechende Kristalle von Kaliumhydrogentartrat aus. Kaliumhydrogentartrat neigt zur Übersättigung (s. Sr^{2+} ②). Durch Reiben mit einem Glasstab an der Reagenzglaswand oder Zugabe von etwas Eisessig oder Ethanol kann die Bildung des Niederschlages beschleunigt werden. Ammoniumsalze müssen vorher abgeraucht werden. Ph. Eur. lässt Natriumcarbonat und Natriumsulfid zur Beseitigung störender Kationen zugeben. Kaliumhydrogentartrat ist in Mineralsäuren und Laugen, nicht jedoch in verd. Essigsäure löslich:

$$HC_4H_4O_6^- + K^+ \longrightarrow \underbrace{KHC_4H_4O_6}_{\text{farblos}}$$

⑤ **Kaliumhexachloroplatinat(IV)**

Versetzt man eine Probelösung mit einer 10 %igen Hexachloroplatin(IV)-säure, so kristallisiert kräftig gelbes Kaliumhexachloroplatinat(IV) in Form von Oktaedern aus. Die Reaktion kann als Mikroreaktion unter dem Mikroskop ausgeführt werden. Ammonium-Ionen bilden eine entsprechende Verbindung und müssen vorher abgeraucht werden:

$$[PtCl_6]^{2-} + 2\,K^+ \longrightarrow \underbrace{K_2[PtCl_6]}_{\text{gelb}}$$

Beim Verglühen entsteht metallisches Platin und Kaliumchlorid:

$$K_2[PtCl_6] \longrightarrow Pt + 2\,KCl + 2\,Cl_2 \uparrow$$

⑥ **Kaliumtetraphenylborat**

Ph. Eur.

Versetzt man eine neutrale bis schwach essigsaure Probelösung, die auch stärker verd. sein kann, mit Natriumtetraphenylborat-Lösung (*Kalignost*) so bildet sich ein weißer Niederschlag von Kaliumtetraphenylborat. Ammonium-, Silber- und Quecksilber-

Ionen müssen vorher entfernt werden, da sie ebenfalls einen Niederschlag bilden. Die anderen Alkali- und Erdalkali-Ionen stören nicht. Die Reaktion ist äußerst empfindlich.

Natriumtetraphenylborat

Ammonium $\quad NH_4^+ \quad M_r = 18{,}03858$

Ammonium-Salze werden in großen Mengen als Düngemittel verwendet. Sie sind nur wenig toxisch. Bei oraler Aufnahme von 4–6 g Ammoniumchlorid täglich über mehrere Tage wird das Säure-Base-Gleichgewicht im Körper gestört, Blut und Harn werden sauer. Ausgeschieden werden Ammonium-Ionen als Harnstoff. Therapeutische Verwendung findet Ammoniumchlorid als Expektorans und Ammoniumbromid wegen der sedativen Wirkung des Bromids. Das Gas Ammoniak (NH_3) führt zu lokalen Reizungen, die auf der Laugenwirkung seiner wässrigen Lösung beruhen. In der Ph. Eur. finden sich die Monographien Ammoniumbromid, Ammoniumchlorid und Ammoniumhydrogencarbonat. Außerdem werden konz. (25 %, Ph. Eur.) und verdünnte Ammoniak-Lösung (10 %, DAB 2005) beschrieben.

Chemische Eigenschaften: Ammoniak ist ein Gas, das sehr gut in Wasser löslich ist. „Ammoniak-Wasser" reagiert durch die Reaktion

$$NH_3 + H_2O \rightleftharpoons NH_4^+ + OH^-$$

alkalisch (pH 9–10). Verschiedene Salze des K^+ und NH_4^+ gleichen sich in ihrer Schwerlöslichkeit. Charakteristisch für die Ammonium-Salze beim Erhitzen ist ihre Flüchtigkeit bzw. Zersetzlichkeit. NH_4^+ ist wie die Lewisbase NH_3 farblos. NH_3 ist durch sein freies Elektronenpaar in der Lage, als Ligand in viele Komplexe einzutreten; dagegen ist die Säure NH_4^+ koordinativ abgesättigt.

Probelösung: 1 mol/L NH_4Cl-Lösung (s. Tab. 5).

① Reaktion mit Alkali- und Erdalkali-Hydroxiden

Ph. Eur., USP

Fügt man zu einer Probelösung oder einem festen Ammonium-Salz einen Überschuss verd. Natron- oder Kalilauge (d. h. OH^-), entweicht Ammoniak-Gas, das man an seinem charakteristischem Geruch erkennt. Ein in den Gasraum gebrachtes feuchtes,

Indikatorpapier (gelb = neutral oder rot = sauer) oder auf den Deckel mit Schlitz des PVC-Reaktionsgefäßes gelegtes Indikatorpapier färbt sich blau und zeigt eine basische Reaktion an (pH > 7). Außer den Alkalihydroxiden setzen auch Erdalkalihydroxide und -oxide, in der Wärme auch Alkalicarbonate (s. Sodaauszug, Kap. 7.1) Ammoniak-Gas aus Ammonium-Salzen frei. Ph. Eur. lässt mit Magnesiumoxid verreiben. Das entstehende Ammoniak wird in Gegenwart von Methylrot in HCl (0,1 M) eingeleitet. Diese Vorgehensweise dient der Unterscheidung NH_4^+/K^+. Es tritt Farbumschlag nach gelb ein. Nach Zugabe von Hexanitrocobaltat(III) entsteht ein gelber Niederschlag (siehe ⑤).

$$NH_4^+ + OH^- \longrightarrow NH_3 \uparrow + H_2O$$

$$NH_4Cl + NaOH \longrightarrow NH_3 \uparrow + NaCl + H_2O$$

$$2\,NH_4Cl + MgO \longrightarrow 2\,NH_3 \uparrow + MgCl_2 + H_2O$$

Zur praktischen Durchführung zerkleinert man einige Natriumhydroxid-Plätzchen in der Reibschale (**Schutzbrille!**), verreibt mit dem Ammonium-Salz und wenigen Tropfen Wasser und erkennt Ammoniak am Geruch. Man kann auch das Ammonium-Salz in einem Uhrglas mit Natronlauge übergießen und mit einem zweiten Uhrglas, an das man innen und außen je ein feuchtes Indikatorpapier geklebt hat, abdecken. Am inneren Indikatorpapier ist bald die basische Reaktion im Vergleich zum äußeren zu erkennen. Steht der Versuch längere Zeit, kann NH_3 durch kleine Laugenspritzer und durch an der Glaswand hochkriechende Lauge vorgetäuscht werden.

Das Ammoniak-Gas kann auch mit einem angefeuchteten Mangan-Silber-Papier nachgewiesen werden, das sich unter Einwirkung von Ammoniak graubraun färbt:

$$Mn^{2+} + 2\,Ag^+ + 4\,OH^- \longrightarrow MnO_2 + 2\,Ag + 2\,H_2O$$

Der Grenzprüfung auf Ammonium nach Ph. Eur. (Methode B) liegt diese Umsetzung zugrunde (s. a. K^+ ⑥).

② **Ammoniumchlorid-Rauch**

DAB 2005 (Identitätsreaktion)

Hält man über verd. oder konz. Ammoniak einen Glasstab mit einem Tropfen konz. Salzsäure, bildet sich ein weißer Rauch (nicht Nebel!) von Ammoniumchlorid (s. Cl^- ②):

$$NH_3 + HCl \longrightarrow NH_4Cl$$

③ **Abrauchen von Ammonium-Salzen**

a **Ammonium-Salze schwacher flüchtiger Säuren.** Erhitzt man festes Ammoniumcarbonat (s. a. S. 132) im Reagenzglas, tritt Ammoniak-Geruch auf. Im kälteren Teil des Reagenzglases kondensieren Wassertröpfchen:

$$(NH_4)_2CO_3 \longrightarrow 2\,NH_3 \uparrow + CO_2 \uparrow + H_2O$$

Die thermische Zersetzung erfolgt in geringem Grade schon bei Zimmertemperatur, wie am Ammoniak-Geruch des Ammoniumcarbonates festgestellt werden kann. Eine wässrige Lösung von Ammoniumcarbonat scheint aus dem gleichen Grunde bei etwa 60 °C zu sieden.

b Ammonium-Salze starker flüchtiger Säuren. Erhitzt man festes Ammoniumchlorid im Reagenzglas, verschwindet die ursprüngliche Substanz ohne zu schmelzen, um sich im kälteren Teil wieder in fester Form zu kondensieren. Ammoniumchlorid sublimiert, in der Hitze tritt reversible thermische Zersetzung ein:

$$NH_4Cl \rightleftharpoons NH_3 + HCl$$

c Ammonium-Salze schwer flüchtiger Säuren. Erhitzt man festes Ammoniumsulfat über 350 °C, so lässt sich Ammoniak im Gasraum darüber nachweisen (s. NH_4^+ ①). Es bildet sich Ammoniumhydrogensulfat, das durch Wasserabspaltung in Ammoniumdisulfat $[(NH_4)_2S_2O_7]$ übergeht. Ammoniumdisulfat zersetzt sich erst oberhalb 470 °C, dagegen siedet konz. Schwefelsäure (als Azeotrop 98,33 %ig) bei 338 °C:

$$(NH_4)_2SO_4 \longrightarrow NH_3 \uparrow + NH_4HSO_4$$

$$2\,NH_4HSO_4 \longrightarrow (NH_4)_2S_2O_7 + H_2O \uparrow$$

Entsprechend verhalten sich Ammoniumhydrogenphosphat und Ammoniumdihydrogenphosphat. Ammoniumphosphat verliert leicht 1 Molekül NH_3. Aus den Ammoniumphosphaten bilden sich entsprechend Ammoniumsalze kondensierter Phosphate (s. auch Phosphorsalzperle s. Co^{2+} ⑦).

d Ammonium-Salze oxidierender Säuren. Erhitzt man eine **kleine** Spatelspitze Ammoniumnitrat im Reagenzglas, so tritt ab 170 °C exotherme Zersetzung zu N_2O (Disticksoffmonoxid, Lachgas, früher Stickoxydul), bei höheren Temperaturen zu N_2 und O_2 ein. Mit größeren Mengen kann die Zersetzung explosionsartig verlaufen:

$$NH_4NO_3 \longrightarrow N_2O \uparrow + 2\,H_2O \uparrow \qquad \Delta H = 7,08\ kJ \cdot mol^1$$

$$2\,NH_4NO_3 \longrightarrow 2\,N_2 \uparrow + O_2 \uparrow + 4\,H_2O \uparrow \qquad \Delta H = 23,55\ kJ \cdot mol^1$$

Löst man etwa gleiche Mengen Ammoniumchlorid und Natriumnitrit, so erhält man eine Lösung von Ammoniumnitrit, die sich schon bei etwa 70 °C unter Stickstoff-Entwicklung zersetzt:

$$NH_4Cl + NaNO_2 \rightleftharpoons NH_4NO_2 + NaCl$$

$$NH_4NO_2 \longrightarrow N_2 \uparrow + 2\,H_2O$$

Erhitzt man eine Spatelspitze Ammoniumdichromat, so erfolgt die Zersetzung unter Aufglühen und Bildung von lockerem, grünen Chrom(III)-oxid:

$$(NH_4)_2Cr_2O_7 \longrightarrow N_2 \uparrow + Cr_2O_3 + 4H_2O \uparrow$$

In diesen Fällen erfolgt Zersetzung unter Oxidation des NH_3. Im Verlauf des Trennungsganges ist es mehrmals notwendig, Ammonium-Salze zu entfernen. Bei Anwesenheit schwer flüchtiger Säuren ist dies durch Erhitzen nicht möglich (s. o.). Freie salpetrige Säure ist nicht verfügbar und ihre Salze (Natrium-, Kaliumnitrit) können nicht verwendet werden, da Natrium- oder Kalium-Ionen noch nachgewiesen werden müssen. Daher erhitzt man Ammonium-Salze mit Königswasser unter dem **Abzug**. *Königswasser*, KW, (löst auch Gold, den König der Metalle, Bezeichnung aus der Alchemie) ist stets frisch aus 3 Teilen konz. Salzsäure und 1 Teil konz. Salpetersäure herzustellen. Es liegt folgendes Gleichgewicht vor:

$$HNO_3 + 3HCl \longrightarrow NOCl + Cl_2 + 2H_2O$$

Nitrosylchlorid (NOCl) ist das Chlorid der salpetrigen Säure, das mit dem vorhandenen Wasser zu der benötigten salpetrigen Säure hydrolysiert:

$$NOCl + H_2O \rightleftharpoons HNO_2 + HCl$$

Beim Abrauchen der Ammoniumsalze mit Königswasser aus einer Mischung mit z. B. Alkali-Kationen bleibt ein Gemisch von Chloriden und Nitraten zurück. Die Nitrate können durch Glühen mit fester Oxalsäure in Carbonate umgewandelt werden.

④ Ammoniumhexachloroplatinat(IV)

Versetzt man eine Probelösung mit einer 10%igen Hexachlorplatinsäure, so kristallisiert gelbes Ammoniumhexachloroplatinat(IV) aus, das mit dem Kalium-Salz *isomorph* ist (gleiche Kristallform):

$$2NH_4^+ + [PtCl_6]^{2-} \longrightarrow \underbrace{(NH_4)_2[PtCl_6]}_{\text{gelb}}$$

Beim Verglühen bleibt nur metallisches Platin zurück (s. K^+ ⑤):

$$\underbrace{(NH_4)_2[PtCl_6]}_{\text{gelb}} \longrightarrow Pt + 2NH_4Cl + 2Cl_2$$

⑤ Ammoniumhexanitrocobaltat(III)

Ph. Eur.

Analog K^+ ③ a.

⑥ Reaktion mit Neßlers Reagenz

Ph. Eur. (Grenzprüfung Ammonium Methode a), USP

Neßlers Reagenz (s. Hg^{2+} ⑨) – eine alkalische Lösung von Tetraiodomercurat(II) – reagiert schon mit geringen Mengen Ammoniak bzw. Ammonium-Salz unter Bildung einer rotbraunen kolloiden Lösung (bei Spuren) oder Fällung von polymerem Nitrido-quecksilber(II)-iodid $[NHg_2]_nI_n \cdot (H_2O)_n$ (aufgebaut aus NHg_4-Tetraedern), dem Iodid der *Millonschen Base*:

$$2\,[HgI_4]^{2-} + 3\,OH^- + NH_3 \longrightarrow [NHg_2]I \cdot H_2O + 7\,I^- + 2\,H_2O$$

Zahlreiche Anionen und Kationen stören. Es empfiehlt sich daher, Ammoniak aus der Festsubstanz mit verd. Natronlauge in der Wärme auszutreiben und in sehr verd. Salz- oder Schwefelsäure in einem Gärröhrchen zu absorbieren. Von dieser Ammoniumsalz-Lösung gibt man einen Tropfen zu Neßlers Reagenz.

6.4.2 Trennungsgang der löslichen Gruppe (s. Kap. 12.3.6)

Das Zentrifugat der Ammoniumcarbonat-Fällung enthält neben großen Mengen Ammonium-Salzen aus dem Trennungsgang noch:

Li^+, Na^+, K^+ und Mg^{2+}

Ammonium selbst, das auch zu dieser Gruppe gehört, muss daher außerhalb des Trennungsganges aus der Ursubstanz nachgewiesen werden.

Für den **Ammonium-Nachweis** ist die Empfindlichkeit des Ammoniak-Geruchs (s. NH_4^+ ①) ausreichend; *Neßlers Reagenz* (s. NH_4^+ ⑥) eignet sich zum Nachweis von Ammonium- bzw. Ammoniak-Spuren; besonders nach Destillation aus alkalischer Lösung (z. B. Untersuchung von Trinkwasser).

Hat man durch die spektroskopische Vorprobe die Abwesenheit von Lithium festgestellt, wird zweimal mit Königswasser zur *vollständigen* Entfernung der Ammoniumsalze abgeraucht (s. NH_4^+ ③d). Zur Verarbeitung des Rückstands (Mg^{2+}, Na^+, K^+) s. u. Bei Anwesenheit von Lithium, das die Nachweise Mg^{2+} ③, Na^+ ② und ③ stört, muss vor dem Abrauchen auf Sulfat geprüft werden (s. a. SO_4^{2-} ①). Da Lithiumsulfat nicht mit organischen Lösungsmitteln extrahiert werden kann, muss das Sulfat entfernt werden (SO_4^{2-} ①).

Zur **Entfernung des Sulfats** säuert man das Zentrifugat der Ammoniumcarbonat-Gruppenfällung mit wenig konz. Salzsäure an – um das Volumen möglichst klein zu halten – und fällt mit einem möglichst kleinen Überschuss Bariumchlorid-Lösung Bariumsulfat aus. Dann gibt man konz. Ammoniak bis zur alkalischen Reaktion hinzu und fällt die überschüssigen Barium-Ionen mit Ammoniumcarbonat in der Wärme. Man zentrifugiert; der Niederschlag von Bariumsulfat und -carbonat wird verworfen.

Das sulfatfreie Zentrifugat der Ammoniumcarbonat-Gruppenfällung wird mit konz. Salzsäure vorsichtig angesäuert (Schäumen durch Kohlendioxid-Entwicklung) in einer Porzellanschale vorsichtig eingetrocknet und zweimal mit Königswasser abgeraucht (s. NH_4^+ ③d). Diesen Rückstand versetzt man mit ca. der gleichen Menge fester Oxalsäure und glüht schwach durch. Zunächst entwickeln sich braune

Stickoxide, eventuell erfolgt die weitere Reaktion unter Feuererscheinung mit oder ohne Abscheidung von Kohlenstoff. Nach dem Abkühlen versetzt man mit etwas konz. Salzsäure und trocknet ein.

Der Rückstand wird mit einer wassergesättigten Mischung aus 1 Teil *n*- oder Isoamylalkohol und 3–5 Teilen Diethylether (ohne den geringsten Wassertropfen!) ausgelaugt. Zum **Lithium-Nachweis** wird die organische Phase mit Eisenperiodat-Reagenz geschüttelt (s. Li^+ ⑤), der Nachweis als Lithiumphosphat (s. Li^+ ④) ist weniger empfindlich. Anhaftendes organisches Lösungsmittel an dem ausgelaugten Rückstand lässt man unter dem Abzug verdunsten; erhitzt man mit dem Bunsenbrenner, brennt das restliche organische Lösungsmittel ab.

Dieser Rückstand ($MgCl_2$, $NaCl$, KCl) wird in wenig(!) Wasser, dem einige Tropfen verd. Essigsäure zugesetzt werden, unter Erwärmen gelöst und in 3 Teile geteilt:

Für den **Magnesium-Nachweis** ist die Fällung als Magnesiumammoniumphosphat (s. Mg^{2+} ③, Mikroskop!) oder die Bildung eines Farblackes (s. Mg^{2+} ④ oder ⑤) geeignet.

Vorhandenes Magnesium stört die **Natrium-Nachweise** als Magnesiumuranylacetat (s. Na^+ ③) und mit α-Methoxyphenylessigsäure (s. Na^+ ④) nicht. Vor der Fällung von Natriumhexahydroxoantimonat(V) (s. Na^+ ②) muss man das Magnesium mit Kalilauge als Magnesiumhydroxid ausfällen und abtrennen. Vor dem Nachweis des Kaliums prüft man mit je 1 Tropfen der Lösung und Neßlers Reagenz NH_4^+ ⑥, ob Ammonium wirklich vollständig entfernt ist. Notfalls muss erneut mit Königswasser abgeraucht werden.

Von den **Kalium-Nachweisen** mit Perchlorsäure, Natriumhexanitrocobaltat(III) und Natriumtetraphenylborat ist der letzte der empfindlichste (s. K^+ ②, ③, ⑥).

7 Analyse der Anionen

Abgesehen von einigen mehr orientierenden Gruppenreaktionen (s. Kap. 7.2) gibt es für die Anionen keinen zuverlässigen Trennungsgang wie für die Kationen. Das Prinzip des Kationen-Trennungsganges beruht auf Gruppentrennungen vor den Nachweisen – also eine sinnvolle Anordnung von Einzelreaktionen –, um gegenseitige Störungen zu vermeiden. Bei den Anionen jedoch ist die Zahl der möglichen Störungen, der unvollständigen Fällungen und der zur Übersättigung neigenden Salze zu groß, um einen zuverlässigen Trennungsgang aufzustellen.

Die Analyse der Anionen ist gekennzeichnet durch Einzelreaktionen, bei denen verschiedene Störungen zu berücksichtigen sind. Dies wird durch die Auswahl der zum Nachweis herangezogenen Reaktionen erreicht, durch Abtrennung oder auch Zerstörung von Anionen. Analysen, die Oxidationsmittel enthalten, besonders Chlorat, Perchlorat, Bromat und Iodat, sollten mit einem **Warnhinweis** versehen werden, da diese mit oxidierbaren Substanzen, wie z. B. organischen Anionen **explosionsartig** reagieren können. Es gibt außerdem einige Ionen-Kombinationen, bei denen der Aufwand der Entstörung den Rahmen dieses Praktikums überschreitet sowie Ionen, die miteinander reagiert haben, bevor man sie auf klassischem Wege nachweisen kann. Diese Kombinationen sind in Tab. 23 zusammengestellt.

Um nun nicht die nach Gegenstandskatalog und Arzneibüchern nachzuweisenden Anionen zusammenhanglos aufzureihen, ist versucht worden, nach groben chemischen Oberbegriffen Gruppen zu bilden:

- Halogenide und Pseudohalogenide,
- schwefelhaltige Anionen,
- kohlenstoffhaltige Anionen,
- Anionen von Sauerstoffsäuren der 3., 4. und 5. Hauptgruppe (ohne Kohlenstoff).

Ganz ideal ist diese Einteilung schon wegen Überschneidungen nicht. Nach den Einzelreaktionen der jeweiligen Gruppe folgen Hinweise zum Nachweis der Anionen in einer Analyse, einschließlich der eventuell notwendigen Entstörungen (Zusammenfassung s. Kap. 12.2.1).

7.1 Herstellung eines Sodaauszuges

Außer den Störungen der Anionen-Nachweise durch andere Anionen, sind auch Störungen durch Erdalkali- und Schwermetall-Kationen möglich. Diese Kationen lassen sich weit gehend mit Natriumcarbonat (Na_2CO_3, *Soda*) als schwerlösliche neutrale oder basische Carbonate oder als Hydroxide fällen und abtrennen. Sind die Salze, die durch den Sodaauszug für die Nachweise der Anionen aufgeschlossen werden sollen, schwerer löslich als die entsprechenden Carbonate (s. Löslichkeitsprodukte, Kap 11.1), gehen die Natriumsalze dieser Anionen nicht in den Sodaauszug. Das gilt für die Sulfide der H_2S- und der $(NH_4)_2S$-Gruppe mit Ausnahme der Sulfide von Arsen, Antimon und Zinn(IV) sowie $BiONO_3$, einige Phosphate, Erdalkalioxalate, Erdalkalifluoride und Bariumsulfat. Für die Nachweise dieser Anionen mit diesen Kationen sind besondere Vorkehrungen zu treffen, die in der Tabelle 21 Nachweise der Anionen angegeben sind.

Man versetzt dazu eine Spatelspitze Ursubstanz mit der fünffachen Menge Natriumcarbonat, fügt Wasser hinzu, so dass eine etwa 20%ige Natriumcarbonat-Lösung entsteht und erhitzt 10–15 min unter häufigem Umschütteln im Wasserbad. Die in der Wärme gefällten Carbonate lassen sich leichter abtrennen. Dabei gehen nahezu alle Anionen in Lösung und liegen als Natrium-Salze vor; aus Ammonium-Salzen entweicht Ammoniak. Die Anionen aus Salzen mit Kationen, die weniger schwerlösliche Carbonate bilden (s. Löslichkeitsprodukte, Tab. 15), können nicht im Sodaauszug erwartet werden (z. B. ZnS; pK_L 24/$ZnCO_3$; pK_L 10,2). Um aus CaC_2O_4 (pK_L 8,4) Oxalat freisetzen zu können, muss die Konzentration an Natriumcarbonat erheblich größer sein, um das Gleichgewicht zu Gunsten von $CaCO_3$ zu verschieben ($CaCO_3$, pK_L 8,1). Um die Carbonat-Konzentration zu erhöhen, ist außerdem ein Zusatz von Natronlauge geeignet:

$$HCO_3^- + OH^- \longrightarrow CO_3^{2-} + H_2O$$

Es ist bei jedem Nachweis (Tab. 21) beschrieben, ob er mit dem Sodaauszug, der Ursubstanz, dem in Salzsäure schwerlöslichen Rückstand usw. durchgeführt werden muss.

Der Sodaauszug wird von der Carbonat-Fällung abzentrifugiert. Für den jeweiligen Nachweis muss meist neutralisiert oder angesäuert werden. Bei zu rascher Zugabe von konz. Säuren ist durch starke Kohlendioxid-Entwicklung die Gefahr des Überschäumens gegeben. Es muss immer gut umgeschüttelt werden, damit der Inhalt des Reagenzglases gleichmäßig neutralisiert oder angesäuert ist. Ein Reagenzglas darf nie mehr als ¼–⅓ gefüllt werden.

7.1.1 Kationen, die in den Sodaauszug gelangen können

Da eine Natriumcarbonat-Lösung stark alkalisch reagiert (s. Protolyse), können sich amphotere Substanzen in ihr lösen. Es sind dies die Hydroxide bzw. Oxide von Pb^{2+}, $As^{3/5+}$, $Sb^{3/5+}$, $Sn^{2/4+}$, Al^{3+} und Zn^{2+}, die Hydroxo-Komplexe bilden können (s. Reaktionen beim jeweiligen Ion). Beim genauen Neutralisieren des Sodaauszuges fallen in der Regel die farblosen Hydroxide aus, die abzentrifugiert werden. Von den genannten Ionen stört jedoch nur Sn^{2+} bzw. $[Sn(OH)_3]^-$, da es Silberionen zu schwarzgrauem Silber reduziert und dadurch Thiosulfat vortäuscht. Thio- und Thiooxo-Salze von $As^{3/5+}$ und $Sb^{3/5+}$ (seltener auch von Sn^{4+}) aus den Sulfiden gelangen ebenfalls in den Sodaauszug. Beim Neutralisieren bzw. Ansäuern fallen die charakteristisch gefärbten Sulfide aus, die unbedingt abzentrifugiert werden müssen. Danach ist mit Cadmiumacetat sicherzustellen, dass kein Sulfid mehr in der Lösung ist (s. Cd^{2+} ④).

Ist der Sodaauszug gefärbt, kann es sich um Manganat(VII) (tiefviolett) oder Chromat (gelb) handeln, die an ihrer Farbe erkannt werden, aber – nicht ganz korrekt – meist zu den Kationen gezählt werden. Beide Ionen sind starke Oxidationsmittel und müssen für viele Nachweise entfernt werden; manche Kombinationen müssen ausgeschlossen werden (s. Tab. 23). Manganat(VII) kann in saurer wie alkalischer Lösung mit Wasserstoffperoxid oder durch Aufkochen mit Ethanol reduziert werden (s. Mn^{2+} ④ **a, e** und Mn^{2+} ⑤ **a**). Die Reduktion von Chromat gelingt im sauren Bereich (mind. 0,5 mol/L H_2SO_4) mit Wasserstoffperoxid oder durch Aufkochen mit Ethanol (s. Cr^{3+} ⑥ **d**); im alkalischen Bereich ist Hydrazin erforderlich. Der Sodaauszug kann auch durch die beiden Hexacyanoferrate gelb gefärbt sein. Eine blaue Färbung weist auf Komplexe zwischen Kupfer(II) und Oxalat oder Tartrat hin, Komplexe aus Chrom(III) und Oxalat, Tartrat oder Thiocyanat sind hellviolett gefärbt. Diese gefärbten komplexen Anionen im Sodaauszug stören die Nachweise nur selten.

7.2 Gruppenreaktionen der Anionen

Obwohl einigermaßen scharf abgegrenzte Gruppenfällungen fehlen, die einen zuverlässigen Trenngang für Anionen ermöglichen, können einige Gruppenreaktionen eine nützliche Orientierung geben. Es handelt sich um eine Art **Gruppenvorproben** mit relativ eingeschränkter Aussagekraft.

7.2.1 Gruppenvorproben

① **Fällung mit Silber-Ionen**

Der Sodaauszug wird mit verd. Salpetersäure schwach angesäuert und mit Silbernitrat-Lösung versetzt. Es bildet sich bei Anwesenheit von

▶ Cl^-, BrO_3^-, IO_3^-, CN^-, SCN^-, $[Fe(CN)_6]^{4-}$ und eventuell SO_3^{2-} und SO_4^{2-} ein weißer Niederschlag, der bei zu schwachem Ansäuern auch von Ag_2CO_3 herrühren kann,
▶ Br^- ein gelblicher Niederschlag,
▶ I^- ein gelber Niederschlag,
▶ $[Fe(CN)_6]^{3-}$ und CrO_4^{2-} ein roter Niederschlag (zu schwach angesäuert),
▶ Sn^{2+} und S^{2-} ein grauer bis schwarzer Niederschlag,
▶ $S_2O_3^{2-}$ bei Zugabe von reichlich Silbernitrat-Lösung ein weißer Niederschlag, der sich in ca. 20 s schwarz färbt.

Von diesen Fällungen lösen sich nur AgI, $Ag_4[Fe(CN)_6]$, Ag^0 und Ag_2S nicht in konz. Ammoniak.

② **Prüfung auf oxidierende Substanzen**

Ph. Eur.

Der Sodaauszug wird mit konz. Schwefelsäure so stark angesäuert, dass die resultierende Lösung etwa einer halb konzentrierten Schwefelsäure entspricht. Zugetropfte blaue Indigocarmin-Lösung wird entfärbt (s. NO_3^- ⑨) bei Anwesenheit von NO_2^-, NO_3^-, ClO_3^-, BrO_3^-, H_2O_2, CrO_4^{2-} und $[Fe(CN)_6]^{3-}$. Ausnahme: Perchlorat führt nicht zur Entfärbung, s. ClO_4^- ②. Die Entfärbung bei Anwesenheit von MnO_4^- kann wegen der Eigenfarbe nicht erkannt werden; Entfärbung kann auch durch das starke Reduktionsmittel Sn^{2+} erfolgen, das in den Sodaauszug gelangt.

③ **Prüfung auf reduzierende oder oxidierbare Substanzen**

Ph. Eur., USP

a Der Sodaauszug wird mit verd. Salzsäure angesäuert und mit wenigen Tropfen Kaliumtriiodid-Lösung versetzt. Entfärbung tritt ein bei Anwesenheit von
▶ $[Fe(CN)_6]^{4-}$, S^{2-}, SO_3^{2-}, $S_2O_3^{2-}$, As^{3+}, Sn^{2+} und $C_2O_4^{2-}$, $C_4H_4O_6^{2-}$ (langsam, besonders bei Kühlung).

b Der Sodaauszug wird mit verd. Salz- oder Schwefelsäure angesäuert und nach Zusatz von etwas Mangansulfat-Lösung mit wenigen Tropfen Kaliumpermanganat-Lösung versetzt. Entfärbung tritt ein bei Anwesenheit von
▶ Br^-, I^-, SCN^-, $[Fe(CN)_6]^{4-}$, S^{2-}, SO_3^{2-}, $S_2O_3^{2-}$, $C_2O_4^{2-}$ (zunächst langsam, schneller in der Wärme), $C_4H_4O_6^{2-}$ (in der Wärme), NO_2^-, As^{3+}, Sb^{3+}, Sn^{2+} und NH_4^+ (besonders in der Wärme).

Außerdem tritt Entfärbung ein in den zu prüfenden Substanzen der Pharmakopöen bei Anwesenheit von Ameisensäure, verschiedenen organischen Verunreinigungen, Stickoxiden und phosphoriger Säure.

④ **Verkohlung**

Die Verkohlung einer **kleinen** Menge der trockenen Probesubstanz unter dem Abzug weist auf die Anwesenheit organischer Anionen hin (organische Kationen und Hilfsstoffe sind ausgeschlossen!). Die Anwesenheit von Oxidationsmitteln, besonders Perchlorat, Chlorat, Bromat und Iodat sollte ausgeschlossen sein, da dann eine heftige Verpuffung (Explosion) erfolgen kann. Die Verkohlung bleibt bei Anwesenheit von Oxidationsmitteln aus.

Keine Verkohlung erfolgt bei Acetat und bei Oxalat. Eine Dunkelfärbung kann auch von gebildeten dunklen Metalloxiden herrühren.

7.3 Halogenide und Pseudohalogenide

Die Elemente der 7. Hauptgruppe werden Halogene genannt, von denen sich die Halogenide ableiten. Die Pseudohalogenide sind Verbindungen, die in ihren Eigenschaften (z. B. Bildung schwerlöslicher Ag^+-Salze und Disproportionierung der Halogene wie der Pseudohalogene in alkalischer Lösung) den Halogenen gleichen. Es werden die Reaktionen der Hexacyanoferrate, die in einigen Eigenschaften den Pseudohalogeniden gleichen, ebenfalls hier behandelt. Chlorat, Bromat und Iodat leiten sich von Halogenen ab und lassen sich leicht zu ihnen reduzieren. Perchlorat ist in Form der Monographie Kaliumperchlorat in der Ph. Eur. aufgeführt und soll daher Erwähnung finden. Auf die Warnhinweise auf S. 149 und auf S. 293 wird hingewiesen. $[Fe(CN)_6]^{3-}$ ist orange, $[Fe(CN)_6]^{4-}$ gelb gefärbt, die anderen Anionen sind in Lösung farblos.

7.3.1 Einzelreaktionen

Fluorid	F^-
Fluor	F Z = 9 A_r = 18,9984

Im menschlichen Organismus kommt Fluorid hauptsächlich in den Zähnen vor. Sehr kleine Mengen Fluorid dienen während der Entwicklung zur Kariesprophylaxe, später werden bei oberflächlicher Behandlung OH-Gruppen des Hydroxylapatits ausgetauscht. Bei täglicher Aufnahme von 5–6 mg kommt es schon zu chronischer Vergiftung. Vergiftungserscheinungen sind Gewichtsverlust, Obstipation (Verstopfung) und brüchige Nägel. Die Einnahme von 0,25 g Natriumfluorid wirkt toxisch, 4–5 g sind letal. Flusssäure wirkt stark ätzend, die schmerzhaften Wunden heilen schlecht. Die toxische Wirkung von Fluorid beruht auf der Bindung von Calcium im Gewebe. Ph. Eur. führt die Monographien NaF und CaF_2 auf.

Chemische Eigenschaften: Die den Fluoriden zu Grunde liegende *Fluorwasserstoff-* oder *Flusssäure* ist zur Ausbildung von Wasserstoffbrücken-Bindungen befähigt. Daher wird sie auch als H_2F_2 statt als HF formuliert, wenn auch abhängig von der Temperatur noch höhere Assoziate vorliegen. Flusssäure ist eine flüchtige Säure, die jedoch so gut in H_2O löslich ist, dass erst bei Konzentrationen über 60 % die Gefahr der Inhalation toxischer Dämpfe gegeben ist. Flusssäure ätzt Glas an (*Glastinte*, s. F^- ③). Das Fluorid-Ion findet man als Ligand vieler Komplexe. Unter den schwerlöslichen Silberhalogeniden (und -pseudohalogeniden) bildet das leicht lösliche Silberfluorid eine Ausnahme.

Probelösung: 0,05 mol/L NaF-Lösung (s. Tab. 5).
Vorprobe: Kriechprobe ②.

① **Calciumfluorid**

Ph. Eur. (Identitätsreaktion NaF), USP

Versetzt man eine Probelösung mit einer Calciumhydroxid- oder -chlorid-Lösung (0,5 mol/L), so fällt weißes gelatinöses Calciumfluorid aus, das in verdünnten Mineralsäuren löslich ist:

$$2\,F^- + Ca^{2+} \longrightarrow \underset{\text{weiß}}{CaF_2}$$

Bei Anwesenheit von Eisen(III) kann die Fällung ausbleiben (Bildung von $[FeF_6]^{3-}$). Ph. Eur. lässt zu diesem Zweck Eisen(III)chlorid-Lösung zugeben.

② **Kriechprobe**

Man übergießt eine kleine Spatelspitze Calciumfluorid oder Natriumfluorid mit konz. Schwefelsäure und erhitzt über dem Bunsenbrenner (Abzug!). Gasblasen von Flusssäure (H_2F_2) kriechen auffällig langsam an der Reagenzglaswand hoch. Erhitzt man weiter und schüttelt unter dem Abzug bis fast zum Sieden der Schwefelsäure (Sdp. 338 °C) das Reagenzglas, so perlt die heiße Schwefelsäure wie von einer fettigen Oberfläche wieder ab. Es bildet sich bei diesem Versuch die ziemlich beständige Fluorsulfonsäure (Sdp. 162,7 °C). Der Unterschied der verschiedenen Benetzbarkeit wird durch einen Parallelversuch ohne Calcium- oder Natriumfluorid deutlich.

③ **Ätzen von Glas**

Ph. Eur., USP

In einem Platin-, PVC- oder Bleitiegel wird festes Calciumfluorid (oder ein anderes Fluorid) mit konz. Schwefelsäure übergossen. Der Tiegel wird mit einem fettfreien Glas (Uhrglas oder Objektträger) zugedeckt und in einem Wasserbad bis zu einer halben Stunde erwärmt. Das Wasserbad soll das Schmelzen des Bleitiegels (Smp. 327 °C) verhindern. Die Schwefelsäure setzt aus dem Calciumfluorid die gasförmige Flusssäure frei, die das Glas anätzt (s. SiO_2 ④). Ein Überschuss Fluorwasserstoff reagiert mit SiF_4 zu Hexafluorokieselsäure:

$$CaF_2 + H_2SO_4 \longrightarrow H_2F_2 \uparrow + CaSO_4$$

$$2\,H_2F_2 + SiO_2 \longrightarrow SiF_4 \uparrow + 2\,H_2O$$

$$SiF_4 + H_2F_2 \rightleftharpoons H_2SiF_6$$

④ **Zerstörung von Farblacken durch Fluorid-Ionen**

Ph. Eur. (Identitätsreaktion für NaF)

Versetzt man eine Alizarin S-Lösung mit einigen Tropfen einer Zirkoniumoxidchloridlösung, so bildet sich in salzsaurer Lösung ein rotvioletter Komplex. Bei Zugabe von Fluoridionen bildet sich der stabilere, farblose Zirkoniumfluorokomplex und die Lösung färbt sich vom freigesetzten Alizarin S gelb.

Zirkonium-Alizarin-Komplex + 6 F$^{\ominus}$ ⟶ [ZrF$_6$]$^{2\ominus}$ + Alizarin S

⑤ **Wassertropfenprobe**

(s. SiO$_2$ ④, statt Calciumfluorid wird die zu prüfende Analysensubstanz zur Reaktionsmischung gegeben).

⑥ **Flammenfärbung durch Bortrifluorid**

(s. BO$_3^{3-}$ ②).

⑦ **Kryolith-Probe**

(s. Al^{3+} ⑩).

Chlorid	Cl$^-$
Chlor	Cl Z = 17 A$_r$ = 35,453

Chlorid ist in allen Körperflüssigkeiten vorhanden, es ist an osmotischen Vorgängen beteiligt. Im Magen werden täglich 1000–1500 mL Salzsäure (etwa 0,1 mol/L) gebildet. Chlorwasserstoff (Gas) wie dessen wässrige Lösung (Salzsäure) führen zu Verätzungen; Chlorgas wirkt ebenfalls stark reizend und ist wesentlich toxischer. Die bakteriziden Eigenschaften des Chlors werden zur Wasserdesinfektion verwendet. Ph. Eur. führt neben zahlreichen Chloriden die Monographien Salzsäure 36 % und Salzsäure 10 % auf.

Chemische Eigenschaften: Elementares Chlor (Cl$_2$) ist ein grünliches Gas, das sich zu 0,7 % in Wasser löst (Chlorwasser). Im alkalischen Bereich disproportioniert es zu Hypochlorit (ClO$^-$) und Chlorid. Es ist ein starkes Oxidationsmittel. Chlorwasserstoff ist ein farbloses, stark hygroskopisches Gas, das in feuchter Luft Nebel bildet und sich gut in Wasser löst. Die wässrige Lösung bezeichnet man als Salzsäure, sie ist eine starke und flüchtige Säure. Chlorid-Ionen sind farblos und bilden Komplexe, die jedoch nicht sehr stabil sind. Charakteristisch ist das schwerlösliche Silberchlorid.

Probelösung: 0,1 mol/L KCl-Lösung (s. Tab. 5).

① **Silberchlorid**

Ph. Eur. (Identitätsreaktion a), USP

Aus einer stark salpetersauren Lösung fällt bei Zugabe von Silbernitrat weißes Silberchlorid aus (s. Ag$^+$ ④). Silberchlorid und andere Silberverbindungen mit ähnlicher oder besserer Löslichkeit sind in sehr verd. Ammoniak und in 10%iger Ammoniumcarbonat-Lösung (nicht erwärmen!) teilweise, sowie in verd. Ammoniak, Alkalicyanid- und einem Überschuss Natriumthiosulfat-Lösung unter Bildung von Komplexen (s. Kap. 10) mit der Koordinationszahl 2 löslich:

$$[Ag(NH_3)_2]^+, [Ag(CN)_2]^-, [Ag(S_2O_3)_2]^{3-}$$

In stark verd. Ammoniak und in Ammoniumcarbonat-Lösung wird Silberbromid nur in Spuren, Silberiodid praktisch nicht gelöst. Die geringe Konzentration Ammoniak, die gerade für die Komplexbildung mit Silberchlorid (aber nicht mit Silberbromid) ausreicht, wird aus Ammoniumcarbonat entsprechend folgender Gleichung gebildet:

$$2\,NH_4^+ + CO_3^{2-} \longrightarrow HCO_3^- + NH_4^+ + NH_3$$

② **Reaktion mit konz. Schwefelsäure**

Übergießt man ein festes Chlorid (außer Silberchlorid und den Quecksilberchloriden) mit konz. Schwefelsäure, so entwickelt sich besonders beim Erwärmen Chlorwasserstoff, der mit Ammoniak (offene Flasche daneben halten) einen weißen Rauch (feste Schwebstoffe) bildet (s. NH_4^+ ②). Diese Rauchbildung ist für alle (!) sauren Gase und nicht nur für Chlorwasserstoff charakteristisch:

$$NaCl + H_2SO_4 \longrightarrow HCl \uparrow + NaHSO_4$$

$$NaCl + NaHSO_4 \xrightarrow{\Delta} HCl \uparrow + H_2SO_4$$

$$HCl + NH_3 \longrightarrow NH_4Cl$$

Saure Gase können auch im PVC-Tiegel entwickelt und auf dem durchbohrten Deckel mit Schlitz mit feuchtem Indikatorpapier erkannt werden.

③ **Oxidation zu elementarem Chlor**

USP

a Versetzt man eine Spatelspitze eines Chlorids mit einer Spatelspitze Kaliumpermanganat, übergießt mit etwas konz. Schwefelsäure und erwärmt, so entweicht blaßgrünes Chlorgas (**Abzug!**) (Gleichung s. Mn^{2+} ④f), das durch Blaufärbung von Kaliumiodid-Stärke-Papier identifiziert werden kann (s. I^- ④b). Bei Abwesenheit von Chlorid bildet sich flüssiges Mn_2O_7, das beim Erwärmen verpufft. Vorsicht!

b Statt des Kaliumpermanganates kann auch das billigere MnO_2 als Oxidationsmittel dienen (s. Gleichung Mn^{2+} ⑥).

④ **Chromylchlorid**

Ph. Eur. (Identitätsreaktion b)

Man gibt je eine Spatelspitze eines Chlorids (außer Silberchlorid und Quecksilberchloriden) und Kaliumdichromat in ein Reagenzglas, übergießt mit konz. Schwefelsäure und steckt ein mit verd. Natronlauge gefülltes Gärröhrchen darauf. Es bildet sich rotbraunes Chromylchlorid (CrO_2Cl_2, Sdp. 116,7 °C), das durch Erhitzen in die Natronlauge getrieben wird. Darin bilden sich Chromat-Ionen, die die Lösung gelb färben.

Chromylchlorid ist das Säurechlorid der Chromsäure [$H_2CrO_4 = CrO_2(OH)_2$]. Die konz. Schwefelsäure im Reagenzglas muss vom Chromsäureanhydrid (CrO_3) orangerot sein, wird sie grün (Cr^{3+}), dann waren oxidierbare Substanzen vorhanden, und es muss weiteres Kaliumdichromat hinzugefügt werden:

$$K_2Cr_2O_7 + 4\,NaCl + 3\,H_2SO_4 \longrightarrow 2\,CrO_2Cl_2 \uparrow + K_2SO_4 + 2\,Na_2SO_4 + 3\,H_2O$$

$$CrO_2Cl_2 + 4\,OH^- \longrightarrow CrO_4^{2-} + 2\,Cl^- + 2\,H_2O$$

Ein Überschuss konz. Schwefelsäure bindet das Reaktionswasser der ersten Gleichung, außerdem entweicht das Chromylchlorid, so dass das Gleichgewicht zur rechten Seite verschoben wird. Bei der Durchführung der Analyse im Halbmikromaßstab ist die Chromat-Ionenkonzentration ausreichend, um die gelbe Farbe zu erkennen, aber zu gering für die Reaktion zum blauen Chromperoxid oder orangen Dichromat-Ion (s. $Cr^{3/6+}$ ⑧, ⑤). Sehr empfindlich und hier sehr gut geeignet ist die Verwendung von Diphenylcarbazid zum Chrom-Nachweis (s. $Cr^{3/6+}$ ⑩). Ph. Eur. verwendet einen mit Diphenylcarbazid-Lösung imprägnierten Filterpapierstreifen, der sich violett färbt. Es wird Diphenylcarbazid zu Diphenylcarbazon oxidiert. Das Papier darf dabei nicht mit dem Kaliumdichromat in Kontakt kommen. Fluorid bildet gasförmiges, ebenfalls rotbraunes Chromylfluorid, das Chlorid vortäuscht. Bromid und Iodid werden zu Brom bzw. Iod oxidiert, was in größeren Mengen ebenfalls zur Gelbfärbung der Natronlauge führt (Bildung von BrO_3^-, BrO_2^- und Spuren I_3^-). Brom und Iod können vor der Reaktion mit Diphenylcarbazid mit Chloroform extrahiert werden (s. $Cr^{3/6+}$ ⑩b). Halogene bzw. Hypohalogenide und Stickoxide zerstören Diphenylcarbazid oxidativ und verhindern so den empfindlichen Chrom-Nachweis. Nitrate und Chloride in konz. Schwefelsäure bilden Königswasser (s. NH_4^+ ③d). Nitrit und Nitrosylchlorid werden teilweise zum Nitrat oxidiert, insgesamt wird die Oxidation des Chlorids zu Chlor katalysiert. Stickoxide, die in das Gärröhrchen geraten, bilden u. a. Nitrit, das das gelbe Chromat zu grünem Cr(III) reduziert.

⑤ **Aufschluss schwerlöslicher Chloride**

Obwohl die Quecksilberchloride wenig dissoziiert sind, geben sie Chlorid-Ionen an den Sodaauszug ab. Silberchlorid jedoch muss mit Zink in verd. Schwefelsäure behandelt werden (s. Ag^+ ⑦b), das Chlorid geht in Lösung und wird darin nachgewiesen.

| Bromid | Br⁻ |
| Brom | Br Z = 35 A_r = 79,904 |

Elementares Brom wirkt stark reizend, bei Hautkontakt führt es zu schlecht heilenden Verätzungen. Bromide wurden früher als Sedativa (Beruhigungsmittel) viel benutzt. Die Wirkung beruht auf der Verdrängung von Chlorid. Regelmäßige Einnahme führt zu *Bromismus:* Nachlassen der Konzentrationsfähigkeit und Schlaflosigkeit, selten auch zu Bromakne. Ph. Eur. führt die Monographien Ammoniumbromid, Kaliumbromid und Natriumbromid auf.

Chemische Eigenschaften: Elementares Brom (Br_2) ist eine braune Flüssigkeit (Sdp. 59 °C), die sich zu 3,4 % in Wasser löst. In kalter alkalischer Lösung disproportioniert es zu Bromid und Hypobromit (BrO^-), in der Wärme weiter zu Bromid und Bromat (BrO_3^-). Schon bei Zimmertemperatur bilden sich rotbraune Dämpfe. Bromwasserstoff ist ein farbloses Gas, das dem Chlorwasserstoff gleicht. Charakteristisch ist das schwerlösliche, schwach gelbe Silberbromid.

Probelösung: 0,05 mol/L KBr-Lösung (s. Tab. 5).
Vorprobe: Reaktion mit konz. Schwefelsäure ②.

① Silberbromid

Ph. Eur. (Identitätsreaktion a auf Bromid), USP

Aus einer stark salpetersauren Probelösung fällt bei Zugabe von Silbernitrat ein schwach gelber, sich zusammenballender Niederschlag von Silberbromid aus:

$$Ag^+ + Br^- \longrightarrow \underline{AgBr}_{\text{gelb}}$$

Silberbromid löst sich teilweise in verd. Ammoniak, vollständig in konz. Ammoniak sowie in Alkalicyanid-, Natriumthiosulfat- und gesättigter Kaliumbromid-Lösung unter Komplexbildung (s. Cl^- ① und Ag^+ ④). In sehr verd. Ammoniak oder in 10%iger Ammoniumcarbonat-Lösung löst es sich nur in Spuren. Silberbromid ist lichtempfindlich (s. Fotografie).

② Reaktion mit konz. Schwefelsäure

Übergießt man ein festes Bromid mit konz. Schwefelsäure und erhitzt unter dem Abzug, so entstehen neben Bromwasserstoff (s. Cl^- ②) braune Dämpfe von elementarem Brom. Der Versuch gelingt nicht gut mit Silberbromid und Quecksilber(II)-bromid. Bei gleichzeitiger Anwesenheit von Reduktionsmitteln, wie z. B. Thiosulfat, Sulfid, Arsen(III) und Zinn(II), kann die Bildung von Brom ausbleiben. Zunächst werden diese Reduktionsmittel durch die heiße konz. Schwefelsäure oxidiert, während das Bromid als Bromwasserstoff entweicht:

$$2\,KBr + 2\,H_2SO_4 \xrightarrow{\Delta} Br_2 \uparrow + SO_2 \uparrow + K_2SO_4 + 2\,H_2O$$

③ **Oxidation zu elementarem Brom**

Ph. Eur. (g), USP (a)

a Säuert man eine Probelösung mit Salzsäure oder Schwefelsäure an und gibt frisch bereitetes Chlorwasser (aus Chlorgas s. Mn^{2+} ④ oder ⑥) tropfenweise hinzu, so färbt sich die Lösung durch Brom braun, bei weiterer Zugabe hellt sich die Farbe durch Bildung des weingelben Bromchlorids (BrCl) auf. Statt des Chlorwassers kann das Chlorgas auch direkt eingeleitet werden. Das Brom lässt sich mit wenig Chloroform ausschütteln (s. *Nernst'sches* Verteilungsgesetz, Kap. 10):

$$2\,Br^- + Cl_2 \longrightarrow Br_2 + 2\,Cl^-$$

$$Br_2 + Cl_2 \longrightarrow 2\,BrCl$$

Die hellgrüne Farbe der Lösung von Chlor in Wasser und Chloroform darf nicht mit der Farbe von Bromchlorid oder gar Brom verwechselt werden. Chlorwasser ist nicht haltbar und muss deshalb durch Einleiten von Chlor in Wasser frisch hergestellt werden (Mn^{2+} ④f, ⑥).

b Das Chlor für die Oxidation des Bromids kann in bequemer Weise aus Chloramin T (*N*-Chlor-*p*-Toluolsulfonamid-Natrium) erhalten werden:

$$H_3C-C_6H_4-SO_2-N^{\ominus}(Cl)\,Na^{\oplus} \xrightarrow[-Cl_2,\,Na^{\oplus}]{+2\,H^{\oplus},\,Cl^{\ominus}} H_3C-C_6H_4-SO_2-NH_2$$

Chloramin T   *p*-Toluolsulfonamid

Man fügt einige Tropfen einer Chloramin-T-Lösung zur sauren Probelösung. Das Brom wird ausgeschüttelt.

Muss zur Oxidation, z. B. größerer Mengen Iodid, viel Chloramin T zugesetzt werden, so kann eine weiße Trübung von ausfallendem *p*-Toluolsulfonamid auftreten, die die Extraktion des Broms beeinträchtigt. Das entstehende *p*-Toluolsulfonamid ist in Wasser wesentlich schlechter löslich als das Chloramin T.

c Man mischt je eine Spatelspitze eines Bromids und Kaliumdichromat und fügt konz. Schwefelsäure hinzu. Es entweichen braune Brom-Dämpfe und Bromwasserstoff. Chlorid liefert Chromylchlorid:

$$6\,Br^- + Cr_2O_7^{2-} + 14\,H^+ \longrightarrow 3\,Br_2 + 2\,Cr^{3+} + 7\,H_2O$$

Für die gleiche Reaktion in wässriger Lösung sollte die Konzentration an Schwefelsäure mind. 1 mol/L sein (s. Cl^- ④).

d Versetzt man die Probelösung mit dem gleichen Volumen konz. Schwefelsäure (**Vorsicht,** starke Erwärmung) und fügt 3 %iges Wasserstoffperoxid hinzu, so färbt sich die Lösung durch gebildetes Brom braun. In schwachsaurer Lösung ist die Reaktion gehemmt; sie läuft in Schwefelsäure (mind. 2 mol/L) oder Salpetersäure

(4 mol/L) erst nach Zusatz eines Tropfens Ammoniummolybdat-Lösung als Katalysator ab:

$$2\,Br^- + H_2O_2 + 2\,H^+ \longrightarrow Br_2 + 2\,H_2O$$

e Tropft man Kaliumpermanganat zu einer salzsauren Probelösung, so verschwindet die violette Farbe des Manganats, und die Lösung wird durch entstehendes Brom braun gefärbt. Ein Überschuss Kaliumpermanganat färbt die Lösung violett, stört aber die Extraktion nicht. In schwefelsauren Lösungen wird manchmal die Bildung von Mangan(IV)-oxydhydrat beobachtet; die Extraktion des Broms mit Chloroform oder Dichlormethan wird dadurch nicht gestört:

$$2\,MnO_4^- + 10\,Br^- + 16\,H^+ \longrightarrow 5\,Br_2 + 2\,Mn^{2+} + 8\,H_2O$$

f Mischt man je eine Spatelspitze festes Bromid und MnO_2 und fügt konz. Schwefelsäure hinzu, entweichen braune Brom-Dämpfe. In verd. Säure erfolgt keine Oxidation zu Brom (Unterschied zu Iodid):

$$2\,Br^- + MnO_2 + 4\,H^+ \longrightarrow Br_2 + Mn^{2+} + 2\,H_2O$$

g Gibt man einen Spatel Blei(IV)-oxid zu einer angesäuerten Probelösung, färbt sich die Lösung durch Brom braun. (Identitätsreaktion b auf Bromid nach Ph. Eur.). Ph. Eur. führt die Redoxreaktion in essigsaurem Milieu aus und lässt nachfolgend mit Schiffs Reagenz spezifizieren (siehe ⑤ b).

$$2\,Br^- + PbO_2 + 4\,H^+ \longrightarrow Br_2 + Pb^{2+} + 2\,H_2O$$

④ Bromierung von Fluorescein zu Eosin

Hält man ein mit Fluorescein getränktes Filterpapier über ein Reagenzglas, in dem man nach Br^- ③ Brom entwickelt hat, färbt sich das gelbliche Filterpapier durch gebildetes Eosin rosa bis rot. Die rote Farbe tritt noch deutlicher hervor, wenn man das Filterpapier anschließend über eine Ammoniak-Flasche hält.

Auch Iod und Chlor bilden entsprechende Farbstoffe. Unter den Reaktionsbedingungen von Cl^- ④ bildet sich aus Chlorid jedoch Chromylchlorid, das eine Braunfärbung hervorruft. Bei der geringeren Flüchtigkeit von Iod und Chromylchlorid im Vergleich mit Brom stören kleinere Mengen Iodid und Chlorid nicht.

Bromid 161

[Reaktionsschema: 4 Br₂ + Fluorescein → Eosin, − 4 HBr]

Fluorescein → Eosin

⑤ **Farbreaktion mit Fuchsin**

Ph. Eur.

a Man versetzt eine mit konz. Schwefel- oder Salzsäure angesäuerte Probelösung mit Chloramin T- und Fuchsin-Lösung. Mit einer Mischung aus gleichen Teilen Eisessig und Chloroform (Ph. Eur.) oder mit Methylisobutylketon lässt sich dann ein roter bis rotvioletter Farbstoff extrahieren. Wahrscheinlich werden im Fuchsin-Molekül *ortho*-Positionen durch Brom substituiert. Die Reaktion ist sehr empfindlich und wird nicht durch Chlorid gestört. Fuchsin in stark saurer Lösung ist gelb gefärbt.

b Versetzt man Fuchsin-Lösung mit schwefliger Säure oder Natriumhydrogensulfit-Lösung, so hellt sich die violette Lösung langsam (mind. 5 min) nach orange auf, es hat sich fuchsinschweflige Säure gebildet (Schiffs Reagenz). Tränkt man ein Filterpapier damit und lässt Brom-Dämpfe (aus Br⁻ ③) darauf einwirken, so färbt es sich violettrot. Neben der Rückbildung von Fuchsin durch Oxidation des Sulfits bilden sich auch bromierte Produkte (s. o.).

Fuchsinschweflige Säure

Fuchsin
eine der mesomeren Grenzformeln

Fuchsin ist in wässriger neutraler Lösung rot.

⑥ Farbreaktion mit Phenolrot

Ph. Eur. (Reinheitsprüfung auf Bromid, KCl)

Man säuert eine Probelösung mit wenig verd. Salzsäure an und fügt Phenolrot-Lösung[a] und Chloramin-T-Lösung hinzu. Nach etwa 15 sec gibt man Natriumthiosulfat-Lösung (etwa zweimal Volumen Chloramin T) hinzu, damit überschüssiges Chloramin T, Brom und Iod abreagieren können, da sie den Farbstoff zerstören. Thiosulfat und Sulfit entfärben (= reduzieren) den Farbstoff nicht. Ph. Eur. lässt hier die Absorption der Lösung bei 590 nm gegen Wasser vermessen (Reinheitsprüfung auf Bromid, Monographie KCl Ph. Eur.). Versetzt man dann die Reaktionsmischung mit Natriumacetat-Lösung, schlägt die Farbe nach blauviolett um. Es hat sich Bromphenolblau gebildet. Chlorid und Iodid stören bei dieser Ausführung nicht. Im Gemisch (z. B. Sodaauszug) ist es günstiger, in einer salzsauren Lösung (max. 1 mol HCl/L) Bromid und Iodid mit Kaliumpermanganat-Lösung zu den Elementen zu oxidieren (s. Br^- ③e, I^- ③h), Chlorid wird unter diesen Bedingungen noch nicht oxidiert (s. Mn^{2+} ④f). Man extrahiert das Brom und/oder Iod mit wenig Chloroform. Die Chloroform-Lösung trennt man ab und schüttelt sie 15 sec mit etwas stark verdünnter Salzsäure (etwa 0,1 mol/L), der 1–2 Tropfen der Phenolrot-Lösung zugesetzt sind, bevor der Zusatz von Natriumthiosulfat das Iod entfärbt und das Natriumacetat (3,5 mol/L) den Farbumschlag bewirkt.

Phenolrot; Farbumschlag gelb – rot
bei pH 6,4–8,2   R = H

Bromphenolblau; Farbumschlag gelb – blauviolett
bei pH 3,0–4,6   R = Br

⑦ Aufschluss schwerlöslicher Bromide

Silberbromid wird mit Zink und verd. Schwefelsäure behandelt (s. Ag^+ ⑦b). Das Bromid geht in Lösung und der Nachweis erfolgt über Br^- ① (s. a. Ag^+ ⑧).

Iodid	I^-
Iod	I Z = 53 A_r = 129,9044

Für die Bildung der Schilddrüsenhormone sind geringe Mengen dieses Elements lebensnotwendig. Hohe Ioddosen (> 5 mg/Tag) wirken thyreostatisch. Iodide

---

[a] als Monographie: Phenolsulfonphthalein

bewirken bei Bronchialasthma Schleimverflüssigung. Iod-Dämpfe wirken reizend, Iod-Lösungen werden als Desinfektionsmittel verwendet. Iod wird auch durch die Haut resorbiert, die Ausscheidung erfolgt rasch. Zum Auslösen einer toxischen Wirkung sind 10–20 g Natriumiodid erforderlich. Es ist auch eine Iod-Überempfindlichkeit (z. B. Iod-Schnupfen) bekannt. Ph. Eur. nennt die Monographien Iod, Natriumiodid und Kaliumiodid. Im DAB 2005 wird außerdem Ethanolhaltige Iodlösung als Monographie geführt.

Chemische Eigenschaften: Für Iodid ist die leichte Oxidierbarkeit charakteristisch. Schon der Luftsauerstoff kann, wenn auch langsam, die Oxidation zu elementarem Iod bewirken. Elementares Iod bildet metallisch glänzende schwarzgraue Schuppen, die schon unterhalb des Smp. 114 °C und Sdp. 185 °C violette Dämpfe (I_2) abgeben. In Chloroform löst es sich in Form der violetten I_2-Moleküle. Eine schwache Wechselwirkung mit dem aromatischen System von Benzol – oder aus gesundheitlichen Gründen besser von Toluol – führt zu roten Lösungen. Iod löst sich in sauerstoffhaltigen organischen Lösungsmitteln wie in Iodid-Lösungen mit brauner Farbe, die auf die Bildung von „Charge-transfer-Komplexen", d. h. dem teilweisen Übergang eines freien Elektronenpaares, zurückgehen. Mit Ammoniak bildet Iod, bzw. Triiodid einen Niederschlag von schwarzem Stickstofftriiodid, das als trockene Substanz explodiert. In reinem Wasser löst sich Iod nur in sehr geringen Mengen (0,0013 mol/L = 0,1638 g/L), in Iodid-haltiger Lösung dagegen sehr gut (s. I^- ③ **a**). In alkalischer Lösung disproportioniert es über Hypoiodit (IO^-) zu Iodat (IO_3^-, s. S. 176) und Iodid. Iodide gleichen den Chloriden, bilden Bismut- und Quecksilber-Komplexe und schwerlösliches Silberiodid.

Probelösung: 0,05 mol/L KI-Lösung (s. Tab. 5).
Vorprobe: Reaktion mit konz. Schwefelsäure ②.

① Silberiodid

Ph. Eur. (Identitätsreaktion a), USP

Aus einer stark salpetersauren Probelösung fällt bei Zugabe von Silbernitrat ein hellgelber, sich zusammenballender Niederschlag von Silberiodid aus:

$$Ag^+ + I^- \longrightarrow \underline{AgI}_{\text{gelb}}$$

Beim Ansäuern mit konz. Salpetersäure wird manchmal die Ausscheidung von schwarzem elementarem Iod beobachtet. In diesen Fällen enthielt die Salpetersäure nitrose Gase (s. I^- ③ **e**, NO_2^- ①, ②).

Der Niederschlag löst sich unter Komplexbildung (s. Cl^- ①) in gesättigter Kaliumiodid-, in Alkalicyanid- und in konz. Natriumthiosulfat-Lösung (s. CN^- ① und Ag^+ ⑩), jedoch nicht in konz. Ammoniak. Silberiodid ist lichtempfindlich.

② Reaktion mit konz. Schwefelsäure

Erhitzt man ein festes Iodid mit verdünnter oder besser konzentrierter Schwefelsäure, so entweichen farbloser Iodwasserstoff (Gleichung analog Cl^- ②) und violette Iod-

Dämpfe. Dabei wird Schwefelsäure nicht nur zum Schwefeldioxid, sondern teilweise auch bis zum Schwefelwasserstoff reduziert. Selbst mit verd. Schwefelsäure ist die Bildung von Schwefeldioxid noch nachweisbar:

$$2\,KI + 2\,H_2SO_4 \longrightarrow I_2\uparrow + SO_2\uparrow + K_2SO_4 + 2\,H_2O$$

$$8\,KI + 5\,H_2SO_4 \longrightarrow 4\,I_2\uparrow + H_2S\uparrow + 4\,K_2SO_4 + 4\,H_2O$$

Diese Reaktion gelingt auch mit Silber- und Quecksilber(II)-iodid, wenn auch weniger gut.

③ **Oxidation zu elementarem Iod**

Ph. Eur. (c)

a Versetzt man eine angesäuerte Probelösung tropfenweise mit Chlorwasser (oder Bromwasser, s. Normalpotenziale, Tab. 17) so färbt sich die Lösung durch Triiodid (I_3^-, „Iod-Lösung") braun:

$$2\,I^- + Cl_2 \longrightarrow I_2 + 2\,Cl^-$$

$$I_2 + I^- \rightleftharpoons I_3^-$$

Das elementare Iod löst sich, auch aus der Iod-Lösung, in Chloroform oder Dichlormethan mit violetter Farbe. Ein Überschuss Chlorwasser setzt das Iod teilweise zu schwach gelbem Iodtrichlorid, teilweise zu farblosem Iodat um:

$$I_2 + 3\,Cl_2 \longrightarrow 2\,ICl_3$$

$$I_2 + 5\,Cl_2 + 6\,H_2O \longrightarrow 2\,IO_3^- + 10\,Cl^- + 12\,H^+$$

b Das Chlorwasser kann durch Chloramin T ersetzt werden. Für die Umsetzung zu Iodtrichlorid und Iodat wird jedoch so viel Chloramin T benötigt, dass das *p*-Toluolsulfonamid störend wirkt (s. Br$^-$ ③b).

c Versetzt man eine schwefelsaure Probelösung tropfenweise mit Kaliumdichromat-Lösung, so färbt sich die Lösung durch Triiodid braun (s. Cr$^{3/6+}$ ⑥f, Identitätsreaktion b der Ph. Eur.):

$$9\,I^- + Cr_2O_7^{2-} + 14\,H^+ \longrightarrow 3\,I_3^- + 2\,Cr^{3+} + 7\,H_2O$$

d Versetzt man eine angesäuerte Probelösung mit 3%igem Wasserstoffperoxid, färbt sich die Lösung durch Triiodid braun. Bromid-Ionen werden unter den Reaktionsbedingungen nicht oxidiert (s. Br$^-$ ③d):

$$3\,I^- + H_2O_2 + 2\,H^+ \longrightarrow I_3^- + 2\,H_2O$$

e Gibt man zu einer essigsauren Lösung eine kleine Spatelspitze Natriumnitrit, färbt sich die Lösung durch Triiodid braun. Bromid-Ionen werden in essigsaurer Lösung nicht oxidiert, wohl aber in mineralsaurer Lösung (s. Kap. 11.3, S. 259)

$$3\,I^- + 2\,NO_2^- + 4\,H^+ \longrightarrow I_3^- + 2\,NO + 2\,H_2O$$

Auch Stickstoffdioxid, das z. B. oft in konz. Salpetersäure enthalten ist, oxidiert über die salpetrige Säure, die daraus durch Disproportionierung entsteht (s. NO_2^- ①), Iodid zu Iod.

f Versetzt man eine saure Probelösung mit Eisen(III)-chlorid oder -sulfat, so tritt Braunfärbung durch Triiodid auf. Bromid-Ionen werden durch Eisen(III) nicht oxidiert (Ableitung der Gleichung s. Kap. 11.3, S. 261):

$$3\,I^- + 2\,Fe^{3+} \rightleftharpoons I_3^- + 2\,Fe^{2+}$$

Fluorid, Cyanid, Thiocyanat, Phosphat, Oxalat, Tartrat und Acetat bilden mit Eisen(III) Komplexe und setzen dadurch dessen Normalpotenzial so stark herab, dass Iodid nicht mehr oxidiert wird (s. a. $Fe^{2/3+}$ ⑧).

g Fügt man zu einer angesäuerten Probelösung Kaliumiodat (IO_3^- ③), so färbt sich die Lösung durch Triiodid braun. Bromid-Ionen werden durch Kaliumiodat nicht oxidiert:

$$8\,I^- + IO_3^- + 6\,H^+ \longrightarrow 3\,I_3^- + 3\,H_2O \quad (\text{Synproportionierung})$$

h Säuert man eine Probelösung mit verd. Schwefelsäure an und gibt Mangan(IV)-oxid hinzu, so kann man elementares Iod mit Chloroform ausschütteln. Unter diesen Reaktionsbedingungen wird Bromid nicht oxidiert (s. Br^- ③**f**):

$$2\,I^- + MnO_2 + 4\,H^+ \longrightarrow I_2 + Mn^{2+} + 2\,H_2O$$

Erwärmt man eine saure Probelösung mit einer Spatelspitze Blei(IV)-oxid (PbO_2), so entweichen violette Iod-Dämpfe. Bromid-Ionen werden ebenfalls oxidiert (s. Br^- ③**g**):

$$2\,I^- + PbO_2 + 4\,H^+ \longrightarrow I_2 + Pb^{2+} + 2\,H_2O$$

i Aus einer salz- oder schwefelsauren Probelösung wird bei Zugabe von Kaliumpermanganat Iod freigesetzt:

$$2\,MnO_4^- + 10\,I^- + 16\,H^+ \longrightarrow 2\,Mn^{2+} + 5\,I_2 + 8\,H_2O$$

j Eine etwa neutrale Kaliumiodid-Lösung wird auch durch Luftsauerstoff langsam oxidiert:

$$6\,I^- + O_2 + 4\,H^+ \longrightarrow 2\,I_3^- + 2\,H_2O$$

bzw.

$$6\,I^- + O_2 + 2\,H_2O \longrightarrow 2\,I_3^- + 4\,OH^-$$

④ **Iod-Stärke-Reaktion**

Ph. Eur., USP

a Gibt man 1–2 Tropfen Stärke-Lösung zu einer verdünnten und sauren Iod-Lösung (aus I^- ③), die noch Iodid enthält, so bildet sich die blaue Farbe einer Iod-Stärke-Einschluss-Verbindung (lineares I_5^- in geeigneten Hohlräumen; s. a. CH_3COO^- ⑤).

b Ein mit Stärke- und Kaliumiodid getränktes Filterpapier färbt sich bei Kontakt mit oxidierenden Gasen (Chlor, Brom, Stickoxide, Ozon, sehr langsam auch mit Luftsauerstoff) blau.

⑤ **Quecksilber(II)-iodid**

(s. Hg^{2+} ⑨).

⑥ **Kupfer(I)-iodid**

(s. Cu^{2+} ⑦).

Cyanid	CN^-
Blausäure	$H-C\equiv N$ $M_r = 27{,}0257$

Die Namen Blausäure, Cyanwasserstoff und Cyanid (griech.: cyaneos = dunkelblau) rühren vom Versuch ② her. Blausäure hat einen schwachen Geruch nach bitteren Mandeln und ist extrem giftig: 50 mg sind für einen Erwachsenen tödlich. Tödlich sind auch ca. 200 mg Alkalicyanid bei oraler Einnahme. Gegen Cyanidvergiftungen ist die Gabe von Cobaltionen, die sehr stabile Cyanokomplexe bilden, wirksamer als Thiosulfat (s. CN^- ③), das nur sehr langsam reagiert. Wegen der großen Giftigkeit auch für Fische, dürfen Cyanide nicht in das Abwasser gelangen. Ähnlich giftig ist das gasförmige Dicyan $(CN)_2$. Arbeiten mit Cyaniden sind unter einem **gut ziehenden Abzug** mit äußerster Vorsicht durchzuführen!

Chemische Eigenschaften: Die den Cyaniden zu Grunde liegende Blausäure (= Cyanwasserstoff) ist eine sehr schwache und leicht flüchtige Säure (Sdp. 26,5 °C), die schon durch die Kohlensäure (H_2CO_3) aus ihren Salzen freigesetzt wird. Cyanid-Ionen bilden mit Schwermetallen schwerlösliche Verbindungen (Ag^+, Pb^{2+}, Cu^+, Zn^{2+}) und z. T. sehr stabile Komplexe, wobei der Cyano-Ligand sowohl über C als auch über N gebunden sein kann. (Ag^+, Hg^{2+}, Cu^+, $Co^{2/3+}$, $Fe^{2/3+}$, Zn^{2+} und Cr^{3+}). So können Alkalicyanide nach CN^- ② gebunden werden. Es ist jedoch besser, Cyanid-Reste oxidativ nach CN^- ⑤ zu zerstören. In wässriger Lösung hydrolysiert Blausäure langsam zu Ameisensäure. Das Dicyan $(CN)_2$ entspricht den Halogenen X_2.

Probelösung: 0,05 mol/L KCN-Lösung (s. Tab. 5).

① Silbercyanid

Tropft man Silbernitrat in die Probelösung, so bildet sich an der Eintropfstelle weißes Silbercyanid, das sich beim Umschütteln zu farblosem $[Ag(CN)_2]^-$ löst. Bei Zugabe von mehr Silbernitrat fällt weißes Silbercyanid aus, das in verd. Salpetersäure schwer löslich ist; in konz. Ammoniak- und Natriumthiosulfat-Lösung löst es sich unter Komplexbildung (s. Cl⁻ ①):

$$CN^- + Ag^+ \longrightarrow \underset{\text{weiß}}{AgCN}$$

$$AgCN + CN^- \longrightarrow [Ag(CN)_2]^-$$

Silbercyanid und Silberchlorid sind sich sehr ähnlich. Daher wird zum Cyanid-Nachweis die Ursubstanz mit verd. Essigsäure im Wasserbad erwärmt. Die entweichende Blausäure wird im Gärröhrchen, das mit schwach salpetersaurer Silbernitrat-Lösung gefüllt ist, gefällt.

② Reaktion zu Berliner Blau

USP

Man versetzt die Probelösung mit 1–3 Tropfen Eisen(II)-sulfat-Lösung, macht mit Natronlauge alkalisch und kocht kurz auf, dabei bildet sich Hexacyanoferrat(II). Säuert man mit verd. Salzsäure an und fügt wenige Tropfen Eisen(III)-chlorid-Lösung hinzu, so bildet sich ein Niederschlag von *Berliner Blau* (s. $Fe^{2/3+}$ ⑦, ⑧). Bei Anwesenheit von wenig Cyanid bildet sich eine grüne bis blaue kolloide Lösung. Die Zugabe von Eisen(III) ist nicht unbedingt erforderlich, da durch den Luftsauerstoff genügend Eisen(II) zu Eisen(III) oxidiert wird. Der ersten Darstellung aus Berliner Blau verdankt die Blausäure ihren Namen:

$$Fe(OH)_2 + 6\,CN^- \longrightarrow [Fe(CN)_6]^{4-} + 2\,OH^-$$

③ Bildung von Thiocyanat

Eine Probelösung wird mit Ammoniumpolysulfid versetzt und zur Trockne eingedampft (**Abzug!**). Den Trockenrückstand löst man in verd. Salzsäure. Bei Zugabe einiger Tropfen Eisen(III)-Lösung bildet sich die tiefrote Farbe von Eisen(III)-thiocyanat (s. $Fe^{2/3+}$ ⑨). Auf der Bildung von Thiocyanat beruht die Gabe von Thiosulfat als Antidot bei Cyanid-Vergiftungen, wirksamer ist die Gabe von Cobaltsalzen, da Cyanid von Cobalt stärker gebunden wird als von Eisen (im Atmungsferment).

$$CN^- + (NH_4)_2S_x \longrightarrow SCN^- + 2\,NH_3 \uparrow + H_2S \uparrow$$

④ **Kupfer(I)-cyanid**

(s. Cu^+ ⑦). Das Dicyan $(CN)_2$ entspricht den Halogenen X_2.

⑤ **Zerstörung von Cyanid**

a Man versetzt zu vernichtende Cyanidreste mit konz. Natronlauge, einem Tropfen $CuSO_4$ und einem Überschuss Natriumhypochlorit (NaOCl, hergestellt durch Einleiten von Chlor in Natronlauge) oder Chlorkalk [CaCl(OCl)]. Bei einem pH-Wert größer als 11 erfolgt Oxidation zu Cyanat (OCN^-), bei geringerem pH-Wert bildet sich das ebenfalls toxische Chlorcyan (ClCN). Das Cyanat wird durch weiteres Natriumhypochlorid zu Stickstoff und Carbonat oxidiert. Man prüft nach CN^- ②, ob alles Cyanid zerstört ist. Es empfiehlt sich, das Reaktionsgemisch über Nacht stehen zu lassen:

$$CN^- + OCl^- \longrightarrow OCN^- + Cl^-$$

$$2\,OCN^- + 3\,OCl^- + 2\,OH^- \longrightarrow N_2 \uparrow + 2\,CO_3^{2-} + 3\,Cl^- + H_2O$$

b Die Oxidation von Cyanid mit Wasserstoffperoxid in stark alkalischer Lösung erfolgt, besonders bei Anwesenheit von katalytisch wirkenden Spuren von Kupfer, in kurzer Zeit vollständig. Man löst die zu vernichtenden Cyanidreste in Natronlauge und versetzt mit 30 %igem Wasserstoffperoxid. Die Reaktion verläuft unter Erwärmung stürmisch ab:

$$H_2O_2 + CN^- \longrightarrow OCN^- + H_2O$$

Auf die Vollständigkeit der Reaktion prüft man nach CN^- ②. Cyanat ist ungiftig und kann in den Ausguss gegeben werden. Es hydrolysiert sehr schnell zu Carbonat und Ammonium, beim Ansäuern einer Cyanat-Lösung erfolgt kräftige Kohlendioxid-Entwicklung:

$$OCN^- + 2\,H_2O \longrightarrow CO_3^{2-} + NH_4^+$$

bzw. $$OCN^- + 2\,H_3O^+ \longrightarrow CO_2 + NH_4^+ + H_2O$$

c Eine neutrale bis schwach alkalische Cyanid-haltige Lösung versetzt man mit einem Tropfen Kupfersulfat-Lösung (Katalysator) und dann mit einem Überschuss einer Manganat(VII)-Lösung. Die Violett-Färbung verschwindet mit Fortschreiten der Reaktion:

$$3\,CN^- + 2\,MnO_4^- + H_2O + 2\,H^+ \xrightarrow{Cu^{1/2+}} 3\,OCN^- + \underline{2\,MnO(OH)_2}$$
$$\text{dunkelbraun}$$

Thiocyanat	SCN⁻
Thiocyansäure	H—S—C≡N $M_r = 59{,}0897$

Thiocyanat (Rhodanid) hat eine schwach desinfizierende Wirkung und findet sich in geringen Mengen in Speichel, Blut und Harn. Seine Wirkung auf die Schilddrüse beruht auf der Verdrängung von Iodid. Thiocyanat ist relativ ungiftig. Die alten deutschen Bezeichnungen Rhodanid und Rhodanwasserstoff (griech.: rodeos = Farbe der Rose) gehen auf Versuch ②, bzw. die früher weit verbreitete Verunreinigung durch Eisen, zurück (Herstellung aus Berliner Blau). Die „Rhodanid-Synthetase" der Leber kann geringe Mengen Cyanid in unschädliches Thiocyanat umwandeln.

Chemische Eigenschaften: Thiocyansäure ist eine starke, auch in wässriger Lösung wenig beständige Säure von stechendem Geruch. Thiocyanat bildet mit zahlreichen Schwermetallen schwerlösliche Verbindungen (z. B. mit Ag^+, Cu^+, $Hg^{1/2+}$ und Pb^{2+}) und Komplexe, in denen der Ligand über Stickstoff (Isothiocyanato-, z. B. mit Co^{2+}, Fe^{3+} und Cr^{3+}) oder über Schwefel (Thiocyanato-, z. B. mit Ag^+ und Hg^{2+}) an das Zentralatom gebunden ist.

Probelösung: 1 mol/L NH_4SCN-Lösung (s. Tab. 5).

① **Silberthiocyanat**

Tropft man Silbernitrat in eine Probelösung, bildet sich an der Eintropfstelle weißes Silberthiocyanat, das sich beim Umschütteln zu farblosem $[Ag(SCN)_2]^-$ löst. Bei Zugabe von ausreichend Silbernitrat fällt Silberthiocyanat aus. Es ist in verd. Salpetersäure schwer löslich, in konz. Ammoniak leicht löslich unter Komplex-Bildung:

$$SCN^- + Ag^+ \longrightarrow \underset{\text{weiß}}{AgSCN}$$

$$AgSCN + SCN^- \longrightarrow [Ag(SCN)_2]^-$$

Da sich Silberthiocyanat und Silberchlorid gleichen, muss für den Chloridnachweis Thiocyanat durch längeres Kochen (2–4 min) mit konz. Salpetersäure vor der Fällung zerstört werden (s. a. CN^- ①). Die Vollständigkeit der Zerstörung ist mit einem Tropfen nach SCN^- ② zu überprüfen.

② **Eisen(III)-thiocyanat**

Ph. Eur., USP

(s. $Fe^{2/3+}$ ⑨).

③ **Kupfer(I)-thiocyanat**

Versetzt man eine Probelösung mit Kupfersulfat und schwefliger Säure (oder Natriumsulfit und verd. Schwefelsäure), so fällt weißes Kupfer(I)-thiocyanat aus (s. Cu^+ ⑦). Diese Reaktion kann zur Abtrennung von Thiocyanat verwendet werden:

$$2\,Cu^{2+} + SO_3^{2-} + 2\,SCN^- + H_2O \longrightarrow \underline{2\,CuSCN}_{\text{weiß}} + SO_4^{2-} + 2\,H^+$$

④ **Tetrathiocyanatocobaltat(II)**

(s. Co^{2+} ③).

Hexacyanoferrat(II)	$[Fe(CN)_6]^{4-}$	
Hexacyanoeisen(II)-säure	$H_4[Fe(CN)_6]$	$M_r = 215{,}9866$
Hexacyanoferrat(III)	$[Fe(CN)_6]^{3-}$	
Hexacyanoeisen(III)-säure	$H_3[Fe(CN)_6]$	$M_r = 214{,}9787$

Beide Kaliumsalze sind nicht giftig, da auch unter dem Einfluss der Magensäure keine Blausäure aus ihnen freigesetzt wird. Kaliumhexacyanoferrat(II) wird zum Schönen des Weines verwendet und als E 536 dem Kochsalz als Antibackmittel zugesetzt.

Chemische Eigenschaften: Es handelt sich um zwei sehr stabile Komplexe des Eisens, die weder die Reaktionen des Eisens noch die des Cyanids geben. Die Zerstörung gelingt mit Königswasser oder durch starkes Erhitzen der trockenen Substanz mit Bariumperoxid (s. Tab. 22). Kaliumhexacyanoferrat(III) ist ein Oxidationsmittel, im Sodaauszug kann daher der Komplex mit Eisen(II) als Zentralatom gefunden werden. Löslich sind fast nur die Alkali-Salze. Von der früheren Herstellungsweise haben Kaliumhexacyanoferrat(II) und -(III) die Trivialnamen *gelbes* und *rotes Blutlaugensalz*.

Probelösung: a 0,05 mol/L $K_4[Fe(CN)_6]$-Lösung (s. Tab. 5),
b 0,05 mol/L $K_3[Fe(CN)_6]$-Lösung (s. Tab. 5).

① **Berliner Blau**

Ph. Eur., USP

Versetzt man eine saure Probelösung **a** mit Eisen(III)-chlorid-Lösung, so fällt *Berliner Blau* aus (s. $Fe^{2/3+}$ ⑧). Diese Reaktion ist weniger empfindlich als SCN^- ②.

② **Turnbulls Blau**

Ph. Eur.

Zur sauren Probelösung **b** wird Eisen(II)-sulfat-Lösung gegeben. Es fällt *Turnbulls Blau* aus (s. $Fe^{2/3+}$ ⑦).

③ **Silberhexacyanoferrat(II)**

Versetzt man eine neutrale oder saure Probelösung **a** mit Silbernitrat, fällt weißes Silberhexacyanoferrat(II) aus, das in konz. Ammoniak und konz. Salpetersäure schwerlöslich ist. Es löst sich in Alkalicyanid- und in Natriumthiosulfat-Lösung:

$$[Fe(CN)_6]^{4-} + 4\,Ag^+ \longrightarrow \underline{Ag_4[Fe(CN)_6]}_{\text{weiß}}$$

④ Silberhexacyanoferrat(III)

Versetzt man eine neutrale oder schwach saure Probelösung **b** mit Silbernitrat, fällt orange-braunes Silberhexacyanoferrat(III) aus, das sich in verd. Ammoniak, Alkalicyanid- und Natriumthiosulfat-Lösung löst:

$$[Fe(CN)_6]^{3-} + 3\,Ag^+ \longrightarrow \underset{\text{orange-braun}}{Ag_3[Fe(CN)_6]}$$

⑤ Kupferhexacyanoferrat(II)

Zu einer neutralen oder sauren Probelösung **a** gibt man Kupfersulfat-Lösung. Es fällt ein rot-brauner Niederschlag von wechselnder Zusammensetzung aus (s. Struktur $Fe^{2/3+}$ ⑦, ⑧), der sich in konz. Ammoniak mit blauer Farbe löst: $[Cu(NH_3)_4]^{2+}$:

$$\underset{\text{rot-braun}}{Cu_2[Fe(CN)_6] \text{ und } CuK_2[Fe(CN)_6]}$$

⑥ Kupferhexacyanoferrat(III)

Versetzt man eine neutrale oder saure Probelösung **b** mit Kupfersulfat-Lösung, so fällt ein schmutzig-grüner Niederschlag von Kupferhexacyanoferrat(III) aus (s. Struktur $Fe^{2/3+}$ ⑦, ⑧), der sich in konz. Ammoniak mit grüner Farbe löst:

$$3\,Cu^{2+} + 2\,[Fe(CN)_6]^{3-} \longrightarrow \underset{\text{schmutzig-grün}}{Cu_3[Fe(CN)_6]_2}$$

⑦ Cadmiumhexacyanoferrate

Aus einer neutralen oder schwach essigsauren Probelösung **a** bzw. **b** fallen bei Zugabe von Cadmium-Lösung weiße Niederschläge aus, die in verd. Ammoniak löslich sind.

⑧ Cobalt(II)-hexacyanoferrat(III)

Gibt man zu einer sauren Probelösung **b** Cobalt(II)-sulfat-Lösung, so fällt ein rotbrauner Niederschlag aus. Das Hexacyanoferrat(III) hat das Cobalt(II) zu Cobalt(III) oxidiert, die Struktur entspricht der von Berliner- bzw. Turnbulls Blau (s. $Fe^{2/3+}$ ⑦ und ⑧). Im Sodaauszug liegt Hexacyanoferrat(II) vor.

⑨ Calciumammoniumhexacyanoferrat(II)

(s. Ca^{2+} ⑤).

⑩ Zinkhexacyanoferrat(II)

(s. Zn^{2+} ⑦)

Chlorat $\quad\quad\quad\quad\quad\quad\quad\quad\quad\quad\quad\quad\quad\quad$ ClO_3^-
Chlorsäure $\quad\quad\quad\quad\quad\quad\quad\quad\quad\quad\quad\quad\quad$ $HClO_3 \quad M_r = 84{,}459$

Chlorate finden in Sprengstoffen, Feuerwerkskörpern und Unkrautvernichtungsmitteln Verwendung. Chlorate und Chlorsäure [Chlor(V)-säure] sind starke Oxidationsmittel, unter geeigneten Bedingungen wird selbst Mangan(II) zu Mangan(III) oxidiert. Kaliumchlorat-Lösung wurde früher als desinfizierendes Gurgelmittel empfohlen, die bakterizide Wirkung ist jedoch gering. 3–5 g Chlorat sind bei oraler Einnahme toxisch durch Methämoglobin-Bildung (Blockierung des roten Blutfarbstoffes für den Sauerstoff-Transport) und starker lokaler Reizwirkung, die sich in Leibschmerzen äußert. Einige Chlorate sind letal.

Chemische Eigenschaften: Wegen der **Explosionsgefahr** sollte man **nie** Chlorate mit Schwefel, organischen Substanzen oder sonstigen Reduktionsmitteln mischen. Selbst das Verreiben in der Reibeschale hat schon zu schweren Unfällen geführt. Chlorat bildet kein schwerlösliches Silbersalz.

Probelösung: 0,05 mol/L $KClO_3$-Lösung (s. Tab. 5).

① Reduktion zu Chlorid

USP (a, c)

a Man säuert die Probelösung mit verd. Salpetersäure schwach an und fügt etwas Silbernitrat-Lösung hinzu. Erst bei Zugabe einer Natrium- oder Kaliumnitrit-Lösung fällt ein weißer Niederschlag von Silberchlorid aus (s. Ag^+ ④):

$$ClO_3^- + 3\,NO_2^- \longrightarrow Cl^- + 3\,NO_3^-$$

b Zur salpetersauren Probelösung gibt man eine Spatelspitze Zink-Pulver. Von überschüssigem Zink wird abdekantiert und mit Silbernitrat-Lösung weißes Silberchlorid ausgefällt:

$$ClO_3^- + 3\,Zn + 6\,H^+ \longrightarrow Cl^- + 3\,Zn^{2+} + 3\,H_2O$$

c Man säuert die Probelösung mit verd. Salpetersäure an und fügt etwas Silbernitrat-Lösung hinzu. Bei Zugabe von schwefliger Säure (oder Natriumsulfit und etwas mehr Salpetersäure) fällt weißes Silberchlorid aus:

$$ClO_3^- + 3\,SO_3^{2-} \longrightarrow Cl^- + 3\,SO_4^{2-}$$

② Oxidation von Iodid durch Chlorat

Eine Probelösung wird mit konz. Salzsäure und Kaliumiodid versetzt. Die Lösung färbt sich durch Triiodid braun:

$$ClO_3^- + 9\,I^- + 6\,H^+ \longrightarrow 3\,I_3^- + Cl^- + 3\,H_2O$$

③ Bildung von Chlor(IV)-oxid

USP

Schutzbrille, Sicherheitsscheibe!
Man gibt einige Kristalle Kaliumchlorat in ein unter dem Abzug schräg befestigtes Reagenzglas und lässt etwas konz. Schwefelsäure die Reagenzglaswand hinunterlaufen. Es bildet sich das gelbe Gas Chlor(IV)-oxid, das bei Temperaturen über 45 °C explosionsartig zerfällt:

$$6\,KClO_3 \;+\; 3\,H_2SO_4 \longrightarrow 4\,ClO_2 \uparrow \;+\; 2\,HClO_4 \;+\; 3\,K_2SO_4 \;+\; 2\,H_2O$$

$$2\,ClO_2 \longrightarrow Cl_2 \uparrow \;+\; 2\,O_2 \uparrow$$

④ Synproportionierung

Versetzt man eine Probelösung mit konz. Salzsäure, färbt sich die Lösung durch gebildetes Chlor hellgrün (s. Synproportionierung, s. Kap. 10):

$$ClO_3^- \;+\; 5\,Cl^- \;+\; 6\,H^+ \longrightarrow 3\,Cl_2 \;+\; 3\,H_2O$$

Perchlorat	ClO_4^-
Perchlorsäure	$HClO_4$ $M_r = 100{,}470$

Reine Perchlorsäure ist eine ölige, an der Luft rauchende Flüssigkeit, die spontan explodieren kann und aufgrund ihres hohen Sauerstoffanteils brandfördernd wirkt. Mit organischen Stoffen oder Metallen kann sie unter Explosion oder Feuerscheinung reagieren, insbesondere Gemische mit Ethanol oder Diethylether sind hochexplosiv. Ihre Salze, die Perchlorate, werden für Feuerwerkskörper und Sprengstoffe gebraucht. Perchlorate sind starke Herbizide und wurden wie Chlorate früher als Unkrautvernichter eingesetzt. Perchlorat ist ein kompetitiver Hemmstoff des Iodidtransportes in die Schilddrüse. Zur thyreostatischen Therapie kann $KClO_4$ eingesetzt werden. Ph. Eur. führt die Substanz als Monographie auf.

Chemische Eigenschaften: Perchlorsäure (Sdp. 199 °C) ist eine extrem starke Säure ($pK_S = -9$). Sie ist als einzige der vier Sauerstoffsäuren des Chlors wasserfrei erhältlich. Wegen ihrer gefährlichen Eigenschaften wird sie als wässrige Lösung gehandelt. Kalium-, Rubidium-, und Cäsiumperchlorat sind in Wasser schwerlöslich, Natriumperchlorat ist leicht löslich. Kaliumperchlorat kann zur Identifizierung von Kaliumionen dienen.

Probelösung: 0,05 mol/L $NaClO_4$-Lösung oder verd. Perchlorsäure-Lösung (s. Tab. 5, Tab. 7)

Halogenide und Pseudohalogenide

① Thermische Zersetzung

Identitätsreaktion Ph. Eur.

Eine kleine Probe Kaliumperchlorat wird für die Dauer von 2 min auf der Magnesiarinne über dem Bunsenbrenner erhitzt. Man löst den Rückstand in Wasser und gibt Silbernitrat zu. Es fällt Silberchlorid aus.
Zur Unterscheidung von ClO_3^-, BrO_3^- und IO_3^- ist diese Reaktion nicht geeignet, da sich deren Salze in gleicher Weise zersetzen.
Perchlorat bildet kein schwerlösliches Silbersalz.

$$NaClO_4 \longrightarrow NaCl + 2\,O_2$$

② Ausbleibende Entfärbung von Indigocarmin

Identitätsreaktion Ph. Eur.

Man löst eine kleine Probe in Wasser und erhitzt unter Zusatz von Indigocarmin-Lösung zum Sieden. Es tritt keine Entfärbung ein (siehe auch NO_3^- ⑨).

③ Kaliumperchlorat

Versetzt man eine Probelösung mit Kalium-Ionen, so fällt in der Kälte ein weißer kristalliner Niederschlag von Kaliumperchlorat aus. (s. a. K^+ ②).

$$ClO_4^- + K^+ \longrightarrow KClO_4$$

④ Reduktion von Perchlorat

Das außerordentlich stabile Perchlorat kann in wässriger Lösung experimentell nur schwierig reproduzierbar bis zu Chlorid reduziert werden. Es wird eine kinetische Hemmung diskutiert. Daher wird auf die Angabe einer Versuchsvorschrift verzichtet.

Bromat		BrO_3^-	
Bromsäure		$HBrO_3$	$M_r = 128{,}910$

Bromate sind toxischer als Chlorate, obwohl sie den roten Blutfarbstoff für den Sauerstofftransport weniger blockieren. Orale Einnahme führt zu Erbrechen, Durchfall, Kreislaufkollaps, außerdem finden sich Blut und Eiweiß im Harn. Die Arzneibücher lassen Bromide auf Verunreinigung durch Bromat prüfen, das von der Herstellung als Verunreinigung anwesend sein kann.
Chemische Eigenschaften: Bromsäure und Bromate sind ähnlich starke Oxidationsmittel wie Chlorsäure und Chlorate. Kontakt mit Schwefel, organischen Substanzen und Reduktionsmitteln ist zu vermeiden.
Probelösung: 0,5 mol/L und 0,05 mol/L $KBrO_3$-Lösung (s. Tab. 5).

① **Silberbromat**

Versetzt man die neutrale Probelösung (0,5 mol/L) mit Silbernitrat-Lösung, so fällt weißes Silberbromat aus. Bei gleichen Teilen Probelösung (0,05 mol/L) und Silbernitrat-Lösung (0,05 mol/L) fällt nur im günstigsten Fall Silberbromat aus (s. Löslichkeitsprodukte, Tab. 15). Silberbromat löst sich bei Zugabe von Wasser in verd. Ammoniak unter Bildung von $[Ag(NH_3)_2]^+$. In verd. Salpetersäure ist der Niederschlag etwas löslich.

$$BrO_3^- + Ag^+ \longrightarrow \underset{\text{weiß}}{AgBrO_3}$$

② **Oxidation von Bromid zu Brom**

Zur Probelösung (0,05 mol/L) gibt man die fünffache Menge Kaliumbromid-Lösung und säuert mit verd. Schwefelsäure an. Die Lösung färbt sich durch Brom (Komproportionierung) braun (Extraktion mit Chloroform s. Br^- ③ a):

$$BrO_3^- + 5\,Br^- + 6\,H^+ \longrightarrow 3\,Br_2 + 3\,H_2O$$

③ **Oxidation von Iodid zu Iod**

Ph. Eur., USP

Versetzt man die Probelösung (0,05 mol/L) mit Kaliumiodid-Lösung und säuert mit verd. Schwefelsäure an, so kann gebildetes Iod (I_2 bzw. I_3^-) z. B. durch die Blaufärbung von Stärke-Lösung identifiziert werden (s. I^- ④):

$$BrO_3^- + 6\,I^- + 6\,H^+ \longrightarrow 3\,I_2 + Br^- + 3\,H_2O$$

④ **Reduktion zu Bromid**

Man säuert die Probelösung (0,05 mol/L) mit verd. Salpetersäure oder Schwefelsäure an. Bei der Zugabe von wenig Reduktionsmittel, wie z. B. schwefliger Säure (oder Natriumsulfit mit entsprechend mehr Salpetersäure), färbt sich die Lösung durch gebildetes Brom zunächst braun. Gibt man weiteres Reduktionsmittel hinzu, verschwindet die braune Farbe. Nitrit und Schwefelwasserstoff reduzieren ebenfalls. Bei Zugabe von Silbernitrat fällt hellgelbes Silberbromid aus.

$$2\,BrO_3^- + 3\,SO_3^{2-} + 2\,H^+ \longrightarrow Br_2 + 3\,SO_4^{2-} + H_2O$$
$$Br_2 + SO_3^{2-} + H_2O \longrightarrow 2\,Br^- + SO_4^{2-} + 2\,H^+$$
$$\text{Summe:} \quad 2\,BrO_3^- + 4\,SO_3^{2-} \longrightarrow 2\,Br^- + 4\,SO_4^{2-}$$

Chlorat und Iodat reagieren wie Bromat (ClO_3^- ①, ②, IO_3^- ③).

Iodat	IO_3^-
Iodsäure	HIO_3 $M_r = 175{,}911$

Natrium- oder Kaliumiodat wird zur Iodierung von Speisesalz verwendet, da es nicht wie Iodid durch Luftsauerstoff zu Iod oxidiert und so dampfförmig verloren gehen kann. Da Iodide aus ihnen hergestellt werden können, lassen die Arzneibücher auf Iodat als mögliche Verunreinigung der Iodide prüfen. Die Toxizität scheint gering zu sein. Da Iodsäure und Iodate starke Oxidationsmittel sind, muss bei oraler Einnahme größerer Mengen mit Verätzungen gerechnet werden.

Chemische Eigenschaften: Obwohl Iodate und Iodsäure mit oxidierbaren Substanzen nicht so heftig reagieren wie die entsprechenden Chlor- und Brom-Verbindungen, sollte vorsichtig mit ihnen umgegangen werden.

Probelösung: 0,05 mol/L KIO_3-Lösung (s. Tab. 5).

① **Silberiodat**

Versetzt man eine neutrale oder schwach salpetersaure Probelösung mit Silbernitrat-Lösung, fällt weißes Silberiodat aus, das in verd. Ammoniak löslich ist:

$$IO_3^- + Ag^+ \longrightarrow \underline{AgIO_3}$$
$$\text{weiß}$$

$$AgIO_3 + 2\,NH_3 \longrightarrow [Ag(NH_3)_2]^+ + IO_3^-$$

② **Reduktion zu Iodid**

Man gibt zu einer salpetersauren Probelösung eine Spatelspitze Zinkpulver und dekantiert nach wenigen Minuten vom restlichen Zink ab. Bei Zugabe von Silbernitrat-Lösung fällt gelbes Silberiodid aus, das sich in Ammoniak nicht löst, (s. I⁻ ①):

$$IO_3^- + 3\,Zn + 6\,H^+ \longrightarrow I^- + 3\,Zn^{2+} + 3\,H_2O$$

③ **Reduktion zu Iod**

Ph. Eur. (a), USP

a Versetzt man eine Probelösung mit Kaliumiodid-Lösung und säuert mit verd. Schwefelsäure an, so färbt sich die Lösung durch Triiodid braun. Nachweis des Iodes erfolgt über I⁻ ③ **a**, ④ (s. a. I⁻ ③ **g**). In schwach saurer bis neutraler Lösung, d. h. bei Anwesenheit von $NaHCO_3$, läuft die Oxidation durch IO_3^- im Unterschied zu IO_4^- (Periodat) nicht mehr ab:

$$IO_3^- + 8\,I^- + 6\,H^+ \rightleftharpoons 3\,I_3^- + 3\,H_2O$$

bzw.

$$IO_3^- + 5\,I^- + 6\,H^+ \rightleftharpoons 3\,I_2 + 3\,H_2O$$

b Eine salzsaure Probelösung, die mit Natriumnitrit-Lösung versetzt wird, färbt sich durch Triiodid braun. Das Iod löst sich in Chloroform mit violetter Farbe. Dieser Versuch ist unter dem Abzug durchzuführen, da gleichzeitig nitrose Gase (braun) entweichen können:

$$2\,IO_3^- + 5\,NO_2^- + 2\,H^+ \longrightarrow I_2 + 5\,NO_3^- + H_2O$$

bzw.

$$3\,IO_3^- + 8\,NO_2^- + 2\,H^+ \longrightarrow I_3^- + 8\,NO_3^- + H_2O$$

c Eine Probelösung wird durch einen Überschuss schwefliger Säure (bzw. Natriumsulfit oder Natriumhydrogensulfit und verd. Schwefelsäure) bis zum Iodid reduziert:

$$IO_3^- + 3\,SO_3^{2-} \longrightarrow I^- + 3\,SO_4^{2-}$$

7.3.2 Nachweis der Halogenide und Pseudohalogenide im Gemisch

Die Reaktionsbedingungen für die einzelnen Nachweise finden sich bei den Einzelversuchen (s. a. Tab. 21). Perchlorat wird in der Vollanalyse nicht berücksichtigt.

Fluorid F^-

Als zuverlässige **Probe** aus der Ursubstanz eignet sich die *Kriechprobe* (F^- ②), die gleichzeitig Vorprobe auf Iodid, Bromid, Nitrit und Tartrat ist.

Zum **Fluorid-Nachweis** wird die *Wassertropfenprobe* (F^- ⑤, SiO_4^{4-} ④) im Bleitiegel durchgeführt. Um eine deutliche Verätzung der Oberfläche eines Objektträgers zu erreichen (s. F^- ③), sind größere Substanzmengen erforderlich als für die Wassertropfenprobe.

Borat und Silicat stören Vorproben und Nachweise und sollten nicht gleichzeitig anwesend sein (s. Tab. 23).

Der **Fluorid-Nachweis** bei geringeren Substanzmengen lässt sich aus dem Sodaauszug durch die Zerstörung des roten Zirkonium-Alizarin-S-Farblackes (F^- ④) durchführen.

Störung dieses Nachweises geben Oxalat, Phosphat und Sulfat, die ebenfalls mit Zirkonium reagieren und den Farblack unter Bildung von gelbem Alizarin S zerstören. Weiter stören die Oxidationsmittel Hexacyanoferrat(III), Dichromat, Manganat(VII), Nitrit, Arsenat und Bromat, die Alizarin S angreifen sowie Sulfit und Thiosulfat.

Chlorid   Cl⁻

Für den **Chlorid-Nachweis** säuert man den Sodaauszug mit konz. Salpetersäure an. Bei Anwesenheit von Cyanid und Thiocyanat kocht man 3–5 min unter dem Abzug, um diese Ionen zu vertreiben bzw. zu zerstören. Man fügt tropfenweise Silbernitrat-Lösung (Cl⁻ ①) hinzu, um einen Überschuss an Silber-Ionen zu vermeiden. Der erste Tropfen Silbernitrat-Lösung, der keine Silberchlorid-Fällung mehr verursacht, war schon zu viel. Der Silber-Ionenüberschuss wird an die Silberhalogenid-Partikel absorbiert und lässt sich auch durch Waschen mit verd. Salpetersäure oder Wasser kaum wieder ablösen. Dieser Absorptionseffekt ist ohne Interesse, wenn nur Chlorid als Halogenid vorliegen kann. Bei gleichzeitiger Anwesenheit von Bromid und Iodid muss Chlorid in der Silberhalogenid-Fällung noch identifiziert werden. Dazu zentrifugiert man den Niederschlag ab, wäscht ihn mit verd. Salpetersäure und schüttelt ihn mit sehr verd. Ammoniak oder einer 10 %igen Lösung von Ammoniumcarbonat aus.

Silberchlorid geht teilweise in Lösung, Silberbromid nur spurenweise, Silberiodid bleibt unverändert. Man zentrifugiert ab und säuert das Zentrifugat mit konz. Salpetersäure an, wobei Silberchlorid wieder ausfällt, da die Konzentration des Ammoniaks nicht mehr für die Komplexbildung ausreicht. Man kann ebenso gut Kaliumbromid- oder -iodid-Lösung zugeben, es fällt dann Silberbromid bzw. -iodid aus, was Chlorid beweist. Die wiedergebildeten Silberhalogenide können auch kolloide (trübe) Lösungen bilden. Verwendet man für die Silberhalogenid-Fällung einen Silber-Ionenüberschuss bei Abwesenheit von Chlorid, so wird das adsorbierte Silber-Ion durch sehr verd. Ammoniak abgelöst und täuscht Chlorid vor.

Bromid und Iodid lassen sich auch mit Kaliumpermanganat/Schwefelsäure zu Brom und Iod oxidieren (Br⁻ ③e) und verkochen oder mit Chloroform extrahieren (vorher auf Chlorid-Ionen prüfen d. h. Blindprobe!). Es bildet sich bei dieser Oxidation trotz saurer Lösung oft etwas Mangan(IV)-oxidhydrat, das nach Abkühlen durch Zugabe von 3 %igem Wasserstoffperoxid zu Mangan(II) aufgelöst werden kann. Im Anschluss erfolgt der **Chlorid-Nachweis** durch Fällung als Silberchlorid (s. Ag⁺ ④). Es kann auch mit 3 %igem Wasserstoffperoxid/verd. Salpetersäure und 1 Tropfen Ammoniummolybdat-Lösung oxidiert werden (s. Br⁻ ③d).

Die Hexacyanoferrate(II) und -(III) bilden ebenfalls schwerlösliche Silber-Salze (s. [Fe(CN)₆]³/⁴⁻ ③, ④). Beide Ionen können als Kupfer- oder Cadmium-Salze gefällt und entfernt werden (s. [Fe(CN)₆]³/⁴⁻ ⑤, ⑥, ⑦).

Bei Anwesenheit von Pseudohalogeniden kann die Chromychlorid-Reaktion (s. Cl⁻ ④) aus der Ursubstanz (!) angewendet werden. Das Reaktionsgemisch muss rot-orange gefärbt bleiben, Grünfärbung wird durch oxidierbare Substanzen hervorgerufen. Die Reaktion kann dann nicht mehr ablaufen, da nicht genug Kaliumdichromat verwendet wurde. Befinden sich Nitrit und Nitrat in der Analyse, bildet sich bei der Chromylchlorid-Reaktion Chlor. Bromid und Iodid werden zu den Elementen oxidiert, die den Chrom-Nachweis mit Diphenylcarbazid Cr³/⁶⁺ ⑩ nur wenig stören. Bei Anwesenheit von Fluorid bildet sich das analoge Chromylfluorid, der **Chlorid-Nachweis** wird dadurch gestört.

Mit Silber- und den Quecksilberchloriden verläuft die Chromylchlorid-Reaktion unbefriedigend; zum Chlorid-Nachweis s. Cl⁻ ⑤.

Bromid Br^-

Silberbromid gibt Bromid-Ionen nicht an den Sodaauszug ab (s. Löslichkeitsprodukte, Tab. 15), es muss daher mit Zink/Schwefelsäure aufgeschlossen werden. Dazu verwendet man Zink-Granalien statt des oft verunreinigten Zink-Staubs (s. Ag^+ ⑦ b und Br^- ⑦). Zur **Vorprobe** erhitzt man die Ursubstanz mit konz. Schwefelsäure (s. Br^- ②). Die braunen Dämpfe können auf Bromid hinweisen, doch auch von Nitrit und/oder Nitrat herrühren. Violette Ioddämpfe überdecken meist die braunen Dämpfe, bei Anwesenheit von viel Reduktionsmitteln bleiben sie aus.

Der **Bromid-Nachweis** aus dem Sodaauszug als Silberbromid-Fällung (s. Br^- ①) kann nur bei Abwesenheit von Chlorid spezifisch sein: Silberbromid löst sich im Gegensatz zu Silberiodid in konz. Ammoniak. Gibt man zu dieser Lösung Kaliumiodid, bildet sich ein Silberiodidniederschlag, der Bromid beweist.

Störung durch Iodid wird durch Oxidation zu Iod mit Natriumnitrit/verd. Essigsäure, bei Abwesenheit von Komplexbildnern wie F^- u. a. auch mit Eisen(III)/verd. Salzsäure und mehrfacher Extraktion mit kleinen Mengen Chloroform beseitigt (s. I^- ③ e, f). Anschließend wird, nach Ansäuern mit Salzsäure, mit Permanganat bis zur bleibenden Violettfärbung versetzt. Dabei wird Bromid zu Brom oxidiert, das man mit wenig Chloroform extrahiert. Cyanid und Thiocyanat, die beide **stören**, sowohl durch Bildung von Niederschlägen mit Silberionen als auch durch Verhinderung der Bildung von elementarem Brom und Iod, werden durch Verkochen der salpetersauren Lösung unter dem Abzug, die Hexacyanoferrate durch Fällung als Kupfer- oder Cadmium-Salze entfernt (s. o. bei Chlorid).

Bromat und Iodat oxidieren Bromid beim Ansäuern mit verd. Schwefelsäure zu Brom (s. BrO_3^- ②). Deshalb muss die Silbernitrat-Fällung im neutralen bis schwach essigsauren Sodaauszug erfolgen. Es werden dabei auch Silbercarbonat und -oxid gefällt. Nach Behandlung mit verd. Natronlauge, konz. Ammoniumcarbonat-Lösung oder verd. Ammoniak bleiben nur Silberbromid und -iodid zurück. Iodid wird schon durch Ansäuern mit verd. Essigsäure zu Iod oxidiert (s. IO_3^- ③ a).

Chlorwasser oder eine bequemer herzustellende und haltbare Lösung von Chloramin T oxidieren Bromid zu braunem Brom, das sich mit Chloroform extrahieren lässt (Br^- ③ a, b). Die Zugabe des Oxidationsmittels soll tropfenweise erfolgen, um einen Überschuss zu vermeiden, da das dann gebildete Bromchlorid nur weingelb ist. Häufiger entstehen jedoch Störungen durch Reduktionsmittel, die große Mengen Chlor verbrauchen. Das aus Chloramin T entstehende p-Toluolsulfonamid ist relativ schlecht in Wasser löslich und stört die Extraktion. Auch ist nicht sofort sichtbar, ob ausreichend Oxidationsmittel zugegeben wurde. Daher ist die Oxidation mit Kaliumpermanganat in salzsaurer Lösung (s. Br^- ③ e) besser geeignet. Bei Abwesenheit von Iodid kann dann Kaliumpermangant als Oxidationsmittel verwendet werden (s. Br^- ③ e). An der violetten Farbe der wässrigen Lösung erkennt man das Ende der Oxidation.

Bei Anwesenheit von Cyanid bildet sich farbloses Bromcyan, daher muss aus der sauren Lösung vor der Oxidation die Blausäure unter dem Abzug verkocht werden (3–5 min).

Bei Anwesenheit von Iodid oxidiert man dieses selektiv mit wenig(!) Natriumnitrit/verd. Essigsäure zu elementarem Iod. Das Iod extrahiert man mit Chloroform oder Dichlormethan. Die Iod-Lösung kann gut mit einer Tropfpipette abgehoben und verworfen werden. Die wässrige Lösung wird so lange mit kleinen Portionen Chloroform geschüttelt, bis sich diese nicht mehr violett färbt. Dann gibt man Kaliumpermanganat-Lösung, die zunächst überschüssiges Nitrit zu Nitrat und anschließend Bromid zu Brom oxidiert. Mit wenig Chloroform extrahiert wird es an seiner rotbraunen Farbe erkannt (s. I⁻ ③e und Br⁻ ③e).

Der **Bromid-Nachweis** kann ohne Störung durch Chlorid und Iodid durch Umwandlung von Phenolrot zu Bromphenolblau (s. Br⁻ ⑥) in folgender Form ausgeführt werden: Man versetzt eine salzsaure Lösung (maximal 1 mol/L) mit einer KMnO₄-Lösung bis zur bleibenden Violettfärbung und extrahiert gebildetes Brom und Iod mit wenig Chloroform. Chlorid wird bei dieser Acidität noch nicht oxidiert. Eventuell ausgefallener Braunstein stört die Extraktion nicht. Man trennt die Chloroform-Lösung ab, schüttelt sie 15 sec mit etwa 0,1 molarer Salzsäure, der man 1–2 Tropfen Phenolrot zugesetzt hat. Beim Zusetzen von $Na_2S_2O_3$- und konz. $NaCH_3COO$-Lösung schlägt die wässrige gelbe Lösung nach blauviolett bis blau um.

Es ist nicht zu empfehlen, mit Chlor Iodid zu Iod, weiter zu Iodtrichchlorid und Iodat und anschließend Bromid zu Brom zu oxidieren.

Iodid I^-

Silber- und Quecksilberiodid geben kein Iodid an den Sodaauszug ab und müssen daher wie Silberbromid aufgeschlossen werden (s. Ag^+ ⑦**b**).

Als **Vorprobe** erhitzt man die Ursubstanz mit konz. Schwefelsäure, es entweichen violette Dämpfe (I⁻ ②). Bei der Zuverlässigkeit dieser Reaktion – auch aus Quecksilber(II)-, Kupfer(I)- und Silberiodid entwickelt sich Iod – grenzt diese Vorprobe an einen **Iodid-Nachweis.**

Für das mit Silbernitrat/konz. Salpetersäure aus dem Sodaauszug gefällte Silberiodid ist charakteristisch, dass es sich in konz. Ammoniak nicht löst (s. I⁻ ①). Nur Silberhexacyanoferrat(II) ist ebenfalls in konz. Ammoniak schwer löslich.

Spezifischer ist die violette Farbe des Iods in Chloroform oder Dichlormethan. Man säuert dazu den Sodaauszug an und oxidiert mit Natriumnitrit, Chloramin T, Eisen(III) oder Kaliumpermanganat (I⁻ ③ **e, b, i**). Mit Cyanid bildet Iodid unter den Reaktionsbedingungen farbloses Iodcyan. Deshalb vertreibt man vor der Oxidation Blausäure durch Aufkochen der sauren Lösung (**Abzug!**). Theoretisch kann man Silberhalogenide fraktioniert fällen (s. Löslichkeitsprodukte, Tab. 15), praktisch gibt es mehr oder weniger große Mischfraktionen, die schwierig abzugrenzen sind. Auf jeden Fall sollte man zur fraktionierten Fällung 0,05 mol/L Silbernitrat-Lösung um das zehnfache verdünnen.

Cyanid   CN⁻

Die Überführung von Cyanid in Berliner Blau (s. CN⁻ ②) ist ein deutlich sichtbarer und empfindlicher **Cyanid-Nachweis**. **Störungen** sind natürlich bei Anwesenheit von Hexacyanoferrat(II) und -(III) gegeben. Gleichzeitig vorliegende Schwermetalle – etwa aus der Schwefelwasserstoff- und Ammoniumsulfid-Gruppe – bilden unter den Bedingungen des Sodaauszugs beständige Cyano-Komplexe und Cyanid steht für die Reaktion nicht mehr zur Verfügung.

Allgemein anwendbar ist der **Cyanid-Nachweis** durch Austreibung der *Blausäure* aus der Ursubstanz mit verd. Essigsäure in Verbindung mit der Bildung von Silbercyanid im Gärröhrchen (CN⁻ ①), was aus Hexacyanoferrat(II) und -(III) und anderen Cyano-Komplexen nicht möglich ist.

Thiocyanat   SCN⁻

Als charakteristischer **Thiocyanat-Nachweis** gilt die Bildung der blutroten Farbe des Eisen(III)-isothiocyanats in schwefelsaurer Lösung, das sich mit Ether, Isoamylalkohol oder Methylisobutylketon extrahieren lässt (s. SCN⁻ ②, $Fe^{2/3+}$ ⑨).

Störungen sind von Anionen zu erwarten, die mit Eisen(III) stabile Komplexe bilden (z. B. F^-, PO_4^{3-}, $C_2O_4^{2-}$, CN^-), und so die Bildung der roten Farbe verhindern. Man gibt dann einen Überschuss Eisen(III), evtl. auch als Feststoff, zum Reaktionsgemisch, um alle komplexbildenden Anionen zu binden. Beobachtet wurde, dass sich die nun auftretende rote Farbe bei zu schwach angesäuerter Lösung nur schlecht ausschütteln ließ. Zu beachten ist die Löslichkeit von Eisen(III)-chlorid in Ether, Pentanol oder MIBK mit gelber Farbe bei hohen Chlorid-Konzentrationen. Daher sollte man mit Schwefelsäure ansäuern und Eisen(III)-sulfat verwenden. Bei gleichzeitiger Anwesenheit von Hexacyanoferrat(II) wird das *Berliner Blau* die rote Farbe überdecken, die dann nur noch durch Extraktion erkannt werden kann. Bei Anwesenheit von Iodid wird Iod freigesetzt (s. I^- ③ f), das zuvor mit Chloroform extrahiert wird; eventuell muss danach erneut Eisen(III)-sulfat zugesetzt werden. Die Reaktion mit Cobalt(II) (s. Co^{2+} ③) wird nicht gestört.

Hexacyanoferrat(II) und (III) $[Fe(CN)_6]^{3/4-}$

Zum Nachweis säuert man die Probelösung an und erhält mit Eisen(III) *Berliner Blau* (s. $[Fe(CN)_6]^{3/4-}$ ①) und mit Eisen(II) *Turnbulls Blau* $[Fe(CN)_6]^{3/4-}$ ②). Aus Berliner und Turnbulls Blau sowie den Hexacyanoferraten(III) von Cobalt(II), Eisen(II) und Mangan(II) geht Hexacyanoferrat(II) in den Sodaauszug (s. $Fe^{2/3+}$ ⑦, ⑧).

Störungen: Die gleichzeitige Anwesenheit von Silber, Quecksilber(I) und/oder -(II) sollte ausgeschlossen sein, da dann die Hexacyanoferrate im Sodaauszug nicht nachgewiesen werden können (wahrscheinlich wegen Ligandenaustausch).

Chlorat ClO_3^-

Ist dieses Ion anwesend, muss wegen der **Explosionsgefahr** beim Verreiben der Analyse und der **Vorprobe** mit konz. Schwefelsäure (s. ClO_3^- ③) eine deutlich sichtbare **Warnung** angebracht werden.

Für den **Chlorat-Nachweis** wird nach Fällung der Halogenide durch Silbernitrat aus schwach salpetersaurer Lösung das in der Lösung verbliebene Chlorat mit Natriumnitrit oder schwefliger Säure reduziert und als Silberchlorid gefällt (s. ClO_3^- ① **a, c**).

Störungen entstehen durch Bromat und Iodat. Bei ihrer Anwesenheit verbleiben Ionen-Anteile in der Lösung und werden ebenfalls reduziert. Es ist dann eine Unterscheidung des Silberchlorids von -bromid und -iodid notwendig, wie sie beim Chlorid beschrieben worden ist.

Perchlorat ClO_4^-

Ist dieses Ion anwesend, muss wegen der Explosionsgefahr, besonders bei gleichzeitiger Gegenwart oxidierbarer Substanzen, ein **Warnhinweis** angebracht werden. Im Sodaauszug muss zunächst auf Chlorid ①, Chlorat ②, Bromat ④ und Iodat ③ geprüft werden. Chlorat, Bromat und Iodat werden mit Sulfit reduziert. Die entstandenen oder schon vorhandenen Halogenide werden als Silbersalze gefällt und abgetrennt. Anschließend kann Perchlorat nach thermischer Zersetzung ① als Chlorid Cl^- ① nachgewiesen werden.

Bromat BrO_3^-

Silberbromat ist nur mäßig schwerlöslich (s. BrO_3^- ①), durch Reduktion mit Natriumnitrit oder schwefliger Säure wird das wesentlich schwerer lösliche Silberbromid erhalten (s. BrO_3^- ④).

Oft liegt Bromat neben anderen Halogeniden vor. Befinden sich Bromat und Bromid im Sodaauszug, bildet sich beim Ansäuern mit verd. Schwefelsäure Brom, das mit Chloroform extrahiert werden kann (s. BrO_3^- ②). Daher muss man zur vollständigen Prüfung auf Halogenide, Bromat und Iodat, die Fällung mit Silbernitrat im Sodaauszug vornehmen, den man bei Anwesenheit von Iodid mit verd. Essigsäure neutralisiert, bei Anwesenheit von Bromid schwach ansäuert. In sehr verd. Ammoniak bleiben nur Silberbromid und -iodid ungelöst. Die Lösung wird mit schwefliger Säure reduziert (s. BrO_3^- ④). Dadurch fallen Silberchlorid, -bromid und -iodid aus. Das Problem des **Bromat-Nachweises** ist damit auf den Bromid-Nachweis aus diesem Niederschlag reduziert.

Die gemeinsame Silberhalogenid- und Halogenat-Fällung kann man auch mit verd. Natronlauge im Wasserbad behandeln. Man zentrifugiert vom ungelösten Silberoxid, -bromid und -iodid ab. Das Zentrifugat enthält Chlorid, Bromat und

Iodat-Ionen. Nach Reduktion in saurer Lösung liegen Chlorid, Bromid und Iodid in wässriger Lösung vor. Bei der zur Identifizierung notwendigen Oxidation zu Iod und Brom sind die Reste des Reduktionsmittels zu berücksichtigen.

Iodat $\quad\quad\quad\quad\quad\quad\quad\quad\quad\quad\quad\quad\quad\quad\quad\quad\quad\quad\quad\quad\quad\quad\quad\quad\quad\quad\quad\quad\quad\quad$ IO$_3^-$

Die Reaktion von Iodat und Bromat gleichen sich weitgehend. Silberiodat ist etwas schwerer löslich als Silberbromat (s. IO$_3^-$ ① und Löslichkeitsprodukte, Tab. 15). In Gegenwart von Iodid bildet sich Iod schon beim Ansäuern des Sodaauszuges mit verd. Essigsäure (s. IO$_3^-$ ③ a). Auch Natriumhypophosphit ist ein selektives Reduktionsmittel, das Iod freisetzt, Bromat wird unter gleichen Bedingungen bis zum Bromid reduziert.

7.4 Schwefelhaltige Anionen

Die in Lösung farblosen Anionen Sulfid, Thiosulfat, Sulfit und Sulfat bilden durch die Möglichkeit ihrer gegenseitigen Umwandlung eine verhältnismäßig einheitliche Gruppe. Das Thiocyanat steht den Halogeniden in seinen Reaktionen wesentlich näher und wurde dort behandelt.

7.4.1 Einzelreaktionen

Sulfid $\quad\quad\quad\quad\quad\quad\quad\quad\quad\quad\quad\quad\quad\quad\quad\quad\quad\quad\quad\quad\quad\quad\quad\quad\quad\quad\quad\quad\quad\quad\quad\quad\quad\quad\quad\quad\quad\quad$ S^{2-}
Schwefelwasserstoff $\quad\quad\quad\quad\quad\quad\quad\quad\quad\quad\quad\quad\quad\quad\quad\quad\quad\quad\quad\quad\quad\quad$ $H_2S \quad M_r = 34{,}08$

Das Gas Schwefelwasserstoff hat in geringen Konzentrationen einen charakteristischen, widerlichen Geruch, in hohen Konzentrationen scheint es durch die Lähmung der Geruchsnerven geruchlos zu sein. Schwefelwasserstoff ist von der Giftigkeit der Blausäure, er blockiert die sauerstoffübertragenden Enzyme und führt so zur inneren Erstickung. Geringe Mengen Schwefelwasserstoff führen u. a. zu Schleimhautreizung und zu Kopfschmerzen, bei chronischer Exposition können auch Hornhauttrübungen der Augen und Kreislaufstörungen auftreten. Früher fanden Calcium- und Bariumsulfid als Depilatorien und Alkalisulfide als Zusatz zu Heilbädern Verwendung. Bei löslichen Sulfiden ist auch die Toxizität des Kations, bei Natriumsulfid auch die entstehende Natronlauge zu berücksichtigen. Schwerlösliche Sulfide wie Quecksilber(II)-sulfid sind ungiftig. Ph. Eur. führt Natriumsulfid als Reagenz auf.

Chemische Eigenschaften: Schwefelwasserstoff ist ein farbloses Gas, das sich schlecht in Wasser löst. Eine bei Zimmertemperatur gesättigte Lösung enthält etwa 0,1 mol/L. Schwefelwasserstoff wird – auch durch Luftsauerstoff – leicht zu Schwefel oxidiert. Aus farblosem Ammoniumsulfid bildet sich im Laufe von Stunden das gelbe Ammoniumpolysulfid, wenn nicht der Luftsauerstoff ausgeschlossen wird (s. Tab. 5). In Ammoniumpolysulfid bildet sich Thiosulfat. Schwefelwasserstoff wird in saurer

Lösung durch Iod und Eisen(III) zu Schwefel, durch Manganat(VII) und Chromat/ Dichromat bis zum Sulfat oxidiert. Schwefelwasserstoff reduziert Eisen(III), Antimon(V) und Arsen(V) (s. Prüfung auf reduzierende oder oxidierbare Substanzen, Kap. 7.2.1). Arbeiten mit Schwefelwasserstoff sind immer unter einem gut ziehenden *Abzug* durchzuführen.

Probelösung: 2 mol/L $(NH_4)_2S$- oder $(NH_4)_2S_x$-Lösung, H_2S (s. Tab. 5).

① **Entwicklung von Schwefelwasserstoff**

Übergießt man Eisensulfid mit Salzsäure wird gasförmiger Schwefelwasserstoff freigesetzt. Auf dieser Reaktion beruht die frühere Herstellung von Schwefelwasserstoff für die qualitative Analyse im Kipp'schen Apparat.

$$FeS + 2\,HCl \longrightarrow H_2S \uparrow + FeCl_2$$

Da Schwefelwasserstoff eine sehr schwache Säure (pK_{S1} 6,9; pK_{S2} 11,96) und auch sehr flüchtig ist, können alle stärkeren Säuren die Sulfide der Metalle der Ammoniumsulfidgruppe zersetzen (s. a. Kap. 11.1, Löslichkeitsprodukt). Nicht zersetzt werden die Sulfide der Metalle der Schwefelwasserstoffgruppe. Auf diesem Unterschied beruht die Aufteilung von Kationen in diese beiden Gruppen (s. a. Kap. 5). Aus Sulfiden der Metalle der Schwefelwasserstoffgruppe (Hg, Cu, Cd, Pb, Bi, As, Sb und Sn) kann durch gleichzeitige Zugabe von metallischem Zink H_2S freigesetzt werden. Dabei reduziert das Zink die edleren Schwermetallkationen der H_2S-Gruppe.

② **Bleiacetat-Papier für Schwefelwasserstoff**

Ph. Eur., USP

Man tränkt Filterpapier mit Bleiacetat-Lösung und setzt es der Einwirkung von Schwefelwasserstoff z. B. einer Ammoniumsulfid-Flasche aus. Es bildet sich ein brauner bis schwarzer, teils silbrig glänzender Überzug von Bleisulfid (s. Pb^{2+} ⑧). Die Entwicklung von Schwefelwasserstoff aus Sulfiden kann auch im PVC-Tiegel, nicht aber im Bleitiegel durchgeführt werden. Zum Nachweis wird das feuchte Bleiaceteatpapier auf den durchbohrten Deckel mit Schlitz gelegt.

$$S^{2-} + Pb^{2+} \longrightarrow \underline{PbS}$$
$$\text{schwarz}$$

③ **Zersetzung von Quecksilber(II)-sulfid**

Aus Quecksilber(II)-sulfid und anderen in Salzsäure schwerlöslichen Sulfiden d. h. den Sulfiden der H_2S-Gruppe lässt sich nur Schwefelwasserstoff entwickeln, wenn man gleichzeitig elementares Zink hinzufügt:

$$HgS + Zn + 2\,H^+ \longrightarrow H_2S \uparrow + Hg + Zn^{2+}$$

Da Salzsäuredämpfe mit dem Bleiacetat auf dem Filterpapier (s. S^{2-} ②) schwerlösliches weißes Bleichlorid und konz. Salzsäure bilden (s. Pb^{2+} ⑥), sollte als Säure nicht konz. Salzsäure, sondern verd. oder halbkonz. Salzsäure verwendet werden. Nimmt man Zink-Pulver, so ist in einer Blindprobe zu prüfen, ob es kein Sulfid enthält; Zink-Granalien sind sulfidfrei. Aus elementarem Schwefel, Sulfit, Thiosulfat und Thiocyanat, nicht aus Sulfat, entsteht unter den Reaktionsbedingungen ebenfalls Schwefelwasserstoff (s. SO_3^{2-} ⑥).

④ **Bildung von Pentacyanothionitroferrat(II)**

Ph. Eur.

Versetzt man eine schwach alkalische Probelösung (pH ca. 10, z. B. Sodaauszug, Kap. 7.1) mit einigen Tropfen einer Natriumpentacyanonitrosylferrat(II)-Lösung ($Na_2[Fe(CN)_5NO]$, *Nitroprussidnatrium* oder *Natriumnitroprussiat*), so wird die Lösung durch $[Fe(CN)_5NOS]^{4-}$ blauviolett gefärbt. Die Farbe ist nicht sehr lange beständig. Auch die Thio- und Thiooxosalze von Arsen, Antimon und Zinn(IV) werden durch diese Reaktion erfasst:

$$[Fe(CN)_5NO]^{2-} + S^{2-} \longrightarrow [Fe(CN)_5NOS]^{4-}$$

⑤ **Oxidation von Schwefelwasserstoff**

(s. $(NH_4)_2S$, Tab. 5, s. $Fe^{2/3+}$ ⑥, Mn^{2+} ④ d, Cr^{3+} ⑥ b, c, S^{2-} ⑤).

⑥ **Iod-Azid-Reaktion**

Versetzt man eine kleine Spatelspitze einer Sulfid-haltigen Mischung oder einige Tropfen einer Sulfid-haltigen Lösung mit ca. 1 mL des Iod-Azid-Reagenzes (s. Tab. 5), so wird eine Gasentwicklung, verursacht durch die katalytische Zersetzung des Azids, beobachtet. Auch SCN^- und $S_2O_3^{2-}$ verursachen eine Gasentwicklung.

$$S^{2-} + I_3^- \longrightarrow S + 3\,I^- \quad \text{(Entfärbung)}$$

$$S + 2\,N_3^- \longrightarrow S^{2-} + 3\,N_2 \quad \text{(Gasentwicklung)}$$

Thiosulfat	$S_2O_3^{2-}$	
Thioschwefelsäure	$H_2S_2O_3$	$M_r = 114{,}12$

Verwendung findet fast ausschließlich Natriumthiosulfat, das in der Photographie als Fixiersalz dient. Oral ist es selbst in hohen Dosen wenig toxisch, 12 g täglich haben nur abführende Wirkung. Es wurde früher als Antidot (Gegenmittel) bei Schwermetallvergiftungen injiziert. Als Antidot gegen Cyanid-Vergiftungen ist es wenig wirksam, da die Reaktion zu Thiocyanat nur sehr langsam erfolgt. Mit Thiosulfat lassen sich kleinere Mengen Brom oder Chlor („Antichlor") wirkungsvoll zerstören (s. a. Versuch ②). Ph. Eur. führt die Monographie Natriumthiosulfat auf.

Chemische Eigenschaften: Thioschwefelsäure ist in wässriger Lösung sehr wenig beständig. Im Laboratorium dient Natriumthiosulfat als mildes Reduktionsmittel. Das Thiosulfat-Anion kann als Ligand in Komplexe eintreten. Die Oxidationszahlen der beiden Schwefelatome sind auf jeden Fall verschieden: Für S^0 als Ligand und S^{4+} als Zentralatom steht Versuch ①, für S^{2-} als Ligand und S^{6+} als Zentralatom Versuch ③. Nach beiden Prinzipien kann Thiosulfat auch hergestellt werden.

Probelösung: 0,05 mol/L $Na_2S_2O_3$-Lösung (s. Tab. 5).

① Zerfall der Thioschwefelsäure

Ph. Eur., USP

Säuert man eine Probelösung mit verd. Schwefelsäure oder verd. Salzsäure an, so wird die Lösung langsam durch ausgeschiedenen kolloiden Schwefel milchig trübe, und es tritt Geruch nach Schwefeldioxid auf. Erwärmen im Wasserbad beschleunigt die Zersetzung:

$$S_2O_3^{2-} + 2H^+ \rightleftharpoons H_2S_2O_3$$

$$H_2S_2O_3 \longrightarrow \underset{\text{milchig}}{S} + SO_2 \uparrow + H_2O$$

② Reduktion von Iod

Ph. Eur., USP

In schwach saurem oder neutralem Milieu werden einige Tropfen Kaliumtriiodid-Lösung von der Probelösung entfärbt. Durch Zusatz von Stärke-Lösung zur Kaliumtriiodid-Lösung wird die Reaktion deutlicher sichtbar (s. I^- ④). Es bildet sich Tetrathionat ($S_4O_6^{2-}$). Diese Reaktion bildet die Grundlage für die Iodometrie.

$$2S_2O_3^{2-} + I_3^- \longrightarrow 3I^- + S_4O_6^{2-}$$

Brom- und Chlorwasser oxidieren bis zum Sulfat. In alkalischer Lösung wird Thiosulfat von allen drei Halogenen bis zum Sulfat oxidiert (Fehlerquelle bei Iodometrie). Diese Reaktion ist geeignet, freie Halogene zu entsorgen.

$$S_2O_3^{2-} + 4I_3^- + 10\,OH^- \longrightarrow 2SO_4^{2-} + 12I^- + 5H_2O$$

$$S_2O_3^{2-} + 4Cl_2 + 10\,OH^- \rightleftharpoons 2SO_4^{2-} + 8Cl^- + 5H_2O$$

③ **Reaktion mit Silbernitrat**

Ph. Eur.

Gibt man wenig Silbernitrat-Lösung zu einer neutralen oder essigsauren Probelösung, so bildet sich das farblose Dithiosulfatoargentat(I) $[Ag(S_2O_3)_2]^{3-}$. Mit mehr Silbernitrat-Lösung bildet sich ein weißer Niederschlag von Silberthiosulfat, der sich in ca. 20 sec über gelb, orange und braun zum schwarzen Silbersulfid zersetzt (s. Ag^+ ⑩):

$$\underline{Ag_2S_2O_3}_{\text{weiß}} + H_2O \longrightarrow \underline{Ag_2S}_{\text{schwarz}} + H_2SO_4$$

Die Thiosalze von Arsen und Antimon verhalten sich ähnlich, lassen sich aber mit Cadmium-Lösung als gelbes CdS abtrennen, Sn^{2+} das in den Sodaauszug gelangt, reduziert Ag^+ und kann zu Fehlinterpretation führen.

④ **Reaktion mit Eisen(III)-chlorid**

USP

Gibt man zu einer essigsauren Probelösung Eisen(III)-chlorid, so bildet sich die violette Farbe eines Eisen(III)-thiosulfato-Komplexes, der schnell in Eisen(II) und Tetrathionat zerfällt. Bei Verwendung von Ammoniumeisen(III)-sulfat ist die Farbe mehr bräunlich:

$$2\,Fe^{3+} + 2\,S_2O_3^{2-} \longrightarrow 2\,Fe^{2+} + S_4O_6^{2-}$$

Sulfit	SO_3^{2-}
Schweflige Säure	H_2SO_3 $M_r = 80{,}0622$

Es stehen die toxischen Eigenschaften des Gases Schwefeldioxid im Vordergrund. Schwefeldioxid ist an seinem stechenden Geruch zu erkennen, es wirkt stark reizend auf alle Schleimhäute; Heiserkeit, Bronchitis und Atemnot sind die Folge. Schwefeldioxid dient u. a. zur Desinfektion von Weinfässern und als Bleichmittel und kann Lebensmitteln zur Verhinderung von durch Phenoloxidase hervorgerufener Bräunung zugesetzt werden (Antioxidanswirkung). Lebensmittelzusatzstoffe sind z. B. E 220 (SO_2), E 221 (Na_2SO_3), E 222 ($NaHSO_3$) und E 223 ($Na_2S_2O_5$). In der Ph. Eur. finden sich die Monographien Wasserfreies Natriumsulfit, Natriumsulfit-Heptahydrat und das Natriummetabisulfit $Na_2S_2O_5$ (Natriumpyrosulfit, Natriumsulfit).

Chemische Eigenschaften: Schwefeldioxid ist das Anhydrid der schwefligen Säure. Beide Verbindungen wie auch die Sulfite sind Reduktionsmittel. In Lösung werden sie vom Luftsauerstoff langsam zum Sulfat oxidiert.

Probelösung: 0,05 mol/L Na_2SO_3-Lösung (s. Tab. 5).

① Bildung von Schwefeldioxid

Ph. Eur., USP

a Säuert man die Probelösung mit verd. Schwefelsäure an, tritt der charakteristische stechende Geruch nach Schwefeldioxid auf:

$$SO_3^{2-} + H^+ \rightleftharpoons HSO_3^-$$
$$HSO_3^- + H^+ \rightleftharpoons H_2SO_3$$
$$H_2SO_3 \rightleftharpoons SO_2 \uparrow + H_2O$$

b Man verreibt festes Natriumsulfit mit Kaliumhydrogensulfat und wenigen Tropfen Wasser in der Reibschale. Es riecht nach Schwefeldioxid, das auch aus Thiosulfat (s. $S_2O_3^{2-}$ ①) stammen kann:

$$Na_2SO_3 + 2\,KHSO_4 \longrightarrow SO_2 \uparrow + H_2O + 2\,KNaSO_4$$

c Mischt man ein festes Sulfit (oder ein Thiosulfat) mit fester Oxalsäure und erhitzt, so schmilzt die Mischung im Kristallwasser der Oxalsäure und es riecht nach Schwefeldioxid (s. CH_3COO^- ②):

$$H_2C_2O_4 + Na_2SO_3 \longrightarrow Na_2C_2O_4 + SO_2 \uparrow + H_2O$$

d Verbrennung (Abzug!) von Schwefel oder von Sulfiden (techn.: Rösten von sulfidischen Erzen, z. B. von Pyrit):

$$4\,FeS_2 + 11\,O_2 \longrightarrow 8\,SO_2 + 2\,Fe_2O_3$$
$$S^0 + O_2 \longrightarrow SO_2$$

(s. Schwefel ①).

② Entfärbung von Iod

Ph. Eur., USP

a Kaliumtriiodid-Lösung wird von einer sauren Probelösung entfärbt. Anschließend kann Sulfat nachgewiesen werden (SO_4^{2-} ①):

$$SO_3^{2-} + I_3^- + H_2O \longrightarrow SO_4^{2-} + 3\,I^- + 2\,H^+$$

b Man tränkt Filterpapier mit Kaliumtriiodid-Lösung und hält es über die Öffnung eines Reagenzglases, in dem Schwefeldioxid entwickelt wird (s. SO_3^{2-} ①). Das braune Papier wird entfärbt. Die Reaktion kann auch im PVC-Tiegel ausgeführt werden.

③ >Oxidation zu Sulfat

Ph. Eur.

Eine mit verd. Salzsäure angesäuerte Probelösung wird durch Erwärmen mit **a** Kaliumpermanganat (s. Mn^{2+} ④ **b**), **b** Kaliumbromat, **c** Kaliumiodat, **d** 3 %igem Wasserstoffperoxid oder Kaliumtriiodid (SO_3^{2-} ②) zu Sulfat oxidiert, das mit Bariumchlorid nach SO_4^{2-} ① nachgewiesen wird. Sulfat entsteht auch bei der Reaktion von Schwefeldioxid mit Quecksilber(I)-nitrat (s. SO_3^{2-} ④). Die Reduktion des Iodats erfolgt über die Stufe des Iods bzw. I_3^-, das mit Stärkelösung sehr empfindlich nachgewiesen werden kann:

b $\quad 3\,SO_3^{2-} \;+\; BrO_3^- \longrightarrow 3\,SO_4^{2-} \;+\; Br^-$

c $\quad 3\,SO_3^{2-} \;+\; IO_3^- \longrightarrow 3\,SO_4^{2-} \;+\; I^-$

d $\quad SO_3^{2-} \;+\; H_2O_2 \longrightarrow SO_4^{2-} \;+\; H_2O$

④ Reduktion von Quecksilber(I)-nitrat

USP (a)

a Man tränkt ein Filterpapier mit Quecksilber(I)-nitrat-Lösung und hält es über ein Reagenzglas, in dem Schwefeldioxid entwickelt wird. Das Papier wird durch fein verteiltes Quecksilber schwarz gefärbt. Auf trockenem Quecksilber(I)-nitrat-Papier findet keine Reaktion statt. Die Entwicklung von Schwefeldioxid kann auch im PVC-Tiegel ausgeführt werden. Das Quecksilber(I)-chlorid-Papier wird auf den durchbohrten Deckel mit Schlitz gelegt.

$$SO_2 \;+\; Hg_2^{2+} \;+\; 2\,H_2O \longrightarrow SO_4^{2-} \;+\; \underset{\text{schwarz}}{2\,Hg} \;+\; 4\,H^+$$

b Man übergießt in einem großen Reagenzglas eine Spatelspitze eines Sulfits oder eines Thiosulfats mit verd. Phosphorsäure oder Oxalsäure (nicht Schwefelsäure, s. I^- ②), steckt ein mit Quecksilber(I)-nitrat gefülltes Gärröhrchen auf und erhitzt. Bei Anwesenheit von Schwefeldioxid fällt im Gärröhrchen Quecksilber fein verteilt, schwarz aus. Da Schwefelwasserstoff auch eine schwarze Fällung [von Quecksilber(II)-sulfid] verursacht, gibt man bei Anwesenheit von Sulfiden und Thiocyanaten eine kleine Spatelspitze eines Salzes (nicht Sulfat s. o.), Hydroxides oder Oxides von Quecksilber(II), Bismut, Kupfer(II) oder Kupfer(I) in das Reagenzglas. Zur Entwicklung eines andauernden Stromes an Treibgas (CO_2) kann man granulierten Marmor ($CaCO_3$) zusetzen.

Schwefelhaltige Anionen

⑤ Synproportionierung mit Schwefelwasserstoff

Wenn man einige Tropfen farbloses Ammoniumsulfid zu schwefliger Säure gibt, fällt milchig-weißer Schwefel aus. Die Reaktion läuft nur in saurer Lösung ab:

$$H_2SO_3 + 2\,H_2S \longrightarrow \underline{3\,S}_{\text{weiß}} + 3\,H_2O$$

In gasförmigem Zustand beschreibt die Synproportionierung

$$SO_2 + 2\,H_2S \longrightarrow 3\,S^0 + 2\,H_2O$$

eine der Methoden zur Entfernung von Schwefelwasserstoff aus Gasen (Claus-Prozess).

⑥ Reduktion mit Zink

Versetzt man eine mit verd. Salzsäure angesäuerte Probelösung mit Zink-Granalien, so entwickelt sich Schwefelwasserstoff:

$$H_2SO_3 + 3\,Zn + 6\,H^+ \longrightarrow H_2S + 3\,Zn^{2+} + 3\,H_2O$$

Auf die gleiche Weise wird Schwefelwasserstoff auch aus Thiosulfat und aus Thiocyanat entwickelt, nicht jedoch aus Sulfat. Aus Thiocyanat entsteht in Umkehrung der Bildung außerdem Blausäure (CN⁻ ③).

⑦ Barium- bzw. Strontiumsulfit

Versetzt man eine neutrale Probelösung mit Bariumchlorid, so fällt weißes Bariumsulfit aus, eine entsprechende Fällung wird mit Strontiumchlorid erhalten. Strontiumsulfit löst sich in verd. Salzsäure (s. SO_3^{2-} ①), Bariumsulfit dagegen auch in der Wärme nur unvollständig. Die scheinbare Schwerlöslichkeit von Bariumsulfit ist durch die teilweise Oxidation des Sulfits durch Luftsauerstoff zu Sulfat bedingt. Es handelt sich also um Bariumsulfat.

$$Sr^{2+} + SO_3^{2-} \longrightarrow \underline{SrSO_3}_{\text{weiß}}$$

$$SrSO_3 + H^+ \longrightarrow Sr^{2+} + HSO_3^-$$

Sulfat SO_4^{2-}
Schwefelsäure H_2SO_4 $M_r = 98{,}0775$

Das Sulfat-Anion ist nicht giftig. Es ist im Organismus vorhanden und wird u. a. beim Metabolismus mit körperfremden Substanzen zur Erleichterung der Ausscheidung verknüpft. Besonders erwähnt werden muss die konz. Schwefelsäure, die zu schweren Gewebeverätzungen führen kann. Ph. Eur. führt u. a. die Monographien Schwefelsäure, Magnesiumsulfat-Heptahydrat, Wasserfreies Natriumsulfat und Natriumsulfat-Decahydrat auf. Glaubersalz ($Na_2SO_4 \cdot 10\,H_2O$) und Bittersalz ($MgSO_4 \cdot 7\,H_2O$) sind salinische Abführmittel (Laxanzien).

Chemische Eigenschaften: Konz. Schwefelsäure ist meist 93–98 %ig, ölig und hat eine Dichte von 1,8 g/cm³. Sie ist so stark Wasser anziehend, dass sie als Trockenmittel in Exsikkatoren verwendet werden kann. Die Wasser anziehende Eigenschaft ist so stark, dass konz. Schwefelsäure aus Verbindungen Wasser abspaltet und sie dabei zerstört, z. B. Verkohlung von Weinsäure (s. $C_4H_4O_6^{2-}$ ②). In der Hitze ist die Wasser entziehende Wirkung stark, heiße konz. Schwefelsäure wirkt gleichzeitig mäßig oxidierend. 98 %ige Schwefelsäure siedet azeotrop bei 338 °C unter Bildung von Nebel (schwebende Tröpfchen). Das Sulfat-Anion ist äußerst stabil. Aus 2 $KHSO_4$ entsteht beim trockenen Erhitzen unter Kondensation $K_2S_2O_7$, Kaliumdisulfat (früher Kaliumpyrosulfat), das beim Lösen in Wasser leicht unter Umkehrung der Bildung hydrolysiert. Bei stärkerem Erhitzen wird auch SO_3 abgegeben (s. a. Al^{3+} ⑨).

Zur Herstellung von verd. Schwefelsäure gießt man vorsichtig unter kräftigem Rühren konz. Schwefelsäure in Wasser, **nie umgekehrt.** Bei der Verdünnung tritt starke Wärmeentwicklung auf. Ein Tropfen Wasser in konz. Schwefelsäure führt zu plötzlichem Verdampfen des Wassers und Verspritzen der Schwefelsäure. Auf keinen Fall darf konz. Schwefelsäure mit Laugen versetzt werden, es addiert sich zur Verdünnungswärme die erhebliche Neutralisationswärme. Warme und heiße konz. Schwefelsäure darf auf keinen Fall mit Wasser zusammenkommen. Konz. Schwefelsäure führt auch bei kurzem Kontakt zur Gewebezerstörung. Es ist bei einem Unfall zunächst möglichst schnell mit viel Wasser zu spülen. Es sollte nur mit kleinen Mengen konz. Schwefelsäure gearbeitet werden. **Schutzbrille** und **Vorsicht** sind selbstverständlich.

Probelösung: 0,05 mol/L $ZnSO_4$-Lösung (oder ein anderes Sulfat) (s. Tab. 5) 1 mol/L H_2SO_4.

① **Bariumsulfat**

Ph. Eur. (Identitätsreaktion), USP

Versetzt man eine mit verd. Salzsäure angesäuerte Probelösung mit Bariumchlorid-Lösung, so fällt feinkörniges, weißes Bariumsulfat aus, das in Wasser und halbkonz. Salzsäure nicht löslich ist (s. Ba^{2+} ② und ③). Ph. Eur. spezifiziert den Sulfatnachweis. Nach Zusatz von Iod-Lösung bleibt die Suspension gelb. Dies dient der Unterscheidung von Sulfit SO_3^{2-} und Dithionit $S_2O_4^{2-}$, beide Anionen würden Iod reduzieren und eine Entfärbung hervorrufen. Zur Unterscheidung von Iodat – $BaIO_3$ ist in verd. HCl oder verd. HNO_3 schwerlöslich – lässt Ph. Eur. tropfenweise Zinn(II)chlorid zugeben, was zu einer Entfärbung führt (Reduktion von Iod zu Iodid). In Gegenwart von Iodat kommt es jedoch zu einer erneuten Oxidation zu Iod (Gelbfärbung).

$$SO_3^{2-} + I_2 + H_2O \longrightarrow SO_4^{2-} + 2H^+ \quad \text{(s. a. } SO_3^{2-} \text{ ②)}$$

$$S_2O_4^{2-} + 2I_2 + 2H_2O \longrightarrow S_2O_6^{2-} + 4I^- + 4H^+$$

$$I_2 + Sn^{2+} \longrightarrow 2I^- + Sn^{4+} \quad \text{(s. a. } Sn^{2+} \text{ ④ d)}$$

$$IO_3^- + 5I^- + 6H^+ \longrightarrow 3I_2 + 3H_2O \quad \text{(s. a. } IO_3^- \text{ ③)}$$

Erhitzt man die Suspension zum Sieden, darf kein gefärbter Niederschlag entstehen. Bariumselenat $BaSeO_4$ und Bariumwolframat $BaWO_4$ würden zu Se^0 bzw. Wolframblau reduziert werden.

Es ist ein Fehler, ein Barium-Salz in konz. Salzsäure lösen zu wollen. Beim Versetzen von Bariumchlorid-Lösung (0,5 mol/L) mit konz. Salzsäure fällt ein weißer Konzentrationsniederschlag von Bariumchlorid aus, der sich bei Zugabe von Wasser wieder löst (s. Löslichkeitsprodukte Kap 11.1 und Tab. 15). Mit halbkonz. Salzsäure kann Bariumsulfat von dem darin löslichen Bariumcarbonat, Bariumfluorid, Bariumphosphat und Bariumsulfit (mit Einschränkung s. SO_3^{2-} ⑦) unterschieden werden. Man sollte auch mit Wasser prüfen, ob ein Konzentrationsniederschlag vorliegt. Bariumsulfit kann an der Entfärbung von Iodlösung (s. SO_3^{2-} ②) erkannt werden.

$$SO_4^{2-} + Ba^{2+} \longrightarrow \underset{\text{weiß}}{BaSO_4}$$

$$Ba^{2+} + 2Cl^- \rightleftharpoons \underset{\text{weiß}}{BaCl_2}$$

② **Bleisulfat**

USP

(s. Pb^{2+} ③).

③ **Strontiumsulfat**

(s. Sr^{2+} ②).

7.4.2 Nachweise der schwefelhaltigen Anionen im Gemisch

Die Reaktionsbedingungen für die einzelnen Nachweise finden sich bei den Einzelversuchen, eine Zusammenfassung in Tab. 21.

Sulfid S^{2-}

Zum Sulfid-Nachweis übergießt man die Ursubstanz mit halbkonz. Salzsäure und bedeckt das Reagenzglas mit einem Filterpapier, das frisch mit Bleiacetat-Lösung getränkt worden ist. Das Bleiacetat-Papier färbt sich durch freigesetzten Schwefelwasserstoff braun bis schwarz durch Bleisulfid (s. S^{2-} ②).

Zu konz. Salzsäure oder Erhitzen bewirkt, dass durch Salzsäuredämpfe auf dem Bleiacetat-Papier Bleichlorid und konz. Salzsäure entstehen und die Bildung von Bleisulfid ausbleibt. Unter den gleichen Bedingungen kann Iodwasserstoffsäure freigesetzt werden, was zur Bleiiodid-Bildung führt und Schwefelwasserstoff vortäuscht (s. Pb^{2+} ⑦). War der beschriebene **Sulfid-Nachweis** negativ und hat sich die Analysensubstanz dabei gelöst, kann kein Sulfid vorliegen; ebenso bei einem weißen Rückstand. Ein gefärbter Rückstand kann auf ein in nicht oxidierenden Säuren schwerlösliches Sulfid – z. B. Sulfide der Salzsäure- und Schwefelwasserstoff-Gruppe – hinweisen.

In diesem Falle zentrifugiert man den Rückstand ab, wäscht zweimal mit warmer verd. Salzsäure, um Sulfit und Thiocyanat[a] sicher zu entfernen. Hat man Thiosulfat nachgewiesen, sollte man die Ursubstanz zweimal mit Wasser waschen, um das Thiosulfat herauszulösen und um dadurch dessen Zersetzung durch Säure zu vermeiden. Mit Zink und Salzsäure kann Schwefelwasserstoff entstehen (SO_3^{2-} ⑥). Nach Zugabe einiger Zinkperlen und halbkonz. Salzsäure wird erneut mit Bleiacetat-Papier auf Sulfid geprüft (s. S^{2-} ②). Manchmal versagt dieser Nachweis aus Arsensulfid, das sich aber im Sodaauszug ausreichend löst und dort nachgewiesen werden kann (s. S^{2-} ④).

Zur Durchführung des **Sulfid-Nachweises** aus dem Sodaauszug versetzt man mit einer $Na_2[Fe(CN)_5NO]$-Lösung und achtet auf eine blauviolette Färbung (s. S^{2-} ④). Im Sodaauszug findet man nur Sulfid aus den Sulfiden der Alkali- und Erdalkalielemente sowie von Arsen, Antimon und Zinn(IV), wenn nicht gleichzeitig Kationen der Schwefelwasserstoff- und/oder Ammoniumsulfid-Gruppe anwesend sind, die dann als Sulfide in den Sodaauszug-Rückstand geraten. In diesen Fällen muss man den Sodaauszug-Rückstand auf Sulfid prüfen (s. o.).

Thiosulfat $S_2O_3^{2-}$

Der Sodaauszug wird für den **Thiosulfat-Nachweis** mit verd. Essigsäure schwach angesäuert und mit einem Überschuss Silbernitrat-Lösung versetzt. Das zunächst gebildete Silberthiosulfat zersetzt sich in ca. 20 sec zu schwarzem Silbersulfid (s. $S_2O_3^{2-}$ ③). Der Farbwechsel über gelb, orange und braun ist bei Abwesenheit von Thio- und Thiooxosalzen des Arsens, Antimons und Zinn(IV) – die sich aus den Sulfiden im Sodaauszug bilden ($As^{3/5+}$ ⑪, ⑫, $Sb^{3/5+}$ ⑥, ⑦ und $Sn^{2/4+}$ ⑦) und ebenso reagieren – charakteristisch. Aus Thio- und Thiooxosalzen fallen die zugehörigen Sulfide beim Neutralisieren bzw. Ansäuern aus und werden abzentrifugiert.

Reste davon und Schwefelwasserstoff werden durch Zugabe von Cadmiumcarbonat oder Cadmiumacetat-Lösung als Cadmiumsulfid gefällt. Ein großer Überschuss an Cadmium-Ionen ist dabei zu vermeiden. Die neutrale bis essigsaure Lösung muss

---

[a] Bleithiocyanat ist schwach gelblich und löst sich erst in warmer verd. Salzsäure oder auch in Ammoniumacetat (s. Pb^{2+} ⑤)

sofort weiter verarbeitet werden ($S_2O_3^{2-}$ ①). Gleichzeitige Anwesenheit von Halgogeniden stört nicht.

Sulfit SO_3^{2-}

Zum **Sulfit-Nachweis** verreibt man die Ursubstanz mit Kaliumhydrogensulfat, es tritt ein charakteristischer Geruch nach Schwefeldioxid auf (s. SO_3^{2-} ① **b**), das auch aus Thiosulfat stammen kann (s. $S_2O_3^{2-}$ ①). Die Anwesenheit von Cyaniden (Giftigkeit) muss ausgeschlossen sein. Bei Anwesenheit von Cyanid muss dieses mit Silber oder Kupfer(I)-oxid gebunden werden.

Störungen, die durch Halogen-, Pseudohalogenwasserstoffe und Schwefelwasserstoff entstehen, werden durch Zugabe von festem Silbernitrat, -sulfat oder durch das wesentlich billigere Kupfer(I)-oxid beseitigt.

Anstatt sich auf den Geruchssinn zu verlassen, kann man Schwefeldioxid mit verd. Phosphorsäure im Reagenzglas freisetzen und im Gärröhrchen durch Reduktion einer Quecksilber(I)-nitrat-Lösung zu schwarzem elementarem Quecksilber identifizieren (s. SO_3^{2-} ④ **b**). **Störungen** durch säurelösliche Sulfide (aus Bleithiocyanat entsteht bei längerem Erhitzen auch Schwefelwasserstoff) werden durch Zusatz von Bismut- oder Kupferhydroxiden oder Salzen behoben; Chloride und Sulfate (s. Br^- ②) und I^- ② dürfen nicht verwendet werden.

Anwesenheit von Thiosulfat erfordert einen anderen Nachweis aus dem Sodaauszug (s. $S_2O_3^{2-}$ ①): Man fällt Sulfid, falls vorhanden, aus schwach alkalischer bis schwach essigsaurer Lösung mit Cadmiumacetat-Lösung als gelbes Cadmiumsulfid und zentrifugiert ab. Anschließend fällt man mit Strontiumchlorid, -nitrat oder -acetat-Lösung möglichst noch im schwach sodaalkalischen Bereich Strontiumsulfit, Strontiumsulfat und etwas Strontiumcarbonat gemeinsam aus (s. SO_3^{2-} ⑦). Sulfit und Carbonat werden mit wenig halbkonz. Salzsäure herausgelöst. Bei der Oxidation z. B. mit Kaliumpermanganat fällt Strontiumsulfat aus (s. Mn ④ **b**). Man sollte vorher zur besseren Bildung eines Niederschlages einige Tropfen Bariumchlorid zufügen (s. SO_4^{2-} ①).

Sulfat SO_4^{2-}

Den mit Salzsäure angesäuerten Sodaauszug versetzt man zum **Sulfat-Nachweis** mit Bariumchlorid-Lösung. Es fällt Bariumsulfat aus (s. SO_4^{2-} ①). Das Ausfällen von Bariumfluorid und die Bildung des Bariumchlorid-Konzentrationsniederschlages (s. Löslichkeitsprodukte, Tab. 15) werden verhindert, wenn man in einer halb konzentrierten salzsauren Lösung arbeitet. Aus zu schwach angesäuertem Sodaauszug kann weißes Bariumcarbonat ausfallen.

Auch in saurer Lösung fällt etwas Bariumsulfit aus. Die in Wasser gut lösliche schweflige Säure verkocht, wenn man den Sodaauszug mit konz. Salzsäure ansäuert und bis zur beginnenden Kristallisation eindampft (Abzug!). Vor dem Nachweis muss mit Wasser verdünnt werden.

7.5 Kohlenstoffhaltige Anionen

Auch die Cyanid- und Thiocyanat-Anionen enthalten Kohlenstoff. Doch ihren Eigenschaften entsprechend wurden sie bei den Halogeniden und Pseudohalogeniden behandelt. Den Kohlenstoffatomen der hier zusammengefassten Anionen der klassischen qualitativen anorganischen Analyse Carbonat, Oxalat, Tartrat und Acetat ließe sich formal die Oxidationszahl +4, +3, +1 und 0 zuordnen, ohne jeweils eine Gemeinsamkeit zu bezeichnen. Die Zuordnung von Oxidationszahlen hat, wegen des Vorherrschens von kovalenten Bindungen in Kohlenstoff-Verbindungen, nur eingeschränkte Bedeutungen. Sie ist einigermaßen sinnvoll, wenn man nur das Kohlenstoffatom betrachtet, an dem ein Redoxvorgang abläuft. Setzt man – auch wenn es sich nicht um Ionen-Bindungen handelt – wie üblich für Sauerstoff die Oxidationszahl -2, für die Hydroxy-Gruppe -1 und für direkt mit dem fraglichen Kohlenstoffatom verbundenen Kohlenstoff- und Wasserstoffatom 0, so kann man Oxidationszahlen zuordnen (s. Tab. 12).

Die in dieser Gruppe behandelten Anionen sind farblos.

Tab. 12: Oxidationszahlen von Kohlenstoffatomen

C in		Oxidationszahl
alkoholischer Hydroxy-Gruppe	$-\overset{\|}{\underset{\|}{C}}-OH$	+1
Carbonyl-Gruppe (Aldehyd, Keton)	$\overset{\diagdown}{\underset{\diagup}{C}}=O$	+2
Carboxy-Gruppe	$-C\overset{\diagup\!\diagup O}{\underset{\diagdown OH}{}}$	+3
Kohlendioxid	$O=C=O$	+4
Kohlensäure	$O=C(OH)_2$	+4

7.5.1 Einzelreaktionen

Carbonat	CO_3^{2-}
Kohlensäure	H_2CO_3 $M_r = 62{,}025$

Carbonate werden im Körper zur Aufrechterhaltung des Säure-Base-Gleichgewichtes gebraucht. Kohlendioxid ist das Endprodukt des Stoffwechsels und wird mit der Atemluft ausgeschieden. Es ist schwerer als Luft und sammelt sich z. B. im Weinkeller während der Gärung an. Da es dort den für die Atmung unbedingt erforderlichen Sauerstoff verdrängt, ist die Gefahr der Erstickung gegeben. Kohlendioxid entsteht in großen Mengen bei der Verbrennung von Holz, Kohle und Erdölprodukten; es wird beim Brennen von Kalk ($CaCO_3 \rightarrow CaO + CO_2$) freigesetzt. In der chemischen Industrie wird Kohlendioxid z. B. zur Kälteerzeugung eingesetzt. Festes CO_2 (Trockeneis) ist tief kalt ($-78{,}5\,°C$) und kann Erfrierungen hervorrufen. Hydrogencarbonate werden als Antazida bei Sodbrennen eingesetzt ($NaHCO_3$, Bullrichsalz). Zahlreiche Carbonate und Hydrogencarbonate finden sich in der Ph. Eur., so z. B. das Ammoniumhydrogencarbonat, das Natriumcarbonat (wasserfrei, Decahydrat und Monohydrat), die Hydrogencarbonate des Kaliums und Natriums sowie Magnesium- und Calciumcarbonat. Als Lebensmittelzusatzstoffe zugelassen sind: Na_2CO_3 (E 500), K_2CO_3 (E 501), $MgCO_3$ (E 504).

Chemische Eigenschaften: Kohlendioxid ist das Anhydrid (Säure minus Wasser) der Kohlensäure. Es ist ein farbloses und leicht säuerlich riechendes Gas, das sich etwas in Wasser löst (Sprudel) und sehr langsam zu nur 0,12 % zu Kohlensäure hydratisiert. Kohlensäure ist eine schwache zweibasische Säure, die stufenweise dissoziiert. Die Konstante für die erste Dissoziationsstufe basiert auf dem gesamten gelösten Kohlendioxid und wird als scheinbare Dissoziationsstufe bezeichnet: $pK_{S1} = 6{,}35$. Wird nur die Kohlensäure im Gleichgewicht berücksichtigt, erhält man einen pK_S-Wert von 3,8, was einer mittelstarken Säure entspräche (s. a. Kap. 11.2).

Probelösung: 0,5 mol/L Na_2CO_3-Lösung (s. Tab. 5).

① Entwicklung von Kohlendioxid

Ph. Eur., USP

Versetzt man eine Probelösung (z. B. Sodaauszug) oder ein festes Carbonat mit verd. Salzsäure, so setzt eine starke Gasentwicklung ein. Mit Wasser reagiert das Kohlendioxid langsam zu Kohlensäure (2. Gleichung) von rechts nach links, die mit Basen zu zwei Reihen von Salzen reagieren kann:

$$Na_2CO_3 + 2\,H^+ \rightleftharpoons H_2CO_3 + 2\,Na^+$$

$$H_2CO_3 \rightleftharpoons CO_2 \uparrow + H_2O$$

$$H_2CO_3 + H_2O \rightleftharpoons H_3O^+ + HCO_3^-$$

$$HCO_3^- + H_2O \rightleftharpoons H_3O^+ + CO_3^{2-}$$

In 2 mol/L Salpetersäure oder 1 mol/L Schwefelsäure löst sich basisches Bismutcarbonat nicht, sondern erst nach Zugabe von z. B. Natriumchlorid. Aus Dolomit (CaMg(CO$_3$)) und Zinkcarbonat wird Kohlendioxid nur zögernd freigesetzt.

Kleine Mengen Festsubstanz klemmt man zwischen zwei verschieden große Uhrgläser und lässt 1–2 Tropfen verdünnte Salzsäure durch den Spalt zur Substanz laufen. Die Gasentwicklung ist in der dünnen Schicht besonders gut zu erkennen. Auch Sulfite, Nitrite und Metallpulver führen zu Gasentwicklung. Auch beim trockenen Erhitzen von Natriumhydrogencarbonat wird Kohlendioxid freigesetzt (s. CO$_3^{2-}$ ⑥).

② Bariumcarbonat

Ph. Eur.

Setzt man auf ein Reagenzglas, in dem man nach CO$_3^{2-}$ ① Kohlendioxid entwickelt, ein mit Bariumhydroxid-Lösung *(Barytwasser)* gefülltes Gärröhrchen, so bildet sich darin weißes, flockiges Bariumcarbonat (s. Ba^{2+} ⑤). Man kann auch einen Tropfen Bariumhydroxid-Lösung an einem Glasstab in eine Kohlendioxid-Atmosphäre halten:

$$Ba^{2+} + CO_2 + 2\,OH^- \longrightarrow \underline{BaCO_3}_{\text{weiß}} + H_2O$$

Bei wenig Carbonat gibt man einige Zink-Perlen mit in das Reagenzglas zu CO$_3^{2-}$ ①. Der entstehende Wasserstoff dient als Treibgas. Die Öffnung des Gärröhrchens sollte man mit etwas Watte locker verschließen, um den Zutritt der meist stark kohlendioxidhaltigen Laborluft zu erschweren. Bei Anwesenheit von Oxalat darf nicht erwärmt werden, da sich sonst Kohlendioxid aus dessen Zersetzung bilden kann.

③ Calciumcarbonat

Ph. Eur., USP

Setzt man auf ein Reagenzglas, in dem man nach CO$_3^{2-}$ ① Kohlendioxid entwickelt, ein mit Calciumhydroxid-Lösung *(Kalkwasser)* gefülltes Gärröhrchen, so bildet sich weißes, flockiges Calciumcarbonat, das sich bei weiterem Einleiten von Kohlendioxid zu Calciumhydrogencarbonat löst (= temporäre Härte des Trinkwassers). Beim Erhitzen dieser Lösung entweicht CO$_2$ und es fällt wieder Calciumcarbonat aus (Kesselstein). Als Kohlendioxid-Quelle kann auch die Atemluft dienen (s. Ca^{2+} ③). Magnesiumhydrogencarbonat ist ebenfalls leichter löslich als das Carbonat (s. Mg^{2+} ②):

$$Ca^{2+} + CO_2 + 2\,OH^- \longrightarrow \underline{CaCO_3}_{\text{weiß}} + H_2O$$

$$CaCO_3 + CO_2 + H_2O \longrightarrow Ca^{2+} + 2\,HCO_3^-$$

$$Ca^{2+} + 2\,HCO_3^- \xrightarrow{\Delta} CO_2 \uparrow + \underset{\text{weiß}}{CaCO_3} + H_2O$$

④ Reaktion mit Quecksilber(II)-chlorid

Versetzt man eine Probelösung mit einigen Tropfen Quecksilber(II)-chlorid, so fällt ein rostbrauner Niederschlag aus Quecksilber(II)-oxid und basischen Carbonaten aus. Mit einer Natriumhydrogencarbonat-Lösung bildet sich kein Niederschlag. Bei Anwesenheit von Ammonium-Ionen bildet sich in beiden Fällen ein weißer Niederschlag (s. Hg^{2+} ④).

⑤ Silbercarbonat, Silberoxid

Gibt man einige Tropfen Silbernitrat-Lösung zu einer Probelösung, fällt weißes Silbercarbonat aus, das sich beim Erhitzen in braunes Silberoxid zersetzt (s. Ag^+ ⑧):

$$2\,Ag^+ + CO_3^{2-} \longrightarrow \underset{\text{weiß}}{Ag_2CO_3}$$

$$Ag_2CO_3 \longrightarrow \underset{\text{braun}}{Ag_2O} + CO_2 \uparrow$$

⑥ Zersetzung von $NaHCO_3$

Ph. Eur.

Man löst einen Spatel Natriumhydrogencarbonat in einem knapp zu einem Viertel gefüllten Reagenzglas **ohne** zu erwärmen. Die Lösung sollte einen pH-Wert von etwa 8 haben. Mit einigen Tropfen Phenolphthalein-Lösung färbt sich die Lösung schwach rosa. Kocht man die Lösung, so verschiebt sich der pH-Wert bis über 10 und die Lösung färbt sich deutlich rot.

$$2\,NaHCO_3 \rightleftharpoons Na_2CO_3 + H_2O + CO_2 \uparrow$$

Die pH-Verschiebung beruht auf der Reaktion von Carbonat mit Wasser.

$$CO_3^{2-} + H_2O \rightleftharpoons HCO_3^- + OH^-$$

Die Zersetzung von $NaHCO_3$ kann auch durch trockenes Erhitzen oder längeres Schütteln der Lösung bewirkt werden.

$$2\,NaHCO_3 \longrightarrow Na_2CO_3 + H_2O \uparrow + CO_2 \uparrow$$

⑦ Alkalische Reaktion

Identitätsreaktion Ph. Eur. Natriumcarbonat

Löst man wenig Natriumcarbonat in Wasser, so reagiert die Lösung stark alkalisch (pH > 10). Phenolphthalein-Papier färbt sich rot. Auf diese Weise ist eine Unterscheidung von Natriumhydrogencarbonat, dessen Lösung geringer alkalisch reagiert, möglich.

Oxalat $C_2O_4^{2-}$
Oxalsäure $H_2C_2O_4$ $M_r = 90{,}179$

Oxalsäure ist eine in Pflanzen weit verbreitete Säure. Bei oraler Aufnahme größerer Mengen kommt es zu starker Reizung der Mund- und Magenschleimhaut. Wegen der Bildung von schwerlöslichem Calciumoxalat wird der Calcium-Stoffwechsel gestört, was zu Krämpfen führen kann. Da Calciumoxalat in den Nierentubuli in Form von Nierensteinen ausfallen kann, wird auch die Funktion der Nieren beeinträchtigt.

Chemische Eigenschaften: Oxalat ist als zweizähniger Ligand Baustein verschiedener Chelat-Komplexe, z. B. mit Eisen(III), Chrom(III) und Zinn(IV). Mit vielen zweiwertigen Kationen bildet es schwerlösliche Niederschläge. Oxalat ist farblos. Oxalsäure dissoziiert in 2 Stufen: $pK_{S1} = 1{,}42$, $pK_{S2} = 4{,}21$

Probelösung: 0,05 und 0,5 mol/L $(NH_4)_2C_2O_4$-Lösung (s. Tab. 5).

① Zersetzung mit konz. Schwefelsäure

Übergießt man kristallisierte Oxalsäure oder ein Oxalat mit konz. Schwefelsäure und erwärmt, so tritt Gasentwicklung als Folge der Wasser entziehenden Wirkung der konz. Schwefelsäure ein (**Abzug!**):

$$H_2C_2O_4 \longrightarrow H_2O + CO\uparrow + CO_2\uparrow$$

Bei Zersetzung größerer Mengen Oxalsäure bzw. Oxalat kann man das giftige, gasförmige Kohlenmonoxid entzünden; es brennt mit blauer Flamme. Oxalsäure wird nicht durch heiße Salpetersäure oder Königswasser zerstört.

② Calciumoxalat

Ph. Eur., USP

(s. Ca^{2+} ④).

③ Oxidation mit Kaliumpermanganat

USP

Versetzt man eine schwefel- oder salzsaure Probelösung bzw. die Suspension von Calciumoxalat in verd. Schwefelsäure mit einigen Tropfen Kaliumpermanganat-Lösung, so wird dieses zunächst langsam entfärbt (s. Mn^{2+} ④c). Die Entfärbung durch Tartrat erfolgt langsamer; durch Kühlung mit Eiswasser wird der Unterschied deutlich größer. Gibt man zuvor einige Tropfen Mangansulfat-Lösung hinzu, wird die Reaktion beschleunigt, d. h. katalysiert.

④ Cer(III)-oxalat

Versetzt man eine essigsaure oder salzsaure (max. 0,1 mol/L) bzw. schwefelsaure (max. 0,05 mol/L) Probelösung mit Cer(III)-chlorid-Lösung, so fällt langsam weißes Cer(III)-oxalat · 9 H_2O aus, das in verd. Ammoniak nicht löslich ist. Es stören Fluorid, Hexacyanoferrat(II) und Phosphat, die weiße Niederschläge bilden; der Niederschlag mit Fluorid ist glasig farblos. Tartrat verhindert die Ausbildung der Fällung. Bei der Zersetzung von Thiosulfat entsteht Schwefel (s. $S_2O_3^{2-}$ ①):

$$2\,Ce^{3+} + 3\,C_2O_4^{2-} \longrightarrow \underbrace{Ce_2(C_2O_4)_3}_{\text{weiß}}$$

⑤ Bildung von rotem Diphenylformazan

Ph. Eur.

Eine Probelösung wird mit konz. Salzsäure angesäuert, mit etwa 4–5 Zinkperlen versetzt und 3–5 min im siedenden Wasserbad erhitzt. Versetzt man eine Oxalat-haltige Substanz oder konzentrierte Lösung mit Zinkperlen und konz. Salzsäure, so erhitzt sich das Gemisch von selbst. Man dekantiert von restlichem Zink ab, versetzt mit einer kleinen Spatelspitze Phenylhydraziniumchlorid und Kaliumhexacyanoferrat(III)-Lösung, so bilden sich gleichzeitig eine rote Färbung und ein schmutzig weißer Niederschlag von Zinkhexacyanoferrat(II) (s. Zn^{2+} ⑦). Der rote Farbstoff lässt sich gut mit Isoamylalkohol extrahieren. In der Siedehitze zersetzt sich der Farbstoff.

Die Oxalsäure wird durch das Zink zu Glykolsäure reduziert, die anschließend durch Kaliumhexacyanoferrat(III)-Lösung zu Glyoxylsäure oxidiert wird. Diese reagiert mit Phenylhydrazin zum Phenylhydrazon. Parallel dazu wird ein Teil des Phenylhydrazins zu einem Phenyldiazonium-Kation oxidiert, das mit dem Phenylhydrazon unter gleichzeitiger Kohlendioxid-Abspaltung zum roten Diphenylformazan kuppelt. Wenn das Hexacyanoferrat(III) als Oxidationsmittel reagiert, wird es zu Hexacyanoferrat(II) reduziert.

$$\text{HOOC—COOH} \xrightarrow{\text{Zn}} \text{HO—CH}_2\text{—COOH}$$

$$\downarrow K_3[\text{Fe(CN)}_6]$$

[Reaktionsschema: Phenylhydrazin (C₆H₅—NH—NH₂) + OHC—COOH → C₆H₅—NH—N=CH—COOH]

$$\downarrow K_3[\text{Fe(CN)}_6]$$

[Phenyldiazonium-Kation C₆H₅—N⁺≡N] und [C₆H₅—NH—N=CH—COOH]

$$\downarrow -\text{CO}_2$$

C₆H₅—N=N—CH=N—NH—C₆H₅

Diphenylformazan

⑥ **Dünnschichtchromatographie**
(s. $C_4H_4O_6^{2-}$ ⑩, S. 207).

Acetat	CH_3COO^-
Essigsäure	CH_3COOH $M_r = 60{,}0527$

Eine verd. wässrige Lösung der Essigsäure wird als Weinessig seit dem Altertum zum Würzen von Speisen verwendet, ohne dass sich eine toxische Wirkung gezeigt hätte. Lösungen mit über 30 % Essigsäure wirken stark ätzend und können bei wohl meist versehentlicher oraler Aufnahme von 20–50 g auch letal wirken. Ph. Eur. führt die Monographien Natriumacetat, Kaliumacetat sowie Essigsäure 99 % auf.

[Strukturformel: Acetat-Ion mit H₃C—COO⁻]

Chemische Eigenschaften: Essigsäure siedet bei 118 °C, ist aber schon unterhalb dieser Temperatur flüchtig. Sie erstarrt bei 16,6 °C zu einer eisartigen Masse *(Eisessig)*. Essigsäure bzw. die Acetate sind gegen Oxidationsmittel erstaunlich beständig. Das

farblose Acetat-Anion kann als Ligand in Komplexe eintreten. Beim trockenen Erhitzen von Erdalkali- und Schwermetallacetaten bildet sich Aceton.
Probelösung: 0,5 mol/L NaCH$_3$COO-Lösung (s. Tab. 5).

① Silberacetat

Mischt man etwa gleiche Volumina Silbernitrat-Lösung und neutrale Probelösung, so bildet sich weißes kristallines Silberacetat, das sich in heißem Wasser löst. Auch Tartrat ⑤, Citrat ④ und viele andere Anionen bilden ähnliche Silbersalze.

$$Ag^+ + CH_3COO^- \longrightarrow \underline{AgCH_3COO}_{\text{weiß}}$$

② Freisetzung von Essigsäure
Ph. Eur.

a Mischt man je eine Spatelspitze eines Acetats und Oxalsäure (H$_2$C$_2$O$_4$ · 2 H$_2$O) und erhitzt vorsichtig über der freien Flamme, so bildet sich aus dem Kristallwasser der Oxalsäure eine wässrige Suspension oder Lösung, in der die stärkere Oxalsäure Essigsäure aus Acetaten freisetzt. Erhitzt man weiter bis zum Sieden, so entweichen nach Essigsäure riechende Dämpfe (flüchtige Säure):

$$H_2C_2O_4 \cdot 2H_2O + 2\,NaCH_3COO \longrightarrow 2\,CH_3COOH + 2\,H_2O + Na_2C_2O_4$$

b Verreibt man eine Spatelspitze eines Acetats und 2–4 Spatelspitzen Kaliumhydrogensulfat nach Zusatz von 1–2 Tropfen Wasser in der Reibschale, so tritt Geruch nach Essigsäure auf:

$$KHSO_4 + NaCH_3COO^- \longrightarrow CH_3COOH + KNaSO_4$$

③ Essigsäureethylester
USP

Man übergießt eine Spatelspitze eines Acetats mit wenig Ethanol, fügt einige Tropfen konz. Schwefelsäure hinzu und erwärmt im handwarmen Wasserbad. Es tritt langsam der charakteristische Geruch nach Essigsäureethylester auf. Analog kann auch Isoamylalkohol eingesetzt werden:

$$CH_3COOH + C_2H_5OH \xrightarrow{H_2SO_4} CH_3COOC_2H_5 + H_2O$$

④ Eisen(III)-acetato-Komplex

USP

Gibt man einige Tropfen Eisen(III)-chlorid-Lösung zu einer neutralen Probelösung, so bildet sich die rotbraune Färbung des mehrkernigen Komplexes $[Fe_3(O)(CH_3COO)_6(H_2O)_3]^+$. Bei Zugabe von Säure wird der Komplex zu hellgelbem Eisen(III) zerstört, beim Aufkochen fällt rostbraunes flockiges Eisen(III)-hydroxid aus.

⑤ Basische Lanthanacetat-Iod-Einschlussverbindung

Ph. Eur.

Man versetzt eine Probelösung mit Lanthannitrat-Lösung, einigen Tropfen Kaliumtriiodid-Lösung und verd. Ammoniak bis zur alkalischen Reaktion. Es fällt ein farbloser, flockiger Niederschlag aus, der sich blau färbt, wenn man das Reaktionsgemisch zum Sieden erhitzt. Die Blaufärbung geht auf eine der Iod-Stärke analoge Einschlussverbindung zurück (s. I^- ④ a).

Tartrat $C_4H_4O_6^{2-}$
Weinsäure $C_4H_6O_6$ $M_r = 150{,}088$

L(+)-Weinsäure kommt in vielen Früchten vor und hat eine schwach laxierende Wirkung. Sie wird aus Weinstein ($KHC_4H_4O_6$) gewonnen und hat daher ihren Namen. Sie wird als Säuerungsmittel unter der Bezeichnung E 334 in der Lebensmittelindustrie verwendet. In der Ph. Eur. ist die Monographie Weinsäure aufgeführt. Die beiden Kohlenstoffatome der Weinsäure, die die Hydroxylgruppen im Molekül tragen, sind Chiralitätszentren. Bei der offizinellen Form handelt es sich um die 2R,3R-Form.

Chemische Eigenschaften: Tartrat tritt leicht als mehrzähniger Ligand in Komplexe ein. Tartrat ist farblos. Die Alkalisalze der Weinsäure chelatisieren in alkalischer Lösung Kupfer(II)ionen und halten diese dadurch in Lösung (Fehling'sche Lösung, s. Versuch ⑥). Als zweibasische, verhältnismäßig starke Säure (pK_{S1} 2,90, pK_{S2} 4,20) können auch Hydrogentartrate gebildet werden. Zur Gewinnung der Weinsäure kann man von Weinstein ausgehen, der überwiegend aus Kaliumhydrogentartrat (s. a. K^+ ④) besteht. Eine wässrige Lösung der Weinsäure reagiert stark sauer (pH < 4, Identitätsreaktion a der Ph. Eur. für Weinsäure).

Probelösung: 0,5 mol/L Weinsäure (s. Tab. 5).
Vorprobe: Trockenes Erhitzen ①, Zersetzung in heißer Schwefelsäure ②.

① **Trockenes Erhitzen als Vorprobe**

USP

Erhitzt man eine Spatelspitze Weinsäure oder ein Tartrat in einem Reagenzglas über der Bunsenflamme (**Abzug!**), so verkohlt die Substanz und es entweichen karamellartig riechende Dämpfe. Vorsicht bei Anwesenheit von Oxidationsmitteln, das Gemisch kann verpuffen. Citronensäure und Citrate verhalten sich gleich. Eine Schwarzfärbung ohne den charakteristischen Geruch kann auch von einigen Schwermetallen (Reduktion) und Schwermetalloxiden durch Zersetzung von Hydroxiden, Carbonaten, Oxalaten und Acetaten stammen; bei Acetaten tritt ein stechender, saurer Geruch auf. Muss mit der Anwesenheit von Arsen, Antimon, Cadmium oder Quecksilber gerechnet werden, darf auf keinen Fall an den Dämpfen gerochen werden.

② **Zersetzung in heißer konz. Schwefelsäure**

Übergießt man eine Spatelspitze Weinsäure oder ein Tartrat mit konz. Schwefelsäure und erhitzt über der Bunsenflamme, färbt sich die Schwefelsäure durch Kohlenstoff aus der zersetzten Weinsäure schwarz (s. Tab. 18). Der Karamellgeruch ist hier nicht immer wahrnehmbar. Durch die oxidierende Wirkung heißer konz. Schwefelsäure kann sich die Färbung bei längerem Erhitzen aufhellen. Bei Anwesenheit von genügend oxidierenden Substanzen bleibt die Schwarzfärbung aus. Auch bei gleichzeitiger Anwesenheit von Borat kann die Verkohlung ausbleiben. Durch Zugabe von Fluorid lässt sich das Borat als gasförmiges BF_3 entfernen (s. BO_3^{3-} ②).

Wenn es sich bei den Oxidationsmitteln um Nitrit oder Nitrat handelt, versetzt man 10 mL Sodaauszug in einer Porzellanschale mit 5 mL konz. Schwefelsäure und dampft unter dem Abzug vorsichtig, d. h. langsam und gleichmäßig, besonders, wenn mit dem Bunsenbrenner direkt erhitzt wird (um innere Spannungen mit der Folge des Zerbrechens der Porzellanschale zu vermeiden), bis zum Auftreten weißer Nebel (Sdp. 98 %ige H_2SO_4 = 338 °C) ein. Es tritt Schwarzfärbung auf, weil salpetrige Säure zersetzt wurde und Salpetersäure bei 122 °C als 69 %ige Säure vorher abdestilliert ist. Wenn sich unter den nachzuweichenden Ionen keine anderen befinden, die eine Verkohlung und Schwarzfärbung verursachen können (z. B. Citrat), ist diese Reaktion spezifisch.

Will man Tartrat entfernen, setzt man vor dem Erhitzen festes Ammoniumperoxodisulfat hinzu. Reichte das Oxidationsmittel nicht aus, lässt man den Ansatz erst abkühlen, bevor man neues hinzufügt und verrührt mit einem Glasstab oder Magnesiumstäbchen (auf keinen Fall mit dem Spatel!). Ammoniumperoxodisulfat hat bei 100 °C nur eine Halbwertszeit von 10 min und zerfällt bei 120 °C praktisch sofort.

③ **Kaliumhydrogentartrat**

Ph. Eur., USP

(s. K^+ ④).

④ Calciumtartrat

USP

Versetzt man eine neutralisierte Probelösung mit 0,5 mol/L Calciumchlorid-Lösung, so fällt weißes Calciumtartrat aus (s. a. Citrat ⑤). Calciumtartrat neigt zur Übersättigung, d. h., trotz Überschreitung des Löslichkeitsprodukts bleibt der Niederschlag manchmal aus. Der Niederschlag ist löslich in verd. Essigsäure sowie in einer gesättigten Natrium-Kalium-Tartratlösung:

$$C_4H_4O_6^{2-} + Ca^{2+} + 4\,H_2O \longrightarrow \underset{\text{weiß}}{CaC_4H_4O_6 \cdot 4\,H_2O}$$

⑤ Silbertartrat, Silberspiegel

Man neutralisiert eine Probelösung mit Natriumcarbonat. Bei Zugabe von Silbernitrat-Lösung fällt weißes Silbertartrat aus. Mit freier Weinsäure bildet sich kein Niederschlag. Der Niederschlag ist in verd. Essigsäure und in verd. Ammoniak löslich. Löst man den Niederschlag in möglichst wenig Ammoniak und erwärmt die ganz schwach ammoniakalische Lösung im Wasserbad, so scheidet sich auf der Innenwand des Reagenzglases ein Silberspiegel ab. War die Oberfläche des Reagenzglases nicht fettfrei, fällt das elementare Silber als grauer Schlamm aus (s. a. Ag^+ ⑦).

⑥ Kupfer(II)-tartrat-Komplex

Versetzt man eine Probelösung, die kein Carbonat enthalten darf, mit verd. Natronlauge bis zur alkalischen Reaktion und fügt einige Tropfen Kupfersulfat-Lösung hinzu, so bildet sich eine tiefblaue Lösung von Kupfer(II)-tartrat-Komplexen (s. Cu^{2+} ⑤). Die blaue Lösung findet unter dem Namen *Fehling'sche Lösung* als Reagenz auf Aldosen (reduzierender Zucker) Verwendung, dabei bildet sich gelbes bis rotes Cu_2O. Borat und Oxalat können die Ausbildung des blauen Komplexes verhindern. Citrat führt zu einer hellblauen Lösung.

Tartrat muss im Sodaauszug nachgewiesen werden, den man mit etwa je der gleichen Menge Kupfersulfat-Lösung und verd. Natronlauge versetzt. Erhitzt man kurz über der Flamme oder 5–10 min im Wasserbad, klärt sich die Lösung. Bei Abwesenheit von Tartrat färbt sich der Niederschlag meist braun [$Cu(OH)_2 \rightarrow CuO$]. Ist der Niederschlag blau gefärbt [$Cu(OH)_2$], sollte man die Lösung abdekantieren, um nicht von blauen Spiegelungen irritiert zu werden. Wird konz. Natronlage verwendet, bildet sich der ebenfalls blau gefärbte Komplex [$Cu(OH)_4$]$^{2-}$.

⑦ Eisen(III)-tartrat-Komplex

Versetzt man eine mit Natriumcarbonat neutralisierte Probelösung mit einigen Tropfen Eisen(III)-Lösung, so färbt sich die Reaktionsmischung durch Bildung eines Eisen(III)-tartrat-Komplexes intensiver gelb als allein durch die Eisen(III)-Ionen. Citrat führt zu einer schwächeren Gelbfärbung.

⑧ **Farbreaktion mit Resorcin**

Ph. Eur. (Identitätsreaktion b auf Tartrat)

Man mischt je einige Tropfen Probelösung, 10 %ige Kaliumbromid- und 2 %ige Resorcin-Lösung (in Wasser, frisch bereitet) mit 3–5 mL konz. Schwefelsäure (mind. 96 %ig) und erhitzt im siedenden Wasserbad. Das Reaktionsgemisch färbt sich tiefblau, wenn die Probelösung mehr als 2,5 % Weinsäure enthielt. Citrat ergibt eine Rotfärbung. Gießt man die erkaltete Lösung in Wasser, so schlägt die Farbe nach Rot um. Resorcin allein verursacht in der Grenzschicht zur konz. Schwefelsäure eine, wenn auch schwächere, violette Färbung.

Bei der Zersetzung der Weinsäure durch konz. Schwefelsäure entsteht u. a. Glyoxylsäure, die mit Resorcin zu einem Farbstoff reagiert. Bei Anwesenheit von Kaliumbromid wird der Farbstoff bromiert, was zu einer Farbverschiebung führt.

⑨ **Reaktion mit Fentons Reagenz**

Ph. Eur. (Identitätsreaktion a auf Tartrat)

Man säuert eine Probelösung mit verd. Schwefelsäure oder verd. Essigsäure an, versetzt mit einigen Tropfen 3 %igen Wasserstoffperoxid und fügt 1–2 Tropfen Eisen(II)-sulfat-Lösung (nicht mehr!) hinzu. Die Lösung färbt sich vorübergehend gelb. Anschließend macht man mit verd. Natronlauge alkalisch. Dabei färbt sich die Lösung blauviolett. Mit Citrat bleibt die Lösung gelb.

Fentons Reagenz [Eisen(II)-sulfat/Wasserstoffperoxid] liefert OH-Radikale, die die Weinsäure zur Diphydroxyfumarsäure dehydrieren.

$$Fe^{2\oplus} + H_2O_2 \longrightarrow Fe^{3\oplus} + HO^{\bullet} + OH^{\ominus}$$

$$\begin{array}{c}\text{COOH}\\|\\\text{H}-\text{C}-\text{OH}\\|\\\text{HO}-\text{C}-\text{H}\\|\\\text{COOH}\end{array} \quad \begin{array}{c}+\text{HO}^{\bullet}\\-\text{H}_2\text{O}\end{array} \longrightarrow \begin{array}{c}\text{COOH}\\|\\{}^{\bullet}\text{C}-\text{OH}\\|\\\text{HO}-\text{C}-\text{H}\\|\\\text{COOH}\end{array} \quad \begin{array}{c}+\text{HO}^{\bullet}\\-\text{H}_2\text{O}\end{array} \longrightarrow \begin{array}{c}\text{COOH}\\|\\\text{C}-\text{OH}\\||\\\text{HO}-\text{C}\\|\\\text{COOH}\end{array}$$

Weinsäure   Dihydroxyfumarsäure

Diese reagiert in alkalischer Lösung mit Eisen-Ionen unter Komplexbildung.

⑩ **Dünnschichtchromatographie**

Der Nachweis von Tartrat, Citrat und Oxalat ist bei Anwesenheit aller drei Anionen problematisch. Die Dünnschichtchromatographie bietet hier ein wertvolles Hilfsmittel.

Etwas Sodaauszug wird mit konz. Salzsäure stark angesäuert und in einer Porzellanschale unter dem Abzug vorsichtig bis zur Trockne eingedampft. Ein geringer Rest Salzsäure stört nicht. Die abgekühlte Kristallmasse wird in ein Zentrifugenglas gefüllt und mit wenig Ethanol (max. 1 mL) versetzt. Im Wasserbad wird zur besseren Lösung von Wein und/oder Oxalsäure erwärmt. Da Salze die Chromatographie stören, wird abzentrifugiert und anschließend mit einer Kapillare von der ethanolischen Lösung auf eine Cellulose-Dünnschichtplatte aufgetragen. Die Sorptionsschicht darf nicht auf Aluminiumfolie aufgetragen sein. Besonders geeignet sind 40 × 80 mm Polygram-CEL-300-Fertigfolien, die nur eine Laufzeit von 8–12 min erfordern. Man entwickelt in einem verschlossenen Glasgefäß mit einem Gemisch Essigester/Wasser/Ameisensäure 50:15:10. Man lässt die Platte unter dem Abzug trocknen, fönt nach, um die größte Menge Ameisensäure zu vertreiben und besprüht dann mit einer ethanolischen Bromkresolgrün-Lösung (0,04 g auf 100 mL). Da meist noch genügend Ameisensäure in der Sorptionsschicht für eine saure Reaktion (gelb) geblieben ist, bläst man vorsichtig etwas Ammoniak darüber, bis Weinsäure, Citronensäure und Oxalsäure als gelbe Flecken auf blauem Grund erscheinen. Die Rf-Werte betragen für Weinsäure etwa 0,43, für Citronensäure etwa 0,72 und für Oxalsäure etwa 0,68. Es empfiehlt sich stets konz. Vergleichslösungen in Ethanol mitlaufen zu lassen. In älteren Vergleichslösungen erscheint auch ein gelber Fleck des Weinsäuremonoethylesters nahe der Front. Es stören Iodide, Hexacyanoferrate und Phosphate. Mittels der DC können sowohl Citronensäure und Weinsäure als auch Weinsäure und Oxalsäure sehr gut unterschieden werden. Problematisch ist jedoch eine eindeutige Unterscheidung Citronensäure/Oxalsäure aufgrund nahezu identischer Rf-Werte.

Citrat	$C_6H_5O_7^{3-}$
Citronensäure	$C_6H_8O_7$ $M_r = 192{,}12$

Citronensäure (2-Hydroxypropan-1,2,3-tricarbonsäure, $C_6H_8O_7$) ist in der Natur weit verbreitet und kommt in zahlreichen Früchten vor. Citronensaft enthält 5–7 % Citronensäure.

$$\begin{array}{c} H_2C-COOH \\ | \\ HO-C-COOH \\ | \\ H_2C-COOH \end{array}$$

Der in den Mitochondrien ablaufende Citratzyklus (Citronensäurezyklus) ist einer der wichtigsten Stoffwechselwege der eukaryotischen Zelle überhaupt.

Citronensäure findet als Lebensmittelzusatzstoff E 330 Anwendung als Konservierungsmittel, Farbstabilisator oder als Säuerungsmittel. Sie findet aufgrund ihrer kalklösenden Wirkung auch Verwendung in Reinigungsmitteln („Entkalker"). In kosmetischen Produkten dient sie der pH-Wert-Einstellung. In der Medizin verwendet man Citronensäure und Citrate zur Verhinderung der Blutgerinnung in Blutkonserven (Komplexierung von Ca^{2+}) und zur Herstellung von Dialyselösungen. In der Ph. Eur. finden sich neben den Monographien Wasserfreie Citronensäure und Citronensäure-Monohydrat das Kalium- sowie das Natriumcitrat.

Chemische Eigenschaften: Citronensäure ist eine dreibasische Säure ($pK_{S1} = 3{,}14$, $pK_{S2} = 4{,}77$ und $pK_{S3} = 6{,}39$). Die farblose Substanz ist in Wasser leicht löslich, die Lösung reagiert sauer. Ihre Salze werden als Citrate bezeichnet. Calciumcitrat ist in heißem Wasser schwerer löslich als in kaltem. Ähnlich den Tartraten neigen die Alkalisalze der Citronensäure ausgeprägt zur Komplexbildung. Bei der Einwirkung von konz. Schwefelsäure gibt die Citronensäure als α-Hydroxysäure Wasser und Kohlendioxid ab unter Bildung von Acetondicarbonsäure. Diese zerfällt bei stärkerem Erhitzen in Aceton und CO_2.

Probelösung: 0,5 mol/L Citronensäure oder 0,5 mol/L Trinatriumcitrat (s. Tab. 5)

① **Trockenes Erhitzen als Vorprobe**

Eine kleine Probe der Substanz wird in einem trockenen Reagenzglas über dem Bunsenbrenner erhitzt. Die Masse färbt sich schwarz und bläht sich dabei auf. Es verbleibt ein grau-schwarzer Rückstand. Tartrat gibt eine vergleichbare Reaktion.(s. a. Tartrat ①)

② **Zersetzung in heißer konz. Schwefelsäure**

Übergießt man eine Spatelspitze Citronensäure oder ein Citrat mit konz. Schwefelsäure und erhitzt über der Bunsenflamme, färbt sich die Schwefelsäure durch den Kohlenstoff der zersetzten Citronensäure schwarz. (s. a. Tartrat ②).

③ Saure Reaktion in Wasser

Identitätsreaktion Ph. Eur. für Citronensäure

Löst man wenig Citronensäure in Wasser (Ph. Eur.: 1 g in 10 mL), so reagiert die Lösung stark sauer (pH < 4).

④ Silbercitrat

Versetzt man eine Trinatriumcitratlösung mit Silbernitrat fällt weißes Silbercitrat aus. Löst man den Niederschlag in wenig Ammoniak und erwärmt, so bildet sich wie bei Tartrat ⑤ ein Silberspiegel.

⑤ Calciumcitrat

Identitätsreaktion Ph. Eur. für Citrat

Versetzt man eine neutralisierte Probelösung mit 0,5 mol/L $CaCl_2$-Lösung, so fällt beim Erhitzen zum Sieden (!) weißes Calciumcitrat aus. (s. a. Oxalat ② und Tartrat ④).

⑥ Legal-Probe

Identitätsreaktion Ph. Eur. auf Citrat

Eine kleine Menge Natriumcitrat (ca. 50 mg) wird in 5 mL Wasser gelöst und mit 5 Tropfen konz. Schwefelsäure versetzt. Anschließend gibt man 10 Tropfen einer 3 %igen Kaliumpermanganat-Lösung hinzu. Man erwärmt über der Bunsenflamme, worauf sich die Lösung entfärbt. Dann gibt man 5 Tropfen einer frisch bereiteten Dinatrium-pentacyanonitrosylferrat(III)-Lösung (Nitroprussidnatrium, 10 %ig in 1 M H_2SO_4) sowie 1 g Amidoschwefelsäure (Ph. Eur: 4 g). Nach Zugabe von 3 mL konz. Ammoniak kommt es innerhalb weniger Minuten zum Farbumschlag nach blau. Die Legal'sche Probe wird nicht durch Oxalat oder Tartrat gestört.

$$\underset{\text{Citronensäure}}{\begin{array}{c} H_2C-COOH \\ | \\ HO-C-COOH \\ | \\ H_2C-COOH \end{array}} \xrightarrow[-CO_2]{\Delta} \underset{\substack{\text{Acetondicarbonsäure} \\ \text{(3-Oxoglutarsäure)}}}{\begin{array}{c} H_2C-COOH \\ | \\ HO-C-H \\ | \\ H_2C-COOH \end{array}} \xrightarrow{KMnO_4} \begin{array}{c} H_2C-COOH \\ | \\ C=O \\ | \\ H_2C-COOH \end{array} \xrightarrow{-2\,CO_2} \underset{\text{Legal'sche Probe}}{\begin{array}{c} CH_3 \\ | \\ C=O \\ | \\ CH_3 \end{array}}$$

Legal-Probe schematisch

$$\left[(CN)_5Fe\stackrel{\delta\oplus}{\cdots}\underset{\substack{\|\\O\\\delta\ominus}}{N}\right]^{2\ominus} + H_2\overset{\ominus}{C}\underset{CH_3}{\overset{O}{\diagup}} \longrightarrow \left[(CN)_5Fe\cdots N\underset{O\ominus}{\overset{O\diagdown CH_3}{\diagdown CH_2}}\right]^{3\ominus}$$

$$\left[(CN)_5Fe\cdots N\underset{O\ominus}{\overset{O\diagdown CH_3}{=CH}}\right]^{4\ominus} \underset{+ OH^\ominus}{\overset{+ H^\oplus}{\rightleftarrows}} \left[(CN)_5Fe\cdots N\underset{OH}{\overset{O\diagdown CH_3}{=CH}}\right]^{3\ominus}$$

rot   violett

7.5.2 Nachweise der kohlenstoffhaltigen Anionen im Gemisch

Die Reaktionsbedingungen für die Nachweise finden sich bei den Einzelversuchen (s. a. Tab. 21).

Carbonat	CO_3^{2-}

Zur Durchführung des **Carbonat-Nachweises** übergießt man eine Spatelspitze Ursubstanz mit verd. Salzsäure. Es entwickelt sich Kohlendioxid (s. CO_3^{2-}①), das im aufgesetzten Gärröhrchen mit Bariumhydroxid-Lösung zu weißem Bariumcarbonat reagiert (s. CO_3^{2-}②). Keine konz. Salzsäure verwenden, da Salzsäure-Dämpfe die Bariumhydroxid-Lösung neutralisieren und ansäuern können und dadurch den **Carbonat-Nachweis** unmöglich machen. Bei Anwesenheit von Oxalat darf nicht erwärmt werden.

Aus Sulfit und Thiosulfat entwickelt sich unter diesen Reaktionsbedingungen, insbesondere beim Erhitzen, Schwefeldioxid, es entsteht ein weißer Niederschlag von Bariumsulfit. Nitrit bildet Stickoxide, die in großer Konzentration Bariumhydroxid-Lösung neutralisieren oder ansäuern und daher die Bariumcarbonat-Bildung stören können. Setzt man vor der Säurezugabe Kaliumpermanganat oder Wasserstoffperoxid zu, werden diese Anionen zu Sulfat bzw. Nitrat oxidiert. Oxalat und Tartrat dürfen nicht gleichzeitig mit Sulfit, Thiosulfat und Nitrit vorliegen, da sie zu Kohlendioxid oxidiert würden. Die Entfärbung durch Tartrat erfolgt langsamer; durch Kühlung mit Eiswasser wird der Unterschied deutlicher.

Störungen können auch durch Fluorid auftreten. Bei Verwendung von verd. Salz- oder Schwefelsäure ist nicht mit der Freisetzung von Fluorwasserstoff zu rechnen, der eine weiße Bariumfluorid-Fällung ergeben würde. Im Zweifelsfall kann man Kohlendioxid mit salzsaurer Zirkoniumoxidchlorid- oder Aluminiumchlorid-Lösung freisetzen; Zirkonium wie Aluminium binden Fluorid durch Komplexbildung.

Oxalat $C_2O_4^{2-}$

Zum **Oxalat-Nachweis** wird der Sodaauszug (mind. 20 % Na_2CO_3 wegen des ungünstigen Löslichkeitsproduktes von $CaCO_3$ im Vergleich mit CaC_2O_4) mit verd. Essigsäure, notfalls mit Eisessig, angesäuert (pH prüfen). Man versetzt zunächst mit Kaliumtriiodid bis zur bleibenden Braunfärbung und dann mit Calciumchlorid. Es fällt weißes Calciumoxalat aus (s. Ca^{2+} ④), das abzentrifugiert und mit wenig Wasser gewaschen wird. Die Calcium-Fällung wird in verd. Schwefelsäure aufgeschlemmt oder gelöst. Zugesetzte Kaliumpermanganat-Lösung (1–2 Tropfen und Mangansulfat als Katalysator) kann bei Zimmertemperatur nur durch Oxalat entfärbt werden (s. $C_2O_4^{2-}$ ③, Mn^{2+} ④c und Gruppenvorproben der Anionen ③b).

Durch Übersättigung der Lösung kann der Niederschlag von Calciumoxalat ausbleiben. In diesem Fall stellt man sich eine Suspension von Calciumoxalat durch Vereinigung reiner Lösungen her und gibt davon mit dem Glasstab 1 Tropfen mit Kristallkeimen in die Reaktionsmischung. Bleibt die Lösung auch dann klar, kann kein Oxalat anwesend sein.

Störungen durch ähnliche Niederschläge werden von Fluorid, Sulfat, Tartrat, Phosphat und evtl. Hexacyanoferrat(III) gegeben, die aber Kaliumpermanganat nicht entfärben. Reduzierende Anionen wie z.B. Sulfit und Hexacyanoferrat(II) wurden durch Kaliumtriiodid zuvor oxidiert (s. Gruppenvorproben ③ a).

Der **Oxalat-** und **Tartrat-Nachweis** durch Dünnschichtchromatographie auf Cellulose-Platten ist in Versuch $C_4H_4O_6^{2-}$ ⑩ beschrieben. Störungen entstehen durch Hexacyanoferrat(II) und -(III), Iodid und Phosphat. Die Hexacyanoferrate werden mit Cadmiumacetat (s. $[Fe(CN)_6]^{3/4-}$ ⑦) oder besser mit Kupfersulfat gefällt und abgetrennt (s. $[Fe(CN)_6]^{3/4-}$ ⑤, ⑥), da gleichzeitig das Iodid entfernt wird (s. Cu^{2+} ⑦). Iodid kann auch mit Silbernitrat entfernt werden (s. I^- ①). Phosphat wird als Zirkoniumphosphat gefällt (s. PO_4^{3-} ③).

Sehr empfindlich ist der **Oxalat-Nachweis** mit Cer(III)-chlorid (s. $C_2O_4^{2-}$ ④) in essigsaurer oder schwach mineralsaurer Lösung, jedoch geben Hexacyanoferrat(II), Tartrat und Phosphat eine ähnliche Fällung. Der Niederschlag mit Fluorid ist glasig farblos. Der aus der Zersetzung von Thiosulfat stammende Schwefel stört die Erkennung der Fällung.

Acetat CH_3COO^-

Ein charakteristischer **Acetat-Nachweis** ist der Geruch nach Essigsäure beim Verreiben der Ursubstanz mit einem Überschuss Kaliumhydrogensulfat (s. CH_3COO^- ②b). Die Anwesenheit von Cyaniden (Giftigkeit) sollte ausgeschlossen sein. Bei

Anwesenheit von Cyanid muss dieses mit Silbersulfat oder Kupfer(I)-oxid gebunden werden. Bei stark basischen Substanzgemischen ist es ratsam, einige Tropfen konz. Schwefelsäure hinzuzufügen, da Oxide, Hydroxide und Carbonate Protonen verbrauchen, bevor Essigsäure freigesetzt wird.

Störungen entstehen durch Halogenide, aus denen stechend riechende Halogenwasserstoffe freigesetzt werden. Verreibt man die Ursubstanz zuvor mit festem Silbersulfat, werden Silberhalogenide gebildet, die durch Kaliumhydrogensulfat nicht zersetzt werden. Statt der teuren Silber-Salze kann die Ursubstanz auch mit dem wesentlich billigeren Kuper(I)-oxid (Cu_2O) und einigen Tropfen Wasser verrieben werden. Auf gleiche Weise werden Sulfide, Thiocyanate und Cyanide aus säurezersetzlichen Verbindungen als Silber- oder Kupfer(I)-sulfid, -thiocyanat und -cyanid gebunden. Störungen durch Stickoxid aus Nitrit und Schwefeldioxid aus Sulfit und Thiosulfat werden beseitigt, indem man die Ursubstanz zunächst mit Kaliumpermanganat oxidiert. Gleichzeitig mit Kaliumpermanganat kann nur Silbernitrat oder -sulfat eingesetzt werden, Kupfer(I)-oxid würde zu Kupfer(II) oxidiert, das zur Entstörung nicht geeignet ist. *Vor* einer Entstörung prüft man, ob sie auch notwendig ist!

Der **Acetat-Nachweis** durch Bildung der blauen Iod-Einschluss-Verbindung mit basischem Lanthanacetat (s. CH_3COO^- ⑤) wird von vielen Ionen gestört: Die gefärbten Anionen Manganat(VII) und Chromat müssen reduziert werden (Mn^{2+} ⑤b, Cr^{3+} ⑥). Die Reduktion von Chromat muss in salzsaurer Lösung erfolgen. Fluorid, Sulfit, Thiosulfat, Sulfat, Carbonat, Oxalat und Phosphat verhindern den Nachweis durch Bildung schwerlöslicher Lanthan-Verbindungen. Davon kann nur Carbonat (Sodaauszug) durch vorheriges Ansäuern mit Salzsäure auf einfache Weise entfernt werden. Mit Tartrat bleibt die Fällung des basischen Lanthanacetats wegen Komplexbildung aus. Es ist daher unumgänglich für diesen Nachweis, die Essigsäure zunächst durch Mikrodestillation aus dem Gemisch zu isolieren.

Tartrat $C_4H_4O_6^{2-}$

Die **Verkohlung** (Tartrat ①) der Ursubstanz ist nur charakteristisch bei Abwesenheit von Citrat, außerdem bleibt die Verkohlung bei Anwesenheit von Oxidationsmitteln aus.

Für die Bildung des blauen Kupfertartrat-Komplexes aus dem Sodaauszug sind die in $C_4H_4O_6^{2-}$ ⑥ beschriebenen Bedingungen einzuhalten.

Störungen geben Ammonium-Salze, denn Ammoniak bildet ebenfalls einen blauen Komplex (s. Cu^{2+} ④). Ammoniak kann aus basischen Lösungen (Sodaauszug) verkocht werden, doch sollte die Vollständigkeit mit *Neßlers Reagenz* überprüft werden (s. NH_4^+ ⑥). Kräftige Oxidationsmittel – wie Chromat, Manganat(VII), Bromat und Iodat – sollten nicht vorliegen, da die Oxidation der Weinsäure möglich ist. Mit Hexacyanoferrat(III) bildet Kupfer eine in Natronlauge lösliche grüne Verbindung, so dass der Kupfertartrat-Komplex nicht erkannt werden kann.

Der **Tartrat-Nachweis** über die Farbreaktion mit Resorcin (s. $C_4H_4O_6^{2-}$ ⑧) wird auch durch milde Oxidations- und Reduktionsmittel gestört, die den Farbstoff zu farblosen Produkten umwandeln.

Zuverlässig ist der **Tartrat-Nachweis** durch Dünnschichtchromatographie auf Cellulose-Platten (s. $C_4H_4O_6^{2-}$ ⑩), bei dem gleichzeitig Oxalat und Citrat identifiziert werden können (Entfernung der störenden Ionen, s. beim Oxalat).

Citrat $\qquad C_6H_5O_7^{3-}$

Die **Verkohlung** (Citrat ①) der Ursubstanz erlaubt keine Unterscheidung vom Tartrat. Der charakteristische Citrat-Nachweis ist die **Legal'sche Probe** (Citrat ⑥), ausgehend vom Sodaauszug, die weder durch Oxalat noch Tartrat gestört wird.

7.6 Borat, Silicat, Nitrit, Nitrat und Phosphat

Diesen Ionen ist gemeinsam, dass es sich im Prinzip und Komplexe mit dem Liganden O^{2-} handelt. Die Beständigkeit dieser Oxokomplexe ist so groß, dass die komplexe Natur dieser Anionen leicht übersehen wird, da man außerdem auf die für Komplexe sonst übliche eckige Klammer verzichtet. Oxokomplexe finden sich auch unter den Anionen der anderen Gruppen. Die in dieser Gruppe behandelten Anionen sind farblos.

7.6.1 Einzelreaktionen

Borat $\qquad BO_3^{3-}$ bzw. $[B(OH)_4]^-$
Borsäure $\qquad H_3BO_3 \quad M_r = 61{,}832$

Die Anwendung von Borsäure und Boraten als milde Antiseptika ist nicht ganz unbedenklich, da die Resorption auch durch die Haut erfolgt. Borat wird nur langsam ausgeschieden, so dass es zur Kumulation kommen kann. Borsäure bzw. Borate stören verschiedene enzymatische Reaktionen. Bei längerer oraler Gabe an Ratten wurden Wachstumsstörungen, schlechte Futterausnutzung, Degeneration der Keimdrüsen und Hautveränderungen beobachtet. Vergiftungserscheinungen beim Menschen sind Erbrechen, Appetitlosigkeit und Kreislaufinsuffizienz. Die letale Dosis für Erwachsene liegt bei ca. 15 g, für Kinder jedoch bei nur 2–6 g. Wesentlich toxischer sind Borwasserstoffe. Für höhere Pflanzen ist Bor ein Spurenelement. Bor kann Silicium im Glas ersetzen: Borosilikatgläser sind thermisch und chemisch sehr resistent.

Chemische Eigenschaften: Die Borsäure ist eine sehr schwache Säure, die nicht als H^+-Donor, sondern als OH^--Akzeptor (Lewis-Säure) reagiert: $B(OH)_3 + 2\,H_2O \rightarrow H_3O^+ + [B(OH)_4]^-$. Sie neigt zur Selbstkondensation. So ist das technisch wichtige *Borax* das Natrium-Salz einer Tetraborsäure. Die Schreibweise

[Na(H$_2$O)$_4$]$_2$[B$_4$O$_5$(OH)$_4$] gibt die Struktur besser wieder als Na$_2$B$_4$O$_7$ · 10 H$_2$O. Es sind außerdem zahlreiche andere Polyborate bekannt, die im Rahmen der qualitativen anorganischen Analyse jedoch nicht unterschieden werden. Leicht löslich sind nur die Alkaliborate. Natriumtetraborat reagiert als Na-Salz einer schwachen Säure in wässriger Lösung alkalisch.

Probelösung: 0,05 mol/L Borax-Lösung (s. Tab. 5).

① **Borsäuretrimethylester, Flammenfärbung**

Ph. Eur., USP

Unter dem Abzug übergießt man eine Spatelspitze Borax in einem großen Reagenzglas mit 2 mL Methanol und fügt vorsichtig 0,5–1 mL konz. Schwefelsäure hinzu (starke Wärmeentwicklung!). Man schüttelt um und erwärmt vorsichtig bis das Methanol siedet (Sdp. 65 °C) und an der Reagenzglasöffnung entzündet werden kann. Durch gleichzeitig gebildeten Borsäuretrimethylester (Sdp. 69 °C) wird die Flamme grün gefärbt (s. Molekülspektrum, Kap. 10):

$$B(OH)_3 + 3\,CH_3OH \xrightarrow{konz.\ H_2SO_4} B(OCH_3)_3 + 3\,H_2O$$

Die konz. Schwefelsäure katalysiert die Veresterung und bindet gleichzeitig das Reaktionswasser. Die Reaktion kann auch mit Ethanol durchgeführt werden. Außer der Bildung von Borsäuretriethylester laufen auch Nebenreaktionen (u. a. Braunfärbung) ab. Die Reaktion sollte nicht in einer Porzellanschale durchgeführt werden, da Spritzer aus dem Reaktionsgemisch die Flamme färben können.

② **Flammenfärbung, Bortrifluorid**

Man vermischt etwa gleiche Teile Borax (Borsäure oder Boroxid) und Calciumfluorid und befeuchtet mit einigen Tropfen konz. Schwefelsäure. Bringt man das Gemisch an einem Magnesia-Stäbchen an (nicht in!) eine nichtleuchtende Bunsenflamme, so färbt sich diese durch gasförmiges Borfluorid (Sdp. 100 °C) grün (s. Molekülspektrum, s. Kap. 10). Die Flammenfärbung durch Bortrifluorid kann auch zum Fluorid-Nachweis genutzt werden (s. F ⑥):

$$B(OH)_3 + 3\,CaF_2 + 3\,H_2SO_4 \longrightarrow 2\,BF_3 \uparrow + 3\,CaSO_4 + 6\,H_2O$$

③ **Boraxperle**

s. Co^{2+} ⑦ und Cr^{3+} ⑨.

④ **Alkalische Reaktion von Natriumtetraborat**

Identitätsreaktion c der Ph. Eur. für Natriumtetraborat

Eine wässrige Probelösung von Natriumtetraborat reagiert alkalisch. Nach Zugabe von Phenolphthalein entsteht eine Rotfärbung, die nach Zugabe von Glycerol 85 %

verschwindet. Ursache ist die Bildung eines stark sauren Chelatkomplexes. An Stelle von Glycerol kann auch Mannitol eingesetzt werden.

$$Na_2[B_4O_5(OH)_4] \cdot \text{Borax} + 2\,H_2O \rightleftharpoons H_2[B_4O_5(OH)_4] + 2\,Na^\oplus + 2\,OH^\ominus$$

$$H_2[B_4O_5(OH)_4] + 3\,H_2O \longrightarrow 4\,H_3BO_3$$

Tetraborsäure   Borsäure

$$\begin{array}{c} R-\!\!-\!OH \\ R-\!\!-\!OH \end{array} + \begin{array}{c} HO\diagdown\;\;\;\diagup OH \\ B \\ | \\ OH \end{array} + \begin{array}{c} HO-\!\!-\!R \\ HO-\!\!-\!R \end{array} \longrightarrow \left[\begin{array}{c} R\;\;\;\;\;\;\;\;\;\;O\;\;\;\;\;O\;\;\;\;\;\;\;\;\;R \\ \diagdown\;\diagup\;\ominus\diagdown\;\diagup \\ B \\ \diagup\;\diagdown\;\;\;\;\;\diagup\;\diagdown \\ R\;\;\;\;\;\;\;\;\;\;O\;\;\;\;\;O\;\;\;\;\;\;\;\;\;R \end{array} \right] + H_3O^\oplus + 2\,H_2O$$

Silicat	SiO_4^{4-}
Kieselsäure	H_4SiO_4 $M_r = 96{,}116$

Silicate sind pharmakologisch unwirksam und werden als Träger für Arzneistoffe verwendet. Das Einatmen von Gesteinsstaub führt zur Silicose, die durch mechanische Reize hervorgerufen wird. Extra feinkörniges Siliciumdioxid *(Kieselgel)* findet als Trägermaterial in der Chromatographie Verwendung. In der Ph. Eur. finden sich die Monographien Hochdisperses Siliciumdioxid, Siliciumdioxid zur dentalen Anwendung, Siliciumdioxid-Hydrat und Magnesiumtrisilicat. Zusätzlich führt Ph. Eur. als Silicate die Monographien Bentonit, Weißer Ton und Talkum auf. Siliciumverbindungen dienen als Hilfsstoffe bei der Puderherstellung oder als Adsorptionsmittel. Magnesiumtrisilicat findet sich als Komponente von Antazida. Montmorillonit, der Hauptbestandteil von Bentonit, ist stark quellfähig. Zwischen die Elementarschichten kann die 2–7 fache Menge an Wasser eingelagert werden. Durch das Aufquellen entstehen Gele, die sich beim Rühren oder Schütteln verflüssigen (Thixotropie).

Chemische Eigenschaften: Die Orthokieselsäure (Si(OH)$_4$) neigt insbesondere in saurer Lösung zur Kondensation zu Polysilicaten ((H_2SiO_3)$_n$) unterschiedlicher Struktur (Ketten-, Bänder-, Schichten-Silicate). Das Endprodukt der Kondensation ist Siliciumdioxid (Quarz). Außerdem kann Si^{4+} z. T. durch Al^{3+} ersetzt werden, woraus die große Vielfalt der silikatischen Minerale und Gesteine resultiert. Daraus hergestellt werden z. B. Porzellan, Steingut und Glas. Grundbaustein aller Silicate ist der SiO_4-Tetraeder, der über —O— mit anderen SiO_4-Tetraedern (zu Anionen von Polysäuren) oder auch mit AlO_4-Tetraedern (zu Anionen von Heteropolysäuren) verbunden sein kann. Montmorillonit ist ein wasserhaltiges Al-Silikat mit Schichtstruktur. Bei Talcum handelt es sich um ein Magnesiumsilicat, in dem sich [Mg$_3$(OH)$_4$]-Schichten und [Si$_4$O$_{10}$]-Schichten abwechseln. Die gegenseitige Verschiebbarkeit der Schichten führt wie beim Graphit zu der gleichen charakteristischen Eigenschaft. Weißer Ton ist ein ebenfalls durch Verwitterung entstandenes wasserhaltiges Al-Silicat. Im Rahmen der qualitativen anorganischen Analyse wird nicht zwischen Orthosilicat, Polysilicaten und Siliciumdioxid unterschieden.

Probelösung: 1- und 10%ige *Natronwasserglas*-Lösung (Natriumorthosilicat) (s. Tab. 5).

Vorprobe: ④, ⑤

① Kieselsäuregallerte

Ph. Eur., USP

Versetzt man eine 10%ige Lösung von *Wasserglas* mit konz. Salzsäure, so bildet sich gallertartige Polykieselsäure. Durch zweimaliges Eindampfen zur Trockne mit konz. Salzsäure wird auch die noch kolloidal gelöste Kieselsäure ausgefällt. Die Kondensation schreitet dabei bis zum in Wasser und Säure unlöslichen Siliciumdioxid fort.

② Basischer Aufschluss

Ph. Eur., USP

Möglichst fein gepulvertes Siliciumdioxid oder Silicat wird mit der 5–10fachen Menge eines Gemisches aus Natriumcarbonat und Natriumhydroxid (s. Kap. 4.2.1) in einem Nickeltiegel geschmolzen. Ph. Eur. lässt zur Erniedrigung der Schmelztemperatur ein Gemisch aus Na$_2$CO$_3$ und KNO$_3$ verwenden. Nach 5 min gießt man die Schmelze auf ein Kupferblech (nicht auf die Kacheln des Labortisches!). Den erkalteten Schmelzkuchen zerkleinert man in der Reibschale und löst das gebildete Alkalisilicat in Wasser:

$$SiO_2 + 2\,Na_2CO_3 \longrightarrow Na_4SiO_4 + 2\,CO_2 \uparrow$$

Zum Aufschluss von evtl. vorhandenem Aluminium s. Al^{3+} ⑧.

③ Dodekamolybdatokieselsäure

USP

Man versetzt etwas 1%ige Natronwasserglas-Lösung mit reichlich Ammoniummolybdat-Lösung, säuert mit etwas konz. Salpetersäure an (Reihenfolge einhalten!) und erhitzt zum Sieden. Dabei färbt sich die Lösung durch die Bildung der Heteropolysäure H$_3$[Si(Mo$_3$O$_{10}$)$_4$] gelb, die mit Isoamylalkohol oder Methylisobutylketon extrahiert werden kann.

Mit saurer Zinn(II)-chlorid-Lösung bildet die Heteropolysäure kolloides Molybdänblau (Molybdänoxid mit verschiedenwertigen Molybdän-Atomen), das sich in Isoamylalkohol oder Methylisobutylketon löst. Für die Reaktion kann auch die

Lösung der Heteropolysäure in den organischen Lösungsmitteln eingesetzt werden (s. a. As^{3+} ⑩ und PO_4^{3-} ⑥).

Säuert man die Silicat-Lösung vor Zugabe des Molybdats an, misslingt die Reaktion wegen der zuvor erfolgten Kondensation der Kieselsäure (s. SiO_4^{4-} ①). Weder die Extraktion der Heteropolysäure noch die Bildung des Molybdänblaus ist zur Unterscheidung von Phosphat und/oder Arsenat geeignet.

④ Wassertropfenprobe (Bleitiegelprobe)

Ph. Eur.

In einem Platin- oder Bleitiegel, es kann auch ein PVC-Tiegel verwendet werden, gibt man je eine Spatelspitze Siliciumdioxid oder ein Silicat und Calcium- oder Natriumfluorid im Verhältnis 3:1 sowie etwas konz. Schwefelsäure. Es bildet sich schnell eine Schicht von Bleisulfat und Bleifluorid, die das Metall vor weiterem Angriff schützt. Der Tiegel wird mit einem durchbohrten Blei- oder Kunststoffdeckel verschlossen, die Bohrung mit einem feuchten schwarzen Filterpapier abgedeckt. Aus dem Calciumfluorid entwickelt sich Flusssäure, die mit dem Siliciumdioxid (oder Silicat) zu gasförmigem Siliciumtetrafluorid reagiert. Auf diese Weise kann man Siliciumdioxid bzw. Silicat aus einer Probe entfernen, d. h. abrauchen. Siliciumtetrafluorid hydrolysiert am feuchten schwarzen Filterpapier zu gallertartiger Kieselsäure:

$$CaF_2 + H_2SO_4 \longrightarrow H_2F_2 + CaSO_4$$

$$2\,H_2F_2 + SiO_2 \longrightarrow SiF_4 \uparrow + 2\,H_2O$$

$$SiF_4 + (x+2)\,H_2O \longrightarrow \underline{SiO_2 \cdot x\,H_2O} + 2\,H_2F_2$$
$$\text{glasig}$$

Das Filterpapier muss stets feucht gehalten werden und sollte mit einer Nadel durchstochen werden, um ein seitliches Entweichen von Siliciumtetrafluorid zu vermeiden. Die Schlitze im Deckel des PVC-Tiegels verhindern einen hermetischen Abschluss, und damit den Aufbau eines Überdruckes. Zur Beschleunigung kann der Bleitiegel in einer Porzellanschale mit Wasser (= Wasserbad) erwärmt werden. **Vorsicht:** Nach Verdunsten des Wassers ist der Schmelzpunkt des Bleis von 327 °C schnell erreicht! Sulfide und Thiosulfat können zu Abscheidung eines weißen Fleckes von Schwefel führen.

Bestehen Zweifel, ob es sich bei dem Niederschlag auf dem Filterpapier um gallertartige Kieselsäure handelt, so verascht man das Filterpapier. Die Kieselsäure bleibt als weißer Fleck von Siliciumdioxid zurück.

Ein Überschuss Calciumfluorid ist zu vermeiden, da sich dann statt Siliciumtetrafluorid (Sdp. – 86 °C) die nicht gasförmige Hexafluoro-Kieselsäure (H_2SiF_6) bildet. Borsäure und Borate verhalten sich ähnlich wie Siliciumdioxid und sollten nicht gleichzeitig anwesend sein (Tab. 23).

⑤ Phosphorsalzperle

USP

Bringt man SiO_2 oder ein festes Silicat auf eine Phosphorsalzperle (s. Co^{2+} ⑦), so scheint es auf dem Tropfen zu schwimmen. Die erkaltete Perle ist opak mit wabiger Struktur.

Nitrit	NO_2^-
Salpetrige Säure	HNO_2 $M_r = 47{,}014$

Natriumnitrit (E 250) ist im Pökelsalz zu 0,5 % enthalten. Die orale Einnahme von 1–2 g führt zu schweren Vergiftungen, etwa 4 g wirken letal. Nitrit ist wahrscheinlich auch an der Bildung von Nitrosaminen beteiligt, von denen einige karzinogen sind. Die sich aus Stickoxiden und Körpereiweiß eventuell bildenden Nitrosamine sollen nicht karzinogen sein, trotzdem müssen alle Versuche, bei denen Stickoxide entstehen (hier NO_2^- ①), unter dem Abzug durchgeführt werden. Sicher ist die ätzende Wirkung der aus Stickoxiden und Wasser entstehenden salpetrigen Säure und Salpetersäure. Die Toxizität von Nitrit beruht auf der Bildung von Methämoglobin.

Chemische Eigenschaften: Salpetrige Säure ist auch in wässriger Lösung nicht sehr beständig und zerfällt in Wasser und Stickoxide. Salpetrige Säure und ihre Salze können als Oxidationsmittel und Reduktionsmittel reagieren.

Probelösung: 0,05 mol/L $NaNO_2$-Lösung (s. Tab. 5).
Vorprobe: Zerfall von HNO_2 ①.

① Zerfall von HNO_2

USP

Versetzt man eine kleine Spatelspitze Natriumnitrit mit verd. Schwefelsäure, einer anderen Mineralsäure oder Essigsäure, so entwickelt sich braunes Stickstoffdioxid (**Abzug!**). Das Verkochen der Stickoxide gelingt meist nicht vollständig. Das Stickstoff(IV)-oxid reagiert mit Wasser langsam unter Bildung von Salpetersäure und salpetriger Säure. Stickstoff(IV)-oxid ruft auf einem Filterpapier, das mit Stärke- und mit Kaliumiodid-Lösung getränkt ist, eine Blaufärbung hervor (s. I^- ④ b):

$$2\,NaNO_2 + H_2SO_4 \longrightarrow 2\,HNO_2 + Na_2SO_4$$

$$2\,HNO_2 \longrightarrow N_2O_3 + H_2O \longrightarrow NO_2\uparrow + NO\uparrow + H_2O \quad \text{(Disproportionierung)}$$

$$2\,NO + \text{Luft-}O_2 \longrightarrow 2\,NO_2\uparrow$$

$$2\,NO_2 + H_2O \longrightarrow HNO_3 + HNO_2 \quad \text{(Disproportionierung)}$$

② Nitrit als Oxidationsmittel

In essigsaurer Lösung wird Iodid zu Iod oxidiert, das leicht erkannt werden kann (s. I⁻ ③ e). Bromid wird erst in mineralsaurer Lösung oxidiert (s. Redoxpotenziale und Nernstche Gleichung, s. Kap. 11.3).

③ Nitrit als Reduktionsmittel

Tropft man Kaliumpermanganat in eine mit verd. Schwefelsäure angesäuerte Probelösung, tritt Entfärbung ein, die Reduktion von Dichromat verläuft entsprechend (s. Mn^{2+} ④ und Cr^{3+} ⑥ g):

$$2\,MnO_4^- + 5\,NO_2^- + 6\,H^+ \longrightarrow 2\,Mn^{2+} + 5\,NO_3^- + 3\,H_2O$$

④ Reduktion zu Ammoniak

USP

Man übergießt eine Mischung aus je einer kleinen Spatelspitze Natriumnitrit und Devardascher Legierung (50 % Cu, 45 % Al, 5 % Zn), Aluminium-Gries oder Zink-Pulver mit verd. Natronlauge. Erwärmt man im Wasserbad, so entwickelt sich Ammoniak, der z. B. in einem Gärröhrchen mit verd. Salzsäure gebunden und anschließend mit *Neßlers Reagenz* nachgewiesen werden kann (s. NH_4^+ ⑥):

bzw.
$$NO_2^- + 2\,Al + OH^- + 5\,H_2O \longrightarrow NH_3 \uparrow + 2\,[Al(OH)_4]^-$$

$$NO_2^- + 3\,Zn + 5\,OH^- + 5\,H_2O \longrightarrow NH_3 \uparrow + 3\,[Zn(OH)_4]^{2-}$$

Ammonium-Salze dürfen nicht anwesend sein. Aus Nitrat und Cyanid entwickelt sich mit Devardascher Legierung oder Aluminium, ebenfalls Ammoniak (s. NO_3^- ⑦) aus Thiocyanat, Hexacyanoferrat(II) und -(III) nur spurenweise. Mit Zink werden nur Nitrit und Nitrat langsam reduziert.

⑤ Pentaquanitrosyleisen(II)-Kation

Versetzt man eine schwach schwefelsaure Probelösung mit Eisen(II)-sulfat, so färbt sich das Reaktionsgemisch amethystfarben bis braun. Man kann auch einige Kristalle Eisen(II)-sulfat in die angesäuerte Probelösung geben, so bildet sich die gleiche, nicht sehr beständige Färbung in ihrer Umgebung aus (s. NO_3^- ③). Die Reaktion ist weniger empfindlich als NO_2^- ⑥:

$$NO_2^- + Fe^{2+} + 2\,H^+ \longrightarrow NO + Fe^{3+} + H_2O$$

$$[Fe(H_2O)_6]^{2+} + NO \longrightarrow [Fe(H_2O)_5NO]^{2+} + H_2O$$

Nach IR-spektroskopischen Messungen scheint das NO im Komplex als NO^+ vorzuliegen. Danach müsste dem Zentralatom Eisen die Oxidationszahl +1 zukommen und der Komplex als Pentaquanitrosyleisen(I) bezeichnet werden.

⑥ Farbreaktion mit Lunges Reagenz

$$HO_3S\text{-}C_6H_4\text{-}NH_2 + HNO_2 \xrightarrow[-2 H_2O]{+ H^\oplus} [HO_3S\text{-}C_6H_4\text{-}N^\oplus{\equiv}N|]$$

Sulfanilsäure → Diazonium-Kation

$[HO_3S\text{-}C_6H_4\text{-}N^\oplus{\equiv}N|]$ + 1-Naphthyl-R

Diazonium-Kation

1-Naphthylamin
R = NH_2

N-(1-Naphthyl)-ethylendiamin
R = $-NH-CH_2-CH_2-NH_2$

$\downarrow -H^\oplus$

HO_3S-Naphthyl-$N{=}N$-Naphthyl-R

Azo-Farbstoff

Säuert man auf der Tüpfelplatte einige Tropfen Probelösung mit einigen Tropfen Eisessig an und versetzt mit *Lunges Reagenz*, (wird auch als Reagenz nach Griess oder Ilosvay bezeichnet), so wird die Sulfanilsäure diazotiert. Das Diazonium-Salz kuppelt dann mit 1-Naphthylamin zu einem roten Farbstoff. Die Reaktion ist sehr empfindlich, größere Mengen Nitrit zerstören den Farbstoff zu braunen Produkten (s. NO_3^- ④). Es stören die Hexacyanoferrate, die voluminöse Niederschläge ergeben. Sie werden im Sodaauszug durch Zugabe von Zinksulfat-Lösung oder Zinkoxid ausgefällt und abgetrennt. Stören können auch große Mengen Reduktionsmittel, wie z. B. Sulfid oder Sulfit. Mit der Einführung der SO_3H-Gruppe in Position 8 von 1-Naphthylamin (Perisäure) ist wie bei dem Substanzpaar Anilin/Sulfanilsäure eine Erhöhung der Wasserlöslichkeit und Verminderung der Toxizität verbunden. Auch ist der Azofarbstoff mit Perisäure besser löslich als mit 1-Naphthylamin. Auch *N*-(1-Naphthyl)-

ethylendiamin (Bratton-Marshall-Reagenz) ist wie der daraus gebildete Azofarbstoff gut löslich.

⑦ **Zerstörung von Nitrit**

a Tropft man eine frisch bereitete ca. 5 %ige Amidosulfonsäure-Lösung (andere Bezeichnungen: Amidoschwefelsäure, Aminosulfonsäure, Sulfamidsäure und Sulfaminsäure) in eine schwach basische oder neutrale Probelösung, entwickelt sich schon in der Kälte Stickstoff in Form von Gasbläschen. Es handelt sich um eine Synproportionierung von N^{3+} und N^{3-} zu N^0, wie bei der Reaktion mit Ammonium-Ionen (s. NH_4^+ ③ d):

$$HONO + H_2N-SO_3H \longrightarrow N_2 \uparrow + H_2SO_4 + H_2O$$

b Statt Amidosulfonsäure können auch Ammonium-Ionen (s. NH_4^+ ③ d) dienen. Die Reaktion mit Harnstoff erfolgt in mineralsaurer Lösung. Schon beim Erwärmen in schwach saurer Lösung bildet sich teilweise Nitrat durch Disproportionierung (s. NO_2^- ①). Zur Entfernung von salpetriger Säure bzw. von Stickoxiden aus Königswasser, in dem z. B. Quecksilbersulfid gelöst wurde, ist Harnstoff in der Wärme gut geeignet. Ein Überschuss Harnstoff bildet einen weißen Niederschlag von Harnstoff-Nitrat (s. a. Hg^{2+} ⑩).

$$3 NO_2^- + 2 H^+ \longrightarrow NO_3^- + 2 NO \uparrow + H_2O$$

c Nitrit kann außerdem mit Natriumazid in schwach essigsaurer Lösung zu gasförmigen Produkten umgesetzt und damit entfernt werden:

$$N_3^- + NO_2^- + 2 H^+ \longrightarrow N_2 \uparrow + N_2O \uparrow + H_2O$$

Die Entfernung von Nitrit erfolgt, um anschließend Nitrat über die Ringprobe oder mit Lunges Reagenz (s. NO_3^- ③, ④) nachweisen zu können.

Nitrat	NO_3^-
Salpetersäure	HNO_3 $M_r = 79{,}012$

Nitriumnitrat hat bei oraler Einnahme nur eine etwas abführende und diuretische Wirkung. Durch die Darmflora erfolgt teilweise Reduktion zu Nitrit, das zu Methämoglobinbildung führt. In höheren Konzentrationen verursacht die Salpetersäure Verätzungen und außerdem Gelbfärbung der Haut. Bei dieser Xanthoproteinreaktion werden aromatische Aminosäuren nitriert. Konz. Salpetersäure wurde früher als Scheidewasser bezeichnet, da sie Silber, aber nicht Gold und Platin auflöst.

Chemische Eigenschaften: Salpetersäure und ihre Salze sind beständige Verbindungen. Allerdings wird konzentrierte Salpetersäure durch Licht zersetzt und durch dabei gebildetes NO_2 gelb bis rotbraun gefärbt. Konz. Salpetersäure und die Nitrate wirken besonders bei höherer Temperatur oxidierend. Es sind keine schwerlöslichen Nitrate bekannt. Aluminium, Chrom und Eisen werden von konz. Salpetersäure nicht

angegriffen: Man erklärt die Passivierung durch die Bildung einer schützenden Oxidhaut. Salpetersäure ist eine oxidierende Säure.
Probelösung: 0,05 mol/L KNO_3-Lösung (s. Tab. 5).
Vorprobe: Trockenes Erhitzen ①.

① Zersetzung von Nitraten

Erhitzt man eine Spatelspitze Bismutoxidnitrat oder ein anderes Schwermetallnitrat in einem Glühröhrchen, so entweichen als Gase rotbraunes Stickstoff(IV)-oxid (= Stickstoffdioxid) (**Abzug**!) und Sauerstoff (farblos), es bleibt nach dem Abkühlen gelbliches Bismutoxid zurück (s. Bi^{3+} ① **b**):

$$4\,BiONO_3 \longrightarrow \underset{\text{gelb}}{2\,Bi_2O_3} + 4\,NO_2 \uparrow + O_2 \uparrow$$

Erdalkali- und Alkalinitrate zersetzen sich unter gleichen Bedingungen zu Nitrit und Sauerstoff. Bei alkalisch reagierenden Mischungen bleibt die Bildung des braunen Gases aus. Nach Vermischen mit Kaliumhydrogensulfat wird beim trockenem Erhitzen selbst aus Alkalinitraten und -nitriten Stickstoff(IV)-oxid gebildet. Ammoniumnitrat bildet auch bei Anwesenheit von Schwermetallsalzen farbloses N_2O (Lachgas).

② Zersetzung durch konz. Schwefelsäure und Kupfer

Versetzt man eine Spatelspitze eines Nitrats mit Kupferspänen (oder -pulver) und übergießt man konz. Schwefelsäure, so entweicht ein rotbraunes Gas (Stickstoffdioxid, Abzug) (s. Ag^+ ①, Hg^{2+} ① u. Cu^{2+} ②).

③ Ringprobe: Pentaquanitrosyleisen(II)-Kation

USP

Man löst in einer schwefelsauren Probelösung einige Kristalle Eisen(II)-sulfat und unterschichtet mit konz. Schwefelsäure. Die Grenzzone färbt sich durch das Pentaquanitrosyleisen(II)-Kation braun bis amethystfarben (s. NO_2^- ⑤):

$$3\,Fe^{2+} + NO_3^- + 4\,H^+ \longrightarrow 3\,Fe^{3+} + NO + 2\,H_2O$$

④ Farbreaktion mit Lunges Reagenz

Auf einer Tüpfelplatte säuert man einige Tropfen Probelösung mit Eisessig an, versetzt mit *Lunges Reagenz* und fügt wenig Zink-Staub hinzu. Ausgehend vom Zink entwickelt sich der gleiche rote Farbstoff wie in NO_2^- ⑥:

$$NO_3^- + Zn + 2\,H^+ \longrightarrow NO_2^- + Zn^{2+} + H_2O$$

Das Zink reduziert Nitrat zu Nitrit. Nitrit muss daher vorher entfernt werden (s. NO_2^- ⑦). Sind von der Entfernung des Nitrits größere Mengen Amidosulfonsäure zurückgeblieben, gelingt der Versuch nicht. Durch größere Mengen Nitrat und durch längeren Kontakt mit dem Zink-Staub wird der rote Azo-Farbstoff zerstört.

⑤ Farbreaktion mit Diphenylamin

Ph. Eur., USP

Zu ca. 2 mL einer Lösung von Diphenylamin in konz. Schwefelsäure fügt man 1 Tropfen konz. Salzsäure und ca. 0,5 mol Probelösung. Es bildet sich über *N,N'*-Diphenylbenzidin, das auch direkt eingesetzt werden kann, eine tiefblaue Färbung von Diphenylbenzidinviolett, die jedoch nicht spezifisch für Nitrat ist, sondern allgemein mit Oxidationsmitteln u. a. mit Nitrit entsteht (s. 152 ②). In konz. Schwefelsäure ist Nitrat ein kräftiges Oxidationsmittel.

Diphenylamin → Oxidation → Diphenylbenzidin

→ Oxidation → Diphenylbenzidinviolett

Der chinoide Farbstoff – unter Reaktionsbedingungen in protonierter Form – bildet sich auch ohne Anwesenheit von Chlorid, jedoch sollen Chlorid-Ionen die Empfindlichkeit in ungeklärter Weise erhöhen.

⑥ Farbreaktion mit Brucin

Ph. Eur., USP

Wenig Brucin (Indolalkaloid komplizierter Struktur) wird in ca. 2 mL konz. Schwefelsäure (0,1 g/100 mL, stets frisch bereiten) gelöst und 0,5–1 mL auf Nitratfreiheit zu prüfende Schwefelsäure hinzugefügt. Es bildet sich je nach Konzentration des Nitrates eine rosa bis rotorange Färbung von Brucin-*o*-chinon, die nicht sehr lange bestehen bleibt. Die Reaktion ist nur bei Abwesenheit von anderen Oxidationsmitteln, wie z. B. Nitrit, spezifisch.

⑦ Reduktion zu Ammoniak

USP

Übergießt man eine Mischung aus je einer Spatelspitze Kaliumnitrat und Devardascher Legierung, Aluminium-Gries oder Zink-Staub mit Natronlauge, so entwickelt sich Ammoniak (s. NO_2^- ④):

$$3\,NO_3^- + 8\,Al + 5\,OH^- + 18\,H_2O \longrightarrow 3\,NH_3 \uparrow + 8[Al(OH)_4]^-$$

bzw.

$$NO_3^- + 4\,Zn + 7\,OH^- + 6\,H_2O \longrightarrow NH_3 \uparrow + 4[Zn(OH)_4]^{2-}$$

⑧ Nitrat-Nachweis nach Pesez

Ph. Eur.

Zu einer kleinen Spatelspitze Substanz in einem trockenen Reagenzglas gibt man 1 Tropfen 2- oder 4-Ethylnitrobenzol (Alkylnitrobenzol[a]) und 10 Tropfen konz. Schwefelsäure. Nach 5 min versetzt man nacheinander mit je 2 mL Wasser, 40 %iger Natronlauge und Aceton (Reihenfolge unbedingt einhalten!). Die obere Schicht färbt sich nach kräftigem Schütteln durch eine Janovski-Verbindung, die auch als Meisenheimer-Salz bezeichnet wird, andauernd tief violett. Bei der Empfindlichkeit der Reaktion ist eine Blindprobe zur Überprüfung der Reinheit der Reagenzien unbedingt erforderlich.

Nitrit braucht nicht entfernt zu werden; keines der nachzuweisenden Anionen und Kationen hat sich als störend erwiesen. Lösliches Sulfid führt zu einer vorübergehenden, meist schwachen blaugrünen Färbung der oberen Phase.

Nimmt man mehr als 1 Tropfen Alkylnitrobenzol, oxidiert dieses die Janovski-Verbindung zu einer braunen Zimmermann-Verbindung.

Janovsky-Verbindung

---

[a] Ph. Eur. schreibt das flüchtige, stark riechende und giftige Nitrobenzol vor. Durch die Einführung einer größeren Alkyl-Gruppe wird die Flüchtigkeit stark verringert, die biologische Abbaubarkeit erleichtert.

⑨ Entfärbung von Indigocarmin

Ph. Eur., USP

Versetzt man eine Probelösung mit Indigocarmin-Lösung (blau) und säuert mit konz. Schwefelsäure kräftig an (zu mind. 12 konz. H_2SO_4), so tritt Entfärbung unter Bildung von Isatin-5-sulfonsäure ein. Auch andere Oxidationsmittel (NO_2^-, Cl_2, Br_2, ClO_3^-, BrO_3^-, IO_3^-, $Cr_2O_4^{2-}$, MnO_2, PbO_2 und H_2O_2) führen zur Entfärbung, Ausnahme: ClO_4^- ②. Die Entfärbung durch Manganat(VII) ist wegen dessen Eigenfarbe meist nicht zu erkennen. Reduktionsmittel ($Zn°$, $Fe°$ und Sn^{2+}) führen durch Bildung der Leuko-Verbindung ebenfalls zur Entfärbung (s. a. S. 152 ②). Indigocarmin ist gleichzeitig ein Indikator, der im pH-Bereich 11,6–14,0 von blau nach farblos umschlägt.

Indigocarmin (blau)   →Oxidation→   Isatin-5-sulfonsäure (gelb)

Phosphat	PO_4^{3-}
Phosphorsäure	H_3PO_4 $M_r = 97,995$

Phosphat ist für das Wachstum der Pflanzen notwendig (Düngemittel) und bildet als Hydroxylapatit $Ca_5(PO_4)_3(OH)$ die mineralische Knochen – und Zahnsubstanz. In organischer Bindung ist es für den Ablauf verschiedener Lebensvorgänge unerlässlich. Der tägliche Bedarf liegt bei 1–2 g Phosphat. Erwartungsgemäß sind daher Phosphate nicht toxisch. Die Einnahme von 10–20 g Natriumhydrogenphosphat hat milde abführende Wirkung. Polyphosphate bilden u. a. mit Calcium lösliche Chelat-Komplexe und werden zur Wasserenthärtung eingesetzt. Phosphate und Polyphosphate werden als Zusatzstoffe bei Fisch-, Fleisch- und Wurstwaren, Milcherzeugnissen und Backpulver verwendet. Orthophosporsäure wird als E 338 in der Lebensmittelindustrie eingesetzt.

Chemische Eigenschaften: Die Phosphorsäure ist eine dreibasige, nicht flüchtige Säure ohne oxidierende Eigenschaften, die drei Reihen von Salzen bilden kann. Sie neigt zur Kondensation zu ketten- oder ringförmigen Polyphosphaten (s. a. Co^{2+} ⑦). In neutraler Lösung sind nur die Natrium-, Kalium- und Ammoniumphosphate leicht löslich. Mit Polyphosphaten gelingen alle aufgeführten Versuche erst nach saurer Hydrolyse in der Hitze zu Orthophosphat.

Probelösung: 0,05 mol/L Na_2HPO_4-Lösung (s. Tab. 5).

① Ammoniummagnesiumphosphat

(s. Mg^{2+} ③).

② Silberphosphat

Ph. Eur.

Versetzt man eine neutrale bis schwach saure Probelösung mit Silbernitrat-Lösung, so fällt hellgelbes Silberphosphat aus, das in verd. Salpetersäure und verd. Ammoniak löslich ist, und sich im Licht langsam nach graugrün verfärbt.

$$HPO_4^{2-} + 3\,Ag^+ \longrightarrow \underline{Ag_3PO_4} + H^+$$
$$\text{hellgelb}$$

$$Ag_3PO_4 + 2\,H^+ \longrightarrow H_2PO_4^- + 3\,Ag^+$$

$$Ag_3PO_4 + 6\,NH_3 \longrightarrow PO_4^{3-} + 3\,[Ag(NH_3)_2]^+$$

Wäscht man das weiße Magnesiumammoniumphosphat aus PO_4^{3-} ① und übergießt es anschließend mit Silbernitrat-Lösung, so überziehen sich die Kristalle mit hellgelbem Silberphosphat. Die Silber-Salze von Polyphosphaten ($Ag_4P_2O_7$) sind farblos.

③ Zirkoniumphosphat

Man säuert eine Probelösung mit Salzsäure an und versetzt mit Zirkonium(IV)-oxid-chlorid-Lösung. Es fällt Zirkoniumphosphat – in vom pH-Wert abhängiger wechselnder Zusammensetzung – in Form von farblosen, glasigen Flocken aus; bei geringen Mengen Phosphat erkennt man diese Flocken erst beim Stehenlassen im Wasserbad. Auch Polyphosphate werden gefällt.

$$2\,H_3PO_4 + ZrOCl_2 \longrightarrow \underline{Zr(HPO_4)_2} + 2\,HCl + H_2O$$
$$\text{farblos}$$

bzw.

$$2\,H_2PO_4^- + ZrO^{2+} \longrightarrow \underline{Zr(HPO_4)_2} + H_2O$$
$$\text{farblos}$$

④ Calciumphosphat

Ph. Eur., USP

Versetzt man eine neutrale Probelösung mit Calciumchlorid-Lösung, fällt ein weißer Niederschlag von basischem Calciumphosphat oder Hydroxylapatit $Ca_5(PO_4)_3OH$ aus. Mit Polyphosphaten bleibt die Lösung klar.

⑤ Ammoniumdodekamolybdatophosphat

Ph. Eur., USP

Man säuert eine Probelösung mit konz. Salpetersäure an und versetzt mit reichlich (s. Zusammensetzung des Niederschlags!) Ammoniummolybdat-Lösung. Bei Zimmertemperatur bildet sich langsam, beim Erhitzen schneller, ein leuchtend gelber kristalliner Niederschlag. Polyphosphate ergeben die Gelbfärbung der Lösung und die Ausbildung des Niederschlages erst bei längerem Erhitzen (langsame Hydrolyse). Arsenate(V) bilden gleiche Niederschläge (s. As$^{3/5+}$ ⑩). Die Zirkonium-Niederschläge können mit Molybdat umgesetzt werden. Sehr viel Cl$^-$ oder SO$_4^{2-}$ verhindern die Bildung der gelben Heteropolysäure durch Kondensation von Phosphor- und Molybdänsäure.

$$H_3[P(Mo_3O_{10})_4] = H_3[PMo_{12}O_{40}] \quad \text{(Heteropolysäure)}$$

$$H_2PO_4^- + 12\,MoO_4^{2-} + 3\,NH_4^+ + 22\,H^+ \longrightarrow \underbrace{(NH_4)_3[P(Mo_3O_{10})_4] \cdot 6\,H_2O}_{\text{gelb}} + 6\,H_2O$$

Für die Reaktion muss die Lösung saurer als pH = 0,5 sein, da sich etwa zwischen pH = 0,5 und 1,5 ein weißer voluminöser Niederschlag von Molybdänsäure bildet. Man kann sie mit etwas Ammoniak auflösen und den kritischen pH-Bereich durch Zugabe einer ausreichenden Menge konz. Salpetersäure schnell überspringen und die Ausfällung vermeiden. Der gelbe Niederschlag löst sich in wässrigem Ammoniak oder in Natronlauge unter Entfärbung. Größere Mengen Oxalsäure verhindern die Ausbildung der gelben Fällung. Von Isoamylalkohol oder Methylisobutylketon wird er benetzt, aber kaum gelöst. Durch saure Zinn(II)-chlorid-Lösung oder alkalische Natriumhydroxostannat(II)-Lösung wird das Molybdatophosphat zu (Phosphor-)Molybdänblau reduziert. Molybdänblau (Mo gemischter Wertigkeit) lässt sich mit Isoamylalkohol oder Methylisobutylketon nur aus saurer Lösung extrahieren (s. As^{3+} ⑩, SiO$_4^{4-}$ ③, PO$_4^{3-}$ ⑦).

⑥ Vanadatomolybdatophosphat

Ph. Eur.

Versetzt man eine Probelösung mit einem Überschuss Ammoniummolybdatvanadat-Reagenz und säuert mit etwas verd. Salpetersäure an, so färbt sich die Lösung durch das Anion Divanadatodecamolybdatophosphat [PV$_2$Mo$_{10}$O$_{40}$]$^{5-}$ langsam gelborange.

Kurzes Erhitzen beschleunigt die Bildung der Heteropolysäure, die sich mit Isoamylalkohol etwas besser als mit Methylisobutylketon ausschütteln lässt. Polyphosphate bilden die Gelbfärbung erst beim Erhitzen.

Lösliches Silicat und Arsenat(V) reagieren beim Erhitzen schwächer, aber analog. Durch Zinn(II) erfolgt in saurer wie alkalischer Lösung Reduktion zu Molybdänblau (s. PO$_4^{3-}$ ⑥, SiO$_4^{4-}$ ③, As^{3+} ⑩).

⑦ Phosphorsalzperle

(s. Co^{2+} ⑦, Cr^{3+} ⑨ u. Tab. 20).

7.6.2 Nachweise von Borat, Silicat, Nitrit, Nitrat und Phosphat im Gemisch

Die Reaktionsbedingungen für die Nachweise finden sich bei den Einzelversuchen (s. a. Tab. 21).

Borat [B(OH)$_4$]$^-$

Der **Borat-Nachweis** durch Bildung des mit grüner Flamme brennenden Borsäuretrimethylesters ist charakteristisch (s. [B(OH)$_4$]$^-$ ①). Borosilicate sollten wegen des erforderlichen Aufschlusses und Komplikationen bei dem Silicat-Nachweis ausgeschlossen sein.

Silicat SiO$_4^{4-}$

Für den **Silicat-Nachweis** über die *Wassertropfenprobe* (s. SiO$_4^{4-}$ ④) verwendet man den nach Lösen zunächst in verd. dann in heißer konz. Salzsäure verbleibenden Rückstand. Dieser Rückstand wird mit wenig Wasser in den Bleitiegel gespült. Vor Zugabe der konz. Schwefelsäure muss das Wasser erst verdampft werden. „Lösliche Silicate" lösen sich nicht in heißer konz. Salzsäure und sind nur in alkalischer Lösung beständig (s. SiO$_4^{4-}$ ①). Der Berechnungsindex von SiO$_2$ ist dem des Wassers sehr ähnlich, so dass ein Rückstand von SiO$_2$ in Suspension nicht opak, sondern nur glasig trübe ist. Er kann leicht übersehen werden. Silicat-Lösungen (basisch) werden durch Eindampfen mit konz. Salzsäure in Siliciumdioxid überführt (s. SiO$_4^{4-}$ ①).

Störungen entstehen durch Borat und Fluorid, deshalb sollten diese Anionen nicht gleichzeitig vorliegen.

Lösliches Silicat – oft bildet es sich beim Anfertigen des Sodaauszuges – kann als gelbe Molybdatokieselsäure (s. SiO$_4^{4-}$ ③) erkannt werden. Phosphat und Arsenat stören den Nachweis, da sie analog reagieren; Fluorid verhindert die Gelbfärbung.

Nitrit NO$_2^-$

Als **Vorprobe** erhitzt man etwas Ursubstanz mit konz. Schwefelsäure. Es bilden sich braune Dämpfe, die auf Nitrit hinweisen, doch auch auf Nitrat und Bromid (s. NO$_3^-$ ①, ② und Br$^-$ ②).

Beim **Nitrit-Nachweis** durch die Bildung des Nitrosyleisen(II)-Kations (s. NO$_2^-$ ⑤), als auch durch Oxidation durch Luftsauerstoff, wird Eisen(III) gebildet. Daher stören die beiden Hexacyanoferrate wie auch Thiocyanat (s. Fe$^{2/3+}$ ⑦, ⑧ und ⑨).

Starke Oxidationsmittel oxidieren Nitrit zu Nitrat. Reduktionsmittel wie Sulfit, Thiosulfat, Iodid, Zinn(II) sowie elementare Metalle reduzieren das Nitrit. Im sauren Milieu bildet sich unbeständige salpetrige Säure (s. NO$_2^-$ ①). Daraus kann leicht Nitrat entstehen. Diese Kombinationen sollten ausgeschlossen werden, da sich Komplikationen kaum vermeiden lassen.

Die Bildung eines Azo-Farbstoffes mit *Lunges Reagenz* (s. NO$_2^-$ ⑥) aus dem Sodaauszug ist sehr empfindlich. Die wohl häufigste **Störung** ist die schnelle Zersetzung des Farbstoffes durch einen Überschuss von Nitrit. Die Hexacyanoferrate werden mit Zinksulfat aus sodaalkalischer Lösung gefällt und abgetrennt.

Nitrat NO_3^-

Der **Nitrat-Nachweis** nach Pesez aus der Ursubstanz über die Nitrierung von Alkylnitrobenzol und die Bildung der tief violett gefärbten Janovsky-Verbindung (s. NO_3^- ⑧) ist sehr empfindlich und wird selbst durch Nitrit nicht gestört. Wichtig ist die Verwendung eines trockenen Reagenzglases.

Die Nitrat-Nachweise über die Ringprobe (s. NO_3^- ③), wie mit Lunges Reagenz und Zink-Staub (s. NO_3^- ④), werden durch Nitrit gestört. Nitrit muss auf jeden Fall zuvor mit Amidosulfonsäure entfernt werden (s. NO_2^- ⑦). Ein Überschuss Amidosulfonsäure ist unbedingt zu vermeiden, da sonst beide Nachweise versagen. Bei der Ringprobe stören außerdem Hexacyanoferrate(II)-und -(III), Thiocyanat, Bromid und Iodid, die vorher mit Silbersulfat oder Kupfer(I)-oxid ausgefällt und abgetrennt werden. Der mit Lunges Reagenz sich bildende purpurrote Farbstoff wird durch viel Nitrat (s. Nitrit oben), und auch bei längerem Kontakt mit Zinkstaub zerstört.

Störungen durch Oxidationsmittel und Hexacyanoferrate behebt man durch Filtration der essigsauren Lösung durch Zinkstaub.

Wurde Bismut in der Analyse nachgewiesen und kein Nitrat im Sodaauszug gefunden (zu wenig Natriumcarbonat!), löst man den Sodaauszug-Rückstand in verd. Schwefelsäure – $BiONO_3$ ist schwerlöslich – und prüft erneut auf Nitrat.

Phosphat PO_4^{3-}

Zum **Phosphat-Nachweis** durch Fällung des gelben Ammoniummolybdatophosphates (s. PO_4^{3-} ⑥) erhitzt man die Analysensubstanz mit konz. HNO_3 und dekantiert vom Ungelösten ab. Es besteht die Gefahr, dass Phosphat u. a. aus Erdalkaliphosphaten durch den Sodaauszug nicht freigesetzt wird. Störungen werden durch Arsenat(V) und -(III) hervorgerufen, die Phosphat vortäuschen (s. As^{3+} ⑩). In gleicher Weise wird der Nachweis als Ammoniummagnesiumphosphat (s. Mg^{2+} ③) durch Arsen (s. As^{3+} ⑨) gestört.

Daher wird Phosphat nach der Schwefelwasserstoff-Gruppenfällung, bei der u. a. Arsen(III) und -(V) gefällt werden, nachgewiesen.

Silicat löst sich nicht in heißer Salz- oder Salpetersäure; einige Silicate und feinkörniges Siliciumdioxid werden vom Sodaauszug gelöst (s. SiO_4^{4-} ②) und können, da die Umwandlung in Siliciumdioxid (s. SiO_4^{4-} ①) langsam erfolgt, bei einem Nachweis im Sodaauszug stören (s. SiO_4^{4-} ③).

Der **Phosphat-Nachweis** als Ammoniummagnesiumphosphat gilt erst als sicher, wenn die charakteristischen Kristalle unter dem Mikroskop identifiziert worden sind (s. Mg^{2+} ③). Auch dieser Nachweis kann erst nach der Schwefelwasserstoff-Gruppenfällung erfolgen, da Ammoniummagnesiumarsenat(V) Kristalle gleicher Form ausbildet (Isomorphie, s. a. $As^{3/5+}$ ⑨).

Der Phosphat-Nachweis mit Ammoniummolybdat ist wesentlich einfacher und empfindlicher (s. PO_4^{3-} ⑥). Dazu verkocht man zunächst Schwefelwasserstoff, fügt reichlich konz. Salpetersäure hinzu und versetzt mit Ammoniummolybdat-Lösung.

Ein weißer Niederschlag von Molybdänsäure zeigt eine ungenügend ausgesäuerte Lösung an (s. PO_4^{3-} ⑥), er verschwindet bei Zugabe von mehr konz. Salpetersäure.

Störungen entstehen durch die Hexacyanoferrate und Reduktionsmittel, die man bei Abwesenheit von Arsen, durch Kochen mit konz. Salpetersäure bis keine braunen Dämpfe mehr entweichen, vermeidet. Sie werden aber schon vor dem Kationen-Trennungsgang entfernt (s. u.).

7.7 Störende Anionen im Kationen-Trennungsgang

Vor Beginn des Kationentrennungsganges oder auch bei der Analyse einer einzelnen Substanz muss auf die Anwesenheit von störenden Anionen geprüft werden, um sie vor dem Kationentrennungsganges zu entfernen, bzw. bei den Nachweisreaktionen zu berücksichtigen. In Tabelle 21 sind die von einigen Anionen verursachten Störungen und Möglichkeiten der Entstörung zusammengefasst. Ebenfalls aufgeführt sind mögliche Komplikationen, die berücksichtigt werden müssen. Bei über 100 °C wird Ammoniumperoxodisulfat zersetzt. Restliches Oxidationsmittel würde beim Kationentrennungsgang den Schwefelwasserstoff zumindest bis zu elementarem Schwefel oxidieren.

Die konzentrierte Schwefelsäure wird nach dem Erkalten vorsichtig mit Wasser verdünnt, mit dieser schwefelsauren Lösung kann der Kationentrennungsgang wie mit der salzsauren Lösung durchgeführt werden.

8 Analyse sonstiger anorganischer Substanzen in Arzneibüchern

Die hier behandelten Substanzen bzw. Ionen sind nicht in den in diesem Buch beschriebenen Gang der Analyse einbezogen. Kationen wie Anionen würden didaktisch nicht vertretbare Komplikationen verursachen.

Titandioxid $\quad TiO_2 \quad M_r = 79{,}89$

Titandioxid ist ein ungiftiges weißes Pigment (Anstrichfarbe), das teilweise in Salben an Stelle von Zinkoxid verwendet wird. Es absorbiert ultraviolettes Licht.
Probelösung: 0,05 mol/L $TiOCl_2$-Lösung (s. Tab. 5).

① **Thermochromie von Titandioxid**

Ph. Eur.

Erhitzt man weißes Titandioxid in einem trockenen Reagenzglas oder auf einer Mangnesiarinne über der Bunsenflamme, so färbt es sich reversibel gelb (s. a. Zn^{2+} ⑤).

② **Saurer Aufschluss**

Man schmilzt eine kleine Spatelspitze Titandioxid mit der fünffachen Menge Kaliumhydrogensulfat in einem Porzellantiegel, ohne dass größere Mengen SO_3 (weiße Nebel) entweichen. Der zerkleinerte Schmelzkuchen wird mit heißer verd. Schwefelsäure ausgelaugt, der Rückstand abfiltriert oder abzentrifugiert. Titandioxid löst sich weder in Säuren noch in Basen. Man erhält eine farblose Lösung von $[Ti(OH)_2(H_2O)_4]^{2+} + SO_4^{2-}$, die oft nicht ganz richtig als Titanylsulfat bezeichnet wird. Besser wäre: Titanoxidsulfat-Lösung.

③ **Lösen in konz. Schwefelsäure**

Ph. Eur., USP

Eine Spatelspitze Titandioxid wird mit 5 mL konz. Schwefelsäure, der auch Na_2SO_4 zugefügt werden kann, bis zum Auftreten weißer H_2SO_4-Nebel erhitzt. Nach dem Abkühlen verdünnt man mit der gleichen Menge Wasser und dekantiert von ungelöstem Titandioxid ab; wenn man stärker verdünnt, kann man filtrieren. Es ergibt eine farblose Lösung von Titanoxidsulfat (s. Ti^{4+} ②).

④ **Peroxotitan-Kation**

Ph. Eur., USP

Versetzt man eine Titanoxidsulfat-Lösung oder eine Probelösung mit einigen Tropfen 3%igem Wasserstoffperoxid, so bildet sich das gelborange $[Ti(O_2) \cdot aq]^{2+}$ (s. H_2O_2 ⑦). Viel Fluorid verhindert die Ausbildung des Titan-Peroxo-Komplexes.

⑤ **Titandioxid-Hydrat**

Macht man eine Titanoxidsulfat-Lösung ammoniakalisch, fällt ein weißer voluminöser Niederschlag von $TiO_2 \cdot aq$ aus, der sich nicht im Überschuss des Fällungsmittels löst.

⑥ **Reduktion zu Titan(III)**

Ph. Eur., USP

Gibt man zu einer Titanoxidsulfat-Lösung einige Zink-Granalien, so färbt sich die Lösung durch die Bildung von Hexaquatitan(III)-Kationen langsam violett:

$$2\,[Ti(OH)_2(H_2O)_4]^{2+} + Zn + 4\,H^+ \longrightarrow 2\,[Ti(H_2O)_6]^{3+} + Zn^{2+}$$

Wasserstoffperoxid $\qquad H_2O_2 \quad M_r = 34{,}015$

Sehr verd. Lösungen von Wasserstoffperoxid werden wegen ihrer schwach desinfizierenden Wirkung verwendet. In Wunden wird es durch das Enzym Katalyse zu Wasser und Sauerstoff zersetzt. Gelangt Wasserstoffperoxid in Konzentrationen über 3% auf die Haut, bilden sich weiße Flecken. Es handelt sich dabei um Gasbläschen in der Haut, da eingedrungenes Wasserstoffperoxid katalytisch zu Wasser und Sauerstoff zersetzt wurde. Die stechenden, weißen Flecken verschwinden bald, da der Sauerstoff entweicht und resorbiert wird. Verd. Wasserstoffperoxid-Lösungen wurden daher zur epikutanen Anwendung bei Durchblutungsstörungen vorgeschlagen.

Chemische Eigenschaften: Im Wasserstoffperoxid ist den O-Atomen der Gruppe –O–O– jeweils die Oxidationsstufe –1 zuzuordnen. Echte Per-Verbindungen sind von dieser Gruppe abgeleitet (z. B. $S_2O_8^{2-}$). Zur Formulierung von Wasserstoffperoxid als Oxidationsmittel und bei der Oxidation s. S. 269.

Permanganat und Perchlorat (Trivialnamen) haben keine Peroxogruppe: diese Verbindungen sind die Endglieder von Reihen von Anionen, die den meisten Sauerstoff enthalten. Wasserstoffperoxid ist ein Oxidationsmittel, kann aber auch selbst zu Sauerstoff oxidiert werden.

Probelösung: 3%ige H_2O_2-Lösung (s. Tab. 5).

① **Chromperoxid**

Ph. Eur., USP

(s. Cr^{3+} ⑧).

② **Oxidation durch Manganat(VII)**

USP, Ph. Eur.

(s. Mn^{2+} ④ **a**).

③ **Reduktion durch Iodid**

(s. I^- ③ **d**).

④ **Zersetzung in alkalischer Lösung**

Ph. Eur.

Versetzt man die Probelösung mit verd. Natronlauge, bilden sich Gasbläschen, besonders, wenn die Lösung erwärmt wird:

$$2\,H_2O_2 \xrightarrow{OH^-} O_2 + 2\,H_2O$$

⑤ **Katalytische Zersetzung**

a Wenn man zu einer neutralen oder alkalischen Probelösung einige Tropfen Mangan(II)-sulfat- oder Kaliummanganat(VII)-Lösung gibt, bildet sich Mangan(IV)-oxidhydrat (Braunstein), das das Wasserstoffperoxid unter heftiger Sauerstoffentwicklung katalytisch zersetzt (s. Mn^{2+} ④ **a**):

$$Mn^{2+} + H_2O_2 + 2\,OH^- \longrightarrow \underset{\text{dunkelbraun}}{MnO(OH)_2} + H_2O$$

$$2\,MnO_4^- + 3\,H_2O_2 \longrightarrow \underset{\text{dunkelbraun}}{MnO(OH)_2} + 3\,O_2 \uparrow + 2\,OH^-$$

Man kann auch direkt eine kleine Spatelspitze pulverisiertes Mangan(IV)-oxid zusetzen, das meist weniger wirksam ist. Nach wenigen Minuten kann mittels H_2O_2 ⑥ oder Ti^{4+} ④ kein Wasserstoffperoxid mehr nachgewiesen werden.

b Unter gleichen Bedingungen bildet sich mit Eisen(II)- oder Eisen(III)-sulfat-Lösung Eisen(III)-hydroxid ebenfalls mit katalytischer Wirkung (s. $Fe^{2/3+}$ ⑤**d**), jedoch deutlich geringer als das Mangan(IV)-oxidhydrat (s. a. $C_4H_4O_6^{2-}$ ⑨).

⑥ Vanadylsulfat-Kationen

Ph. Eur.

Tropft man eine Probelösung in Vanadysulfat (Vanadin-Schwefelsäure oder Jorissen-Reagenz), so bildet sich zunächst das kirschrote $[VO(O_2)]^+$-Kation, bei Zugabe eines Überschusses Wasserstoffperoxid das gelbe $[(VO_2)_2]^+$-Kation.

⑦ Peroxotitan-Kation

(s. TiO_2 ④).

Schwefel   S   Z = 16 A_r = 32,064

Die bakterizide und fungizide Wirkung des elementaren Schwefels beruht auf der Bildung von geringen Mengen Schwefeldioxid. Schwefel wird lokal bei Hautkrankheiten angewandt. Die frühere Anwendung als Abführmittel lässt sich auf geringe Mengen des daraus gebildeten Schwefelwasserstoffs zurückführen, der die Darmperistaltik anregt.

① Verbrennung, schweflige Säure

USP

Entzündet man etwas Schwefel-Pulver (Abzug!), so verbrennt es mit schwach blauer Flamme. Es tritt der charakteristische Geruch nach Schwefeldioxid auf. Hält man ein feuchtes Indikatorpapier in das Schwefeldioxid, zeigt es eine saure Reaktion an (s. SO_3^{2-} ①):

$$S + O_2 \longrightarrow SO_2 \uparrow$$

$$SO_2 + H_2O \longrightarrow H_2SO_3$$

$$H_2SO_3 \rightleftharpoons H^+ + HSO_3^- \rightleftharpoons 2H^+ + SO_3^{2-}$$

② Oxidation zu Sulfat

Ph. Eur.

Kocht man eine kleine Spatelspitze Schwefel mit Bromwasser bis zur Entfärbung, so lässt sich anschließend Sulfat nachweisen (s. SO_4^{2-} ①):

$$S + 3Br_2 + 4H_2O \longrightarrow SO_4^{2-} + 6Br^- + 8H^+$$

Schwefel kann auch mit konz. HNO_3 und Königswasser oxidiert werden.

③ **Bildung von Polysulfid**

a Schüttelt man eine kleine Spatelspitze Schwefel mit Piperidin, so bildet sich eine gelborange Lösung von Polysulfid.

b Lösung von Schwefel in Ammoniumsulfid unter Bildung von Ammoniumpolysulfid (s. Tab. 5).

Selen Se Z = 34 A_r = 78,96

Selen ähnelt in seinen Verbindungen dem Schwefel. So ist Bariumselenat schwerlöslich, wenn auch weniger als Bariumsulfat. Selen kommt in geringen Mengen mit Schwefel vergesellschaftet vor. +4 ist die stabilste Wertigkeit des Elements. Selenige Säure (H_2SeO_3) ist eine schwache, zweibasische Säure, deren neutrale Salze basisch reagieren. Selenverbindungen werden leicht bis zu elementarem Selen reduziert. Selenverbindungen sind sehr giftig. In extrem geringen Mengen ist Selen Bestandteil eines Enzyms und damit ein Spurenelement für den Menschen. Bei Substitution ist die geringe therapeutische Breite zu beachten. Selendisulfid wirkt antimikrobiell und fungistatisch und fungiert als Komponente medizinischer Anti-Schuppen-Shampoos. Die Substanz wird als 1–2,5%ige wässrige Rezeptur bei schuppenden Kopfhauterkrankungen verschiedener Ursachen eingesetzt, so z. B. bei Pityriasis versicolor (Kleienpilzflechte). Ph. Eur. führt Selendisulfid als Monographie auf.

Probelösung: 0,01 mol/L H_2SeO_3-Lösung (s. Tab. 5).

① **Reduktion zu Selen**

Ph. Eur.

Selenige Säure wird zu elementarem Selen in Form eines gelborangen Niederschlags reduziert, der schnell nachdunkelt: durch **a** Hypophosphorige Säure, **b** Zinn(II)-chlorid, **c** Iodid, **d** schweflige Säure, **e** Formaldehyd-Lösung, **f** Vitamin C. Mit Schwefelwasserstoff wird ein rotgelbes Gemisch aus Selen und Schwefel erhalten.

a $H_2SeO_3 + 2 H_3PO_2 \longrightarrow \underset{\text{rotbraun}}{Se^0} + 2 H_3PO_3 + H_2O$

b $H_2SeO_3 + 2 Sn^{2+} + 4 H^+ \longrightarrow Se^0 + 2 Sn^{4+} + 3 H_2O$

c $H_2SeO_3 + 6 I^- + 4 H^+ \longrightarrow Se^0 + 2 I_3^- + 3 H_2O$
Das Iod lässt sich mit Chloroform extrahieren (s. I^- ③).

d $H_2SeO_3 + 2 H_2SO_3 \longrightarrow Se^0 + 2 SO_4^{2-} + 4 H^+ + H_2O$

e $H_2SeO_3 + 2 CH_2O \longrightarrow Se^0 + 2 HCOOH + H_2O$

f $2 C_6H_8O_6 \longrightarrow 2 C_6H_8O_7 + Se^0 + H_2O$

Das rote Selen kann sich in die stabilere graue Modifikation umwandeln. Elementares Selen löst sich in konz. Schwefelsäure mit grüner Farbe.

② Piazselenole

Ph. Eur., USP

Versetzt man eine Probelösung (Se IV) mit einer frisch bereiteten 0,5 %igen Lösung von 3,3′-Diaminobenzidintetrahydrochlorid in saurer Lösung, so bildet sich ein gelber flockiger Niederschlag. Das gelbe Piazselenol kann zur photometrischen Bestimmung z. B. mit Toluol extrahiert werden. Das Piazselenol des ebenfalls verwendeten 2,3-Diaminophenol ist orange gefärbt und wird zur fluorimetrischen Bestimmung verwendet. Bei beiden aromatischen Diaminen wird ein krebserzeugendes Potenzial vermutet.

$$\text{R}\diagup\diagdown\text{NH}_2 \quad\text{R}^1\diagup\diagdown\text{NH}_2 \xrightarrow{H_2SeO_3} \text{R}\diagup\diagdown\text{N}\diagdown\text{Se}\diagup\text{N}\diagup\text{R}^1$$

Piazselenol

③ Erhitzen mit HNO₃

Identitätsreaktion a der Ph. Eur. auf Selendisulfid

Eine kleine Substanzprobe wird mit konz. HNO_3 einige Zeit kräftig erhitzt (Ph. Eur.: 30 min). Dabei entstehen Selenige Säure und Sulfat. Anschließend verdünnt man mit Wasser und gibt Harnstoff zu (Zerstörung von Nitrit s. a. NO_2^- ⑦). Nach Zugabe von KI-Lösung färbt sich die Lösung rot-orange und wird schnell dunkler (Bildung von Se°, siehe ①). Nach Abzentrifugieren lässt sich im Zentrifugat Sulfat nachweisen.

Molybdän   Mo   Z = 42 A_r = 95,94

Natriummolybdat ($Na_2MoO_4 \cdot 2H_2O$) ist Gegenstand einer Monographie in der Ph. Eur.

Wasserfreies Natriummolybdat findet sich als Monographie im DAB 2005. Bakterien, die Luftstickstoff binden, benötigen dazu ein Enzym, das Molybdän enthält. Für Menschen ist Molybdän ein essenzielles Spurenelement.

Chemische Eigenschaften: Als Element der 6. Nebengruppe wird als maximale Wertigkeit +VI erreicht. Diese Wertigkeit ist auch die stabilste. Bei Reduktion wird oft „Molybdänblau" erhalten. Es handelt sich dabei nicht um stöchiometrisch definierte Verbindungen: Molybdän liegt darin in verschiedenen Wertigkeiten nebeneinander vor.

Bedingt durch die langsame und unvollständige Sulfidfällung würde Molybdän den Kationentrennungsgang erheblich beeinträchtigen.

Die dem Oxid MoO_3 entsprechende Säure H_2MoO_4 wird beim Ansäuern einer Molydat-Lösung freigesetzt, kondensiert sich in Abhängigkeit vom pH-Wert zu verschiedenen Polysäuren: Das Ammoniummolybdat des Handels ist das Ammoniumsalz der Heptamolybdänsäure. Bei der Kondensation können auch andere Säuren, wie z. B. Phosporsäure, eingeschlossen werden, was zur Bildung von Hetreopolysäuren führt.

In der Bildung des schwerlöslichen Bleimolybdats ($PbMoO_4$), zeigt sich die Verwandtschaft mit $PbCrO_4$ und $PbSO_4$.

Probelösung: 0,6 mol/L $(NH_4)_2MoO_4$ oder Na_2MoO_4 (s. Tab. 5)

① **Dodekamolybdatophosphat**

Ph. Eur.

s. PO_4^{3-} ⑥

② **Bleimolybdat**

Ph. Eur.

Versetzt man eine mit verdünnter Salpetersäure neutralisierte Probelösung mit einer Bleinitratlösung (s. Tab. 5), so bildet sich ein weißer Niederschlag, der sich in Säuren löst.

③ **Molybdänsulfid**

Beim Einleiten von Schwefelwasserstoff unter Druck bildet sich sehr langsam ein schwarzbrauner Niederschlag. Die Fällung ist meist unvollständig.

Bei der Zugabe von Thioacetamid zur Probelösung bildet sich beim Ansäuern und Erwärmen Molybdänblau.

9 Durchführung einer Vollanalyse

9.1 Gemische

Vor Beginn der Analyse sollte man eine **Liste** der nachzuweisenden Ionen aufstellen, um keinen Nachweis zu vergessen (z. B. NH_4^+). Die **Reihenfolge** der Ionen auf dieser Liste ist eine oft unterschätzte Hilfe bei der Durchführung der Analyse. Für die **Kationen** ergibt sich die Reihenfolge durch den Trennungsgang. Für die **Anionen** (und NH_4^+) ist die Reihenfolge beliebig. Da man aber eine Vielzahl von gegenseitigen Störmöglichkeiten berücksichtigen muss, empfiehlt sich z. B. die Reihenfolge nach Tab. 13.

Tab. 13: Reihenfolge der Nachweise der Anionen und von Ammonium
(US = Ursubstanz, SA = Sodaauszug)

Ion	Nachweis aus	Ion	Nachweis aus	Ion	Nachweis aus
NH_4^+	US	SiO_4^{4-}	a	ClO_3^-	SA
F^-	US	SO_2 [b]	US	ClO_4^-	US/SA
Tartrat	SA + US	$S_2O_3^{2-}$	SA	BrO_3^-	SA
Citrat	SA	SO_3^{2-}	SA	IO_3^-	SA
BO_3^{3-}	US	SO_4^{2-}	SA	NO_2^-	SA
CN^-	US			NO_3^-	US/SA
$C_2O_4^{2-}$	SA	I^-	SA	CO_3^{2-}	US
$[Fe(CN)_6]^{3/4-}$	SA	Br^-	SA	Acetat	US
SCN^-	SA	Cl^-	SA	PO_4^{3-}	c
S^{2-}	US + SA				

[a] in Salzsäure schwerlöslicher Rückstand
[b] als einfach durchzuführende Reaktion auf Sulfit und Thiosulfat
[c] nach der Schwefelwasserstoff-Gruppenfällung, bei Abwesenheit von Arsen im salpetersauren Auszug der Substanz

Zunächst wird die Analysensubstanz gleichmäßig durchmischt und in ein verschließbares Gefäß gefüllt. Die Farbe der pulverisierten Substanz lässt Rückschlüsse auf eventuell anwesende Ionen zu, die später bewiesen oder verworfen werden müssen. Man beginnt mit der **Prüfung auf Anionen,** die den Kationen-Trennungsgang stören würden (s. Tab. 22). Dazu wird der **Sodaauszug** angesetzt (s. Kap. 7.1). Während dieser Zeit kann man einen Teil der **Vorproben** (s. Tab. 20), auf jeden Fall das Erhitzen mit konz. Schwefelsäure durchführen.

Außerdem sollte an dieser Stelle auf Sulfid geprüft werden, um über das **Lösungsverhalten der Analysensubstanz** für die Durchführung des Kationen-Trennungsganges eine erste Information zu erhalten. Nach der Prüfung auf störende Anionen beginnt man – je nach Ergebnis – mit dem **Entfernen dieser Anionen** bzw. mit dem **Lösen der Analysensubstanz** (s. Kap. 3.3). Unlösliche Rückstände sind abzutrennen. Die restlichen **Vorproben** und **Anionen-Nachweise** können während der Schwefelwasserstoff-Gruppenfällung durchgeführt werden.

Beim **Unterbrechen der Analyse** sollte man den Sodaauszug nicht bis zum nächsten Tag aufheben. Vom Kationentrennungsgang können saure, nicht jedoch alkalische, ammoniakalische und sulfidhaltige Lösungen (Absorption von Kohlendioxid, Oxidation von Sulfid) verschlossen aufgehoben werden.

Bleibt eine Gruppenfällung aus, verkürzt sich der Trennungsgang. Die Zentrifugate der Ammoniumsulfid- und der Ammoniumcarbonat-Gruppenfällung werden zur Entfernung der Ammonium-Salze zur Trockne eingedampft und abgeraucht. Bleibt kein Rückstand, ist der Trennungsgang beendet. Auf keinen Fall sollte auf die spektralanalytische Untersuchung aus der Ursubstanz (s. Kap. 4.1) verzichtet werden, denn mit der Schwefelwasserstoff- und der Ammoniumsulfid-Gruppenfällung kann ein Teil der Erdalkali- und Alkali-Ionen durch Adsorption verloren gehen.

9.2 Einzelsubstanzen

Die Identifizierung von Reinsubstanzen nimmt in der Ausbildung einen zunehmenden Raum ein. Das Problem, eine Substanz identifizieren zu müssen, dessen Etikett verloren gegangen oder unleserlich geworden ist, kommt in Laboratorien immer wieder vor. Da es sich um eine Einzelsubstanz handelt, scheint fälschlich die Durchführung des Kationentrennungsganges nicht erforderlich.

Zunächst muss evtl. geklärt werden, ob es sich um eine anorganische oder eine organische Substanz handelt. Durch trockenes Erhitzen, Verkohlen, Verbrennen können organische Substanzen (mit wenigen Ausnahmen) erkannt werden. Legt man die in diesem Buche behandelten Ionen/Substanzen für die nachfolgende Analyse zu Grunde, müssen Weinsäure (s. $C_4H_4O_6^{2-}$ ①), Citronensäure (Citrat ①) und Oxalsäure als organische Substanzen erwähnt werden, die allerdings nicht verkohlen.

Beim trockenen Erhitzen sublimieren auch einige Anorganika, z. T. unter Zersetzung: Hg^{2+} ⑫, NH_4^+ ③. Bei einigen Einzelsubstanzen sind auch Farbveränderungen beim Erhitzen bemerkenswert: $Bi_2O_3 : Bi^{3+}$ ①**b**, $PbO : Pb^{2+}$ ⑩, $ZnO : Zn^{2+}$ ⑤, s. a. $TiO_2 : Ti^{4+}$ ①, $As^{3/5+}$ ①, Hg^{2+} ⑫.

Im Rahmen der Ausbildung wird die Liste der möglichen Anionen und Kationen vorgegeben sein. Das systematische Vorgehen zur Identifizierung einer Einzelsubstanz unterscheidet sich nicht wesentlich von der Analyse eines Gemisches.

Kation

Für die Identifizierung ist es auch hier wichtig, das Kation über zwei Reaktionen nachzuweisen. Als erste Reaktion gilt die Zuordnung zur analytischen Gruppe. Für die zweite Reaktion, s. Tab. 14. Die Identifizierung einer Einzelsubstanz hat gegenüber einem Gemisch den Vorteil, dass keine Trennung erforderlich ist und jederzeit mit einer neuen Probe neu begonnen werden kann.

Tab. 14: Identifizierung des Kations einer Einzelsubstanz

A. Lösen und Erhitzen in (s. Kap. 12.3.1)
1. Verd. HCl
2. Konz. HCl;
   (möglichst vermeiden) nur bei einigen Sulfiden, Bromiden, Iodiden sowie elementaren Metallen:
3. Königswasser
   (möglichst vermeiden, muss vor den Gruppenfällungen abgeraucht werden)

B. Rückstand weiß:
1. +NH$_3$:
   a) löst sich: Ag$^+$ ④
   b) wird schwarz: Hg$_2^{2+}$ ③ **b**
2. +NH$_4$CH$_3$COO:
   löst sich Pb^{2+} ⑤ + ④
3. Wassertropfenprobe
   SiO$_4^{4-}$ ④
4. Basischer Aufschluss
   (s. Kap. 4.2.1 und Kap. 12.3.2)
   a) Ba^{2+} ⑥ (s. a. Sr^{2+}, Ca^{2+})
   b) Al^{3+} ⑧
   c) Sn^{2+} ⑨
5. Saurer Aufschluss
   (s. Kap. 4.2.2 und Kap. 12.3.2)
   a) Ti ② + ④
   b) Al^{3+} ⑨

C. Rückstand grün:
1. Phosporsalzperle: Cr^{3+} ⑨
2. Oxidationsschmelze: Cr^{3+} ③

D. Rückstand gelb:
Verbrennen:
Schwefel ①

E. Lösung:
I. Lösung + H$_2$S (TAA) max. pH 2
   „Schwefelwasserstoff-Gruppe"
   (s. Kap. 6.1.2 u. 12.3.3)
1. Niederschlag schwarz:
   a) Hg^{2+} ② (selten rot)
   b) Pb^{2+} ④
   c) Bi^{3+} ④
   d) Cu^{2+} ④ Substanz meist blau bis grün
2. Niederschlag grünlich-weiß bei Verwendung von TAA: Cu^{2+} ④
3. Niederschlag dunkelbraun: Sn^{2+} ⑤

Tab. 14: Identifizierung des Kations einer Einzelsubstanz (Fortsetzung)

4. Niederschlag gelborange:
   a) in $(NH_4)_2S_x$ löslich:
      α) As^{3+} ⑩
      β) Sb^{3+} ③
      γ) $Sn^{2/4+}$ ④
   b) in $(NH_4)_2S_x$ unlöslich:
      Cd^{2+} ③

II. Lösung + $(NH_4)_2S$ max. pH 9
    „Ammoniumsulfid-Gruppe"
    (s. Kap. 6.2.2 u. 12.3.4)
1. Niederschlag schwarz:
   a) +NH_4SCN
      α) Fe^{3+} ⑨
      β) Co^{2+} ③, ⑦ Substanz braun bis rot, nie weiß
   b) Ni^{2+} ④ Substanz grün, nie weiß:
   c) Fe^{2+} ⑦
   d) Pb^{2+} verschleppt s. o.
2. Niederschlag weiß farblos:
   a) Zn^{2+} ⑥, ⑧, ⑦, ⑨
   b) Al^{3+} ⑤, ④
3. Niederschlag fleischfarben:
   Mn^{2+} ⑦, ③, Substanz schwach rosa, braun oder schwarz violett
4. Niederschlag schmutzig grau:
   Cr^{3+} ⑨, ③, Substanz grün, violett, gelb oder orange, nie weiß
5. Niederschlag gelb:
   Cd^{2+} verschleppt, s. o.

III. Lösung + $(NH_4)_2CO_3$
     „Ammoniumcarbonat-Gruppe"
     (s. Kap. 6.3.2 u. 12.3.5) max. pH 9
     Niederschlag weiß:
1. Ba^{2+} ④, ①,
2. Sr^{2+} ④, ①,
3. Ca^{2+} ④, ①, oder ⑥

IV. Bisher kein Niederschlag
    „Lösliche-Gruppe"
    (s. Kap. 6.4.2 u. 12.3.6) Lösung muss konzentrierter sein, als bei anderen Gruppen!
1. NH_4^+ ①,
2. K^+ ②, ①, oder ③ oder ⑥
3. Na^+ ②, ①
4. Mg^{2+} ⑤ oder ③
5. Li^+ ⑤, ①

Anion

Auf die Herstellung eines Sodaauszuges kann bei wasserlöslichen Substanzen meist verzichtet werden, wenn nicht die Farbe des Kations die Nachweisreaktion stört. Auf Anionen, die die Kationen-Nachweise stören (Tab. 22), ist **vor** den Kationen zu prüfen. Die Reihenfolge der Anionen-Nachweise ist beliebig. Hat man eine Vermutung, z. B. aus den Gruppenvorproben (s. Kap. 7.2), sollte man diese zuerst prüfen.

Achtung bei Vorliegen eines Doppelsalzes (2 Kationen + 1 Anion).

Vorproben: (s. Tab. 20, S. 271)

Flammenfärbung und Spektroskop für Cu, Ba, Sr, Ca, K, Na, Li.

Findet man nur ein Kation, kann es sich um ein Metall, ein Oxid oder ein Hydroxid handeln.

Findet man nur ein Anion, kann es sich um eine feste Säure z. B.: Oxalsäure, Weinsäure, Citronensäure, Borsäure oder ein festes Säureanhydrid d. h. ein Nichtmetalloxid z. B.: B_2O_3, SiO_2, P_2O_5 handeln.

Auch bei der Analyse von Einzelsubstanzen gilt, dass man die zum Nachweis benutzten Reaktionen kennen und gesehen haben muss, um sie wiederzuerkennen.

10 Wichtige Begriffe

Zur Ableitung bzw. ausführlichen Erklärung sei auf die zahlreichen Lehrbücher der allgemeinen und anorganischen Chemie verwiesen. Hier sollen nur die Begriffe – begrenzt auf den für das Verständnis der qualitativen anorganischen Analyse notwendigen Umfang – in lexikalischer Knappheit behandelt werden, damit sich der Student auch während der Versuche die grundlegenden Definitionen wieder vergegenwärtigen kann.

Äquivalentkonzentration

Der Begriff Normalität wird nicht mehr empfohlen. Die Äquivalentmasse hängt von der betrachteten Reaktion ab. Ein Äquivalent $\frac{M}{Z}$ pro Liter ($mol \cdot L^{-1}$) wurde als 1 normale Lösung bezeichnet, abgekürzt N. Z ist die Äquivalentzahl, die von der betrachteten Reaktion abhängt.

Aktivität

Die für das **Massenwirkungsgesetz** verwendeten Konzentrationen müssen so gering sein, dass keine gegenseitige Beeinflussung der Teilchen erfolgt. Dann ist die Aktivität gleich der Konzentration, d. h. gleich 1. Sonst ist die Aktivität gleich der Konzentration multipliziert mit den Aktivitätskoeffizienten.

Amorph

(griech. gestaltlos) beschreibt den Zustand eines Feststoffes, in dem die Atome nicht geordnet vorliegen. Schwerlösliche Verbindungen fallen aus wässriger Lösung oft amorph, in Form von Flocken aus, die sich nur schwer abtrennen und waschen lassen. Diese Flocken „altern" bei längerem Aufbewahren in der Wärme. Dabei bilden sich größere Partikel mit geordneten, d. h. kristallinen Bereichen. Kristalline Niederschläge lassen sich meist leichter abtrennen.

Amphoterie

Löst sich ein Metallhydroxid außer in **Säuren** auch in **Basen** unter Ausbildung von **Komplexen** mit Hydroxo-Gruppen als *Liganden,* so bezeichnet man das Metallhydroxid als amphoter (Wasserabspaltung z. B. zum Oxid ändert nicht die Eigenschaft amphoter). Eine amphotere Verbindung besitzt sowohl saure als auch basische Eigenschaften.

Anion

Ein Anion ist ein Atom oder eine Atomgruppierung (**Komplex**) mit einer oder mehreren negativen Ladungen. Bei der Elektrolyse wandert das Anion zur positiv geladenen Anode. Einem Anion steht zur Kompensation der Ladung immer eine entsprechende Anzahl positiv geladener **Kationen** gegenüber. Die ungeladene Einheit aus Anion und Kation bezeichnet man als **Salz**.

Atomspektrum

s. **Linienspektrum**

Bandenspektrum (Molekülspektrum)

Die optische Anregung von Molekülen in einer Flamme erfolgt im Prinzip wie beim **Linienspektrum**. Bei Molekülen liegen gemeinsame Elektronenbahnen vor. Da ein Molekül jedoch nicht starr ist, sondern seine Gestalt durch Valenz- und Deformationsschwingungen ständig verändert, ist die Energiedifferenz zwischen zwei Zuständen nicht mehr scharf, d. h., die Linien sind zu Banden verbreitert. Bei den Molekülen in der Flamme muss es sich nicht nur um Neutrale, als Feststoff bekannte Substanzen handeln; auch Ionen aus mindestens zwei Atomen können ein Bandenspektrum aussenden. Es können auch Atome und Moleküle aus einer Verbindung in der Flamme vorhanden sein und gleichzeitig Linien und Banden emittieren.

Base

Eine Verbindung, die Protonen (H^+) aufnehmen kann, bezeichnet man als Base (Protonenakzeptor). In wässriger *alkalischer* oder *basischer* **Lösung** ist das Hydroxid-Anion (OH^-) der Protonenakzeptor, der dabei in Wasser übergeht (**Neutralisation**). In wässriger Lösung sind Metallhydroxide Basen, da sie durch **Dissoziation** Metall-Kationen und Hydroxid-Anionen abspalten (**Kation, Anion**). Eine alkalische **Lösung** hat einen **pH-Wert** größer als 7. wässrige Lösungen von Alkalihydroxid werden oft auch als Laugen bezeichnet. Der Begriff Lauge wird jedoch nicht nur für alkalische Lösungen, sondern auch für Salzlösungen verwendet.

Die Begriffe alkalisch und basisch werden synonym gebraucht. Basisch ist der weitergehende Begriff, der auch in nicht wässriger Lösung angewendet werden kann.

Chelat-Komplex

Werden in einem **Komplex** mehrere Koordinationsstellen von einem mehrzähnigen *Liganden* besetzt, so bezeichnet man ihn als Chelat-Komplex. Bei diesen Liganden handelt es sich fast immer um organische Verbindungen.

Disproportionierung

Eine Redoxreaktion, bei der aus einem Element, das in einer mittleren **Oxidationszahl** vorliegt, zwei Verbindungen oder Ionen mit höherer und tieferer Oxidationszahl entstehen, nennt man Disproportionierung. Den umgekehrten Vorgang bezeichnet man als **Synproportionierung**. Die Ausgangsverbindung geht gleichzeitig eine **Oxidations-** und eine **Reduktion** ein (**Redoxgleichung**).

Dissoziation

Unter elektrolytischer Dissoziation versteht man die Aufspaltung von Salzen, Säuren oder Basen in geladene Teilchen bei Lösen in Wasser. Es bilden sich dabei negativ geladene **Anionen** und positiv geladene **Kationen** in äquivalenten Mengen, so dass sich nach außen die Ladungen aufheben.

Doppelsalz

In einem Doppelsalz (fest) liegen 2 verschiedene **Kationen** und 1 **Anion** in einem konstanten Verhältnis vor, da im Kristallgitter jedes der **Ionen** einen definierten Platz einnimmt. Im Kristall liegt ein Komplexsalz vor. In **Lösung** ist der **Komplex** weit gehend in Zentralatome und Liganden dissoziiert. Bei der Kristallisation eines Doppelsalzes aus einer Lösung ist das Verhältnis **Kationen** zu **Anionen** in dieser Lösung ohne Einfluss auf die Zusammensetzung des Doppelsalzes. Bei einem **Tripelsalz** aus 3 verschiedenen Kationen und 1 Anion gelten die Angaben zum Doppelsalz entsprechend.

Farblack

Verbindungen, die mit sehr großer Oberfläche ausfallen und eventuell zuvor eine kolloide Lösung bilden, haben die Fähigkeit, Farbstoffmoleküle zu adsorbieren, und dadurch die Farbe zu verändern. Die Bindung der Farbstoffmoleküle kann durch Einschluss oder Einlagerung in die schwerlösliche Verbindung oder durch Ausbildung von **Komplexbindungen,** auch in der Art eines inneren Komplexsalzes oder eines **Chelat-Komplexes,** erfolgen. Farblacke sind keine stöchiometrisch definierte Verbindungen.

Auf keinen Fall bilden sich stöchiometrisch zusammengesetzte Verbindungen. Durch die Adsorption oder Komplexbildung werden die Elektronenanordnungen in den Farbstoffmolekülen deformiert, was eine Farbverschiebung zur Folge hat. Bei der Bildung eines Farblacks ist auf den **pH-Wert** zu achten. Farblacke sind meist empfindlich, jedoch selten spezifisch für ein Kation. Manchmal wird einer Lösung, in der ein Farblack gebildet werden soll, ein Schutzkolloid zugesetzt, um die kolloide Lösung des Farblackes zu stabilisieren. Eine solche Lösung kann unter gewissen Voraussetzungen mithilfe der Fotometrie quantitativ ausgewertet werden.

Flammenspektrum

Einige Substanzen sind in der Lage, eine nicht leuchtende Bunsenflamme zu färben. Betrachtet man diese Flammenfärbung durch ein Spektroskop, so erkennt man die Muster eines **Linien-** oder/und eines **Bandenspektrums**. Es geben hier nur solche Substanzen ein Flammen- oder Emissions-Spektrum, die genügend flüchtig sind und für die die Energie (Temperatur) einer Bunsenflamme zur optischen Anregung ausreicht.

Gleichgewicht

Charakteristisch für reversible Reaktion ist, dass sich das Gleichgewicht von beiden Seiten her einstellt. Es handelt sich um einen dynamischen Vorgang. Es finden auch nach Einstellung des Gleichgewichts Hin- wie Rückreaktionen statt. Die Lage eines Gleichgewichts hängt von dem Verhältnis der Geschwindigkeiten von Hin- und Rückreaktion ab. Gleichgewichte sind temperaturabhängig. Die Einstellung eines Gleichgewichts bei höherer Temperatur erfolgt wegen der Beschleunigung der Reaktionen schneller. **Dissoziation,** Löslichkeit, **Protolyse,** Komplexbildung und **Redoxreaktionen** sind Gleichgewichtsreaktionen, auf die das **Massenwirkungsgesetz** angewendet werden kann.

Gleichung

Links und rechts eines Gleichheitszeichens, Pfeiles oder Doppelpfeiles stehen gleiche Mengen von Atomen und Ladungen.

Indikator

Einen organischen Farbstoff, der bei Änderung des **pH-Wertes** seine Farbe wechselt, bezeichnet man als Indikator. Die Farbänderung sollte reversibel sein. Es gibt auch Redox- und Metall-Indikatoren.

Innerer Komplex/inneres Komplexsalz

s. Komplex

Ionen

Elektrisch geladene Teilchen, die bei der Elektrolyse wandern (**Anion, Kation**).

Ionen-Gleichung

Sind in einer **Gleichung** nur die an der Reaktion teilnehmenden **Ionen** (und Verbindungen) berücksichtigt, so handelt es sich um eine Ionen-Gleichung. Es ist immer einfacher, zunächst die Ionen-Gleichung aufzustellen. Man gelangt zur Substanz-Gleichung, indem man auf beiden Seiten der Gleichung gleiche Mengen Gegen-Ionen hinzufügt. Substanz-Gleichungen werden für stöchiometrische Rechnungen benötigt.

Kation

Ein Kation ist ein Atom oder eine Atom-Gruppierung (**Komplex**) mit einer oder mehreren positiven Ladungen. Bei der Elektrolyse wandert das Kation zur negativ geladenen Kathode. Einem Kation steht zur Kompensation der Ladung immer eine entsprechende Anzahl negativ geladener **Anionen** gegenüber. Die ungeladene Einheit aus Kation und Anion bezeichnet man als **Salz**.

Komplex

Relativ stabile Atom-Gruppierungen bezeichnet man als Komplexe. Einen Komplex kennzeichnet man in der Regel durch eine eckige Klammer. Um ein *Zentralatom* (Z) lagern sich Atome, Verbindungen oder Anionen mit einem freien Elektronenpaar, die man Liganden (L) nennt. Die Ladung eines Komplexes ergibt sich aus der Summe der Ladungen von *Zentralatom* und Liganden. Neutrale Komplexe, die vorliegen, wenn die Ladungen von Zentralatom und Liganden sich gerade aufheben, bezeichnet man als *innere Komplexsalze*. Die Anzahl der einzähnigen Liganden, d. h., Liganden, die eine Koordinationsstelle am Zentralatom besetzen, ist für ein gegebenes Zentralatom meist konstant und wird *Koordinationszahl* genannt. Besonders häufige Koordinationszahlen sind 2, 3, 4 und 6. Der räumliche Aufbau eines Komplexes mit der Koordinationszahl 2 ist eine Gerade. Komplexe mit der Koordinationszahl 3 werden durch ein gleichseitiges Dreieck mit dem Zentralatom in der Mitte dargestellt. Bei Komplexen mit der Koordinationszahl 4 ist das Zentralatom quadratisch oder tetraedrisch von den Liganden umgeben. Bei Komplexen mit der Koordinationszahl 6 ist das Zentralatom oktaedrisch von den Liganden umgeben. Die Bildung von Komplexen aus Zentralatom Z und Liganden L erfolgt stufenweise, jede Reaktion $Z + L \rightleftharpoons [ZL]$, $[ZL] + L \rightleftharpoons [ZL_2]$ usw. ist ein **Gleichgewicht**, auf das das **Massenwirkungsgesetz** angewendet werden kann. Den Quotienten aus der Konzentration des Komplexes und dem Produkt der Konzentrationen von Zentralatom und Ligand entsprechend dem **Massenwirkungsgesetz** bezeichnet man als *Stabilitätskonstante* (oder Beständigkeitskonstante), den Kehrwert als *Bildungskonstante*. Komplexe mit großer Stabilitätskonstante unterscheiden sich oft erheblich in Farbe und Reaktion von Zentralatom und Liganden. Liganden, die stärker gebunden werden, verdrängen schwächer gebundene (**Ligandenaustausch**).

Doppelsalze sind Komplexe mit einer sehr kleinen Stabilitätskonstante, so dass sie die Reaktionen der Komponenten ergeben. Bei den Anionen CO_3^{2-}, SO_4^{2-}, NO_3^-, PO_4^{3-}, CrO_4^{2-} usw. handelt es sich ebenfalls um Komplexe, auch wenn sie ohne eckige Klammern geschrieben werden. Diese Komplexe mit Oxo-Gruppen als Liganden, sind so stabil, dass eine Abdissoziation der Liganden nur bei Redoxreaktionen beobachtet wird. Thio- und Thiooxoanionen werden meist ebenfalls ohne eckige Klammern geschrieben.

Koordinationszahl 2	Koordinationszahl 4	Koordinationszahl 4	Koordinationszahl 6
Gerade	Quadrat	Tetraeder	Oktaeder (vereinfacht gezeichnet)

Komproportionierung

s. Synproportionierung

Koordinationszahl

s. Komplex

Kristallwasser

Manche Verbindungen kristallisieren mit einer stöchiometrischen Menge Wasser, d. h., die Menge Kristallwasser hängt nicht von der Größe der Kristalle, sondern nur von der chemischen Zusammensetzung ab. Einige Verbindungen können je nach Kristallisationsbedingungen (Temperatur) mit einer verschiedenen aber jeweils konstanten Anzahl Kristallwasser kristallisieren. Kristallwasser ist kein Einschluss von Wassertröpfchen. Die Wasser-Moleküle haben definierte Plätze im Kristallgitter. Es handelt sich meist um Wasser als neutrale Liganden eines **Komplexes**. Fast alle **Kationen** sind in **Lösung** von Wasser als Liganden umgeben, jedoch werden die Aquakomplexe nur selten ausgeschrieben.

Ligand

s. Komplex

Ligandenaustausch

Es bildet sich der stabilere **Komplex**, so verdrängt z. B. Ammoniak das Wasser aus dem Kupfer-Aquakomplex.

Linienspektrum (Atomspektrum)

Atome in der Flamme werden optisch angeregt, d. h., Elektronen der äußeren besetzten Schale *(Bohrsches Atom-Modell)* werden unter Verwendung der Energie aus der Bunsenflamme (**Flammenspektrum**) auf höhere unbesetzte Schalen angehoben. Von dem höheren Energieniveau fallen die Elektronen unter Aussendung der

Energiedifferenz beider Niveaus als sichtbares (oder unsichtbares) Licht nach 10^{-8} s wieder herab. Mit steigendem Energieniveau nehmen die Niveaudifferenzen ab, bis sie eine Grenze erreichen, bei der das Elektron vom Atomrumpf abgetrennt ist. Die dazu erforderliche Energie ist die Ionisierungsenergie. Die Linien, die durch Übergänge von angeregten Zuständen auf den Grundzustand entstehen, werden als Hauptserie bezeichnet. Die Linien, die durch Übergänge auf den ersten angeregten Zustand entstehen, werden als erste Nebenserie bezeichnet. Die Seriengrenze zeigt die Ionisierungsenergie an. Das sichtbare Spektrum ist ein Ausschnitt der Summe der Serien. Je höher die Anregungsenergie (hier Bunsenflamme), desto mehr Serien sind angeregt. Es ist daher verständlich, dass die Intensitäten der Linien von den Übergangswahrscheinlichkeiten abhängen und manche Linien bei Verwendung einer Bunsenflamme oft kaum zu erkennen sind.

Löslichkeitsprodukt

s. Kap. 11.1

Lösung

Die gelösten Teilchen sind gleichmäßig in der Flüssigkeit verteilt und sedimentieren nicht (s. **Suspension**). Sind die Teilchen von molekularer Größenordnung, spricht man von einer *echten Lösung*. Bei einer *kolloiden Lösung* sind die gelösten Teilchen so groß, dass sie durchfallendes Licht streuen (Tyndall-Effekt). Gelöste Teilchen können weder durch Filtration, noch durch Zentrifugation abgetrennt werden.

Massenwirkungsgesetz

In einem **Gleichgewicht** sind die Konzentrationen der *Edukte* (eingesetzte Substanzen) und der *Produkte* (erhaltene Substanzen) durch das **Massenwirkungsgesetz** (MWG s. a. Kap. 11.1) verknüpft.

Modifikation

Kristallisiert ein Element oder eine Verbindung in unterschiedlichen Kristallgittern, spricht man von Modifikationen. Verschiedene Modifikationen sind oft an verschiedenen Farben zu erkennen. Bei Reaktionen bildet sich zunächst die metastabile Modifikation, die sich mehr oder weniger schnell in die stabile umwandelt (Ostwald'sche Stufenregel).

Mol

1 Mol ist eine Stoffmenge, die aus so vielen Teilchen besteht, wie 0,012 kg des Kohlenstoff-Nuklids ^{12}C Atome enthalten (Zahlenwert der rel. **molaren Masse** in g).

Molare Masse

Die molare Masse wird als Masse der Stoffmenge 1 Mol definiert. Den Zahlenwert der molaren Masse (früher Molekular-, Atom-, Formelgewicht) bezeichnet man als relative Teilchenmasse (relative Molekülmasse M_r bzw. relative Atommasse A_r), sie ist eine stoffmengenbezogene Größe: $[\frac{g}{mol}]$.

Molarität

s. Stoffmengenkonzentration

Molekülspektrum

s. Bandenspektrum

Nernst'sche Gleichung

s. Kap. 11.3

Nernst'sche Verteilung

Ist eine Substanz in zwei miteinander nicht mischbaren Flüssigkeiten (Phasen) löslich, so ist die Verteilung der Substanz auf beide Phasen durch das Verhältnis der Konzentrationen gegeben und bei einer bestimmten Temperatur konstant. Dieses Verhältnis wird Verteilungskoeffizienz genannt. Bei der Verteilung stellt sich ein **Gleichgewicht** ein.

Bei der Extraktion wässriger Lösungen nimmt man stets eine kleinere Menge des organischen Lösungsmittels, um die fragliche Substanz anzureichern und besser zu erkennen. Bei der Entfernung einer Substanz ist der Effekt bei mehrfacher Extraktion mit kleinen Mengen größer als bei einmaliger Extraktion mit der Gesamtmenge an organischem Lösungsmittel.

Neutralisation

Die Reaktion äquivalenter Mengen **Säure** und **Base** bezeichnet man als Neutralisation. In wässriger Lösung treten H_3O^+ und OH^- zu Wasser zusammen. Es resultiert die Lösung eines **Salzes.** Wenn keines der **Ionen** eine **Protolysereaktion** eingeht, hat die **Lösung** den **pH-Wert** 7. Die Neutralisation kann man mit einem **Indikator** verfolgen. Bei der Neutralisation wird Wärme frei.

Normalität

s. Äquivalentkonzentration

Normalpotenzial

s. Kap. 11.3, S. 259 u. Tab. 17, 18, 19

Oxidation

Die Erhöhung der *Oxidationszahl* eines Elementes bezeichnet man als Oxidation. Die Oxidation wird durch ein Oxidationsmittel bewirkt, das dabei reduziert wird. Oxidation und **Reduktion** sind immer miteinander verbunden und werden in einer **Redoxgleichung** dargestellt.

Oxidationszahl

s. Kap. 11.3.3

pH-Wert

Auf die Autoprotolyse (**Protolyse**) des Wassers lässt sich das **Massenwirkungsgesetz** anwenden. Da die Konzentration des Wassers sich praktisch nicht ändert, kann dieser Wert mit in die Konstante einbezogen werden. Die Konstante des Ionen-Produkts des Wassers bei Zimmertemperatur ist 10^{-14}. Da bei der Autoprotolyse gleiche Mengen H_3O^+ und OH^- entstehen, ist die Konzentration von H^+ bzw. H_3O^+ je 10^{-7} mol $\cdot$ L^{-1}. Als **pH-Wert** bezeichnet man den negativen dekadischen Logarithmus der H_3O^+-Konzentration. Eine neutrale Lösung, in der H_3O^+ nur durch Autoprotolyse entsteht, hat den pH-Wert 7. In sauren Lösungen ist der pH-Wert kleiner als 7, in alkalischen größer als 7 (s. a. Säurekonstanten Kap. 11.2).

Protolyse

Protonen-Übertragungsreaktion. Ein **Anion** reagiert als **Base** mit Wasser unter Bildung einer **Säure,** es bleibt ein Überschuss OH^- zurück, die Lösung reagiert alkalisch, d. h., sie hat einen **pH-Wert** größer als 7. Reagiert ein Molekül Wasser als Base mit einem weiteren Molekül Wasser unter Bildung von H_3O^+ und OH^-, so bezeichnet man diesen Vorgang als Autoprotolyse. Bei der Protolyse stellt sich ein **Gleichgewicht** ein. Wird ein Proton von einem komplex an ein Metall-Atom gebundenes Wasser (Aquakomplex) auf ein Molekül Wasser als Base übertragen, so liegen mehr H_3O^+-Ionen vor als bei der Autoprotolyse und die Lösung reagiert sauer, d. h., sie hat einen pH-Wert kleiner als 7. Der Vorgang der pH-Verschiebung durch Protolyse wurde früher als Hydrolyse bezeichnet. Der Begriff Hydrolyse ist heute für die Spaltung von kovalenten Bindungen durch Wasser reserviert.

Pufferlösung

Pufferlösungen sind dadurch gekennzeichnet, dass sie ihren **pH-Wert** bei Zugabe kleiner Mengen **Säuren** oder **Base** nur unwesentlich ändern. Es handelt sich um

Lösungen schwacher Säuren und starker Basen (gelöst in Form eines Salzes) oder um Lösungen schwacher Basen und starker Säuren (gelöst in Form eines Salzes). Die größte Pufferkapazität liegt bei Anwesenheit gleicher Mengen Säure und Salz vor. Dann ist der pH-Wert gleich dem pK_s-Wert (s. Säurekonstanten, Tab. 16, S. 258). Der Pufferung liegen die **Protolyse** und das **Massenwirkungsgesetz** zu Grunde.

Redoxgleichungen

s. Kap. 11.3.2

Redoxpotenziale

s. Tab. 17 u. 18

Reduktion

Die Erniedrigung der Oxidationszahl wird als Reduktion bezeichnet. Sie wird durch ein Reduktionsmittel bewirkt, das dabei oxidiert wird. Reduktion und **Oxidation** sind immer miteinander verbunden und werden in einer **Redoxgleichung** dargestellt.

Salz

Ein Salz setzt sich aus **Kation(en)** und **Anion(en)** zusammen. In gelöster Form **dissoziiert** es praktisch vollständig in Anion und Kation. Eine Ausnahme bilden Quecksilber(II)-Salze: Quecksilber(II)-cyanid dissoziiert praktisch nicht, Quecksilber(II)-chlorid nur teilweise. Zur Identifizierung eines Salzes müssen Anion und Kation in getrennten Reaktionen nachgewiesen werden.

Säure

Eine Verbindung, die Protonen (H^+) durch **Dissoziation** abzuspalten vermag, bezeichnet man als Säure (Protonendonator). Das Proton liegt nicht in freier Form vor, auch wenn es meist so geschrieben wird. Es muss von einem Protonenakzeptor aufgenommen werden. In wässriger, saurer Lösung dient ein Wassermolekül als Protonenakzeptor und geht dabei in H_3O^+ über. Eine saure Lösung hat einen **pH-Wert** kleiner als 7. In allen Säuren ist in wässriger Lösung das **Kation** (H^+ bzw. H_3O^+) gleich, verschieden ist das **Anion**, das als *korrespondierende* **Base** bezeichnet wird.

Stoffmenge

s. a. **Mol** und **Molare Masse**. Bei der Angabe von Stoffmengen muss angegeben werden, auf welche Teilchen sich die Angabe (in mol) bezieht.

Stoffmengenkonzentration

Der Begriff Molarität wird nicht mehr empfohlen. Eine 1 molare Lösung bedeutet 1 mol · L^{-1} und wurde mit 1 M abgekürzt.

Suspension

Ungelöste Teilchen sind in einer Flüssigkeit aufgeschwemmt und sinken unter dem Einfluss der Schwerkraft zu Boden (sedimentieren). Diese Teilchen können durch Filtration oder Zentrifugation abgetrennt werden.

Synproportionierung

Man bezeichnet eine Redoxreaktion, bei der Oxidationsmittel und Reduktionsmittel Verbindungen oder Ionen eines Elementes mit verschiedenen **Oxidationszahlen** sind, als Syn- oder Komproportionierung. Den umgekehrten Vorgang bezeichnet man als **Disproportionierung**. Nach der Synproportionierung liegt das Element mit einer mittleren Oxidationszahl vor (**Redoxreaktion**).

Tripelsalz

s. Doppelsalz

Trivialname

Diese Bezeichnung einer Verbindung erfolgte meist vor der Kenntnis ihrer chemischen Struktur. Aus dem Trivialnamen kann man nicht auf die Zusammensetzung der Verbindung schließen, oft aber auf ihre Herstellung oder ihre Verwendung.

Zentralatom

s. Komplex

11 Wichtige Konstanten

11.1 Löslichkeitsprodukte

Wenn man ein schwerlösliches Salz, z. B. Silberchlorid in Wasser aufschwemmt, geht ein kleiner Anteil davon in Lösung. Das gelöste Silberchlorid dissoziiert nach folgender Gleichung:

$$AgCl \rightleftharpoons Ag^+ + Cl^-$$

Es stellt sich ein Gleichgewicht ein, d. h., das gelöste Silberchlorid steht mit dem Bodenkörper im Gleichgewicht. Die Lösung ist mit Silberchlorid *gesättigt*, mehr Silberchlorid kann nicht in Lösung gehen. Auf diese Gleichung kann man das **Massenwirkungsgesetz** anwenden:

$$\frac{c(Ag^+) \cdot c(Cl^-)}{c(AgCl)} = K_c$$

$c(Ag^+)$ = Konzentration Ag^+ $\quad$ $c(AgCl)$ = Konzentration AgCl
$c(Cl^-)$ = Konzentration Cl^- $\quad$ K_c = Gleichgewichtskonstante

Da Silberchlorid als Bodenkörper vorliegt, bleibt die Konzentration von undissoziiertem Silberchlorid ($c(AgCl)$) konstant und wird in die „Konstante" mit einbezogen:

$$c(Ag^+) \cdot c(Cl^-) = K_c \cdot c(AgCl) = K_L$$

Die neue Konstante K_L wird **Löslichkeitsprodukt** genannt, da sie sich aus dem Produkt der Konzentrationen der Ionen des betrachteten Salzes ergibt. Für Silberchlorid beträgt das Löslichkeitsprodukt ca. 10^{-10} mol$^2 \cdot$ L^{-2}, d. h., in der *gesättigten Lösung* über dem Bodenkörper beträgt die Konzentration von Ag^+ und von Cl^- je 10^{-5} mol $\cdot$ L^{-1}:

$$c(Ag^+) \cdot c(Cl^-) = 10^{-5} \text{ mol} \cdot L^{-1} \cdot 10^{-5} \text{ mol} \cdot L^{-1} = 10^{-10} \text{ mol}^2 \cdot L^{-2}$$
$$K_L = 10^{-10} \text{ mol}^2 \cdot L^{-2}$$

In Tabelle 15 werden die **Löslichkeitsprodukte**, die für die qualitative anorganische Analyse von Interesse sind, aufgeführt. Statt des K_L-**Wertes** ist meist der **negative dekadische Logarithmus** pK_L angegeben (entsprechend dem **pH-Wert**):

$$pK_L = -\log K_L$$

Löslichkeitsprodukte

Aus dem Löslichkeitsprodukt für Silberchlorid:

$K_L = 10^{-10}$ mol² · L⁻² wird p$K_L = 10$

Große Zahlen bedeuten geringe Löslichkeit.

Beginnt man die Betrachtung des Löslichkeitsproduktes nicht von der Suspension des schwerlöslichen Salzes, hier Silberchlorid, sondern z. B. von einer Natriumchlorid-Lösung, in die man eine Silbernitrat-Lösung tropft, so bedeutet die Überschreitung des Löslichkeitsproduktes die beginnende Ausfällung des schwerlöslichen Salzes. Das Löslichkeitsprodukt von Silberiodid (p$K_L = 16$) ist kleiner als das von Silberchlorid (p$K_L = 10$). Darum fällt bei gleichen Konzentrationen von Chlorid und Iodid Silberiodid schon bei geringerer Silber-Ionenkonzentration als Silberchlorid aus.

Vergleichen kann man Löslichkeitsprodukte nur, wenn die Salze zum gleichen Formeltyp gehören: Silberchlorid dissoziiert in **1 Kation** und **1 Anion**, ebenso Bariumsulfat. Bei Silbersulfat führt die Dissoziation zu **2 Kationen** und **1 Anion**:

$$Ag_2SO_4 \rightleftharpoons 2\,Ag^+ + SO_4^{2-}$$

Für das **Massenwirkungsgesetz** muss geschrieben werden:

$$\frac{c^2(Ag^+) \cdot c(SO_4^{2-})}{c(Ag_2SO_4)} = K_c$$

Daraus folgt für das Löslichkeitsprodukt, das bei diesem Formeltyp die Dimension mol³ · L⁻³ hat:

$$c^2(Ag^+) \cdot c(SO_4^{2-}) = K_L$$

Ein **Konzentrationsniederschlag** bildet sich, wenn man die Konzentration eines Ions eines mäßig löslichen Salzes durch einen gleichionigen Zusatz so erhöht, dass das Löslichkeitsprodukt überschritten wird.

Beispiel: Ba²⁺ ③ Bariumchlorid

Versetzt man eine 0,5 mol/L Bariumchlorid-Lösung mit konz. Salzsäure im Verhältnis 1:1, fällt Bariumchlorid aus, weil das Löslichkeitsprodukt für Bariumchlorid ($K_L = 7{,}8$; p$K_L = -0{,}89$) überschritten wird:

$c(Ba^{2+}) \cdot c^2(Cl^-) = 0,25 \cdot 6,5^2 = 10,56$

$c(Ba^{2+}) = 0,25$ mol · L⁻¹, da die 0,5 mol/L Bariumchlorid-Lösung auf das doppelte Volumen verdünnt wird

$c(Cl^-) = 6,5$ mol · L⁻¹, setzt sich aus der 0,5 mol/L Bariumchlorid-Lösung (1 mol/L bezogen auf Chlorid) und der 12 mol/L Salzsäure nach Vermischen gleicher Teile zusammen

Bei leicht löslichen Salzen wird meist nicht das Löslichkeitsprodukt, sondern die gelösten Mol pro Liter einer gesättigten Lösung angegeben. Die **Umrechnung** erfolgt über folgende Formel:

$$c(A_m B_n) = \sqrt[n+m]{\frac{K_L}{m^m \cdot n^n}}$$

Beispiel 1: **AgF** $K_L = 205 \text{ mol}^2 \cdot L^{-2}$, $pK_L = -2{,}3$

$$A_m B_n \rightleftharpoons m A^{n+} + n B^{m-}$$

$$AgF \rightleftharpoons Ag^+ + F^-$$

$$c(AgF) = \sqrt[1+1]{\frac{205 \text{ mol}^2 \cdot L^{-1}}{1^1 \cdot 1^1}} = \sqrt[2]{205 \text{ mol}^2 \cdot L^{-2}} = 14{,}3 \text{ mol} \cdot L^{-1}$$

Beispiel 2: **BaCl₂** $K_L = 7{,}8 \text{ mol}^3 \cdot L^{-3}$; $pK_L = -0{,}89$

$$A_m B_n \rightleftharpoons m A + n B$$

$$BaCl_2 \rightleftharpoons Ba^{2+} + 2 Cl^-$$

$$c(BaCl_2) = \sqrt[1+2]{\frac{7{,}8 \text{ mol}^3 \cdot L^{-3}}{1^1 \cdot 2^2}} = \sqrt[3]{\frac{7{,}8 \text{ mol}^3 \cdot L^{-3}}{4}} = \sqrt[3]{3{,}95 \text{ mol}^3 \cdot L^{-3}}$$
$$= 1{,}25 \text{ mol} \cdot L^{-1}$$

Das Löslichkeitsprodukt ist für jedes Salz verschieden und von der Temperatur abhängig. Die Literaturangaben schwanken etwas, je nach Versuchsführung und Messverfahren. Die folgenden Angaben beziehen sich auf *Zimmertemperatur* (18–25 °C) und reichen für qualitative Aussagen aus.

Tab. 15: Löslichkeitsprodukte

Verbindung	pK_L	Verbindung	pK_L
Sulfide		**Sulfide**	
Ag_2S	49	Sb_2S_3	27,8
Hg_2S	47	SnS	28
HgS	52,2	SnS_2	26
PbS	28	α-CoS	21,3
Bi_2S_3	72	β-CoS	26,7
Cu_2S	46,7	FeS	18,4
CuS	44	MnS	15
CdS	27	ZnS	24
As_2S_3	28,4	α-NiS	20,5
As_2S_5	39,7	β-NiS	26,0

Tab. 15: Löslichkeitsprodukte (Fortsetzung)

Verbindung	pK_L	Verbindung	pK_L
Silberhalogenide			
AgF	−2,3	AgSCN	12
AgCl	9,96	Ag_2CrO_4	3,69
AgBr	12,4	AgCN	11,6
AgI	16		
Erdalkaliverbindungen			
Hydroxide		**Carbonate**	
$Mg(OH)_2$	11,25	$MgCO_3$	3,7
$Ca(OH)_2$	5,4	$CaCO_3$	7,9
$Sr(OH)_2$	3,7	$SrCO_3$	8,8
$Ba(OH)_2$	2,1	$BaCO_3$	8,2
Sulfate		**Chromate**	
$MgSO_4$	−0,66	$MgCrO_4$	−1,3
$CaSO_4$	4,2	$CaCrO_4$	1,6
$SrSO_4$	6,6	$SrCrO_4$	4,4
$BaSO_4$	10,0	$BaCrO_4$	9,7
Oxalate		**Fluoride**	
MgC_2O_4	4,1	MgF_2	8,2
CaC_2O_4	8,8	CaF_2	10,5
SrC_2O_4	7,8	SrF_2	8,5
BaC_2O_4	6,8	BaF_2	5,6

11.2 Säurekonstanten

Als Maß für die Stärke einer Säure nach Brönsted gilt die Konzentration an H_3O^+-Ionen ($c(H_3O^+)$) in einer wässrigen Lösung. H_3O^+-Ionen bilden sich durch **Protolyse**:

$$
\begin{array}{ccccccc}
\text{Säure} & & \text{Base} & & \text{Säure}' & & \text{Base}' \\
HA & + & H_2O & \rightleftharpoons & H_3O^+ & + & A^- \\
\text{z.B.} \quad HCl & + & H_2O & \rightleftharpoons & H_3O^+ & + & Cl^-
\end{array}
$$

HA bezeichnet man als konjugierte Säure zur Base A^-, HA und A^- als konjugiertes Säure-Basen-Paar.

Für das Protolysegleichgewicht lässt sich das **Massenwirkungsgesetz** anwenden:

$$\frac{c(H_3O^+) \cdot c(A^-)}{c(HA) \cdot c(H_2O)} = K \text{ und da } c(H_2O) \text{ konstant ist:}$$

$$\frac{c(H_3O^+) \cdot c(A^-)}{c(HA)} = K_S$$

Mit der **Säurekonstante** K_S, bzw. dem **negativen dekadischen Logarithmus** pK_S, der für einige wichtige Propolysegleichgewichte in Tabelle 16 aufgeführt ist, hat man einen Zahlenwert zum Vergleich von Säurestärken. Säuren mit $pK_S < 0$ werden als sehr starke, $0 < pK_S < 4$ als starke, $4 < pK_S < 10$ als schwache und $10 < pK_S < 14$ als sehr schwache Säuren bezeichnet. Die Säurestärke darf nicht mit der Flüchtigkeit einer Säure verwechselt werden.

Tab. 16: Säurekonstanten*

Säure							pK_S
HI	+ H_2O	⇌	H_3O^+	+	I^-		−9,3
HBr	+ H_2O	⇌	H_3O^+	+	Br^-		−8,9
$HClO_4$	+ H_2O	⇌	H_3O^+	+	ClO_4^-		−9
HCl	+ H_2O	⇌	H_3O^+	+	Cl^-		−7,0
H_2SO_4	+ H_2O	⇌	H_3O^+	+	HSO_4^-		−3,0
HNO_3	+ H_2O	⇌	H_3O^+	+	NO_3^-		−1,32
H_2SO_3	+ H_2O	⇌	H_3O^+	+	HSO_3^-		1,81
HSO_4^-	+ H_2O	⇌	H_3O^+	+	SO_4^{2-}		1,92
H_3PO_4	+ H_2O	⇌	H_3O^+	+	$H_2PO_4^-$		2,12
H_2SeO_3	+ H_2O	⇌	H_3O^+	+	$HSeO_3^-$		2,46
HF	+ H_2O	⇌	H_3O^+	+	F^-		3,14
HNO_2	+ H_2O	⇌	H_3O^+	+	NO_2^-		3,34
H_2CO_3	+ H_2O	⇌	H_3O^+	+	HCO_3^-		3,8
CH_3COOH	+ H_2O	⇌	H_3O^+	+	CH_3COO^-		4,75
H_2S	+ H_2O	⇌	H_3O^+	+	HS^-		7,0
HSO_3^-	+ H_2O	⇌	H_3O^+	+	SO_3^{2-}		7,0
$H_2PO_4^-$	+ H_2O	⇌	H_3O^+	+	HPO_4^{2-}		7,21
H_3BO_3	+ H_2O	⇌	H_3O^+	+	$H_2BO_3^-$		9,24
HCN	+ H_2O	⇌	H_3O^+	+	CN^-		9,4
HCO_3^-	+ H_2O	⇌	H_3O^+	+	CO_3^{2-}		10,40
HS^-	+ H_2O	⇌	H_3O^+	+	S^{2-}		11,96
H_2O_2	+ H_2O	⇌	H_3O^+	+	HOO^-		11,96
HPO_4^{2-}	+ H_2O	⇌	H_3O^+	+	PO_4^{3-}		12,46
$H_2BO_3^-$	+ H_2O	⇌	H_3O^+	+	HBO_3^{2-}		12,74
H_2O	+ H_2O	⇌	H_3O^+	+	OH^-		14,0

* Die pK_S-Werte der organischen Säuren sind bei ihren Anionen angegeben.

11.3 Redoxpotenziale

11.3.1 Normalpotenzial, Nernst'sche Gleichung

Das Potenzial der Reaktion:

$$1/2\, H_2 \rightleftharpoons H^+ + e^-$$

ist willkürlich gleich null gesetzt worden (Konvention = Übereinkunft). Bei den Zahlenwerten in den Tabellen 19, 20 und 21 handelt es sich um Potenzialdifferenzen (bei 25 °C) zu diesem Nullpunkt. Sind die Konzentrationen der beteiligten Stoffe gleich 1 mol/L, bezeichnet man die Potenziale als Normalpotenziale oder Standardpotenzial. $c(H_2O)$ ist konstant und in E_0 enthalten.

Das Realpotenzial E wird durch die Konzentrationen der an einer Teilgleichung beteiligten Stoffe beeinflusst. Den Zusammenhang beschreibt die **Nernst'sche Gleichung**:

$$E = E^0 + \frac{0,059}{z} \log \frac{c(Ox)}{c(Red)}$$

z = Anzahl der übertragenen Elektronen

Die **Redoxpotenziale** sind für die Vorhersage des Ablaufs einer Redoxreaktion (zur Aufstellung einer Redoxgleichung s. Kap. 11.3.4) von Bedeutung.

Die Abgabe von Elektronen bezeichnet man als **Oxidation**, die Aufnahme von Elektronen als **Reduktion**. In den Tabellen 17, 18 und 19 ist zu einer Teilgleichung das jeweilige Normalpotenzial E^0 angegeben. Ob die Teilgleichung als Oxidation oder als Reduktion abläuft, hängt davon ab, mit welcher Teilgleichung sie kombiniert wird. Die Anzahl der abgegebenen Elektronen (e^-) muss gleich der Anzahl der aufgenommenen Elektronen sein.

Beispiel

An der Aufgabe Iodid neben Bromid nachzuweisen, soll die Rolle der Normalpotenziale und der Nernst'schen Gleichung erläutert werden.

									E^0 (V)
a	NO	+	H_2O	$\rightleftharpoons$	NO_2^-	+	$2\,H^+$	+ e^-	+0,98
b	I^-			$\rightleftharpoons$	$1/2\, I_2$			+ e^-	+0,54
c	Br^-			$\rightleftharpoons$	$1/2\, Br_2$			+ e^-	+1,07
d	Fe^{2+}			$\rightleftharpoons$	Fe^{3+}			+ e^-	+0,77

*Kombination von **a** und **b*** (s. I⁻ ③ e):
E^0 von **a** ist größer als von **b**:
Gleichung **a** läuft als Reduktion von rechts nach links, Gleichung **b** als Oxidation von links nach rechts, d. h. Iodid wird zu elementarem Iod oxidiert, und Nitrit wird zu Stickstoffmonoxid reduziert (Nitrit dient als Oxidationsmittel).

Gesamtgleichung:

$$I^- + NO_2^- + 2H^+ \rightleftharpoons 1/2\,I_2NO + H_2O$$

Das Realpotenzial der Reaktion **a** errechnet sich mithilfe der Nernst'schen Gleichung:

$$E = 0{,}98 + \frac{0{,}059}{1} \log \frac{c^2(H^+) \cdot c(NO_2^-)}{c(NO)}$$

Die Konzentration von Nitrit $c(NO_2^-)$ ist etwa gleich 0,5 mol/L (= 0,35 g $NaNO_2$/10 mL). In 1 Liter Wasser bei 20° lösen sich 50 mL NO. Da außerdem NO momentan mit Luftsauerstoff, der auch in Wasser gelöst ist, zu NO_2 reagiert, kann $c(NO)$ mit 10^{-4} mol/L eingesetzt werden. Damit errechnen sich in Abhängigkeit vom pH-Wert folgende Realpotenziale für die Teilgleichung **a**:

	pH	E (V)
mineralsauer	1	1,08
essigsauer	4	0,72

Daraus folgt, dass in mineralsaurer Lösung Nitrit auch Bromid zu Brom oxidieren kann. In essigsaurer Lösung kann nur Iodid zu Iod, aber nicht Bromid zu Brom oxidiert werden.

*Kombination von **b** und **d*** (s. I⁻ ③f)
Gleichung **b** läuft als Reduktion von links nach rechts, da das Potenzial geringer als von Gleichung **d** ist, die als Oxidation von rechts nach links abläuft:

$$I^- + Fe^{3+} \rightleftharpoons 1/2\,I_2 + Fe^{2+}$$

Da an der Reaktion kein H^+ beteiligt ist, sind die Realpotenziale nicht vom pH-Wert abhängig.

Entsprechend der Potenziale der Teilgleichungen **c** und **d** kann Eisen(III)-Bromid nicht zu Brom oxidieren.

Tab. 17: Normal- oder Standardpotenziale

Oxidation	⇌	Reduktion	E^0 (V)
$Al + 4\,OH^-$	⇌	$[Al(OH)_4]^- + 3e^-$	−2,35
$Zn + 4\,OH^-$	⇌	$[Zn(OH)_4]^{2-} + 2e^-$	−1,22
$S_2O_4^{2-} + 4\,OH^-$	⇌	$2\,SO_3^{2-} + 2\,H_2O + 2e^-$	−1,12
$[Sn(OH)_4]^{2-} + 2\,OH^-$	⇌	$[Sn(OH)_6]^{2-} + 2e^-$	−0,96
$SO_3^{2-} + 2\,OH^-$	⇌	$SO_4^{2-} + H_2O + 2e^-$	−0,90
$2\,S^{2-}$	⇌	$S_2^{2-} + 2e^-$	−0,51
$H_3PO_2 + 2\,H_2O$	⇌	$H_3PO_3 + 2\,H^+ + 2\,e^-$	−0,50
$HS^- + OH^-$	⇌	$S + H_2O + 2e^-$	−0,48
$H_2S + 2\,OH^-$	⇌	$S + 2\,H_2O + 2e^-$	−0,48
$H_2C_2O_4$	⇌	$2\,CO_2 + 2\,H^+ + 2e^-$	−0,47
S_2^{2-}	⇌	$2\,S + 2e^-$	−0,43
$H_3PO_3 + H_2O$	⇌	$H_3PO_4 + 2\,H^+ + 2\,e^-$	−0,28
$Mn(OH)_2 + 2\,OH^-$	⇌	$MnO_2 + 2\,H_2O + 2e^-$	−0,05
$NO_2^- + 2\,OH^-$	⇌	$NO_3^- + H_2O + 2e^-$	0,01
$1/2\,H_2$	⇌	$H^+ + e^-$	0
$2\,S_2O_3^{2-}$	⇌	$S_4O_6^{2-} + 2\,e^-$	0,09
$Cr(OH)_3 + 5\,OH^-$	⇌	$CrO_4^{2-} + 4\,H_2O + 3e^-$	0,12
H_2S	⇌	$S + H^+ + 2e^-$	0,14
Sn^{2+}	⇌	$Sn^{4+} + 2e^-$	0,15
Cu^+	⇌	$Cu^{2+} + e^-$	0,16
$H_2SO_3 + H_2O$	⇌	$SO_4^{2-} + 4\,H^+ + 2e^-$	0,17
$SO_3^{2-} + H_2O$	⇌	$SO_4^{2-} + 2\,H^+ + 2e^-$	0,20
$S_2O_3^{2-} + 5\,H_2O$	⇌	$2\,SO_4^{2-} + 10\,H^+ + 8e^-$	0,29
$4\,OH^-$	⇌	$O_2 + 2\,H_2O + 4e^-$	0,40
$S + 3\,H_2O$	⇌	$2\,H_2SO_3 + 4\,H^+ + 4e^-$	0,45
$[Fe(CN)_6]^{4-}$	⇌	$[Fe(CN)_6]^{3-} + e^-$	0,46 alkalisch
I^-	⇌	$1/2\,I_2 + e^-$	0,54
$MnO_2 + 4\,OH^-$	⇌	$MnO_4^- + 2\,H_2O + 3e^-$	0,57
H_2O_2	⇌	$O_2 + 2\,H^+ + 2e^-$	0,68
$[Fe(CN)_6]^{4-}$	⇌	$[Fe(CN)_6]^{3-} + e^-$	0,69 sauer
$Se + 3\,H_2O$	⇌	$H_2SeO_3 + 4\,H^+ + 4\,e^-$	0,74
Fe^{2+}	⇌	$Fe^{3+} + e^-$	0,77
Hg_2^{2+}	⇌	$2\,Hg^{2+} + 2e^-$	0,91
$HNO_2 + H_2O$	⇌	$NO_3^- + 3\,H^+ + 2e^-$	0,93
$HNO_2 + H_2O$	⇌	$NO_3^- + 3\,H^+ + 2\,e^-$	0,94
$NO + 2\,H_2O$	⇌	$NO_3^- + 4\,H^+ + 3e^-$	0,96
$NO + H_2O$	⇌	$HNO_2 + H^+ + e^-$	0,98
Br^-	⇌	$1/2\,Br_2 + e^-$	1,07
$2\,H_2O$	⇌	$O_2 + 4\,H^+ + 4e^-$	1,23
$MnO_2 + 4\,H^+$	⇌	$Mn^{2+} + 2\,H_2O + 2\,e^-$	1,23
$Mn^{2+} + 2\,H_2O$	⇌	$MnO_2 + 2\,H^+ + 2e^-$	1,23

Tab. 17: Normal- oder Standardpotenziale (Fortsetzung)

Oxidation	⇌	Reduktion	E^0 (V)
$Cr^{3+} + 7 H_2O$	⇌	$Cr_2O_7^{2-} + 14 H^+ + 6 e^-$	1,33
Cl^-	⇌	$12 Cl_2 + e^-$	1,36
$Pb^{2+} + 2 H_2O$	⇌	$PbO_2 + 4 H^+ + 2 e^-$	1,46
$Mn^{2+} + 4 H_2O$	⇌	$MnO_4^- + 8 H^+ + 5 e^-$	1,52
$MnO_2 + 4 OH^-$	⇌	$MnO_4^- + 2 H_2O + 3 e^-$	0,59
$2 H_2O$	⇌	$H_2O_2 + 2 H^+ + 2 e^-$	1,78
Co^{2+}	⇌	$Co^{3+} + e^-$	1,84
Ag^+	⇌	$Ag^{2+} + e^-$	1,92
$2 SO_4^{2-}$	⇌	$S_2O_8^{2-} + 2 e^-$	2,06

11.3.2 Spannungsreihe

Aus praktischen Gründen wird der Lösevorgang von Metallen in saurer Lösung in einer besonderen *Spannungsreihe*, s. Tabelle 18, in basischer Lösung, s. Tabelle 19, zusammengestellt. Metalle *über* dem Wasserstoff, d. h., mit **negativem Potenzial** (in anderer Schreibweise *links* von Wasserstoff) werden durch H_3O^+-Ionen nicht oxidierender Säuren gelöst. Metalle *unter* (bzw. *rechts*) vom Wasserstoff haben ein **positives Potenzial** und werden als Edelmetalle bezeichnet. Sie lösen sich nur bei gleichzeitiger Anwesenheit eines stärkeren Oxidationsmittels als H_3O^+-Ionen.

Tab. 18: Spannungsreihe, saure Lösung

Oxidation	⇌	Reduktion	E^0 (V)
Li	⇌	$Li^+ + e^-$	-3,02
K	⇌	$K^+ + e^-$	-2,93
Ba	⇌	$Ba^{2+} + 2 e^-$	-2,90
Sr	⇌	$Sr^{2+} + 2 e^-$	-2,89
Ca	⇌	$Ca^{2+} + 2 e^-$	-2,87
Na	⇌	$Na^+ + e^-$	-2,71
Mg	⇌	$Mg^{2+} + 2 e^-$	-2,34
Al	⇌	$Al^{3+} + 3 e^-$	-1,67
Mn	⇌	$Mn^{2+} + 2 e^-$	-1,18
Zn	⇌	$Zn^{2+} + 2 e^-$	-0,76
Fe	⇌	$Fe^{2+} + 2 e^-$	-0,40
Cd	⇌	$Cd^{2+} + 2 e^-$	-0,40
Co	⇌	$Co^{2+} + 2 e^-$	-0,28
Ni	⇌	$Ni^{2+} + 2 e^-$	-0,25
Sn	⇌	$Sn^{2+} + 2 e^-$	-0,14
Pb	⇌	$Pb^{2+} + 2 e^-$	-0,13
$1/2 H_2$	⇌	$H^+ + e^-$	0

Tab. 18: Spannungsreihe, saure Lösung (Fortsetzung)

Oxidation	⇌	Reduktion	E^0 (V)
Sb + H_2O	⇌	SbO^+ + 2 H^+ + 3e^-	0,21
As + 2 H_2O	⇌	$HAsO_2$ + 3e^-	0,25
Bi + H_2O	⇌	BiO^+ + 2 H^+ + 3e^-	0,32
Cu	⇌	Cu^{2+} + 2e^-	0,35
Ag	⇌	Ag^+ + e^-	0,80
2 Hg	⇌	Hg_2^{2+} + 2e^-	0,80
Hg	⇌	Hg^{2+} + 2e^-	0,85

Tab. 19: Spannungsreihe, basische Lösung

Oxidation	⇌	Reduktion	E^0 (V)
Al + 4 OH^-	⇌	$[Al(OH)_4]^-$ + 3e^-	−2,33
Zn + 4 OH^-	⇌	$[Zn(OH)_4]^{2-}$ + 2e^-	−1,215
Cr + 4 OH^-	⇌	$[Cr(OH)_4]^-$ + 3e^-	−1,27
Sn + 3 OH^-	⇌	$[Sn(OH)_3]^-$ + 2e^-	−0,909
Sb + 4 OH^-	⇌	$[Sb(OH)_4]^-$ + 3e^-	−0,66
Pb + 3 OH^-	⇌	$[Pb(OH)_3]^-$ + 2e^-	−0,540
Se + 6 OH^-	⇌	SeO_3^{2-} + 3 H_2O + 4e^-	−0,37
Cu + 2 OH^-	⇌	$Cu(OH)_2$ + 2e^-	−0,22
Cu + 2 OH^-	⇌	$Cu(OH)_2$ + 2e^-	−0,22
Cu + 4 NH_3	⇌	4 $[Cu(NH_3)_4]^{2+}$ + 2e^-	0,09
Hg + 2 OH^-	⇌	HgO + H_2O + 2e^-	0,098

11.3.3 Oxidationszahl

Die Zahl der positiven oder negativen Ladungen, die einem Atom in einem Ion oder einer Verbindung zukommt oder zugeordnet wird, nennt man **Oxidationszahl** oder **Oxidationsstufe**. Bei *einatomigen* Ionen ist die Oxidationszahl mit der Ladung identisch. Im elementaren Zustand ist die Oxidationszahl null. Bei *zusammengesetzten* Ionen und bei Verbindungen berechnet man die Oxidationszahl, indem man für Sauerstoff (wie für die Peroxogruppe –O–O–) −2 und für Wasserstoff +1 (in wässriger Lösung) ansetzt. Sind andere Atome als Sauerstoff und Wasserstoff beteiligt, so müssen sie im Gedankenexperiment durch O^{2-} und H^+ ersetzt werden.

Beispiele:

H_2SO_4 4 × −2 (Sauerstoff)
              2 × +1 (Wasserstoff)
         = −6

Diese Ladung muss durch den Schwefel kompensiert werden. Das bedeutet: Schwefel hat in der Schwefelsäure die Oxidationszahl **+6**.

SO_3^{2-} $\quad$ 3 × **−2** (Sauerstoff)
$\quad$ = **−6**

Davon treten −2 nach außen in Erscheinung, bleiben −4 zu kompensieren. Schwefel hat darum im Sulfit-Anion die Oxidationszahl **+4**.

NaCl

Natrium kann 1 Wasserstoff im Wasser ersetzen: NaOH. Es hat also die Oxidationszahl +1. Das Chlor muss demnach die Oxidationszahl −1 haben: Chlorid.

CrO_2Cl_2 $\quad$ 2 × **−2** (Sauerstoff)
$\qquad\quad$ 2 × **−1** (Chlor)
$\quad$ = **−6**

Chrom hat im Chromylchlorid die Oxidationszahl +6.

Als Ausnahme ist auf Peroxo-Verbindungen zu achten:
Die Gruppierung −O−O− ist mit −2 anzusetzen wie −O−.

Beispiel:

CrO_5 $\quad$ 2 × **−2** (2 Peroxo-Gruppen)
$\qquad\,$ 1 × **−2** (Sauerstoff)
$\quad$ = **−6**

Chrom hat im Chromperoxid die Oxidationszahl +6, wie in der Ausgangsverbindung (s. Cr^{6+} ⑧). Es werden zwei Gruppierungen −O− durch zwei Gruppierungen −O−O− ausgetauscht. Die gedankliche Zerlegung von Verbindungen zur Ermittlung der Oxidationszahl, die man auch als **Heterolyse** bezeichnet, findet ihre Grenzen bei den Verbindungen, in denen *kovalente* oder *unpolare* Bindungen vorherrschen. Bei anorganischen Verbindungen herrschen *polare* Bindungen vor. Für organische Verbindungen müssen daher folgende Regeln beachtet werden:

Für *kovalent* an Kohlenstoff-Atome gebundene Kohlenstoff- wie Wasserstoff-Atome wird der Wert **null**, für —OH = **−1** und für =O = **−2** berechnet. Es wird nur das Kohlenstoff-Atom betrachtet und mit einer Oxidationszahl versehen, an dem eine Reaktion stattfindet.

Beispiel:

$CH_3\underline{C}H_2OH$ $\quad$ C_2H_5OH)

Das <u>C</u>-Atom hat die Oxidationszahl +1, da es die mit −1 anzusetzende OH-Gruppe trägt.

CH$_3$<u>C</u>OOH

Das <u>C</u>-Atom hat die Oxidationszahl +3, da es eine OH-Gruppe (−1) und eine =O-Gruppe (−2) trägt.

Es ist vorgeschlagen worden, den Wasserstoff auch in organischen Verbindungen mit +1 und den mit C verbundenen Kohlenstoff mit null anzusetzen. Diese Regel würde dazu führen, dass das C-Atom z. B. in den Alkoholen CH$_3$OH, CH$_3$CH$_2$OH, (CH$_3$)$_2$CHOH und (CH$_3$)$_3$COH die Oxidationszahl −2, −1, 0 und +1 erhielte, obwohl mit *Alkohol* eine identische Oxidationsstufe bezeichnet wird. Außerdem überschneiden sich die so errechneten Oxidationszahlen teilweise mit denen von Aldehyden und Carbonsäuren.

Ändert sich die Oxidationszahl eines Atoms, so liegt eine **Reduktion** oder eine **Oxidation** vor. Die Oxidationszahl dient zur Aufstellung von **Redoxgleichungen**. In den Namen von Verbindungen wird die Oxidationszahl durch eine *römische Zahl* gekennzeichnet. Für die Berechnung der Oxidationszahl und für die Aufstellung von **Redoxgleichungen** ist die Verwendung *arabischer Zahlen mit Vorzeichen* übersichtlicher.

11.3.4 Redoxgleichungen

Die Gleichung für eine Reaktion, an der eine **Reduktion (Red)** und eine **Oxidation (Ox)** beteiligt sind, wird **Redoxgleichung** genannt. Bei der Aufstellung von Redoxgleichungen ist zu beachten, dass die Änderungen der Oxidationszahlen einander *äquivalent* sind, d. h., es müssen gleich viele Elektronen abgegeben wie aufgenommen werden. Zur Entwicklung von Redoxgleichungen stellt man zunächst je eine Teilgleichung für den Reduktions- und den Oxidationsvorgang auf.

Beispiele:
Versuch Hg^{2+} ② (Amalgamprobe, s. S. 51)

$$Cu^0 \rightarrow Cu^{2+} + 2e^- \quad \textbf{Oxidationsteilgleichung}$$
$$Hg^{2+} \rightarrow Hg^0 - 2e^- \quad \textbf{Reduktionsteilgleichung}$$

Jede Teilgleichung muss auch wirklich eine **Gleichung** sein, d. h., links und rechts des Pfeiles, der identisch mit einem Gleichheitszeichen ist, muss die Summe der Atomarten und (!) der Ladung gleich sein. Wenn die Anzahl der abgegebenen Elektronen (+2e$^-$) gleich der Anzahl der aufgenommen Elektronen (−2e$^-$) ist, können beide Teilgleichungen addiert werden:

$$Cu^0 + Hg^{2+} \rightarrow Cu^{2+} + Hg^0$$

Versuch Ag$^+$ ⑦b (Aufschluss von Silberhalogeniden, s. S. 46)

$$AgBr \rightarrow Ag^0 + Br^- - e^- \quad \text{Red}$$
$$Zn \rightarrow Zn^{2+} + 2e^- \quad \text{Ox}$$

Die Anzahl der aufgenommenen und abgegebenen Elektronen ist nicht identisch. Vor einer Addition muss daher die Reduktionsgleichung mit 2 multipliziert werden:

$$2\,AgBr \rightarrow 2\,Ag^0 + 2\,Br^- - 2e^- \quad \text{Red}$$
$$Zn \rightarrow Zn^{2+} + 2e^- \quad \text{Ox}$$
$$\overline{2\,AgBr + Zn \rightarrow 2\,Ag^0 + 2\,Br^- + Zn^{2+}}$$

Die teilweise zur Kennzeichnung von Elementen verwendete hochgestellte Null (z. B. Hg^0) soll auf deren Oxidationszahl hinweisen. Treten sauerstoffhaltige Ionen auf, so wird der benötigte oder nicht mehr benötigte Sauerstoff vorläufig als O^{2-} notiert. In wässriger Lösung existieren O^{2-}-Ionen nicht, sie dienen hier nur zur einfachsten (stufenweisen) Entwicklung von Redoxgleichungen. Nach Addition von Reduktions- und Oxidationsgleichung wird O^{2-} durch folgende Gleichungen ersetzt, je nachdem, ob es sich um eine saure oder eine basische Lösung oder um eine carbonathaltige Schmelze handelt:

Saure Lösung $\quad O^{2-} = H_2O - 2\,H^+$
Basische Lösung $\quad O^{2-} = 2\,OH^- - H_2O$
Carbonat-Schmelze $\quad O^{2-} = CO_3^{2-} - CO_2$

Will man die Schreibweise mit O^{2-} bei der Entwicklung von Redoxgleichungen vermeiden, muss man in

- saurer Lösung H^+,
- basischer Lösung OH^- und
- der Carbonat-Schmelze CO_3^{2-}

addieren. In saurer und basischer Lösung entstehen äquivalente Mengen Wasser, in der Carbonat-Schmelze Kohlendioxid.

Versuch Mn^{2+} ⑥ (Chlor-Herstellung mit Braunstein in saurer Lösung)

$$2\,Cl^- \rightarrow Cl_2 + 2e^- \quad \text{Ox}$$

Eine Teilgleichung muss auf die kleinste Einheit – hier das Cl_2-Molekül – bezogen werden. Daher muss von $2\,Cl^-$ angegangen werden.

$$MnO_2 \rightarrow Mn^{2+} + 2\,O^{2-} - 2e^- \quad \text{Red}$$

Die vom Mangan aufgenommenen 2 Elektronen, die auf der rechten Seite der Teilgleichung als $-2e^-$ aufgeführt sind, können auch auf der linken Seite als $+2e^-$ geschrieben werden. Die $-2e^-$ errechnen sich aus der Differenz der Oxidationszahlen von Mangan vor und nach der Reaktion. Die $-2e^-$ ergeben sich aber auch aus der Vervollständigung der Ungleichung:

$$MnO_2 \neq Mn^{2+} + 2\,O^{2-}$$

Der Ladung 0 auf der linken Seite stehen 2+ + 2 × 2– = 2– auf der rechten Seite gegenüber. Um die Bedingungen einer Gleichung zu erfüllen, müssen auf der rechten Seite $2e^-$ abgezogen werden. Da die Anzahl der abgegebenen und aufgenommenen Elektronen beider Teilgleichungen übereinstimmt, kann addiert werden:

$$MnO_2 + 2\,Cl^- \rightarrow Mn^{2+} + Cl_2 + 2\,O^{2-}$$

Für O^{2-} wird $H_2O - 2\,H^+$ eingesetzt, da die Reaktion in saurer Lösung abläuft:

$$MnO_2 + 2\,Cl^- \rightarrow Mn^{2+} + Cl_2 + 2(H_2O - 2\,H^+)$$
$$MnO_2 + 2\,Cl^- + 4\,H^+ \rightarrow Mn^{2+} + Cl_2 + 2\,H_2O$$

Versuch Cr^{3+} ④a (Oxidation von Chrom(III) in basischer Lösung), s. S. 116)

$$Cr(OH)_3 + O^{2-} \rightarrow CrO_4^{2-} + 3\,H^+ + \mathbf{3e^-} \mid \times 2 \quad Ox$$
$$H_2O_2 \rightarrow 2\,OH^- \quad -\mathbf{2e^-} \mid \times 3 \quad Red$$

Für die stufenweise Entwicklung der Gleichung ist es erlaubt, auch in basischer Lösung vorübergehend H^+ zu schreiben. In der Endgleichung einer in basischer Lösung ablaufenden Lösung dürfen aber nur OH^- auftreten (analog in saurer Lösung H^+). Zur Umwandlung für die Endgleichung bedient man sich der Gleichung der Autoprotolyse in vereinfachter Form:

$$H_2O \rightleftharpoons H^+ + OH^-$$

Um die Bedingung einer Redoxreaktion erfüllen zu können, dass die Anzahl der aufgenommenen gleich der Anzahl der abgegebenen Elektronen sein muss, müssen die Teilgleichungen mit 2 bzw. 3 erweitert werden, bevor sie addiert werden können:

$$2\,Cr(OH)_3 + 2\,O^{2-} \rightarrow 2\,CrO_4^{2-} + 6\,H^+ + \mathbf{6e^-} \quad Ox$$
$$3\,H_2O_2 \rightarrow 6\,OH^- \quad \mathbf{-6e^-} \quad Red$$

$$2\,Cr(OH)_3 + 3\,H_2O_2 + 2\,O^{2-} \rightarrow 2\,CrO_4^{2-} + 6\,H_2O$$

Für O^{2-} wird $2\,OH^- - H_2O$ eingesetzt, da die Reaktion in alkalischer Lösung abläuft:

$$2\,Cr(OH)_3 + 3\,H_2O_2 + 2(2\,OH^- - H_2O) \rightarrow 2\,CrO_4^{2-} + 6\,H_2O$$
$$2\,Cr(OH)_3 + 3\,H_2O_2 + 4\,OH^- \rightarrow 2\,CrO_4^{2-} + 8\,H_2O$$

Versuch Mn^{2+} ⑧ (Oxidationsschmelze, Carbonat-Schmelze)

$$Mn^{2+} + 4\,O^{2-} \rightarrow MnO_4^{2-} + 4e^- \quad \text{Ox}$$
$$NO_3^- \rightarrow NO_2^- + O^{2-} - 2e^- \quad \text{Red} \mid \times 2$$
$$\overline{Mn^{2+} + 2\,NO_3^- + 2\,O^{2-} \rightarrow MnO_4^{2-} + 2\,NO_2^-}$$

Für O^{2-} wird $CO_3^{2-} - CO_2$ eingesetzt, da die Reaktion in einer Carbonat-Schmelze abläuft:

$$Mn^{2+} + 2\,NO_3^- + 2(CO_3^{2-} - CO_2) \rightarrow MnO_4^{2-} + 2\,NO_2^-$$

Ionengleichung: $Mn^{2+} + 2\,NO_3^- + 2\,CO_3^{2-} \rightarrow MnO_4^{2-} + 2\,NO_2^- + 2\,CO_2$

Um eine Ionengleichung in eine Substanzgleichung umzuwandeln, müssen auf der linken wie auf der rechten Seite der gleiche Anzahl Gegenionen addiert werden (SO_4^{2-} und $6\,Na^+$):

$$MnSO_4 + 2\,NaNO_3 + 2\,Na_2CO_3 \rightarrow Na_2MnO_4 + 2\,NaNO_2 + Na_2SO_4 + 2\,CO_2$$

Versuch Mn^{2+} ④ e (Oxidation mit Kaliummanganat(VII) in saurer Lösung, s. S. 103)

Die Bestimmung der Oxidationszahlen von organischen Verbindungen ist wegen der Zuordnung der Ladung null für kovalent gebundene Atome etwas ungewohnt. Daher soll die Entwicklung einer Redoxgleichung am Beispiel der Entfernung von MnO_4^- mit Ethanol erläutert werden:

$$MnO_4^- \rightarrow Mn^{2+} + 4\,O^{2-} \quad -5e^- \quad \text{Red} \mid \times 2$$

$$\overset{0\ \ \ +1}{CH_3CH_2OH} + O^{2-} \rightarrow \overset{0\ \ \ +2}{CH_3CHO} + H_2O \quad + 2e^- \quad \text{Ox} \mid \times 5$$

Die Oxidationszahlen der einzelnen C-Atome in Ethanol wie im Acetaldehyd sind darüber angegeben. Den an C-Atome gebundenen H-Atomen kommt die Oxidationszahl 0 zu. Im Laufe der Oxidationsteilgleichung wird ein C-Atom von +1 zu +2 und ein H-Atom von 0 zu +1 oxidiert. Es folgen Erweiterungen der Teilgleichungen, um auf gleiche Elektronenzahl zu kommen, Addition der Teilgleichungen und Ersatz des O^{2-} durch $H_2O - 2\,H^+$, da die Reaktion in saurer Lösung abläuft:

$$2\,MnO_4^- \rightarrow 2\,Mn^{2+} + 8\,O^{2-} - \mathbf{10e^-}$$
$$5\,CH_3CH_2OH + 5\,O^{2-} \rightarrow 5\,CH_3CHO + 5\,H_2O + \mathbf{10e^-}$$

$$2\,MnO_4^- + 5\,CH_3CH_2OH \rightarrow 2\,Mn^{2+} + 3\,O^{2-} + 5\,CH_3CHO + 5\,H_2O$$
$$2\,MnO_4^- + 5\,CH_3CH_2OH \rightarrow 2\,Mn^{2+} + 3(H_2O - 2\,H^+) + 5\,CH_3CHO + 5\,H_2O$$
$$2\,MnO_4^- + 5\,CH_3CH_2OH + 6\,H^+ \rightarrow 2\,Mn^{2+}\ 5\,CH_3CHO + 8\,H_2O$$

Versuch Co^{2+} ⑥ (Auflösung von Cobaltsulfid in Essigsäure/Wasserstoffperoxid, s. S. 92)

Bei diesem komplexeren Redoxvorgang ist nicht nur Wasserstoffperoxid, sondern auch Co^{3+} Oxidationsmittel. Um die Teilgleichung für das Cobalt(III)-sulfid aufstellen zu können, zerlegt man die Verbindung in seine geladenen Bestandteile und fügt sie anschließend stöchiometrisch zusammen. Da es sich dabei um eine Redox-Teilgleichung handelt, müssen darin auch Elektronen (e⁻) vorkommen. In der Summe überwiegt die Oxidation:

Co^{3+}	$\rightarrow Co^{2+} - e^-$	$\mid \times 2$	Red
$S^{2-} + 4\,O^{2-}$	$\rightarrow SO_4^{2-} + 8e^-$	$\mid \times 3$	Ox
$Co_2S_3 + 12\,O^{2-}$	$\rightarrow 2\,Co^{2+} + 3\,SO_4^{2-} + 22e^-$		Ox
H_2O_2	$\rightarrow O^{2-} + H_2O - 2e^-$	$\mid \times 11$	Red

$$Co_2S_3 + 11\,H_2O_2 + O^{2-} \rightarrow 2\,Co^{2+} + 3\,SO_4^{2-} + 11\,H_2O$$
$$Co_2S_3 + 11\,H_2O_2 \rightarrow 2\,Co^{2+} + 3\,SO_4^{2-} + 10\,H_2O + 2\,H^+$$

Die Endgleichung wird erhalten nach Zugabe von Wasserstoffperoxid als Oxidationsmittel (s. a. Cr^{3+} ④ **a**, S. 116):

Teilgleichungen für Wasserstoffperoxid als Oxidationsmittel, d. h. Wasserstoffperoxid wird reduziert:

$$H_2O_2 \rightarrow 2\,OH^- - 2e^-$$

oder

$$H_2O_2 \rightarrow O^{2-} + H_2O - 2e^-$$

Teilgleichung für Wasserstoffperoxid als Reduktionsmittel, d. h. Wasserstoffperoxid wird oxidiert (s. Mn^{2+} d **a**):

$$3\,H_2O_2 \rightarrow O_2 + 2\,H^+ + 2e^-$$

Weiterführende Literatur

In den Tabellen dieses Kapitels ist nur eine Auswahl von Konstanten aufgenommen worden. Für weitere Konstanten wird auf folgende Tabellenwerke verwiesen.

- Küster FW, Thiel A (2002), Rechentafeln für die Chemische Analytik, 105. Auflage, Verlag Walter de Gruyter, Berlin
- Lide DR (Hrsg.) (2005), CRC Handbook of Chemistry and Physics, 86. Auflage, CRC-Press, Baton Rouge/USA

12 Die Vollanalyse in Kurzfassung

12.1 Vorproben

Es handelt sich hierbei um einfach durchzuführende Reaktionen mit der Ursubstanz, die nicht immer zu ganz eindeutigen Aussagen führen. Wegen ihrer schnellen Durchführung lohnt es sich trotzdem, auf diese Weise einige Anhaltspunkte für die Durchführung der Analyse zu erhalten. Vor einer übertriebenen Ausführung von Vorproben wird jedoch gewarnt, es steht dann der Zeitaufwand und die Verwendung von Analysensubstanz nicht mehr im Verhältnis zum Ergebnis: **Vorproben sind keine Nachweise!** Hinweise müssen bestätigt oder verworfen werden. Vorproben nach Ausführung der Analyse sind sinnlos. Vorproben, aus denen keine Folgerungen gezogen werden, sind Verschwendung von Arbeitszeit, Analysensubstanz und Reagenzien. Vorproben sollte man generell unter dem Abzug durchführen, da noch nicht bekannt ist, ob die Probe flüchtige toxische Substanzen (z. B. HgO, CdO, As_2O_3) enthält. Tabelle 20 fasst wichtige Vorproben zusammen.

Tab. 20: Vorproben

Vorprobe	Versuch Nr.	Bemerkungen
Flammenfärbungen		
Gelb	Na^+ ①	Gegenseitige Überdeckung, besonders durch Natrium. Natrium-Licht kann für die Erkennung von Kalium durch ein Cobalt-Glas herausgefiltert werden, besser Spektroskop verwenden! auch Blei und Antimon!
Rot	Li^+ ①, K^+ ①, Ca^{2+} ① Sr^{2+} ①	
Grün	Ba^{2+} ①, Cu^{2+} ①	
Fahlblau	$As^{3/5+}$ ① **a**	
Spektralanalyse	s. Kap. 4.1	
Phosphorsalz-Perle oder **Borax-Perle**		Nur in oxidierendem Teil der Flamme schmelzen; Überdeckungen möglich, SiO_2-Skelett nur in Phosphorsalzperle, viel Kupfer: blaugrün, viel Cobalt nahezu schwarz
Blau	Co^{2+} ⑦	
Grün	Cr^{3+} ⑨	
Heiß: gelb	Fe^{3+}	
Kalt: farblos	Fe^{3+}	
Opak	SiO_4^{4-} ⑤	Silikat
Leuchtprobe	$Sn^{2/4+}$ ⑤	
trockenes Erhitzen	Hg^{2+} ⑫, Bi^{3+} ① **b** Pb^{2+} ⑩, As^{3+} ① **b**, Zn^{2+} ⑤, $C_4H_4O_6^{2-}$ ①, NO_3^- ①, $C_6H_5O_7^{3-}$ ①	Chlorat und Perchlorat müssen ausgeschlossen sein. Abzug! Nur für bestimmte Einzelsubstanzen charakteristisch, kaum im Gemisch zu erkennen, Verkohlung der Tartrate und Citrate bleibt bei Anwesenheit von Oxidationsmitteln aus
Cadmiumsulfid im Glühröhrchen	Cd^{2+} ④	Abzug!

Tab. 20: Vorproben (Fortsetzung)

Vorprobe	Versuch Nr.	Bemerkungen
Erhitzen mit konz. Schwefelsäure		
Vorsicht:	ClO_3^- ③	ClO_2 gelbes Gas, **explodiert!**
Kriechprobe	F^- ②	Wird weder durch Dämpfe noch durch Schwarzfär-
Violette Dämpfe	I^- ②	bung gestört, neues Reagenzglas verwenden!
Braune Dämpfe	Br^- ②, NO_2^- ① NO_3^- ②	Eine Zuordnung ist nicht möglich, können bei Anwesenheit von Reduktionsmitteln (z. B. SO_3^{2-}, S^{2-}, Sn^{2+}, As^{3+}) ausbleiben, werden durch violette Dämpfe überdeckt
Rotbraune Dämpfe	Cl^- ④ bzw. F^- + $CrO_4^{2-}/Cr_2O_7^{2-}$	Nur bei gleichzeitiger Anwesenheit
Schwarzfärbung	$C_4H_4O_6^{2-}$ ② $C_6H_5O_7^{3-}$ ②	Bleibt bei der Anwesenheit einer ausreichenden Menge Oxidationsmittel aus
Marsh'sche Probe	$As^{3/5+}$ ③, $Sb^{3/5+}$ ④	Unterscheidung des Metallspiegels nicht zuverlässig
Modifizierte Marsh'sche Probe	$As^{3/5+}$ ④	
Oxidationsschmelze	Mn^{2+} ⑧, Cr^{3+} ③	Störung durch gegenseitige Überdeckung; nicht lösliche Verbindungen bilden: Eisen: rostfarben Kupfer, Cobalt und Nickel: schwarz Bismut: gelb bis braun

12.2 Nachweise der Anionen

In Tabelle 21 werden nur die günstigsten Nachweisreaktionen für die Vollanalyse aufgeführt. Die Reaktionsbedingungen sind bei dem jeweiligen Versuch beschrieben. Ausführlichere Hinweise sind unter „Nachweise im Gemisch" im Anschluss an die Einzelreaktionen der Gruppen beschrieben.

Tab. 21: Übersicht der günstigsten Nachweisreaktionen für Anionen

Anion	Nachweis Nr. Nachweisreaktion (aus SA oder US)	Störung	Entstörung
F^-	② Kriechprobe (US),	**a** BO_3^{3-}, SiO_4^{4-}	Kombination ausschließen
	③ Ätzprobe (US) oder		
	⑤ Wassertropfenprobe (US)		
	④ Zirkonium-Farblack (SA)	**a** $C_2O_4^{2-}$, PO_4^{3-}, SO_4^{2-}, [Fe(CN)$_6$]$^{3-}$, $Cr_2O_7^{2-}$, MnO_4^-, NO_2^-, AsO_4^{3-}, BrO_3^-, SO_4^{2-}, $S_2O_3^{2-}$	②, ③ oder ⑤
		b schwerl. Fluoride	②, ③ oder ⑥

Tab. 21: Übersicht der günstigsten Nachweisreaktionen für Anionen (Fortsetzung)

Anion	Nachweis Nr. Nachweisreaktion (aus SA oder US)	Störung	Entstörung
Cl^-	① Silberchlorid (SA)	**a** CN^-, SCN^-	In konz. HNO_3 arbeiten, vor der Fällung 3–5 min kochen oder mit $CuSO_4$ und H_2SO_3 fällen oder ④
		b Br^-, I^-	Gemeinsame Fällung als AgX, Ag^+-Überschuss vermeiden, AgCl in verd. Ammoniak lösen, H^+-Zugabe: AgCl oder Br^--Zugabe: AgBr oder I^--Zugabe: AgI; *oder* Oxidation zu Br_2 und I_2 durch $KMnO_4$/verd. H_2SO_4 oder H_2O_2/verd. HNO_3 (s. Br^- ③ **e**; I^- ③ **i**) und mit $CHCl_3$ extrahieren
		c BrO_3^- IO_3^- und I^-	Vor Fällung als AgCl Reduktion mit H_2SO_3 zu Br^- (s. BrO_3^- ④, IO_3^- ③ **c**)
		d $[Fe(CN)_6]^{3-}$, $[Fe(CN)_6]^{4-}$	Vorher Fällung als Cu- oder Cd-Salze (s. $[Fe(CN)_6]^{3/4-}$ ⑤ - ⑦) *oder* ④ Chromylchlorid
	④ Chromylchlorid (US)	**a** Reduktionsmittel	Überschuss $K_2Cr_2O_7$ nehmen
		b NO_2^-, NO_3^-, Br^-, I^-, F^-	① Silberchlorid
		c Br^-, I^-	vor Reaktion mit Diphenylcarbazid mit $CHCl_3$ extrahieren
Br^-	① Silberbromid (SA)	**a** CN^-, SCN^-, $[Fe(CN)_6]^{4-}$, $[Fe(CN)_6]^{3-}$,	s. Cl^- *oder* Br^- ③ **a**, **b**
		b I^-	Aus gemeinsamer Fällung AgBr mit konz. Ammoniak lösen, KI-Zugabe: AgI *oder* vor der Fällung I^- mit $NaNO_2$/verd. CH_3COOH oder H_2O_2/verd. HNO_3 oder Fe^{3+}/H^+ oxidieren und mit $CHCl_3$ extrahieren (s. I^- ③ **e**, **d**, **f**) *und anschließend* Br^- ③ **a**, **b**

Tab. 21: Übersicht der günstigsten Nachweisreaktionen für Anionen (Fortsetzung)

Anion	Nachweis Nr. Nachweisreaktion (aus SA oder US)	Störung	Entstörung
Br$^-$	① Silberbromid (SA)	c BrO$_3^-$, IO$_3^-$	Aus schwach alkalischem bis neutralem SA fällen, in konz. (NH$_4$)$_2$CO$_3$-Lösung ist nur AgBr schwerlöslich *oder* in verd. NaOH bleiben nur AgBr, Ag$_2$O und Ag$_2$CO$_3$ ungelöst
		d Cl$^-$	Br$^-$ ③ a, b
	③ a, b Oxidation zu Br$_2$ mit Chlorwasser oder Chloramin T und Extraktion mit CHCl$_3$ (SA)	a Reduktionsmittel	Überschuss des Oxidationsmittels, bei Abwesenheit von I$^-$ KMnO$_4$ nehmen (s. Br$^-$ ③ e)
		b I$^-$	Mit NaNO$_2$/CH$_3$COOH zu I$_2$ oxidieren, CHCl$_3$-Extrakt verwerfen (s. I ③ **e, f**)
		c CN$^-$	Angesäuerte Lösung vor der Oxidation unter dem Abzug 3–5 min kochen
I$^-$	① Silberiodid, in konz. Ammoniak schwerlöslich (SA)	[Fe(CN)$_6$]$^{4-}$	I ③ **a, b**
	③ **a, b** Oxidation zu I$_2$ mit Chlorwasser oder Chloramin T, Extraktion mit CHCl$_3$ (SA)	a Reduktionsmittel	Überschuss des Oxidationsmittels
	ebenfalls gut geeignet: ③ **c, d, e, g, h, i**	b CN$^-$	Angesäuerte Lösung vor der Oxidation unter dem Abzug 3–5 min kochen
	③ Oxidation in saurer Lösung zu I$_2$ (oder Bildung blauer Iodstärke ④)	a Reduktionsmittel	Überschuss des Oxidationsmittels und Extraktion mit CHCl$_3$
	③ **f** mit Eisen(III)	F$^-$, CN$^-$, SCN$^-$	① oder ③ PO$_4^{3-}$, C$_4$H$_4$O$_6^{2-}$, CH$_3$COO$^-$
CN$^-$	② Berliner Blau (SA) [Fe(CN)$_6$]$^{3/4-}$	Schwermetall-Ionen	CN$^-$ ①
	① HCN in Gärröhrchen mit AgNO$_3$ treiben: AgCN (US)	AgCN, Hg(CN)$_2$	Kombinationen ausschließen

Tab. 21: Übersicht der günstigsten Nachweisreaktionen für Anionen (Fortsetzung)

Anion	Nachweis Nr. Nachweisreaktion (aus SA oder US)	Störung	Entstörung
SCN^-	② Eisen(III)-thiocyanat (SA) mit Methylisobutylketon extrahieren	**a** F^-, PO_4^{3-}, $C_2O_4^{2-}$, CN^-	Überschuss Fe^{3+} zugeben, stärker ansäuern
		b I^-	blaues $H_2[Co(NCS)_4]$ mit Methylisobutylketon extrahieren (s. Co^{2+} ③)
		c AgSCN	Kombination ausschließen *oder* Zugabe von $(NH_4)_2S \rightarrow Ag_2S$ (schwarz) + NH_4SCN
	④ Tetraisothiocyanato-cobaltat(II) mit Methylisolutylketon ausschütteln (Co^{2+} ③)	**a** AgSCN	s. o.
$[Fe(CN)_6]^{4-}$	① Berliner Blau (SA)	Ag^+, Hg_2^{2+}, Hg^{2+}	Kombination ausschließen
$[Fe(CN)_6]^{3-}$	② Turnbulls Blau (SA)		
ClO_3^- Vorsicht!	① **a, c** Silberchlorid nach Reduktion (SA)	Halogenide, BrO_3^-, IO_3^-	Fällung mit $AgNO_3$, ClO_3^- bleibt im Zentrifugat
ClO_4^- Vorsicht!	zunächst prüfen auf: thermische Zersetzung (US),	Halogenide	mit Ag^+ fällen
	dann Nachweis als ① AgCl	ClO_3^-, BrO_3^-, IO_3^-	mit SO_3^{2-} reduzieren, mit Ag^+ fällen
BrO_3^-	② Reduktion zu Brom (SA)	IO_3^- u. a. Oxidationsmittel	BrO_3^- ④
	④ Silberbromid nach Reduktion zu Bromid (SA)	Cl^-, Br^-, I^-, BrO_3^-	Fällung mit $AgNO_3$, AgCl, $AgBrO_3$ und $AgIO_3$ lösen sich in $(NH_4)_2CO_3$-Lösung. Bei Reduktion, Niederschlag von AgCl, AgBr, AgI. Aufschluss mit Zn/H_2SO_4 (s. Br^- ⑦) *oder* Fällung mit $AgNO_3$, Behandlung mit verd. NaOH im Wasserbad; es gehen in Lösung: Cl^-, BrO_3^- und IO_3^-, nach Reduktion Cl^-, Br^- und I^- (s. Br^-)
IO_3^-	③ **a, b,** Reduktion zu Iod (SA)	BrO_3^- u. a. Oxidationsmittel	IO_3^- ②
	b Silberiodid nach Reduktion zu Iodid (SA)	Cl^-, Br^-, I^-, BrO_3^-	s. Br^-

Tab. 21: Übersicht der günstigsten Nachweisreaktionen für Anionen (Fortsetzung)

Anion	Nachweis Nr. Nachweisreaktion (aus SA oder US)	Störung	Entstörung
S^{2-}	② Bleisulfid (US) aus entweichendem H_2S	**a** in nichtoxidierenden Säuren, schwerlösliche Sulfide, elementarer Schwefel	Rückstand mit halbkonz. HCl waschen, H_2S mit Zn/HCl freisetzen (s. S^{2-} ②); Rückstand kann nicht weiß sein
	④ Pentacyanothionitrioferrat(II) (SA)	**b** im SA schwerlösliche Sulfide	S^{2-} ①
	⑥ katalyt. Zers. von Azid	$S_2O_3^{2-}$, SCN^-	S^{2-} ① oder ③
$S_2O_3^{2-}$	③ Farbwechsel der Fällung mit Ag^+ (SA)	**a** S^{2-}	Mit $CdCO_3$ oder $Cd(CH_3COO)_2$ aus neutraler bis schwach essigsaurer Lösung fällen
		b Thio- und Thiooxosalze von As und Sb (und evtl. Sn^{4+})	In neutraler bis schwach essigsaurer Lösung fallen die entsprechenden Sulfiden aus; dann **a** Reste von S^{2-} mit Cd^{2+} entfernen (s. o.)
		c Sn^{2+}	← Kombination ausschließen
SO_3^{2-}	① **b** Verreiben mit $KHSO_4$ (US) Geruch nach SO_2	**a** Halogenide, Pseudohalogenide, S^{2-}	Vorher mit Ag_2SO_4 oder Cu_2O verreiben *oder* SO_3^{2-} ① **b**, ④ **b**
		b CH_3COO^-	SO_3^{2-} ① **b** und ④ **b**
		c NO_2^-	Kombination ausschließen oder **b**
	① **b** SO_2 mit H_3PO_4 freisetzen (US) und	**a** S^{2-}, SCN^-	$Bi(OH)_3$ oder $BiOHCO_3$, zusetzen
		b $S_2O_3^{2-}$, S^{2-}	S^{2-} mit Cd^{2+} aus SA fällen s. $S_2O_3^{2-}$; Fällung als $SrSO_3$/$SrSO_4$; SO_3^{2-} mit halb-konz. HCl herauslösen, zu SO_4^{2-} oxidieren: $SrSO_4$ (s. SO_3^{2-} ③ und ⑦)
	④ **b** SO_2 mit H_3PO_4 freisetzen (US) und Reduktion von $Hg_2(NO_3)_2$ im Gärröhrchen	**c** NO_2^-	s. **c** oben
SO_4^{2-}	① Bariumsulfat (SA)	**a** SO_3^{2-}, $S_2O_3^{2-}$	H_2SO_3 verkochen
		b F^-	in halbkonz. HCl arbeiten
CO_3^{2-}	① Freisetzen von CO_2 (US) und Bildung von	**a** SO_3^{2-}, $S_2O_3^{2-}$, NO_2^-	Vor Säurezugabe $KMnO_4$ oder H_2O_2 zusetzen
	② Bariumcarbonat	**b** $C_2O_4^{2-}$, $C_4H_4O_6^{2-}$	gleichzeitige Anwesenheit der Störungen **a** und **b** muss ausgeschlossen werden
		b F^-	CO_2 statt mit Säure mit saurer $ZrOCl_2$-Lösung freisetzen

Nachweise der Anionen 277

Tab. 21: Übersicht der günstigsten Nachweisreaktionen für Anionen (Fortsetzung)

Anion	Nachweis Nr. Nachweisreaktion (aus SA oder US)	Störung	Entstörung
$C_2O_4^{2-}$	② Calciumoxalat (SA) und	a SO_3^{2-} und andere oxidierbare Substanzen	Vor der Fällung Überschuss KI_3 zusetzen
	③ Entfärbung von MnO_4^-		
		b $C_4H_4O_6^{2-}$	Bei ③ nicht erwärmen
		b I^-	Mit $CuSO_4/H_2SO_3$ fällen
		c PO_4^{3-}, F^-	mit $ZrCl_2$ fällen
	④ Cer(III)-oxalat(SA)	$S_2O_3^{2-}$, $[Fe(CN)_6]^{4-}$ $C_4H_4O_6^{2-}$	$C_2O_4^{2-}$ ② + ③, ⑤, ⑥
	⑤ Rotes Diphenylformazan (SA)	Oxidationsmittel	Länger reduzieren
	⑥ Dünnschichtchromatographie auf Cellulose-Platten (SA)	a $[Fe(CN)_6]^{3/4-}$ I^-	Mit $Cd(CH_3COO)_2$ oder $CuSO_4/H_2SO_3$ fällen
		PO_4^{3-}	mit $ZrOCl_2$ fällen
Acetat	② b Geruch nach Essigsäure nach Verreiben mit $KHSO_4$ (US) (oder ② a)	a Cl^-, Br^-, I^-, CN^-, SCN^-, S^{2-}	Gleichzeitig mit Ag_2SO_4 oder Cu_2O verreiben
		b F^-	$Al_2(SO_4)_3$
		c NO_2^-, SO_3^{2-}, $S_2O_3^{2-}$	Vorher mit $KMnO_4$ verreiben
	⑤ Blaue Iod-Einschluss-Verbindung mit bas. Lacetat (SA)	a CO_3^{2-}	Vorher mit HCl ansäuern und verkochen
		b MnO_4^-, CrO_4^{2-}	Vorher reduzieren
		c F^-, SO_3^{2-}, $S_2O_3^{2-}$, SO_4^{2-}, $C_2O_4^{2-}$, $C_4H_4O_6^{2-}$, PO_4^{3-}	CH_3COO^- ② b
Tartrat	① Verkohlung (US)	a NO_2^-, NO_3^-	SA mit H_2SO_4 ansäuern und eindampfen
		b MnO_4^-, CrO_4^{2-}, ClO_3^-, BrO_3^-, IO_3^-, H_2O_2, $S_2O_8^{2-}$,	Kombination ausschließen
		c BO_3^{3-}	NaF oder CaF_2
	⑥ Cu-Tartrat-Komplex	a AsO_3^{3-}, NH_4^+	$C_4H_4O_6^{2-}$ ② oder ⑩
		b MnO_4^-, CrO_4^{2-}, ClO_3^-, BrO_3^-, IO_3^-, H_2O_2, $S_2O_8^{2-}$,	da Reaktion mit Tartrat möglich, Kombination ausschließen
		c $[Fe(CN)_6]^{3/4-}$	Kombination ausschließen
		d $C_2O_4^{2-}$	$C_4H_4O_6^{2-}$ ② oder ⑩
		e BO_3^{3-}	$C_4H_4O_6^{2-}$ ② oder NaF bzw. CaF_2
	⑧ Farbreaktion mit Resorcin und KBr (SA)	Oxidationsmittel, Reduktionsmittel	$C_4H_4O_6^{2-}$ ②, ⑪ oder ⑥
	⑩ Dünnschichtchromatographie auf Cellulose-Platten (SA)	a $[Fe(CN)_6]^{3/4-}$	s. $C_2O_4^{2-}$ ⑥
		b I^-	s. $C_2O_4^{2-}$ ⑥
		c PO_4^{3-}	mit $ZrOCl_2$ fällen

Tab. 21: Übersicht der günstigsten Nachweisreaktionen für Anionen (Fortsetzung)

Anion	Nachweis Nr. Nachweisreaktion (aus SA oder US)	Störung	Entstörung
$[B(OH)_4]^-$ bzw. BO_3^{3-}	Borsäuretrimethylester (US) ①	F^-, SiO_4^{4-}	Kombination ausschließen
Citrat	① Trockenes Erhitzen (US)		
	⑥ Legal'sche Probe (US)		
SiO_4^{4-}	④ Wassertropfenprobe (HCl-schwerlöslicher Rückstand) oder	F^-, BO_3^{3-}	Kombination ausschließen
	③ Molybdatokieselsäure (SA)	PO_4^{3-}, AsO_4^{3-}	SiO_4^{4-} ④
NO_2^-	⑤ Nitrosyleisen(II)-Kation (SA)	**a** Starke Oxidationsmittel, Reduktionsmittel	Kombination ausschießen
		b $[Fe(CN)_6]^{3/4-}$,	NO_2^- ⑥ oder aus schwach saurer Lösung mit gesättigter Lösung von Ag_2SO_4 fällen (s. $[Fe(CN)_6]^{3/4-}$ ③, ④)
	⑥ Farbreaktion mit Lunges Reagenz (SA)	**a** s. o.	s. o.
		b $[Fe(CN)_6]^{3/4-}$	Mit Zn^{2+} aus essigsaurer Lösung fällen
		c S^{2-}	Mit $ZnSO_4$ fällen
		d SO_3^{2-}	Mit $BaCl_2$ fällen
NO_3^-	⑧ Janovsky-Verbindung (US)	Keine	
	③ Ringprobe (SA)	**a** NO_2^-	Vorher mit H_2NSO_3H entfernen
		b starke Oxidationsmittel	NO_3^- ⑦
		c $[Fe(CN)_6]^{3/4-}$,	Mit $ZnSO_4$ im SA ausfällen
		d SCN^-, Br^-, I^-	Aus saurer Lösung mit Ag_2SO_4 oder Cu_2O fällen oder
		e $BiONO_3$	NO_3^- ⑨ oder SA-Rückstand mit verd. H_2SO_4 extrahieren, schwefelsaure Lösung erneut prüfen
	④ Farbreaktion mit Lunges Reagenz und Zink-Staub (SA)	**a** NO_2^-	Vorher mit H_2NSO_3H entfernen, nur geringer Überschuss! oder ⑨
		b Oxidationsmittel $[Fe(CN)_6]^{3/4-}$	Mehr Zn-Staub, notfalls durch Zn-Staub filtrieren
		c $BiONO_3$	SA-Rückstand mit verd. H_2SO_4 extrahieren, schwefelsaure Lösung mit $NaCH_3COO$ auf pH 4,5 übringen, erneut prüfen.

Tab. 21: Übersicht der günstigsten Nachweisreaktionen für Anionen (Fortsetzung)

Anion	Nachweis Nr. Nachweisreaktion (aus SA oder US)	Störung	Entstörung
PO_4^{3-}	⑥ Gelbes Molybdatophosphat (nach der H_2S-Fällung oder bei Abwesenheit von Arsen im Auszug der US mit heißer konz. HNO_3)	a H_2S	Vorher verkochen
		b Reduktionsmittel	mit konz. HNO_3 aufkochen bis keine nitrosen Gase mehr entweichen;
		c $[Fe(CN)_6]^{3/4-}$	Mit KW zerstören
		d AsO_4^{3-}, SiO_4^{4-}, $C_2O_4^{2-}$, $[Fe(CN)_6]^{3/4-}$	Störungen sind durch den Nachweis nach der H_2S-Fällung behoben
	① Magnesiumammoniumphosphat (nach der H_2S-Fällung Mikroskop!)	AsO_4^{3-}	Störung ist durch den Nachweis nach der H_2S-Fällung behoben

12.2.1 Entfernung der Anionen, die den Kationen-Trennungsgang stören

In Tabelle 22 sind die störenden Anionen mit den von ihnen verursachten Störungen zusammengefasst. In dieser Tabelle werden auch Methoden der Entstörung angegeben und was dabei zu beachten ist (s. a. Kap. 7.7, S. 230).

Tab. 22: Entfernung störender Anionen

Störendes Anion	Störung[1]	Entstörung[2]	Zu beachten
F⁻	[As, Sn, Fe, Al] Erdalkalifluoride (auch Li u. Mg) gelangen in die $(NH_4)_2S$-Gruppe	US auf heiße konz. H_2SO_4 in Porzellanschale streuen	Bildung von schwerlöslichen Blei- und Erdalkalisulfaten
CN⁻	[Cu, Co, Fe]	US mit KW erhitzen	Bildung von SnO_2, $PbCl_2$; evtl. auch von schwerlöslichen Sulfaten
SCN⁻	[Cr]	US mit KW erhitzen	Bildung von SnO_2, $PbCl_2$; evtl. auch von schwerlöslichen Sulfaten
$[Fe(CN)_6]^{3/4-}$	Bildung vieler schwerlöslicher Salze, erhebliche Störungen der H_2S- u. $(NH_4)_2S$-Gruppen. Calciumsalz gelangt in die $(NH_4)_2S$-Gruppe	a) US mit KW erhitzen b) US mit BaO_2 erhitzen c) US mit konz. H_2SO_4 + $(NH_4)_2S_2O_8$ erhitzen	Bildung von SnO_2, $PbCl_2$; evtl. auch von schwerlöslichen Sulfaten, bei b) vorher auf Ba^{2+} prüfen

[1] [ ] Komplexbildung und Beeinträchtigung der Gruppenfällung.
[2] Immer unter dem Abzug arbeiten!!

Tab. 22: Entfernung störender Anionen (Fortsetzung)

Störendes Anion	Störung[1]	Entstörung[2]	Zu beachten
$C_2O_4^{2-}$	[Sn, Fe, Cr, Al], Erdalkalioxalate (auch Mg und Li) gelangen in die $(NH_4)_2$ S-Gruppe	US mit konz. H_2SO_4 erhitzen (evtl. + $(NH_4)_2S_2O_8$)	Bildung von schwerlöslichen Sulfaten, evtl. auch von SnO_2
Tartrat, Oxalat und Citrat	[Sb, Al, Fe, Cr], Erdalkalioxalate und KH-Tartrat gelangen in die $(NH_4)_2$S-Gruppe	US mit $(NH_4)_2S_2O_8$ und konz. H_2SO_4 erhitzen	Bildung von SnO_2 und schwerlöslichen Sulfaten
CH_3COO^-	[Cr]	Aus saurem Zentrifugat der H_2S-Gruppenfällung verkochen	Durch Thioacetamid gelangt meist mehr Acetat in den Trennungsgang als in der Analyse evtl. vorhanden
BO_3^{3-}	Erdalkaliborate gelangen in die $(NH_4)_2$S-Gruppe	Als $B(OCH_3)_3$ abfackeln	Bildung von schwerlöslichen Sulfaten, Hitzeentwicklung beim Vermischen von konz. H_2SO_4 mit Methanol!
PO_4^{3-}	Kationen der $(NH_4)_2$S-Gruppe fallen z. T. als Phosphate, Erdalkali- (auch Mg- und Li-)Phosphate gelangen in die $(NH_4)_2$S- Gruppe. Nachweise von Al, Fe, Mn, Zn und Na gestört.	Fällung als Zirkoniumsalz nach der H_2S-Fällung	Phosphat-Nachweis nach H_2S-Fällung! Selbst Spuren von Zr fluoreszierenden mit Morin sehr stark: Mit Na_3AsO_4 fällen, kein Überschuss von Zr^{4+}, um Mitfällung bzw. Adsorption von Kationen zu vermeiden.

US = Ursubstanz
KW = Königswasser

12.3 Nachweise der Kationen

Die folgenden Schemata des Kationen-Trennungsgangs sollen einen Überblick der Trennschritte und Nachweise während einer Analyse vermitteln. Man arbeitet von oben nach unten. Waagerechte Striche bedeuten Zentrifugation (oder Filtration). Auftretende Niederschläge sind unterstrichen; die Farbe des Niederschlags ist unter dem Strich angegeben. Die Nachweisreaktionen sind gerastert. Diese Schemata können auch genutzt werden, wenn von den hier aufgeführten Kationen einige durch die Praktikumsordnung ausgeschlossen sind. In diesem Falle sind diese Kationen durchgehend zu streichen.

Die Versuchsbedingungen sind in diesen Übersichten nur stichwortartig angegeben. Die Durchführungen der Trennungen und Nachweise sind ausführlich am Ende jeder Gruppe beschrieben:

▶ Schwefelwasserstoff-Gruppe, s. Kap. 6.1
▶ Ammoniumsulfid-Gruppe, s. Kap. 6.2
▶ Ammoniumcarbonat-Gruppe, s. Kap. 6.3 und
▶ Lösliche Gruppe, s. Kap. 6.4

Dort findet man auch die Hinweisnummern auf Versuche (z. B. Hg^{2+} ⑨b oder Cu^{2+} ④) und kann dort die notwendigen Versuchsbedingungen nachschlagen.

12.3.1 Lösen und Behandlung der Rückstände

Rückstände nach Lösung in heißer verd. und konz. HCl:

Elementare Metalle[a]	**$As_2S_{3/5}$**[b]	**Hg_2Cl_2**	**$PbCl_2$**	**AgX**[c]
grau	gelb	weiß	weiß	weiß bis hellgelb
		HgS	**$PbSO_4$**	
		schwarz oder rot	weiß	
		HgI_2		
		rot		

mit wenig Königswasser KW (1 Teil konz. HNO_3 + 3 Teile konz. HCl) erwärmen, zentrifugieren

Gelöste Metalle	**$As^{3/5+}$**	**Hg^{2+}**	**$PbCl_2$** $PbSO_4$	**AgX**
Weiterverarbeitung der Lösung s. 12.3.3, S. 286 ff.			mit konz. NH_4CH_3COO-Lösung behandeln, zentrifugieren	
			$[Pb(CH_3COO)_3]^-$ + $K_2Cr_2O_7$ ↓ **$PbCrO_4$** gelb	**AgX**[c] mit $Na_2S_2O_3$-Lösung behandeln, zentrifugieren
				$[Ag(S_2O_3)_2]^{3-}$ + KI_3 ↓ **AgI** hellgelb

[a] eventuell auch unedle Metalle, die Auflösung kommt evtl. durch Passivierung zum Erliegen
[b] eventuell auch andere Sulfide der H_2S-Gruppe
[c] $X^- = Cl^-, Br^-, I^-$. AgCl und AgBr lösen sich auch in weniger konz. $Na_2S_2O_3$-Lösung; AgCl auch in verd. Ammoniak; nach dem Aufkochen mit KW sind alle Silberverbindungen in AgCl umgewandelt.

SiO_2	Al_2O_3	$BaSO_4$[d]	Cr_2O_3[e]	SnO_2	Fe_2O_3[f]	TiO_2
weiß	weiß	weiß	weiß	weiß	rotbraun	weiß
SiO_2	Al_2O_3	$BaSO_4$	Cr_2O_3	SnO_2		TiO_2
SiO_2	Al_2O_3	$BaSO_4$	Cr_2O_3	SnO_2		TiO_2
SiO_2	Al_2O_3	$BaSO_4$	Cr_2O_3	SnO_2		TiO_2

Aufschlüsse s. 12.3.2, S. 284 f.

---

[d] $SrSO_4$ und ggf. $CaSO_4$ sind mit eingeschlossen
[e] $Cr_2(SO_4)_3$ mit wenig Kristallwasser (grün) oder ohne Kristallwasser (grau) sind mit eingeschlossen
[f] Fe_2O_3 rotbraun löst sich nur langsam in konz. HCl (s. Kap. 3.3 und $Fe^{2/3+}$ ①)

12.3.2 Aufschlüsse schwerlöslicher Verbindungen

Aufschlüsse, die einen Rückstand in eine direkt oder indirekt wasserlösliche Verbindung umwandeln, können unabhängig voneinander durchgeführt werden.

Der **Feiberger Aufschluss** von Zinn(IV)-oxid (s. Sn^{2+} ⑧) wird durch keinen anderen Rückstand gestört. Wurden jedoch Arsen- und Antimonoxide nicht vollständig gelöst, bilden auch sie Thiosalze. Eine ständige Störung kommt von der Bildung der Polysulfide, die beim basischen Aufschluss vermieden wird.

Die **Oxidationsschmelze** wandelt Chromverbindungen in gelbes, wasserlösliches Chromat um (s. Cr^{3+} ③). Bismutoxid, das sich in siedender konz. Salzsäure relativ langsam löst, führt auch zu einer Gelbfärbung, die sich aber nicht(!) in Wasser löst. Die anderen Rückstände stören nicht, wenn sie auch, da die Oxidationsschmelze etwas basisch ist, langsam angegriffen werden. Manganverbindungen (s. Mn^{2+} ⑧) sollten sich nicht mehr unter den Rückständen befinden.

Der saure Aufschluss ist für Aluminiumoxid bei Anwesenheit von Zinn(IV)-oxid besser geeignet als der basische Aufschluss (s. Al^{3+} ⑧ und ⑨). Eventuell anwesendes Eisenoxid muss zuvor durch längeres Sieden mit konz. Salzsäure gelöst werden (s. Fe^{3+} ①).

Muss *Titanoxid* berücksichtigt werden (s. Ti^{4+} ②), wird dieses in dem schwefelsauren Auszug des Schmelzkuchens oder nach dem sauren Aufschluss mit Wasserstoffperoxid nachgewiesen (s. Ti^{4+} ④). Die grüne Fluoreszenz des Al-Morin-Farblackes wird durch den gelben Ti-Morin-Komplex nicht gestört. In essigsaurer Lösung bleibt nur Aluminium in Lösung, Titanoxydhydrat kann abzentrifugiert werden.

Der saure Aufschluss

SiO_2 weiß	Al_2O_3 weiß	$BaSO_4$ weiß	Cr_2O_3 weiß	SnO_2 weiß	TiO_2 weiß
schmelzen mit $KHSO_4$, Schmelzkuchen zerkleinern und mit verd. H_2SO_4 auslaugen.					
Al^{3+} ↓ + $NaCH_3COO$ + Morin	Cr^{3+} ↓ + $(NH_4)_2S_2O_8$	TiO^{2+} ↓ + H_2O_2	SiO_2 ↓ Wassertropfenprobe	$BaSO_4$ ↓ basischer Aufschluss	SnO_2 ↓ Leuchtprobe
↓ grüne Fluoreszenz	↓ $Cr_2O_7^{2-}$ orange	↓ TiO_2^{2+} gelb			

Der basische Aufschluss

SiO_2	Al_2O_3	$BaSO_4$[a]	Cr_2O_3[b]	SnO_2	TiO_2
weiß	weiß	weiß	weiß	weiß	weiß

schmelzen mit Na_2CO_3/NaOH, Schmelzkuchen zerkleinern, mehrfach mit Wasser auslaugen, zentrifugieren: hauptsächlich erstes Waschwasser verwenden.

SiO_4^{4-}	$[Al(OH)_4]^-$ und * (s. u.)	$BaCO_3$ Cr_2O_3 SnO_2 TiO_2			mit farblosem Ammoniumsulfid auslaugen, abzentrifugieren
mit konz. HCl eindampfen mit verd. HCl aufnehmen, abzentrifugieren oder abdekantieren		wenn das Waschwasser sulfatfrei ist, Rückstand in verd. HCl lösen, zentrifugieren			
SiO_2	Al^{3+}	Ba^{2+}	Cr_2O_3 SnO_2 TiO_2		$[SnS_3]^{2-}$
farblos	+ Ammoniak zentrifugieren	+ verd. H_2SO_4 zentrifugieren	schmelzen mit Na_2CO_3/KNO_3 Schmelzkuchen (Oxidationsschmelze) mit wenig Wasser auslaugen, zentrifugieren		+ verd. HCl, zentrifugieren
↓	↓	↓			↓
Wassertropfenprobe	$Al(OH)_3$ farblose Flocken	$BaSO_4$ weiß			SnS_2 gelb
	mit Morin und Eisessig	mit $MgCl_2 \cdot 6\,H_2O$ oder Mg-Pulver spektroskopieren	↓ CrO_4^{2-} gelbe Lösung		+ konz. HCl + H_2O, Zn
	↓				↓
	grüne Fluoreszenz				**Leuchtprobe**

* Na^{+c} SO_4^{2-} CO_3^{2-c}
mit HCl ansäuern,
CO_2 verkochen, + $BaCl_2$
↓
$BaSO_4$
weiß

[a] $SrSO_4$ und ggf. $CaSO_4$ sind mit eingeschlossen, Trennung und Nachweise s. 12.3.5, S. 291
[b] $Cr_2(SO_4)_3$ mit wenig Kristallwasser (grün) oder ohne Kristallwasser (ocker) sind mit eingeschlossen
[c] Zur Identifikation von Na^+ und CO_3^{2-} siehe Nachweisreaktionen bei den Alkalimetallen und Anionen.

12.3.3 Schwefelwasserstoff-Gruppe (s. a. Kap. 6.1)

Hg^{2+}	Pb^{2+}	Bi^{3+}	Cu^{2+}
	Lösen in verd. HCl; bei Anwesenheit von MnO_4^- (violette Lösung) oder Cr_2O_7 (orange Lösung) durch Aufkochen mit Ethanol reduzieren: Wurde HNO_3 bzw. Königswasser zum Lösen schwerlöslicher Substanzen verwendet, bis fast zur Trockne abrauchen (Abzug!) mit verd. HCl aufnehmen, +TAA als Lösung			
<u>HgS</u> schwarz	<u>PbS</u> schwarz	<u>Bi_2S_3</u> dunkelbraun	<u>$CuCl \times 4TAA$</u> grünlich <u>Cu_2S, CuS</u> schwarz
	digerieren mit gelbem $(NH_4)_2S_x$ bei 40–50 °C, zentrifugieren			
HgS	PbS	Bi_2S_3	CuS
	5 min behandeln mit HNO_3/H_2O 1:2 (4 mol/L oder 20 %ig), bei 80–90 °C zentrifugieren			
HgS S^0 lösen in wenig Königswasser Hg^{2+} | S^0 verwerfen	Pb^{2+}	Bi^{3+}	Cu^{2+}
		abrauchen mit 1–2 mL konz. H_2SO_4, bis weiße Nebel entstehen, **abkühlen lassen**, mit Wasser verdünnen, zentrifugieren		
	<u>$PbSO_4$</u> weiß	Bi^{3+}	Cu^2
+ Harnstoff + KI + CuI <u>$Cu_2[HgI_4]$</u> leuchtend rot	Lösen in konz. NH_4CH_3COO: $[Pb(CH_3COO)_3]^- +$ $K_2Cr_2O_7$ ↓ <u>$PbCrO_4$</u> gelb	mit konz. Ammoniak alkalisch machen,	
		<u>$Bi(OH)_3$</u> farblos	<u>$[Cu(NH_3)_4]^{2+}$</u> blaue Lösung
		a lösen in verd. HNO_3 + Thioharnstoff	**a** + $Na_2S_2O_4$, 5 min abdekantieren
		↓ <u>$[Bi(SC(NH_2)_2)_3]^{3+}$</u> gelbe Lösung oder **b** + $Na[Sn(OH)_3]$ ↓ <u>Bi^0</u> schwarz	↓ <u>Cu^0</u> rotbraun (schwarz)

Cd^{2+}	$As^{3/5+}$	$Sb^{3/5+}$	$Sn^{2/4+}$
oder als Feststoff (s. Kap. 5.16), bzw. $+H_2S$. Zur Vervollständigung der Fällung Zugabe von $(NH_4)_2S$ farblos oder einer Lösung von TAA in verd. NH_3 bis max. pH 2; das Zentrifugat enthält die $(NH_4)_2S$-, $(NH_4)_2CO_3$- und die lösliche Gruppe s. Kap. 12.3.4–12.3.6, S. 288 ff.			
CdS gelb	As_2S_3 gelb As_2S_5 gelb	Sb_2S_3 orange Sb_2S_5 orange	SnS schwarzbraun SnS_2 gelb
CdS	$AsS_4^{3-}\ S_x^{2-}$	SbS_4^{3-}	SnS_3^{2-}
	ansäuern mit verd. HCl ($H_2S\uparrow$, **Abzug!**), zentrifugieren			
Cd^{2+}	$As_2S_{3/5}\ S^0$	$Sb_2S_{3/5}$	SnS_2
	mit wenig konz. HCl behandelt, zentrifugieren			
Cd^{2+} zentrifugieren	$As_2S_{3/5}\ S^0$ **a** + verd. Ammoniak + H_2O_2 $AsO_4^{3-}\ S^0$	$[SbCl_6]^-$ H_2S verkochen + H_2O, + Fe	$[SnCl_6]^{2-}$
$[Cd(NH_3)_{4/6}]^{2+}$ farblose Lösung Wasserbad,	+ Mg^{2+} | verwerfen	↓ Sb^0 schwarze Flocken	Sn^{2+} farblose Lösung
	↓ MgNH$_4$ AsO$_4$ weiße Kristalle		↓ **Leuchtprobe**
$[Cd(NH_3)_{4/6}]^{2+}$ + TAA oder H_2S	oder **b** + konz. HNO_3 aufkochen		
↓ CdS gelb	↓ $[NH_4]_3[As(Mo_3O_{10})_4]$ gelb		

12.3.4 Ammoniumsulfid-Gruppe (s. a. Kap. 6.2)

Co^{2+}	Ni^{2+}	Fe^{2+}	Mn^{2+}
\multicolumn{4}{l}{Zentrifugat der Schwefelwasserstoff-Gruppenfällung mit konz. Ammoniak schwach alkalisch machen max. pH 9, mit farblosem $(NH_4)_2S$ oder mit TAA (s. Kap. 5.1.6) versetzen, 5 min auf und 40 °C erwärmen,}			
CoS	NiS	FeS	MnS
schwarz	schwarz	schwarz	rosa
\multicolumn{4}{l}{mit 1 mol/HCl bei 40 °C behandeln, zentrifugieren, Vorgang wiederholen, Zentrifugate vereinen}			
Co_2S_3	Ni_2S_3	Fe^{2+}	Mn^{2+}
schwarz	schwarz		
+ einige Tropfen konz. HNO_3, aufkochen, mit H_2O verdünnen, evtl. von S^0 abdekantieren		H_2S verkochen, mit einigen Tropfen konz. HNO_3 Lösung 30%iges $H_2O_2{}^a$, zentrifugieren	
+ NH_4SCN, + Methylisobutylketon	+ verd. Ammoniak + Diacetyldioxim		
↓	↓	$Fe(OH)_3$	$MnO(OH)_2$
$H_2[Co(NCS)_4]$	$[Ni(C_4H_7N_2O_2)_2]$	braun	dunkelbraun
blaue organische Phase	rot	in verd. H_2SO_4 lösen + NH_4SCN	in verd. H_2SO_4 + $(NH_4)_2S_2O_8$ + $AgNO_3$
		↓	↓
		$Fe(NCS)_3$	MnO_4^-
		blutrote Lösung	violette Lösung

[a] Bei Anwesenheit von Fe^{3+} und/oder Mn^{2+} bleibt das $Cr(OH)_3$ bei $Fe(OH)_3$ und $MnO(OH_2)$. Zum Nachweis des Chroms s. Kap. 6.2.2, S. 116, Cr^{3+} ④ b. Man kann die Lösung auch mit Na_2CO_3 oder NaOH neutralisieren und dann in eine Mischung $NaOH/H_2O_2$ 10:1 einfließen lassen; dann ist jedoch die direkte Prüfung auf Al^{3+} mit Morin möglich.
[b] evtl. auch $[Zn(NH_3)_4]^{2+}$

Nachweise der Kationen

Al^{3+}	Zn^{2+}	Cr^{3+}
zentrifugieren; Zentrifugat enthält $(NH_4)_2CO_3$- und lösliche Gruppe, s. Kap. 12.3.5, 12.3.6		
$Al(OH)_3$ farblos	ZnS weiß	$Cr(OH)_3$ graugrün
Al^{3+}	Zn^{2+}	Cr^{3+} [a]
aufkochen, mit NaOH-Plätzchen stark alkalisch machen und Ammoniak verkochen; zur abgekühlten		
bei Anwesenheit von CrO_4^{2-} (gelbe Lösung)		
$[Al(OH)_4]$ farblose Lösung	$[Zn(OH)_4]^{2-}$ [b] farblose Lösung	CrO_4^{2-} gelbe Lösung
+ konz. HCl bis zur schwachsauren Reaktion, dann konz. Ammoniak bis zur alkalischen Reaktion, zentrifugieren		
$Al(OH)_3$ farblos	$[Zn(OH)_4]^{2-b}$ farblose Lösung	CrO_4^{2-} gelbe Lösung
+ Morin, + Eisessig	**a** mit CH_3COOH neutralisieren, mit NH_4CH_3COO puffern, + Dithizon-Lösung in $CHCl_3$	Die gelbe Farbe des CrO_4^{2-} reicht als Nachweis; bei Fällung mit Ba^{2+} kann auch $BaCO_3$ weiß ausfallen, da CO_2 aus der Luft von NaOH absorbiert wird; Empfindlicher Nachweis für CrO_4^{2-} mit Diphenylcarbazid
↓ grüne Floreszenz	↓ **Zn-Chelat-Komplex** purpurrote Lösung	
	b mit H_2SO_4 ansäuern + 1 Tr. $FeCl_3$ oder $Fe_2(SO_4)_3$ + $(NH_4)_2[Hg(SCN)_4]$ ↓ **Zn(Fe)[Hg(SCN)_4]** rotbraun	
bei Abwesenheit von CrO_4^{2-} (farblose Lösung)		
$Al(OH)_3$ farblos	$[Zn(OH)_4]^{2-}$ farblose Lösung	
restliches H_2O_2 mit einigen Tropfen $KMnO_4$-Lösung zerstören,		
+ Morin, + Eisessig, + einige Tr. $(NH_4)_2S$	**a** mit H_2SO_4 ansäuern, + 1 Tr. $Fe_2(SO_4)_3$-Lösung + $(NH_4)_2[Hg(SCN)_4]$	
↓ grüne Floreszenz	↓ **Zn(Fe)[Hg(SCN)_4]** rotbraun oder **b** mit CH_3COOH neutralisieren, mit NH_4CH_3COO puffern + Dithizon-Lösung in $CHCl_3$ ↓ **Zn-Chelat-Komplex** purpurrote Lösung	

Modifizierte Ammoniumsulfid-Gruppe

bei unvollständiger Fällung der Schwefelwasserstoff-Gruppe

Fällung wie bei der Ammoniumsulfid-Gruppe				
PbS	CdS	NiS	CoS	ZnS
schwarz	gelb	schwarz	schwarz	weiß

mit verd. Schwefelsäure bei Zimmertemperatur behandeln, zentrifugieren. Fortsetzung s. unten

PbS	CdS	Ni_2S_3	Co_2S_3	ZnS

mit einem Gemisch konz. $H_2SO_4/3\%$iges H_2O_2 (1:10) erhitzen oder mit wenig konz. HNO_3 erhitzen, dann verd. Schwefelsäure zufügen

$PbSO_4$ + NH_4CH_3COO + $K_2Cr_2O_7$	Cd^{2+}	Ni^{2+}	Co^{2+}	Zn^{2+}
	+ verd. NaOH/3%iges H_2O_2			
↓	$Cd(OH)_2$	$Ni(OH)_2$	$CoO(OH)$	$[Zn(OH)_4]^{2-}$
$PbCrO_4$	+ verd. Essigsäure/Wärme			+ verd. CH_3COOH
gelb	Cd^{2+}	Ni^{2+}	$CoO(OH)$	+ NH_4CH_3COO
	+ verd. Ammoniak + Diacetyldioxim		+ verd. HCl/Hitze	+ Dithizon
	$[Cd(NH_3)_{4/6}]^{2+}$	$[Ni(C_4H_7N_2O_2)_2]$	Co^{2+}	**purpurrotes**
	+ H_2S bzw. TAA	rot	+ NH_4SCN	**Chelat**
			+ Methylisobutylketon	in $CHCl_3$
	CdS		$H_2[Co(NCS)_4]$	
	gelb		blau in der org. Phase	

Fortsetzung von oben			
FeS	MnS	$Al(OH)_3$	$Cr(OH)_3$
schwarz	rosa	farblos	graugrün

Fe^{3+}	Mn^{2+}	Al^{3+}	Cr^{3+}

Trennung und Nachweise s. Ammoniumsulfid-Gruppe Kap. 12.3.4, s. S. 288/289

12.3.5 Ammoniumcarbonat-Gruppe (s. a. Kap. 6.3)

Ba^{2+}	Sr^{2+}	Ca^{2+}
\multicolumn{3}{l}{Zentrifugat der Ammoniumsulfid-Gruppenfällung bis fast zur Trockne einengen, Ammonium-Salze mit Königswasser abrauchen, mit verd. HCl aufnehmen, mit verd. Ammoniak auf pH 7 bis 9 bringen, 1 Spatelspitze NH_4Cl und 1–2 Spatel $(NH_4)_2CO_3$ hinzufügen, 5–10 min auf 40–50 °C erwärmen, zentrifugieren; Zentrifugat enthält die lösliche Gruppe, s. 12.3.6}		
$BaCO_3$	$SrCO_3$	$CaCO_3$
weiß	weiß	weiß

Trennung und Nachweise

Chromat-Verfahren

$BaCO_3$	$SrCO_3$	$CaCO_3$	
\multicolumn{4}{l}{in verd. CH_3COOH lösen, + $NaCH_3COO$, + $K_2Cr_2O_7$, zentrifugieren}			
↓	Sr^{2+}	Ca^{2+}	CrO_4^{2-}
$BaCrO_4$	mit NaOH alkalisch machen,		gelbe Lösung
gelb	+ 20–25 % Ethanol		
mit $MgCl_2 \cdot 6 H_2O$ oder	↓		
Mg-Pulver spektroskopieren	**$SrCrO_4$**	Ca^{2+}	CrO_4^{2-}
	gelb	**a** + $(NH_4)_2C_2O_4$	
	mit $MgCl_2 \cdot 6 H_2O$ oder	↓	
	Mg-Pulver spektroskopieren	**CaC_2O_4**	
		weiß	
		mit $MgCl_2 \cdot 6 H_2O$ oder	
		Mg-Pulver spektroskopieren	
		oder	
		b + 1 Spatel NH_4Cl	
		+ $K_4[Fe(CN)_6]$	
		↓	
		$(NH_4)_2[CaFe(CN)_6]$	
		weiß	

12.3.6 Lösliche Gruppe (s. a. Kap. 6.4)

Mg^{2+}	Li^+	Na^+	K^+	SO_4^{2-}
\multicolumn{5}{l}{Zentrifugat der Ammoniumcarbonat-Gruppenfällung mit konz. HCl ansäuern, nur wenn SO_4^{2-} anwesend: + $BaCl_2$ + Ammoniak schwach ammoniakalisch machen + $(NH_4)_2CO_3$, Niederschläge abzentrifugieren und verwerfen}				
Mg^{2+}	Li^+	Na^+	K^+	$BaSO_4$ weiß
\multicolumn{4}{l}{mit konz. HCl ansäuern, wenn SO_4^{2-} entfernt werden musste, zur Trockene eindampfen, Ammonium-Salze 2mal mit Königswasser abrauchen, mit Oxalsäure (fest) schwach glühen, mit wenig konz. Salzsäure eintrocknen.}				$BaCO_3$ weiß verwerfen

1. Lösliche Gruppe bei Anwesenheit von Lithium

LiCl	$MgCl_2$	NaCl		KCl
\multicolumn{5}{l}{trockenen Rückstand vom Abrauchen der Ammonium-Salze mit einer wassergesättigten Mischung aus n- oder Isoamylalkohol/Diethylether (1 : 3–5) auslaugen, zentrifugieren}				
Li^+ organische Phase mit Eisenperiodat-Reagenz schütteln	$MgCl_2$ in wenig stark verd. CH_3COOH lösen **a** + Magneson II + verd. NaOH	NaCl **a** + Mg^{2+}/UO_2^{2+}-Acetat		KCl **a** + $Na[B(C_6H_5)_4]$
↓	↓	↓		↓
$LiKFeIO_6$ weiß in der wässr. Phase	Mg-Farblack kornblumenblau oder **b** + Ammoniak, + NH_4Cl + Na_2HPO_4	$NaMg(UO_2)_3(CH_3COO)_9 \cdot 6 H_2O$ gelbe Kristalle (Mikroskop) oder **b** + KOH: $Mh(OH)_2$ ↓, abzentrifugieren + $K[Sb(OH)_6]$		$K[B(C_6H_5)_4]$ weiß oder **b** + $HClO_4$
	↓	↓		↓
	$MgNH_4PO_4 \cdot 6 H_2O$ weiße Kristalle (Mikroskop)	$Na[Sb(OH)_6]$ weiß		$KClO_4$ weiß spektroskopisch prüfen! oder **c** + $Na_3[Co(NO_2)_6]$ ↓ $K_2Na[Co(NO_2)_6]$ gelb

NH_4^+-Nachweis aus der Ursubstanz:

a + NaOH + wenig Wasser

↓

Geruch nach NH_3
oder
Verfärbung von Indikatorpapier

oder

b + verd. NaOH,
 + einige Tr. Neßlers Reagenz

↓

$[NHg_2]I \cdot H_2O$
rostbraun

2. Lösliche Gruppe bei Abwesenheit von Lithium

Mg^{2+}	Na^+	K^+	SO_4^{2-}
\multicolumn{4}{l}{einengen, Ammonium-Salze 2mal mit Königswasser abrauchen, Rückstand mit wenig stark verd. CH_3COOH lösen Nachweise wie oben durchführen}			

12.4 Miteinander reagierende Ionen

Ionen können mit anderen Ionen, Substanzen und auch Luftsauerstoff reagieren. Bei diesen Reaktionen wird das ursprüngliche Ion verändert. In Analysengemischen bzw. im Sodaauszug können solche Reaktionen unkontrolliert ablaufen. Dadurch findet man nicht das fragliche Ion, sondern eventuell ein anderes, daraus entstandenes. Um für den Studenten unüberschaubare Komplikationen zu vermeiden, sollten die in Tabelle 23 zusammengestellten Kombinationen in Analysengemischen ausgeschlossen werden. Es sind einige Kombinationen dabei, die sich prinzipiell durchaus lösen lassen, aber wohl kaum von einem Anfänger und nicht in der für die Übungen in qualitativer anorganischer Analyse zur Verfügung stehenden Zeit.

Die Oxidationsstufe des Kations einer Einzelsubstanz lässt sich ohne Schwierigkeiten feststellen. Im Gemisch und/oder als Lösung sind Oxidationsstufen, besonders wenn es sich nicht um die beständigsten handelt, leicht Veränderungen ausgesetzt. Die Oxidationsstufe sollte nur in begründeten Fällen bestimmt werden.

Bromat und Iodat sollten nur im Gemisch mit Bromiden bzw. Iodiden, als deren Verunreinigungen sie auftreten können, ausgegeben werden. Da Chlorat, Perchlorat, Bromat und Iodat besonders bei Gegenwart leicht oxidierbarer Substanzen (z. B. org. Anionen) zu **Explosionen** führen können, sollte bei deren Anwesenheit in der Analyse eine besondere **Warnung** ausgegeben werden.

Tab. 23: Miteinander reagierende Ionen

Auszuschließende Kombinationen	Gründe
$F^-/BO_3^{3-}/SiO_4^{4-}$	U. a. Bildung von BF_3-Gas, das zu $B(OH)_3$ hydrolysiert
CN^-/Ag^+ und Hg^{2+}	Bildung von undissoziierten $AgCN$ und $Hg(CN)_2$
$CN^-/Cu^{1/2+}$, Co^{2+}, Ni^{2+}, $Fe^{2/3+}$ und Zn^{2+}	Bildung von stabilen Cyano-Komplexen
SCN^-/Ag^+	Aufschluss von $AgSCN$ unsicher
SCN^-/NO_2^- u. a. Oxidationsmittel	Zerstören SCN^-, teilweise rote Oxidationsprodukte unbekannter Struktur
$[Fe(CN)_6]^{3/4-}/C_4H_4O_6^{2-}$	Komplikationen bei Tartrat-Nachweis mit Cu^{2+}
$[Fe(CN)_6]^{3/4-}/Ag^+$, Hg_2^{2+}, Hg^{2+}	$[Fe(CN)_6]^{3/4-}$ nicht im Sodaauszug
$S^{2-}/Oxidationsmittel$	Oxidation zu S^0, SO_3^{2-}, SO_4^{2-}, in Lösung auch durch Luftsauerstoff
$SO_3^{2-}/Oxidationsmittel$	Oxidation zu SO_4^{2-}, auch durch Luftsauerstoff
$SO_3^{2-}/elementare$ Metalle, Sn^{2+}	Reduktion zu S^{2-}
$S_2O_3^{2-}/Oxidationsmittel$	Oxidation zu SO_4^{2-}
$S_2O_3^{2-}/elementare$ Metalle, Sn^{2+}	Reduktion zu S^{2-}
$S_2O_3^{2-}/saures$ Milieu	Zersetzung zu $S^0 + SO_3^{2-}$
$S_2O_3^{2-}/Schwermetall$-Ionen, auf jeden Fall Ag^+, Hg^{2+}, Cu^{2+}, Fe^{2+}	Zersetzung zu S^{2-}
CO_3^{2-}/SO_3^{2-}, $S_2O_3^{2-}$, NO_2^- und $C_2O_4^{2-}$, $C_4H_4O_6^{2-}$	Bei der Oxidation von SO_3^{2-}, $S_2O_3^{2-}$ und NO_2^- mit $KMnO_4$ würde CO_2 aus $C_2O_4^{2-}$ und $C_4H_4O_6^{2-}$ gebildet; nicht ausgeschlossen; CO_3^{2-}/SO_3^{2-}, $S_2O_3^{2-}$, NO_2^- sowie $S_2O_3^{2-}$, SO_3^{2-}, NO_2^- und $CO_3^{2-}/C_2O_4^{2-}$, $C_4H_4O_4^{2-}$

Tab. 23: Miteinander reagierende Ionen (Fortsetzung)

Auszuschließende Kombinationen	Gründe
CO_3^{2-}/saures Milieu	Verlust von CO_2
$C_2O_4^{2-}$/Oxidationsmittel	Oxidation zu CO_2
$C_4H_4O_6^{2-}$/Oxidationsmittel (MnO_4^-, CrO_4^{2-})	Oxidation zu CO_2
$C_6H_5O_7^{3-}$/Oxidationsmittel	Oxidation zu CO_2
NH_4/CrO_4^{2-} bzw. $Cr_2O_7^{2-}$	Oxidation zu NO_2^- und NO_3^-
NH_4^+/Oxidationsmittel	Oxidation zu NO_2^- und NO_3^-
$S_2O_3^{2-}$/Sn^{2+}	Sn^{2+} nur schwierig quantitativ aus SA zu entfernen
NH_4^+/bas. Milieu	Verlust von NH_3
NO_2^-/Oxidationsmittel	Oxidation zu NO_3^-
NO_2^-/Reduktionsmittel wie I^-, S^{2-} SO_3^{2-}, $S_2O_3^{2-}$, SCN^-, Sn^{2+}, elementare Metalle	Reduktion zu NO, evtl. auch zu NH_3
NO_2^-/saures Milieu	Freisetzung und Zersetzung der HNO_2, d. h. Verlust von NO_2^-, auch Bildung von NO_3^-
NO_3^-/elementare Metalle, Sn^{2+}	Reduktion zu NO_2^- und NH_3 je nach pH-Wert
F^-/BO_3^{2-}/SiO_4^{4-}	Nur eines der drei Anionen (s. o.)

13 Gesundheitsschädliche Arbeitsstoffe

13.1 Sicheres Arbeiten

Man sollte davon ausgehen, dass praktisch alle Chemikalien in bestimmten Konzentrationen gesundheitsschädlich, manche auch ätzend und andere giftig sind. Zukünftige Fachleute für den Umgang mit Chemikalien müssen das sichere Arbeiten erlernen (s. a. Kap. 1.9).

Sicheres Arbeiten ist nicht gleich bedeutend mit dem Arbeiten unter einem Abzug (wo geht die Abluft hin?). Ebenso wenig heißt sicheres Arbeiten Verwendung von Gummihandschuhen. Es ist theoretisch selbstverständlich, dass man den Daumen nicht als Verschluss für ein Reagenzglas verwenden soll, auch wenn es diesmal „nur" Wasser enthält, wie oft ist es notwendig, im Labor darauf hinzuweisen!

Sicheres Arbeiten kann gleichgesetzt werden mit sauberem und bewusstem Arbeiten. Man sollte vorher wissen, welche Reaktion man durchführt! Wenn man weiß, was man tut, ist auch das Ergebnis einer Reaktion, eines Nachweises klarer.

Weitere Regeln:

▶ Hautkontakt vermeiden,
▶ keine Chemikalienstäube oder -dämpfe einatmen und
▶ entsprechend gekennzeichnete Reaktionen nur unter einem gut ziehenden Abzug durchführen.

13.2 Arbeitsplatz-Grenzwerte

Seit 1.1.2005 besteht mit dem Inkrafttreten der neuen Gefahrstoffverordnung ein neues Grenzwert-Konzept. Die neue Gefahrstoffverordnung kennt nur noch gesundheitsbasierte Grenzwerte, genannt Arbeitsplatzgrenzwert (AGW) und biologischer Grenzwert (BGW). Die alten Bezeichnungen MAK-Werte und BAT-Werte können und sollen jedoch bis zur vollständigen Umsetzung der Verordnung als Richt- und Orientierungsgrößen weiter verwendet werden. Bisher gab die „Senatskommission zur Prüfung gesundheitsschädlicher Arbeitsstoffe" der Deutschen Forschungsgesellschaft (DFG) in jährlichen Abständen Mitteilungen über Maximale Arbeitsplatzkonzentrationen (MAK) und Biologische Arbeitsstoff-Toleranzwerte (BAT) heraus.

Außerdem sei nochmals auf die Hinweise zur Toxikologie und zur pharmazeutischen Verwendung vor Beginn der Versuche jedes behandelten Ions hingewiesen.

13.3 Entsorgung von Abfällen

Analysensubstanzreste und Chemikalien, besonders, wenn sie mit den Gefahrensymbolen T und N gekennzeichnet sind, dürfen nicht in Ausguss oder Mülleimer geschüttet werden, sondern müssen in einem verschließbaren Gefäß gesammelt werden, um sie einer geregelten Entsorgung zuzuführen. Dies gilt besonders für Schwermetalle (H_2S- und $(NH_4)_2S$-Gruppenelemente). Cyanide sollten zerstört werden (s. CN^- ⑤). Das Arbeiten im Halbmikromaßstab führt nicht nur zur Verringerung des Chemikalienverbrauchs, sondern auch zur Verringerung der Abfallmengen.

Sachverzeichnis

A

Abfälle, Entsorgung 296
Abrauchen
– von Ammoniumsalzen 144
– von Salpetersäure 30
– Vorgehensweise 30
Absaugen 5
Acetat 201 ff., 211
– als basische Lanthanacetat-Iod-Einschlussverbindung 203
– chemische Eigenschaften 201
– Freisetzung von Essigsäure 202
– Probelösung 202
Acetat-Nachweis, Störungen 212
Aktivität 243
Alkali-Ionen 136
– chemische Eigenschaften 136
Aluminium 106 ff.
– chemische Eigenschaften 107
– Farblacke mit Aluminium 109
– Fluoreszenz mit Morin 108
– Lösen von 107
– Probelösung 107
– Reaktion mit Ammoniak 107
– Reaktion mit Natronlauge 107
Aluminiumhydroxid 108
Aluminiumoxid
– basischer Aufschluss 37, 110
– saurer Aufschluss 110
Aluminiumoxinat 109
Amalgamprobe, Redoxgleichung 265
Amidosulfonsäure 221
Amminkomplexe, Cobalt 91
Ammoniak 143
– Rauchbildung mit Chlorwasserstoff 144
Ammonium 143 ff.
– chemische Eigenschaften 143
– Probelösung 143
– Reaktion mit Alkali- und Erdalki-Hydroxiden 143

– Unterscheidung von Kalium 144
Ammoniumcarbonat-Gruppe 125 ff.
– Kurzfassung 291
– Trennungsgang 132
Ammoniumdodekamolybdatophosphat 226
Ammoniumhexachloroplatinat(IV) 146
Ammoniumhexanitrocobaltat(III) 146
Ammoniummagnesiumarsenat(V) 74
Ammoniummagnesiumphosphat 135, 225
Ammoniummolybdatoarsenat(V) 74
Ammoniumperoxodisulfat zur Entfernung von Tartrat 204
Ammoniumpolysulfid, Bereitung 44
Ammoniumsalze
– Abrauchen 144
– thermische Zersetzung 144 f.
Ammoniumsulfid, Bereitung 44
Ammoniumsulfid-Gruppe 90 ff.
– Kurzfassung 288 f.
– modifizierte 290
– Sulfide und deren Farben 120
– Trennungsgang 119 ff.
amorph 243
Amphoterie 243
Analyse
– Unterbrechung 31
– Zusammensetzung 2
Analysensubstanz
– Aufbewahrung 28 ff.
– Mischen 28 ff.
– Zerkleinern 28 ff.
Anion 244
Anionen
– Analytik 149 ff.
– kohlenstoffhaltige 195
– Reihenfolge der Nachweise 238
– schwefelhaltige 183 ff.
– störende im Kationentrennungsgang 279 f.
– Übersicht der günstigsten Nachweisreaktionen 272 ff.

Antimon 76 ff.
- chemische Eigenschaften 76
- Probelösung 76
- Reaktion mit Ammoniak 77
- Reaktion mit Natronlauge 77
- Vorproben 76
Antimon(III)
- Hydrolyse von 77
- Nachweis mit Marsh'scher Probe 77
- Reduktion mit Eisen 77
Antimon(III)-iodid 79
Antimon(III)-sulfid 78
Antimon(V)-sulfid 79
Aqua demineralisata 15
Äquivalentkonzentration 243
Arbeiten, sicheres 295
Arbeitsplatz-Grenzwerte 295
Arbeitsstoffe, gesundheitsschädliche 295
Arsen 69 ff.
- chemische Eigenschaften 69
- Nachweis mit Marsh'scher Probe 70
- Nachweis mit Quecksilber(II)-bromid 72
- Nachweis mit Thiele'scher Probe 70
- Probelösung 69
- Unterscheidung von Antimon 70 f.
- Vorproben 69
Arsen(III), Oxidation zu Arsenat 73
Arsen(III)-oxid, als Urtitersubstanz in der Iodometrie 73
Arsen-Spiegel 71
Arsen(III)-sulfid 75
Arsen(V)-sulfid 75
- Lösen von 75
Arsenverbindungen, trockenes Erhitzen von 70
Arsenwasserstoff 71
Arsin 71 ff.
- Nachweis mit modifizierter Marsh'scher Probe 72
- Reaktion mit Silberdiethyldithio-carbamat 73
Arzneibuch, Analytik 2 f.
Atomspektrum 248
Ätzprobe 154, 272
Aufschluss
- basischer 285
- Freiberger 84, 284
- saurer 284

- schwerlöslicher Verbindungen 37, 284
- von Erdalkalisulfaten 126
Aufschlüsse
- Reihenfolge 40
- Tiegelbehandlung 36
Ausstattung, Labor s. Laborausstattung
Autokatalyse 98, 103, 200

B

Bandenspektrum 244
Barium 125 ff.
- chemische Eigenschaften 125
- Flammenfärbung 125
- Probelösung 125
- Vorprobe 125
Bariumcarbonat 126, 197
Bariumchlorid 126
- Konzentrationsniederschlag 192
Bariumchromat 126
Bariumhydroxid 197
Bariumsulfat 191
- Unterscheidung von Bariumsulfit 125
Bariumsulfit 190
Barytwasser 197
Base 244
Basen
- Gehalt 15 f., 16
- Herstellung verdünnter 16
- Konzentration 15 f., 16
basischer Aufschluss
- Durchführung 36
- relevante Verbindungen 36 f.
- Übersicht 285
- von Silberhalogeniden 49
Bechergläser, Verwendung 10
Begriffe, wichtige 243 ff.
Beilsteinprobe 64
Berliner Blau 99, 167, 170
Bildungskonstante 247
biologischer Grenzwert 295
2,2'-Bipyridin 101
Bismut 61 ff.
- chemische Eigenschaften 61
- Probelösung 61
- Reduktion 63
- Thioharnstoff-Komplex 62
- Unterscheidung von Quecksilber 62

Sachverzeichnis

- Vorprobe 61
Bismuthydroxid 61
Bismutoxid 61
Bismutsulfid 63
Bismutylchlorid 62
Bismutylverbindungen
- durch Hydrolyse 61
- Unterscheidung von Antimon 62
- Unterscheidung von Blei 62
Blausäure 166
Blei 57 ff.
- chemische Eigenschaften 57
- Hydroxoplumbat(II) 58
- Probelösung 58
- Reaktion mit Alkalihydroxid 58
- Reaktion mit Ammoniak 58
- Vorprobe 58
Bleiacetat-Papier, Nachweis von Schwefelwasserstoff 184
Bleichlorid 59
Bleichromat 59
Bleidithizonat 60
Bleiiodid 60
Bleimolybdat 237
Bleisulfat 192
- Lösen von 58 f.
- Unterscheidung von Bariumsulfat 58
Bleisulfid 60
Bleitiegelprobe 155, 177, 217, 272
Blindprobe, Durchführung 5
Borat 213
- chemische Eigenschaften 213
- Nachweis im Gemisch 227 ff.
Borax 213 f.
Boraxperle 93, 118, 214
- als Vorprobe 271
Borsäure 213
- als Lewis-Säure 213
- Chelatkomplex mit Polyalkoholen 215
- chemische Eigenschaften 213
Borsäuretrimethylester, Flammenfärbung 214
Bortrifluorid, Flammenfärbung 155, 214
Brand, Maßnahmen 7
Bratton-Marshall-Reagenz 221
Braunstein 104
Brom 158
- durch Synproportionierung 175

- Farbreaktion mit Fuchsin 161
- Farbreaktion mit Phenolrot 162
Bromat 174 ff., 182
- chemische Eigenschaften 174
- Oxidation von Iodid 175
- Probelösung 174
- Reduktion zu Bromid 175
Bromid 158 ff., 179
- chemische Eigenschaften 158
- Oxidation zu elementarem Brom 159
- Probelösung 158
- Reaktion mit konz. Schwefelsäure 158
- Vorprobe 158, 179
Bromide, Aufschluss schwerlöslicher 162
Bromid-Nachweis, Störung 179
Bromphenolblau 162
Bromsäure 174
Bunsenbrenner
- Aufbau 12
- Heizzonen 13
- Vorsichtsmaßnahmen 13

C

Cadmium 67 ff.
- chemische Eigenschaften 67
- Probelösung 67
- Reaktion mit Ammoniak 67
- Reaktion mit Natronlauge 67
- Vorprobe 67
Cadmiumammin-Komplexe 65, 68
Cadmiumhexacyanoferrate 171
Cadmiumsulfid 68
- als Vorprobe 271
- im Glühröhrchen 68
- Thermochromie 68
Calcium 129 ff.
- Chelatkomplex mit GBHA 131
- chemische Eigenschaften 129
- Flammenfärbung 129
- Probelösung 129
- Reaktion mit Kaliumhexacyanoferrat(II) 130
- Vorprobe 129
Calciumammoniumhexacyanoferrat(II) 171
Calciumcarbonat 130, 197
Calciumcitrat 209
Calciumfluorid 131, 153

Calciumhydroxid 197
Calciumoxalat 130, 199
Calciumphosphat 131, 226
Calciumsulfat 129
Calciumtartrat 205
Carbonat 196, 210
– alkalische Reaktion 199
– chemische Eigenschaften 196
– Gleichgewicht mit Hydrogen-
  carbonat 198
– Probelösung 196
– Reaktion mit Quecksilber(II)-
  chlorid 198
– Unterscheidung von Hydrogen-
  carbonat 199
Carbonat-Nachweis 210
– Störungen 210
Chelat-Komplex 244
Chemikalien 14 ff.
Chlor 155
– chemische Eigenschaften 155
– durch Synproportionierung 173
– Entwicklung im Labor 103
– Probelösung 155
Chloramin T 159
Chlorat 172, 182
– chemische Eigenschaften 172
– Explosionsgefahr 172
– Probelösung 172
– Reduktion zu Chlorid 172
– Unterscheidung von Chlorid 172
– Vorprobe 182
Chlorat-Nachweis 182
– Störungen 182
Chlorid 155 ff., 178
– Oxidation zu elementarem Chlor 156
– Reaktion mit konz. Schwefelsäure 156
Chloride, Ausschluss schwerlöslicher 157
Chlor(IV)-oxid 173
Chlorsäure 172
– chemische Eigenschaften 172
N-Chlor-p-Toluolsulfonamid-
  Natrium 159
Chlorwasser 164
Chlorwasserstoff 155
– Herstellung im Labor 156
Chrom 115 ff.
– chemische Eigenschaften 115

– Probelösung 115
– Vorproben 115
Chrom(III)
– als Reduktionsmittel 116
– Reaktion mit Ammoniak 115
– Reaktion mit Natronlauge 115
Chrom(VI), Farbreaktion mit
  Diphenylcarbazid 119
Chromat 117
Chromat-Dichromat-Gleichgewicht 117
Chromate, schwerlösliche 118
Chromat-Verfahren 133
Chrom(III)-oxid, basischer Aufschluss 37
Chromperoxid 118
Chromsäure 157
Chromylchlorid 157
Chromylfluorid 157
Citrat 208 ff.
– chemische Eigenschaften 208
– Nachweis mit der Legal-Probe 209
– Probelösung 208
– Silberspiegel 209
– Vorprobe 208
– Zersetzung 208
Citronensäure 208
– chemische Eigenschaften 208
– saure Reaktion in Wasser 209
Cobalt 90 ff.
– Amminkomplexe 91
– chemische Eigenschaften 90
– Nachweis als Hexanitrocobaltat(III) 92
– Nachweis als Tetrathiocyanato-
  mercurat(II) 92
– Nachweis als Tetrathiocyanoto-
  cobaltat(II) 91
– Probelösung 90
– Reaktion mit Ammoniak 91
– Reaktion mit Natronlauge 91
– Vorproben 90
Cobaltglas 141
Cobalt(II)-hexacyanoferrat(III) 171
Cobalt(II)-hydroxid 91
Cobalt(III)-hexacyanoferrat(II) 94
Cobaltsulfid, Lösen von 92
Cyanid 166 ff., 181
– chemische Eigenschaften 166
– Probelösung 166
– Zerstörung von 168

Cyanid-Nachweis, Störungen 181
Cyanwasserstoff 166

D

Dekantieren 5
demineralisiertes Wasser 15
Devardasche Legierung 219
Diacetyldioxim 95
Diamminsilber-Komplex 47
– aus Silberchlorid und Ammoniumcarbonat 156
Diazonium-Salz 220
Dichromat 117
Dicyan 166
Digerieren, mit gelbem Ammoniumpolysulfid 87
Dihydroxyfumarsäure 207
Dimethylglyoxim 95
Dinatrium-pentacyanonitrosylferrat(III) 209
Diphenylcarbazon 119, 157
Diphenylthiocarbazon 56
Disproportionierung 245
– von Quecksilber(I) 52
Dissoziation 245
Dithiosulfatoargentat 50, 187
Dithizon 56
Dithizonate 56 f.
Dodekamolybdatokieselsäure 216
Dodekamolybdatophosphat 237
Doppelsalze 245, 247
Dragendorffs Reagenz 62

E

Einzelsubstanzen, Identifizierung des Kations 240
Eisen 96 ff.
– chemische Eigenschaften 96
– Markierung durch Fluorid 154
– Nachweis als Eisen(II)-Chelat-Komplex 100
– Nachweis als Eisen(III)-thiocyanat 100
– Oxidation von 97
– Probelösungen 96
– Reaktion mit Ammoniak 97
– Reaktion mit Natronlauge 96
– Reaktion mit Thioglykolsäure 101
– Reaktionen mit Hexacyanoferrat(II) 99
– Reaktionen mit Hexacyanoferrat(III) 99
– Reduktion von 97
Eisen(III), Maskierung 100
Eisen(III)-acetato-Komplex 203
Eisen(III)-chlorid 96
Eisen(III)-hydroxid 96
Eisen(III)-oxid, saurer Aufschluss 38
Eisenperiodat-Reagenz 138
Eisen(II)-sulfid 98
Eisen(III)-tartrat-Komplex 205
Eisen(III)-thiocyanat 100, 169
Eisessig 201
Elektrobrenner 14
Erdalkalisulfate, basischer Aufschluss 126
Erhitzen mit konz. Schwefelsäure, als Vorprobe 272
Erhitzen, trockenes, als Vorprobe 204, 208, 271
Essigsäure 201
Essigsäureethylester 202
Eutetikum 37

F

Fällung 5
Farblack 245
Farblacke, Zerstörung durch Fluorid 154
Fehling'sche Lösung 65, 205
Fentons Reagenz 206
Feststoffe 25 f.
Filtrieren 5
Flammenfärbung
– als Vorprobe 271
– Durchführung 32
Flammenspektrum 246
Fluor 153 ff.
Fluorescein, Bromierung von 160
Fluorid 153 ff.
– Probelösung 153
– Vorprobe 153, 177
– Zerstörung von Farblacken 154
Fluorid-Nachweis 177
– Störungen 177
Freiberger Aufschluss 39, 284

G

Gärröhrchen 157
- Verwendung 11
GBHA 131
Gefäße
- Reinigung 11
- Verwendung 10 f.
Gefahrenbezeichnungen 14
Gipswasser 125, 129
Gleichgewicht 246
gleichioniger Zusatz 255
Gleichung 246
Glossar 243 ff.
Glyoxal-bis-(2-hydroxyanil) 131
Grenzprüfung, Arzneibuch 3
Grundausstattung s. Laborausstattung
Grundoperationen 5 f.
Gruppenreaktionen
- Anionen 151 f.
- Fällung mit Silber-Ionen 151
- Prüfung auf oxidierende Substanzen 152
- Prüfung auf reduzierende oder oxidierbare Substanzen 152
- Verkohlung 152
Gruppenvorproben s. Gruppenreaktionen
Gutzeit'sche Probe, modifizierte 72

H

Halbmikromaßstab 8
Halogenide, Nachweis im Gemisch 177
Heteropolysäure 74, 216, 227
Hexacyanoferrat(II) 170, 181
- chemische Eigenschaften 170
- Probelösung 170
- Störungen 181
Hexacyanoferrat(III) 170, 181
- chemische Eigenschaften 170
- Probelösung 170
- Störungen 181
Hexafluorkieselsäure 154
Hexamminchrom(III) 116
Hexanitrocobaltat(III) 92
Hydroxoaluminat 107
Hydroxoplumbat(II) 58
Hydroxostannat(II) 63
- Reduktion von Bismut(III) 81
Hydroxostannat(IV) 81

I

Identitätsprüfung, Arzneibuch 2 f.
Indigocarmin 174
- Entfärbung durch Nitrat 225
Indikator 246
innerer Komplex 247
Iod 162
Iodat 176 f., 183
- chemische Eigenschaften 176
- Probelösung 176
- Reduktion zu Iod 176
- Reduktion zu Iodid 176
Iod-Azid-Reaktion 185
Iodid 162 ff., 180
- chemische Eigenschaften 163
- Oxidation zu elementarem Iod 164 ff.
- Probelösung 163
- Reaktion mit konz. Schwefelsäure 163
- Vorprobe 163, 180
Iod-Lösung 164
Iodometrie, Grundgleichung 186
Iodsäure 176
Iod-Stärke-Reaktion 166
Ionen 246
- miteinander reagierende 293
Ionen-Gleichung 246
Isomorphie 74, 135

J

Janovski-Verbindung 224

K

Kakodyloxid 70
Kalignost 142
Kalium 141 ff.
- Probelösung 141
- Vorprobe 141
Kaliumdichromat, als Oxidationsmittel 117
Kaliumhexachloroplatinat(IV) 142
Kaliumhexanitrocobaltat(III) 141
Kaliumhydrogensulfat
- Reaktion mit Acetat 202
- Schmelze 38
Kaliumhydrogentartrat 142, 204
Kaliumperchlorat 141, 174

Kaliumpermanganat 101 ff.
- als Oxidationsmittel 103
Kaliumtetraphenylborat 142
Kalkwasser 197
Kalomel 52, 56
Kation 247
Kationen-Trennungsgang, Prinzip 3
Kieselsäure 215
Kieselsäuregallerte 216
Knallgasprobe 70
Kohlendioxid, aus Carbonat 196
Kohlenmonoxid, aus Oxalat 199
Kohlensäure 196
Kohlenstoffatome, Oxidationszahlen 195
kohlenstoffhaltige Anionen, Nachweis im Gemisch 210
Kombinationen, auszuschließende 293 f.
Komplex 247
Komproportionierung 253
Königswasser 146
Konzentrations-Niederschlag 126, 255
Koordiantionszahl 247
kovalente Bindung 264
Kriechprobe 154, 177, 272
- als Vorprobe 272
Kristallwasser 65, 248
Kryolith-Probe 111, 155
Kupfer 63 ff.
- chemische Eigenschaften 63
- Flammenfärbung 64
- Lösen von 64
- Probelösung 63
- Reaktion mit Ammoniak 65
- Reaktion mit Diethyldithiocarbamat 66
- Reaktion mit Dithizon 67
- Reaktion mit Natronlauge 65
- Reaktion mit Hexacyanoferraten 67
- Vorprobe 63
Kupfer(II)
- Reduktion 64
- Trennung von Cadmium 64
Kupferamalgam 51
Kupfer(I)-cyanid 168
Kupfer(II)-diethyldithiocarbamat 66
Kupferhexacyanoferrat(II) 171
Kupferhexacyanoferrat(III) 171
Kupfer(II)-hydroxid 65
Kupfer(I)-iodid 66, 166

Kupfer(II)-oxid 65
Kupfer(I)-sulfid 66
Kupfer(II)-sulfid 66
Kupfer(II)-tartrat-Komplex 205
Kupfer(I)-tetraiodomercurat(II) 54
Kupfer(I)-thiocyanat 66, 169

L

Laborausstattung 9
- anorganische Reagenzlösungen 16 ff.
- Chemikalien 14 ff.
- Feststoffe 25 f.
- organische Lösungsmittel 25 f.
- organische Reagenzlösungen 23 f.
- Probelösungen 16 ff.
Laborgefäße 10 f.
Legal-Probe 209
Leuchtprobe 82
- als Vorprobe 271
Ligand 247
Ligandenaustausch 247 f.
Linienspektrum 244, 248
Lithium 137 ff.
- Fällung mit Eisenperiodat 138
- Flammenfärbung 137
- Probelösung 137
- Vorprobe 137
Lithiumcarbonat 137
Lithiumchlorid, Löslichkeit in organischen Lösungsmitteln 137
Lithiumphosphat 138
Lösen 5
Lösen der Analysensubstanz, Vorgehensweise 29
Lösliche Gruppe 134 ff.
- Kurzfassung 292
- Trennungsgang 147 f.
Löslichkeitsprodukte 254 ff.
- Übersicht 256 f.
- von Erdalkaliverbindungen 257
- von Silberhalogeniden 256
- von Sulfiden 256
Lösung
- echte 249
- kolloide 249
Lösungsmittel, organische 25 ff.

M

Magnesiastäbchen 32
Magnesium 134 ff.
– chemische Eigenschaften 134
– Farblack mit Magneson II 136
– Farblack mit Titangelb 135
– Probelösung 134
– Reaktion mit Alkalihydroxid 134
– Reaktion mit Ammoniak 134
Magnesiumcarbonat, basisches 135
Magnesiumoxinat 136
Makromaßstab 8
Mangan 101 ff.
– chemische Eigenschaften 101
– Probelösungen 102
– Vorprobe 102
Mangan(II)
– Reaktion mit Ammoniak 102
– Reaktion mit Natronlauge 102
Manganat(IV)
– durch Synproportionierung 104
– in der Oxidationsschmelze 105
Mangan(IV)-oxid 104
Mangan(II)-sulfid 102
Mangan-Silber-Papier 144
Marsh'sche Probe 70
– als Vorprobe 272
Marsh'sche Probe, modifiziert 72
– als Vorprobe 272
Massenwirkungsgesetz 249, 254
Metaborat-Anion 93
α-Methoxyphenylessigsäure 140 f.
Modifikation 249
modifizierte Marsh'sche Probe 72, 272
Mol 249
molare Löslichkeit, Berechnung 255 f.
molare Masse 250
Molarität 253
Molekülspektrum 244
Molybdän 236 f.
Molybdänblau 74, 216, 227
Molybdänsäure 74
Molybdänsulfid 237
Molybdat 236
– chemische Eigenschaften 236
– Probelösung 237
Monosubstanzen 240
Morin 108

N

Nachweis, Begriffsbestimmung 1
1-Naphthylamin 220
Natrium 138 ff.
– Probelösung 139
– Reaktion mit α-Methoxyphenylessigsäure 140 f.
– Vorproben 139
Natriumdithionit, Reduktion von Tetramminkupfer(II) und Trennung von Cadmium 64
Natriumhexahydroxoantimonat(V) 78, 139
Natriumhydrogencarbonat, Zersetzung 198
Natriumhydrogen-α-methoxyphenylacetat 140 f.
Natriumpolysulfid 44
Natriumtetraborat 213 f.
Natriumtetraphenylborat 143
Natriumuranylacetate 139 f.
Natronwasserglas 216
Neßlers Reagenz 146
Nernst'sche Gleichung 259
Nernst'sche Verteilung 250
Neutralisation 250
Nickel 94 ff.
– chemische Eigenschaften 94
– Nachweis als inneres Komplexsalz mit Diacetyldioxim 95
– Nachweis als Komplex mit Pyrrolidindithiocarbamat 95
– Reaktion mit Ammoniak 94
– Reaktion mit Natronlauge 94
Nickel-Diacetyldioxim 95
Nickelsulfid 94
Nickeltiegel 11
Nitrat 221
– chemische Eigenschaften 221
– Farbreaktion mit Brucin 223
– Farbreaktion mit Diphenylamin 223
– Farbreaktion mit Lunges Reagenz 222
– Nachweis im Gemisch 227 ff.
– Nachweis mittels der Ringprobe 222
– Nachweis nach Pesez 224
– Probelösung 222
– Reduktion zu Ammoniak 224

Sachverzeichnis

- Vorprobe 222
- Zersetzung 222
- Zersetzung durch konz. Schwefelsäure und Kupfer 222

Nitriat-Nachweis, Störungen 229
Nitrit 218
- als Oxidationsmittel 219
- als Reduktionsmittel 219
- chemische Eigenschaften 218
- Farbreaktion mit Lunges Reagenz 220
- Nachweis im Gemisch 227 ff.
- Probelösung 218
- Reduktion zu Ammoniak 219
- Vorprobe 218, 228
- Zerstörung von 221

Nitrit-Nachweis, Störung 228
Nitroprussidnatrium 209
Normalität 243
Normalpotenziale, Übersicht 261 f.

O

Oktaeder 248
organische Lösungsmittel 25 ff., 26
organische Reagenzlösungen 22 ff.
Orthokieselsäure 215
Oxalat 199 ff., 211
- Bildung von rotem Diphenylformazan 200
- chemische Eigenschaften 199
- Dünnschichtchromatographie 201
- Nachweis mit Ce(III) 200
- Oxidation zu Kohlendioxid 200
- Probelösung 199
- Reaktion mit Permanganat 200
- Zersetzung 199

Oxalat-Nachweis 211
- Störungen 211

Oxalsäure 199
- chemische Eigenschaften 199
- Reaktion mit Acetat 202

Oxidation 251, 259
Oxidationsschmelze 284
- als Vorprobe 272
- Durchführung 39
- Gemische und Schmelztemperaturen 39
- Redoxgleichung 268
- von Chrom(III) 116

- von Mangan(II) 105

Oxidationsstufe 263
Oxidationszahl 263
Oxidationszone, Bunsenbrenner 13

P

Pentacyanothionitroferrat(II) 185
Pentaquanitrosyleisen(II) 219
Perchlorat 173, 182
- ausbleibende Entfärbung von Indigocarmin 174
- chemische Eigenschaften 173
- Probelösung 173
- Reduktion 174
- thermische Zersetzung 174

Perchlorsäure 173
Perisäure 220
Peroxotitan-Kation 232, 234
1,10-Phenanthrolin 101
Phenolrot 162
Phosphat 225 ff.
- chemische Eigenschaften 225
- Nachweis als Ammoniummagnesiumphosphat 225
- Nachweis im Gemisch 227 ff.

Phosphat-Nachweis, Störungen 230
Phosphorsalz 93
Phosphorsalzperle 93, 118
- als Vorprobe 271

Phosphorsäure 225
pH-Wert 251
Piazselenole 236
Platintiegel 11
Plumbate 58
Porzellanschalen 10
Porzellantiegel 11
Probelösungen
- Herstellung 16 ff.
- Konzentration 16 ff.

Protolyse 251
Pseudohalogenide, Nachweis im Gemisch 177
Pufferlösung 251
Pyrrolidindithiocarbamat, Reaktion mit Blei(II) 60

Q

Quecksilber 50 ff.
- Aufnahme von verschüttetem 52
- chemische Eigenschaften 51
- Lösen von 51
- Probelösungen 51
- Reaktion mit Kupfer(II) 51
- Vorprobe 51
Quecksilber(I)
- Disproportionierung 52
- Reaktion mit Natronlauge 53
Quecksilber(II)
- Reaktion mit Natronlauge 53
- Reaktion mit Thiocyanat 54
- Reduktion 53
Quecksilber(I)-chlorid
- durch Reduktion 53
- Lösen in Königswasser 52
- Reaktion mit Ammoniak 52
Quecksilber(II)-chlorid 55
- Reaktion mit Ammoniak 52
Quecksilber(II)-dithizonat 56
Quecksilber(I)-iodid 54
Quecksilber(II)-iodid 166
- Modifikation 54
Quecksilber(II)-sulfid
- Lösen von 55
- Zersetzung von 184
Quecksilber-Verbindungen, trockenes Erhitzen 55

R

Reagenzgläser 10
Reagenzlösungen
- Herstellung 16 ff.
- Konzentration 16 ff.
- organische 22 ff., 26 f.
Redoxgleichungen, Erstellen von 265
Redoxpotenziale 259 ff.
Reduktion 252, 259
Reduktionszone, Bunsenbrenner 13
Reinheitsprüfung, Arzneibuch 2 f.
Ringprobe 222
Rinmanns Grün 114
R-Sätze 15
Rückstand
- Farben 40
- Lösen in Königswasser 30
- schwarzer 30
- weißer 30
Rückstände, Behandeln von 282

S

Salpetersäure 221
salpetrige Säure 218
- chemische Eigenschaften 218
- Zerfall 218
Salz 252
Salzsäure-Gruppe 46 ff.
- Trennungsgang 85 ff.
salzsaurer Auszug, Herstellung 29
Säure 252
Säurekonstanten 258
Säuren
- Gehalt 15 f.
- Herstellung verdünnter 16
- Konzentration 15 f.
saurer Aufschluss
- Durchführung 38
- relevante Verbindungen 38
- Übersicht 284
schmelzbares Präzipitat 52
Schwefel 234
- Oxidation zu Sulfat 234
- Verbrennung 234
Schwefeldioxid, aus Sulfit 188
schwefelhaltige Anionen, Nachweis im Gemisch 192
Schwefelsäure 190
- chemische Eigenschaften 191
- Verdünnen von konzentrierter 191
Schwefelwasserstoff 183
- als Fällungsmittel 41
- Bereitstellung 42
- chemische Eigenschaften 183
- Dissoziationsgleichgewicht 41
- Eigenschaften 41
- Entwicklung 184
- Nachweis mit Bleiacetat-Papier 184
- Oxidation von 185
- Sulfidionenkonzentration und pH-Wert 41
- Toxikologie 45

Schwefelwasserstoff-Gruppe 46 ff.
- Kurzfassung 286 f.
- Prüfung auf vollständige Fällung 86
- Sulfide und deren Farben 86
- Trennungsgang 85 ff.
schweflige Säure 187, 234
Selen 235 f.
Selen(IV)
- Bildung von Piazselenolen 236
- Erhitzen mit HNO_3 236
- Reduktion zu Selen 235
Selendisulfid 235
selenige Säure 235
Sicherheitsregeln 6 ff.
Silber 46 ff.
- chemische Eigenschaften 46
- Lösen von 47
- Probelösung 46
- Reaktion mit Ammoniak 47
- Reaktion mit Chlorid-Ionen 48
- Reaktion mit Natronlauge 47
- Reaktion mit Pseudohalogeniden 48
- Reaktion mit reduzierenden Substanzen 48
- Reaktion mit Thiosulfat 50
Silberacetat 202
Silberarsenat(III) 74
Silberarsenat(V) 74
Silberbromat 175
Silberbromid 158
Silbercarbonat 49, 198
Silberchlorid 155
- Lösen mit Ammoniumcarbonat 156
- Löslichkeitsprodukt 254
Silberchromat 48
Silbercitrat 209
Silbercyanid 167
Silberdiamminkomplex 47
Silberdiammin-Lösung 47
Silberhalogenide
- Aufschluss von 265
- basischer Aufschluss 49
- Lösen mit Thiosulfat 50
- Löslichkeit 48
Silberhexacyanoferrat(II) 170
Silberhexacyanoferrat(III) 171
Silberiodat 176
Silberiodid 163

Silberoxid 47, 198
Silberphosphat 226
Silberspiegel 205, 209
- mit Formaldehyd 49
- mit Weinsäure 49
Silbersulfid 49 f., 187
Silbertartrat 205
Silberthiocyanat 169
Silberthiosulfat 187
Silicat 215
- basischer Aufschluss 37, 216
- chemische Eigenschaften 215
- Nachweis im Gemisch 227 ff.
- Phosphorsalzperle 218
- Probelösung 216
- Vorprobe 216
Silicat-Nachweis, Störungen 228
Siliciumdioxid 215
- basischer Aufschluss 37, 216
Sodaauszug 149 ff.
Spannungsreihe 262
- basische Lösung 263
- saure Lösung 262 f.
Spektralanalyse 32 ff.
- als Vorprobe 271
- Analysenvorbereitung 33 ff.
Spektrallinien 34
- Wellenlängen 35
- Zuordnung 35
Spektroskop, Handhabung 33
Spinell 114
S-Sätze 15
Stabilitätskonstante 247
Standardpotenziale 261 f.
Stoffmenge 252
Stoffmengenkonzentration 253
Strontium 127 f.
- chemische Eigenschaften 127
- Flammenfärbung 128
- Probelösung 127
- Unterscheidung von Lithium 128
- Vorprobe 127
Strontiumcarbonat 128
Strontiumchromat, Unterscheidung von Calciumchromat 128
Strontiumsulfat 128, 192
Strontiumsulfit 190
Sublimat 55

Sulfanilsäure 220
Sulfat 190 ff.
– chemische Eigenschaften 191
– Probelösung 191
Sulfatnachweis, Spezifizierung 191
Sulfid 183 ff., 192
– chemische Eigenschaften 183
– Probelösung 184
Sulfidfällung
– Bedeutung des pH-Wertes 41
– Prinzip 41 f.
Sulfit 187 ff., 194
– chemische Eigenschaften 187
– Entfärbung von Iod 188
– Probelösung 187
– Reaktion mit Sulfid 190
– Reduktion mit Zink 190
– Reduktion von Quecksilber(I) 189
Sulfit-Nachweis, Störungen 194
Suspension 253
Synproportionierung 253
– von Bromat und Bromid 175
– von Chlorat und Chlorid 173
– von Sulfit und Sulfid 190

T

Tartrat 203
– chemische Eigenschaften 203
– Dünnschichtchromatographie 207
– Entfernen mit Peroxodisulfat 204
– Farbreaktion mit Resorcin 206
– Komplexbildung mit Eisen(III) 205
– Komplexbildung mit Kupfer(II) 205
– Nachweis mit Fentons Reagenz 206
– Probelösung 203
– Unterscheidung von Citrat 207
– Unterscheidung von Oxalat 207
– Vorprobe 203 f.
– Zersetzung 204
Tartrat-Nachweis, Störungen 212
Tetraborsäure 213, 215
Tetracyano-Kupfer(I)-Komplex 68
Tetraeder 248
Tetrahydroxocuprat(II) 65
Tetrahydroxozinkat 112
Tetramminkupfer-Komplex 65
Tetrathiocyanatocobaltat(II) 91

Tetrathiocyanatomercurat(II) 54, 92
Tetrathionat, durch Oxidation von Thiosulfat 186
Thenards Blau 108
Thermochromie
– von Bismutoxid 61
– von Blei(II)-oxid 60
– von Cadmiumsulfid 68
– von Kupfer(I)-tetraiodomercurat(II) 55
– von Quecksilber(II)-iodid 54
– von Titandioxid 231
– von Zinkoxid 113
Thiele'sche Probe 70
Thioacetamid
– als 7,5%ige Lösung in Methanol 44
– Eigenschaften 42
– Hydrolyse 43
– Sulfidfällung mit 43
– Toxikologie 45
– Verwendung 42
Thioantimonat(III) 78
Thioantimonat(V) 78
Thioarsenat(III) 75
Thioarsenat(V) 75
Thiocyanat 169 f., 181
– Abtrennung 169
– aus Cyanid 167
– chemische Eigenschaften 169
– Nachweis als Berliner Blau 170
– Probelösung 169
Thiocyanat-Nachweis, Störungen 181
Thiocyansäure 169
Thioessigsäure, aus Thioacetamid 43
Thioglykolsäure 101
Thioharnstoff, Komplexierung von Bismut 62
Thioschwefelsäure 185
– chemische Eigenschaften 186
– Zerfall 186
Thiostannat(IV) 83
Thiosulfat 185 f., 193
– chemische Eigenschaften 186
– Probelösung 186
– Reaktion mit Eisen(III)-chlorid 187
– Reaktion mit Silbernitrat 187
– Reduktion von Iod 186
Titandioxid 231, 284
– Lösen in konz. Schwefelsäure 231

– Probelösung 231
– saurer Aufschluss 231
Titanoxidsulfat 231
– Reduktion zu Titan(III) 232
Tollens-Reagenz 48
p-Toluolsulfonamid 159
Trennungsgang, Prinzip 3
Tripelsalz 245
Trisacetatoplumbat(II) 59
Trivialname 253
Tschugajeffs Reagenz 95
Turnbulls Blau 99, 170

U

Unfall, Maßnahmen 7
unschmelzbares Präzipitat 52, 56

V

Vanadatomolybdatophosphat 227
Vanadylsulfat 234
Vergleichsprobe
– Begriffsbestimmung 1
– Durchführung 4
Vollanalyse
– Durchführung 238 ff.
– Kurzfassung 271
Vorprobe, Begriffsbestimmung 1
Vorproben, Übersicht 271

W

Wasserbad 14
Wasserstoffperoxid 232
– Bildung von Chromperoxid 233
– chemische Eigenschaften 232
– katalytische Zersetzung 233
– Oxidation durch Permanganat 233
– Probelösung 232
– Reduktion durch Iodid 233
– Zersetzung in alkalischer Lösung 233
Wassertropfenprobe 155, 177, 217, 272
Weinsäure 203
– chemische Eigenschaften 203
– Zersetzung 204

Z

Zentralatom 247
Zentrifuge 10
Zentrifugengläser 10
Zentrifugieren 5
Zimmermann-Verbindung 224
Zink 111 ff.
– chemische Eigenschaften 112
– Lösen von 112
– Probelösung 112
– Reaktion mit Ammoniak 113
– Reaktion mit Hexacyanoferrat(II) 114
– Reaktion mit Natronlauge 112
– Vorprobe 112
Zinkdithizonat 114
Zinkhexacyanoferrat(II) 171
Zinkoxid 113
Zinksulfid 113
Zinktetrathiocyanatomercurat(II) 114
Zinn 80 ff.
– chemische Eigenschaften 80
– Disproportionierung von Zinn(II) 81
– Lösen von 80
– Nachweis mit der Leuchtprobe 82
– Probelösung 80
– Reaktion mit Ammoniak 81
– Reaktion mit Natronlauge 81
– Vorprobe 80
Zinn(II), als Reduktionsmittel 82
Zinn(IV), Reduktion von 82
Zinn(II)-hydroxid 81
Zinn(IV)-hydroxid 81
Zinn(IV)-oxid 84
– basischer Aufschluss 37, 84
– Freiberger Aufschluss 39
Zinnober 55
Zinnstein s. Zinn(IV)-oxid
Zinnsulfid 83
Zirkonium-Farblack 272
Zirkoniumfluorokomplex 154
Zirkoniumphosphat 226

Periodensystem der Elemente

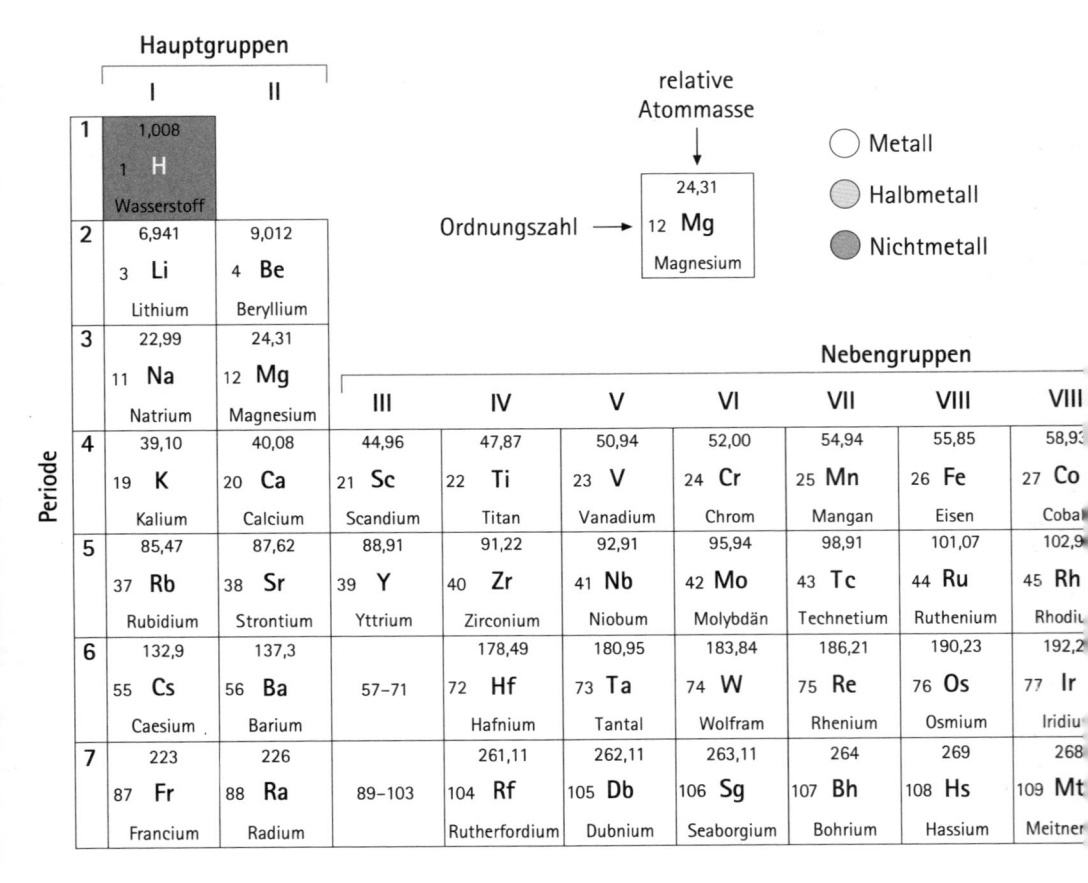

Legende:
- Ordnungszahl → relative Atommasse
- Beispiel: 12 Mg, 24,31, Magnesium
- ○ Metall
- ◐ Halbmetall
- ● Nichtmetall

Periode	Hauptgruppe I	Hauptgruppe II	Nebengruppe III	IV	V	VI	VII	VIII	VIII	VIII				Hauptgruppe III	IV	V	VI	VII	Hauptgruppe VIII
1	1,008 **H** 1 Wasserstoff																		
2	6,941 **Li** 3 Lithium	9,012 **Be** 4 Beryllium																	
3	22,99 **Na** 11 Natrium	24,31 **Mg** 12 Magnesium																	
4	39,10 **K** 19 Kalium	40,08 **Ca** 20 Calcium	44,96 **Sc** 21 Scandium	47,87 **Ti** 22 Titan	50,94 **V** 23 Vanadium	52,00 **Cr** 24 Chrom	54,94 **Mn** 25 Mangan	55,85 **Fe** 26 Eisen	58,93 **Co** 27 Cobalt										
5	85,47 **Rb** 37 Rubidium	87,62 **Sr** 38 Strontium	88,91 **Y** 39 Yttrium	91,22 **Zr** 40 Zirconium	92,91 **Nb** 41 Niobium	95,94 **Mo** 42 Molybdän	98,91 **Tc** 43 Technetium	101,07 **Ru** 44 Ruthenium	102,9 **Rh** 45 Rhodium										
6	132,9 **Cs** 55 Caesium	137,3 **Ba** 56 Barium	57–71	178,49 **Hf** 72 Hafnium	180,95 **Ta** 73 Tantal	183,84 **W** 74 Wolfram	186,21 **Re** 75 Rhenium	190,23 **Os** 76 Osmium	192,2 **Ir** 77 Iridium										
7	223 **Fr** 87 Francium	226 **Ra** 88 Radium	89–103	261,11 **Rf** 104 Rutherfordium	262,11 **Db** 105 Dubnium	263,11 **Sg** 106 Seaborgium	264 **Bh** 107 Bohrium	269 **Hs** 108 Hassium	268 **Mt** 109 Meitnerium										

Lanthanoide:

138,91 **La** 57 Lanthan	140,12 **Ce** 58 Cer	140,91 **Pr** 59 Praseodym	144,24 **Nd** 60 Neodym	144,92 **Pm** 61 Promethium	150,36 **Sm** 62 Samarium	151,96 **Eu** 63 Europium	157,25 **Gd** 64 Gadolinium

Actinoide:

227,03 **Ac** 89 Actinium	232,04 **Th** 90 Thorium	231,04 **Pa** 91 Protactinium	238,03 **U** 92 Uran	237,05 **Np** 93 Neptunium	244,06 **Pu** 94 Plutonium	243,06 **Am** 95 Americium	247,07 **Cm** 96 Curium

					Hauptgruppen				
			III	IV	V	VI	VII	VIII	
1g feste Elemente									4,003 2 He Helium
g flüssige Elemente									
gasförmige Elemente			10,81 5 B Bor	12,01 6 C Kohlenstoff	14,01 7 N Stickstoff	16,00 8 O Sauerstoff	19,00 9 F Fluor	20,18 10 Ne Neon
			26,98 13 Al Aluminium	28,09 14 Si Silicium	30,97 15 P Phosphor	32,06 16 S Schwefel	35,45 17 Cl Chlor	39,95 18 Ar Argon
VIII	I	II						
58,69 28 Ni Nickel	63,55 29 Cu Kupfer	65,39 30 Zn Zink	69,72 31 Ga Gallium	72,59 32 Ge Germanium	74,92 33 As Arsen	78,96 34 Se Selen	79,90 35 Br Brom	83,80 36 Kr Krypton
106,42 46 Pd Palladium	197,97 47 Ag Silber	112,41 48 Cd Cadmium	114,8 49 In Indium	118,7 50 Sn Zinn	121,8 51 Sb Antimon	127,6 52 Te Tellur	126,9 53 I Iod	131,3 54 Xe Xenon
195,08 78 Pt Platin	197,97 79 Au Gold	200,59 80 Hg Quecksilber	204,4 81 Tl Thallium	207,21 82 Pb Blei	209 83 Bi Bismut	209 84 Po Polonium	210 85 At Astat	222 86 Rn Radon
273 110 Uun Ununnilium	272 111 Uuu Unununium	277 112 Uub Ununbium	285 113 Uut unendeckt	285 114 Uuq Ununquadium	115 Uup unendeckt	289 116 Uuh Ununhexium	117 Uus unendeckt	298 118 Uuo Ununoctium

158,93 65 Tb Terbium	162,50 66 Dy Dysprosium	164,93 67 Ho Holmium	167,26 68 Er Erbium	168,93 69 Tm Thulium	173,04 70 Yb Ytterbium	174,97 71 Lu Lutetium
247,07 97 Bk Berkelium	251,08 98 Cf Californium	252,08 99 Es Einsteinium	257,09 100 Fm Fermium	258,10 101 Md Mendelevium	259,10 102 No Nobelium	262,11 103 Lr Lawrencium